BIOskop

Baden-Württemberg 1

Herausgeber
Rainer Hausfeld
Wolfgang Schulenberg

Autoren
Harald Glaser
Rainer Hausfeld
Margit Hertel
Mariela Kalkhake
Joachim Kühmstedt
Norbert Pütz
Martin Ratermann
Wolfgang Schulenberg
Manfred Schulte
Franz Stoppel
Henning Teschner
Bernd Vorwerk

westermann

Druck A[1] Jahr 2011
Alle Drucke der Serie A sind im Unterricht parallel verwendbar.

Redaktion: Heidrun Kiene
Herstellung: Jennifer Kirchhof
Satz und Grafik Partner GmbH, Meitingen
Umschlaggestaltung: Jennifer Kirchhof
Typographie: Andrea Heissenberg
Druck und Bindung: westermann druck GmbH, Braunschweig

ISBN 978-3-14-**150635**-8

Inhaltsverzeichnis

Haustiere und Nutztiere

Säugetiere und Vögel in ihrem Lebensraum

Reptilien, Amphibien, Fische

Wirbellose Tiere

Blütenpflanzen

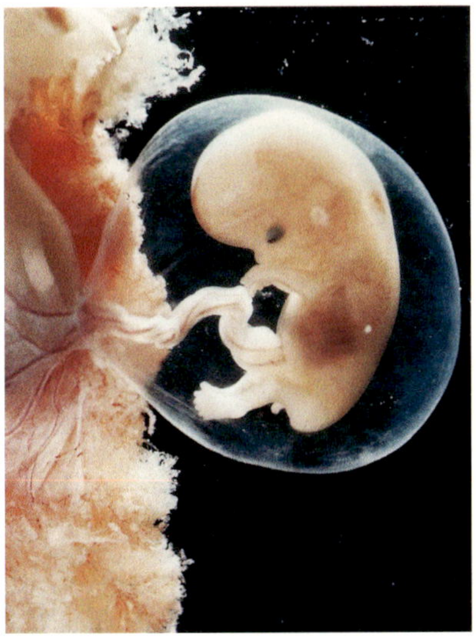

Fortpflanzung und Entwicklung des Menschen

Aufgaben richtig verstehen

auswerten	vorgegebene Daten oder Sachverhalte in einen Zusammenhang stellen
begründen	einen vorgegebenen Sachverhalt auf seine Ursachen oder Gesetzmäßigkeiten zurückführen
beschreiben	Strukturen, Merkmale oder Sachverhalte mit eigenen Worten wiedergeben
beobachten	aufmerksame Betrachtung eines Vorgangs mit dem Ziel, entsprechend einer vorgegebenen Fragestellung bestimmte Informationen zu erhalten
beurteilen (bewerten)	zu einem vorgegebenen Sachverhalt ein eigenständiges, sachlich begründetes Urteil oder eine Bewertung abgeben
darstellen	Sachverhalte in gegliederter Form wiedergeben
diskutieren (erörtern)	zu einem vorgegebenen Thema oder Sachverhalt Argumente von verschiedenen Standpunkten aus gegeneinander abwägen
erklären	einen Sachverhalt erläutern und begründen
erläutern	einen Sachverhalt veranschaulichen und verständlich machen
Vermutungen entwickeln	eine begründete Vermutung auf der Grundlage von Beobachtungen, Experimenten oder Sachaussagen formulieren
nennen	Eigenschaften, Sachverhalte oder Begriffe ohne Erläuterungen aufzählen
protokollieren	Beobachtungen oder die Durchführung von Experimenten genau und in gegliederter Form wiedergeben
skizzieren	das Wesentliche eines Sachverhalts in übersichtlicher Form grafisch darstellen
Stellung nehmen	zu einem Sachverhalt oder einer Aussage, die nicht eindeutig ist, nach sorgfältigem Abwägen ein begründetes Urteil abgeben
vergleichen	Gemeinsamkeiten und Unterschiede ermitteln
zeichnen	eine möglichst exakte grafische Darstellung anfertigen
zusammenfassen	das Wesentliche in knapper Form herausstellen

1 *Eine Auswahl häufiger Arbeitsanweisungen und die Beschreibung der erwarteten Leistung*

Im Unterricht, zu Hause oder bei schriftlichen Leistungsüberprüfungen werden Aufgaben bearbeitet. Sie beinhalten immer eine oder mehrere Arbeitsanweisungen.

Um Aufgaben richtig zu verstehen, ist es notwendig, die Bedeutung der verschiedenen Arbeitsanweisungen zu kennen. In Abbildung 1 sind häufige Arbeitsanweisungen zusammengestellt und die jeweils erwartete Leistung beschrieben.

Die Ergebnisse deiner Tätigkeit im Biologieunterricht kannst du in Form von Texten, Zeichnungen, Tabellen oder Diagrammen dokumentieren. Dabei kann ein Computer hilfreich sein.

2 *Situation im Straßenverkehr*

1 Aufgabe richtig verstanden? Zu der Abbildung 2 wurde folgende Aufgabe gestellt: „Beschreibe die Situation in der Abbildung. Beurteile die Gefährlichkeit der Situation." In Abbildung 3 sind Ausschnitte von Antworten zweier Schüler wiedergegeben. Vergleiche die beiden Antworten. Beurteile, ob die Arbeitsanweisungen in der Aufgabenstellung richtig umgesetzt wurden. Beachte dabei die Angaben in Abbildung 1.

Schüler M.: Zwei Mädchen fahren Inliner. Das macht sehr viel Spaß. Erst vorgestern bin ich mit meinem Freund Patrick Inliner gefahren. Natürlich muss man beim Inlinern auf den Straßenverkehr aufpassen. Das sagt meine Mutter mir auch immer wieder. Ich würde die Gefährlichkeit so darstellen: Erstens ist man mit Inlinern schneller als sonst. Zweitens müssen Autofahrer im Stadtgebiet besonders auf Kinder aufpassen. Dass überhaupt Unfälle mit Menschen, die Inliner fahren, passieren, erkläre ich mir aber damit, dass Autofahrer und Inliner-Fahrer nicht richtig aufpassen.

Schüler P.: *Beschreibung:* Man sieht durch die Windschutzscheibe eines Autos auf eine asphaltierte Straße in Fahrtrichtung. Ob dieses Auto steht oder fährt, kann ich nicht erkennen. Gegenverkehr ist nicht zu sehen. An der rechten Straßenseite parken Autos. Aus einer Lücke zwischen zwei parkenden Autos fahren zwei Mädchen mit Inlinern hintereinander auf die Fahrbahn. *Beurteilung:* Wenn das Auto, aus dem die Situation gesehen wird, fährt, kann es gefährlich werden. Dann laufen die Mädchen vielleicht direkt vor das fahrende Auto. Wenn der Fahrer oder die Fahrerin die Gefahr erkannt hat, vergeht bis zum Ausweichen oder Bremsen ja eine kurze Zeit, in der das Auto weiterfährt. Und das Auto hat ja auch einen Bremsweg. Das könnte knapp werden.

3 *Zwei verschiedene Antworten für eine Aufgabe*

2 Aufgaben mit passenden Arbeitsanweisungen selbst erstellen. Die Abbildungen 4 und 5 stellen bestimmte biologische Sachverhalte dar. Erstelle zu jeder dieser beiden Abbildungen Vorschläge für eine oder mehrere Aufgaben mit Arbeitsanweisungen aus Abbildung 1. Gib an, welche Lösung du zu der jeweiligen Aufgabenstellung erwartest. Vergleicht und diskutiert eure Vorschläge.

4 *Kirschblüte im Längsschnitt*

5 *Delfine*

Biologische Prinzipien

Biologisches Prinzip: Struktur und Funktion
Unter Struktur versteht man den Bau von Lebewesen. Mit ihrem Bau sind sie an bestimmte Aufgaben (Funktionen) angepasst, zum Beispiel sich zu bewegen oder zu ernähren.
Die Reißzähne eines Hundes sind so angeordnet und gebaut, dass sie beim Schließen des Mauls wie die beiden Hälften einer Schere aneinander vorbeigleiten. Die Reißzähne haben die Aufgabe, Fleischstückchen von der Beute abzutrennen.

Biologisches Prinzip: Fortpflanzung
Lebewesen vermehren sich. Durch Fortpflanzung wird der Fortbestand der Art gesichert. Die meisten Lebewesen entwickeln sich im Laufe ihres Lebens und verändern sich dabei.
Bei Hunden werden die Nachkommen von Männchen und Weibchen gezeugt. Das nennt man geschlechtliche Fortpflanzung.

**Biologisches Prinzip:
Information und Verständigung**
Lebewesen nehmen mit ihren Sinnesorganen Informationen aus ihrem Körper und aus ihrer Umwelt auf. Die Informationen werden verarbeitet und können Einfluss darauf haben, was ein Lebewesen tut und wie es sich verhält. Lebewesen können sich untereinander verständigen.
Wenn sich zwei Hunde begegnen, verständigen sie sich auch mit ihrer Körpersprache.

**Biologisches Prinzip:
Wechselwirkungen zwischen Lebewesen**
Jedes Lebewesen hat Wirkungen auf seine Umwelt und die Umwelt wirkt auf das Lebewesen. Ein Lebewesen kann Wirkungen auf andere Lebewesen haben und umgekehrt.
Gemeinsam im Rudel jagen Wölfe große Beutetiere. Wenn es genug Mäuse oder andere Nagetiere im Lebensraum der Wölfe gibt, fressen sie auch diese kleinen Tiere.

Biologisches Prinzip: Vielfalt
Auf der Erde gibt es vielfältige Lebensräume und eine große Vielfalt von Tier- und Pflanzenarten. Die Nachkommen von zwei Eltern zeigen neben Gemeinsamkeiten auch Unterschiede in den Merkmalen.
Die Welpen eines Hundepaares sehen sich ähnlich, zeigen jedoch untereinander auch Unterschiede.
Die Geschichte der Lebewesen und ihre Entwicklung im Laufe langer Zeiträume bezeichnet man als Stammesgeschichte. Wenn Lebewesen in vielen Merkmalen übereinstimmen, ist das meistens auf gemeinsame Stammesgeschichte zurückzuführen. Man sagt dann, dass die Lebewesen, die sich in ihrem Körperbau ähneln, stammesgeschichtlich miteinander verwandt sind.
Wölfe sind die Vorfahren aller Hunde. Wölfe und Hunde haben viele Gemeinsamkeiten im Körperbau und in anderen Merkmalen. Wölfe und Hunde sind miteinander verwandt.

Biologisches Prinzip: Angepasstheit
Lebewesen besitzen Eigenschaften, mit denen sie an ihre Umwelt angepasst sind. Solche Eigenschaften nennt man Angepasstheiten. Sie sind für das Überleben eines Lebewesens in seiner Umwelt vorteilhaft.
Hunde können tausendmal besser riechen als Menschen. Der Mensch nutzt das gute Riechvermögen der Hunde zum Beispiel beim Suchen nach Erdbebenopfern. Das sehr gute Riechvermögen ist eine Angepasstheit, so können Wölfe ihre Beute auf mehrere Kilometer Entfernung riechen.

Das Leben auf der Erde ist sehr vielfältig. Es gibt winzige Bakterien, Regenwürmer, blühende Rosen und mächtige Elefanten. In den Tropen leben andere Lebewesen als in den Eiswüsten an den Polen. Die Lebewesen unterscheiden sich im Körperbau, in der Lebensweise, im Verhalten, in der bevorzugten Nahrung, in der Entwicklung, in den Umwelteinflüssen und vielem mehr. Wenn man sich längere Zeit mit Biologie beschäftigt, kann es passieren, dass die riesige Fülle von Beispielen unüberschaubar wird. Um das zu verhindern, kann man sich eines Hilfsmittels bedienen. Das sind die grundlegenden biologischen Prinzipien im Fach Biologie. Fast jedem Thema des Biologieunterrichts lassen sich ein oder mehrere dieser Prinzipien zuordnen. Durch die Zuordnung entsteht im Laufe des Biologieunterrichts eine übersichtliche Struktur, die dabei hilft, die vielen Themen gedanklich zu verbinden.

1 Kennzeichen von Lebewesen

1.1 Biologie – ein neues Unterrichtsfach

1 *Lebewesen*

Auf deinem Stundenplan findest du ein neues Unterrichtsfach: **Biologie**. Das Wort setzt sich aus zwei Begriffen zusammen, die aus der griechischen Sprache stammen. „Bios" bedeutet Leben und „logos" bedeutet Wissenschaft. Biologie ist also eine Wissenschaft, die sich mit der lebenden Natur beschäftigt, den Lebewesen selbst und ihrer Umwelt.

Biologie ist wie Chemie oder Physik eine **Naturwissenschaft**. In den Naturwissenschaften werden bestimmte Methoden angewendet. Neben genauem Beschreiben von Abläufen in der Natur spielen vor allem **Experimente** eine große Rolle. Wenn sich ein Biologe oder eine Biologin für eine bestimmte Fragestellung interessiert, planen sie häufig Versuche, um wichtige Informationen zu erhalten. Die Versuchsdurchführung und die Ergebnisse schreiben sie in ein **Protokoll**.

In diesem Buch findest du viele Arbeitsaufträge. Zu deren Bearbeitung benötigst du ein Heft. Manchmal sind Skizzen oder Zeichnungen anzufertigen. Dafür verwendet man nur Bleistifte und Buntstifte, keine Filzstifte. Damit du in deinem Heft noch den Überblick behältst, solltest du die Seiten nummerieren und Protokolle und Aufgaben mit einem Datum und einer Überschrift versehen. Sinnvoll ist auch ein Hinweis auf die Buchseite, von der die Aufgabe stammt. Besonders hilfreich ist ein **Inhaltsverzeichnis**, das du auf der ersten Seite deines Heftes anlegen kannst.

Mein Biologieheft führen

Fragestellung: Die Aufgabe, die gelöst werden soll, wird formuliert, die Buchseite wird angegeben.

Die **Seitennummerierung** und das **Datum** dienen dazu, die Aufzeichnungen zu ordnen und bei Bedarf wieder zu finden.

An den Seiten lässt man einen **Rand** von etwa zwei Zentimetern.

Die **Skizze** ist mit Bleistift und Buntstiften angefertigt.

Durch die **Bildunterschrift** weiß der Leser, was dargestellt ist.

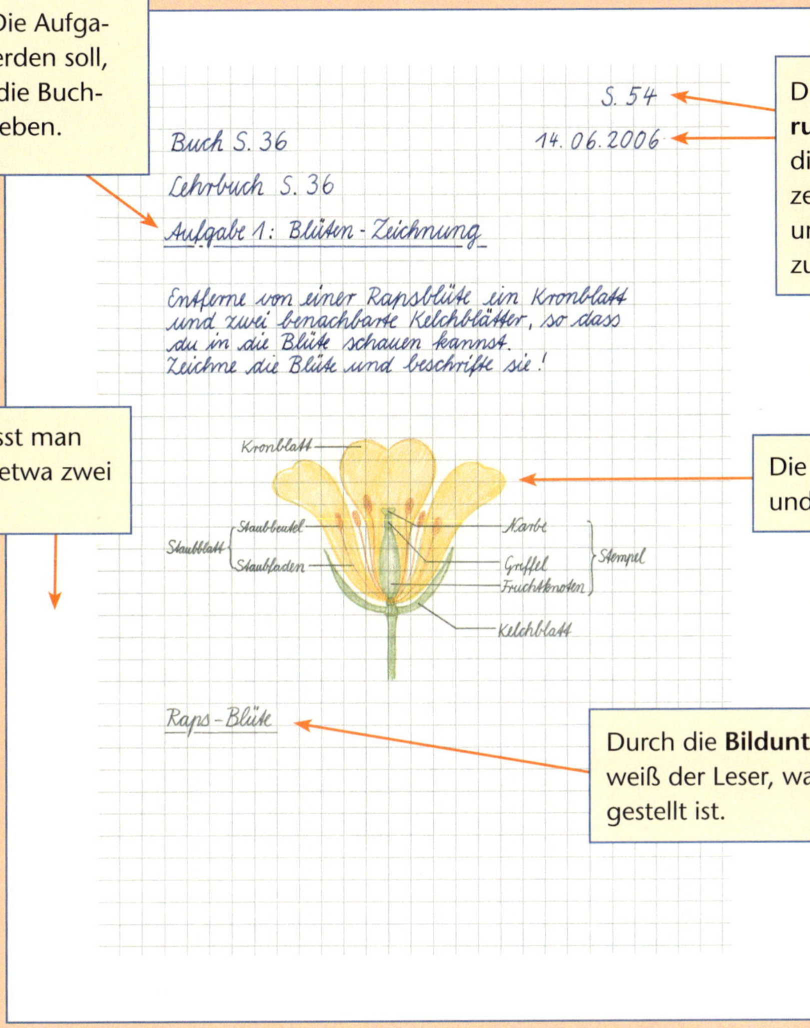

2 *Eine gut geführte Heftseite*

Mit einem **Inhaltsverzeichnis** kann man ein Heft übersichtlich gestalten.
Es ist so auch später leicht möglich, eigene Aufzeichnungen zu den bearbeiteten Themen zu finden.

Inhaltsverzeichnis

1.2 Lebewesen haben typische Kennzeichen

1 *Aus dem Leben eines Eichhörnchens*

Biologie ist eine Wissenschaft, die sich mit Lebewesen befasst. Woran aber erkennt man ein Lebewesen?

Ein Eichhörnchen kann sehen, hören, riechen und tasten. Durch Reize erhält ein Eichhörnchen Informationen über seine Umwelt. Ein Reiz kann zum Beispiel der Anblick eines Marders sein. Die aufgenommenen Informationen werden blitzschnell verarbeitet und das Eichhörnchen kann darauf reagieren. Beim Anblick eines Marders wird es flüchten. Das ist ein Beispiel dafür, dass Lebewesen **auf Reize reagieren**.

Ein Eichhörnchen kann sich sehr geschickt auf den Ästen der Bäume bewegen. Die Fähigkeit zu **selbstständigen Bewegungen** ist ein weiteres Kennzeichen eines Lebewesens.

Alle Lebewesen stammen von anderen Lebewesen ab. Sie pflanzen sich auch selbst fort. **Fortpflanzung** ist ein weiteres Kennzeichen von Lebewesen.

Neugeborene Eichhörnchen sind nackt und blind. Erst nach einigen Tagen entwickeln sie ein Fell. Nach einigen Monaten sind sie so groß wie ihre Eltern. **Wachstum und Entwicklung** zeigen alle Lebewesen.

Ohne Nahrung würde ein Eichhörnchen sterben. Es frisst und atmet. Die Nahrung wird im Körper des Eichhörnchens verdaut. Unverdauliche Reste scheidet es aus. Wie alle Lebewesen hat ein Eichhörnchen einen **Stoffwechsel**.

Jedes Lebewesen besitzt **alle** auf dieser Seite genannten Kennzeichen.

1 Kennzeichen von Lebewesen.

a) Lies den Text auf der Grundwissenseite. Nenne die Kennzeichen von Lebewesen.

b) Finde für jedes der Bilder auf dieser und der Grundwissenseite eine geeignete Bildunterschrift.

c) Lege eine Tabelle nach dem folgenden Muster an. Notiere, welche Kennzeichen von Lebewesen die in Abbildung 1 und 2 dargestellten Beispiele zeigen. Bei welchen Objekten handelt es sich nicht um Lebewesen? Begründe.

2 Versuch: Entsteht hier Leben? Fülle ein Reagenzglas zur Hälfte mit verdünnter Kupfersulfatlösung (Schutzbrille tragen). Gib in die Kupfersulfatlösung einen großen Kristall gelbes Blutlaugensalz. Stelle das Reagenzglas ruhig ab und beobachte einige Minuten. Beschreibe deine Beobachtungen. Entsteht hier Leben (Abb. 3)? Begründe deine Antwort.

3 *Entsteht hier Leben?*

Kennzeichen des Lebendigen	Eichhörnchen	Frösche	...
Wachstum und Entwicklung	ja		
Selbstständige Bewegung	ja		
Reizbarkeit	ja		
Stoffwechsel	ja		
Fortpflanzung	ja		

2 *Belebt oder unbelebt?*

1.3 Sind Pflanzen auch Lebewesen?

Wenn Pflanzen ebenfalls zu den Lebewesen gehören, müssen auch sie alle Kennzeichen der Lebewesen zeigen.

Bohnenpflanzen bilden im Herbst Samen. Sät man die Samen aus, entwickeln sich daraus neue Bohnenpflanzen (Abb. 1). Bohnenpflanzen zeigen also die Merkmale **Fortpflanzung** sowie **Wachstum** und **Entwicklung**.

Eine Bohnenpflanze benötigt zum Wachstum Stoffe aus ihrer Umwelt. Mit dem Dünger führen wir ihr Mineralsalze zu. Über die Blätter nehmen Bohnenpflanzen im Sonnenlicht Kohlenstoffdioxid auf und geben Sauerstoff ab. Im Inneren der Pflanze werden Stoffe umgewandelt. Bohnenpflanzen haben auch einen **Stoffwechsel**.

Dass Pflanzen reizbar sind, ist häufig nur mit viel Geduld zu erkennen. Der Spross der Bohnenpflanzen führt langsame, kreisende Suchbewegungen aus. Stößt er auf ein geeignetes Hindernis, windet sich der Spross an diesem Hindernis empor (Abb. 1). Bohnenpflanzen reagieren also auf den Berührungsreiz des Hindernisses. Sie sind **reizbar**.

Beobachtet man eine Bohnenpflanze im Tagesverlauf, stellt man fest, dass sich die Blattstellung verändert. Abends nehmen die Blätter eine so genannte „Schlafstellung“ ein (Abb. 2). Die Veränderung der Blattstellung ist ein Beispiel dafür, dass Bohnenpflanzen aktive **Bewegungen** ausführen können.

Wie die Bohnenpflanzen zeigen auch alle anderen Pflanzen alle Kennzeichen von Lebewesen.

1 *Samen, Keimling und ausgewachsene Feuerbohnenpflanze*

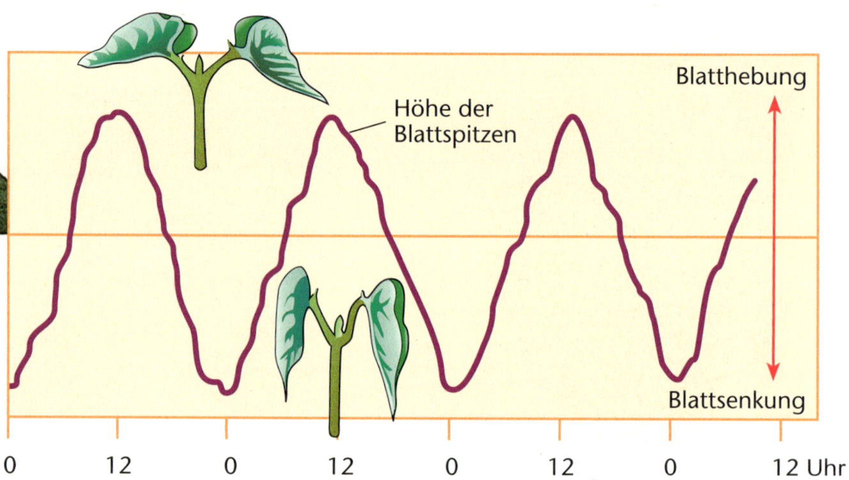

2 *Bewegungen bei Blättern der Feuerbohnenpflanze*

1 Versuch zum Kressewachstum. Gib etwas Watte in eine Petrischale und halte sie feucht. Lege auf die Watte Kressesamen und stelle die Schale in einen geschlossenen Schuhkarton. An einer Seite soll sich eine quadratische Öffnung mit einer Seitenlänge von ca. 8 cm befinden (Abb. 3).

a) Beobachte die Kressesamen täglich. Notiere, welche Veränderungen sich ergeben.

b) Erläutere, welche Kennzeichen von Lebewesen du an der Kresse in diesem Versuch beobachten kannst.

2 Pflanzen reagieren auf Berührung. Beschreibe die Abbildungen 4 und 5. Welche Vorgänge sind zu beobachten? Welche Kennzeichen von Lebewesen kannst du den Bildern zuordnen?

3 *Versuchsaufbau zu Aufgabe 1*

3 Pflanzen im Tagesverlauf.

a) Beobachte ein Gänseblümchen morgens, mittags und abends. Notiere deine Beobachtungen.

b) Beschreibe ausführlich das Versuchsergebnis, das du der Abbildung 2 entnehmen kannst.

4 Pflanzen sind Lebewesen. Begründe am Beispiel einer dir bekannten Pflanze, warum sie ein Lebewesen ist. Schreibe dazu einen Text.

4 *Pflanze vor (links) und nach Berührung (rechts)*

5 *Venus-Fliegenfalle bei Berührung durch eine Fliege*

Haustiere und Nutztiere

2 Haustiere

2.1 Hunde – die ältesten Haustiere des Menschen

1 *Hunderassen: Golden Retriever, Chow-Chow, Dackel, Dalmatiner*

Auf den ersten Blick erscheinen die abgebildeten Hunde sehr verschieden (Abb.1). Es handelt sich bei den Hunden um Vertreter unterschiedlicher Hunderassen. Alle heutigen Hunderassen stammen vom Wolf ab. In Körperbau und Verhalten gibt es viele Ähnlichkeiten und gemeinsame Merkmale zwischen Hund und Wolf. Sie können sogar gemeinsame Nachkommen zeugen. Diese Mischlinge können sich selbst wieder fortpflanzen. Tiere, die fruchtbare Nachkommen zeugen können, gehören einer **Art** an. Hund und Wolf gehören zu einer Art.

Die Hunderassen entstanden im Laufe der Zeit durch gezielte **Züchtung.** Dabei verwendete man jeweils nur Tiere mit besonderen Eigenschaften zur Zucht, zum Beispiel besonders schnelle, wachsame, kleine oder große Tiere. Heute sind Hunde weltweit beliebte Haus- und Nutztiere. Bei manchen Rassen deutet bereits der Name auf die ursprüngliche oder heutige Verwendung hin, wie zum Beispiel beim Schäferhund, Hirtenhund oder Jagdhund. Für viele Aufgaben sind Hunde wegen ihrer besonderen Sinnesleistungen geeignet. Sie haben ein sehr gutes Gehör und einen ausgezeichneten Geruchssinn. Haben Hunde eine Spur aufgenommen, können sie ihr über weite Strecken folgen.

Hundewelpen werden blind und taub geboren. Nach zwei Wochen können sie sehen und hören. Vor allem der Anblick von Welpen weckt bei vielen Menschen den Wunsch, sich einen Hund anzuschaffen. Dabei wird aber häufig unterschätzt, dass die **artgerechte Haltung** eines Hundes viel Zeit erfordert und Geld kostet.

Artgerechte Haltung bedeutet, dass die Tiere entsprechend ihren Bedürfnissen gehalten werden. Die Bedürfnisse leiten sich aus der Lebensweise der Urform, des Wolfes, ab. Wölfe leben in einem Rudel zusammen, das von einem Tier geführt wird. Daher sind Hunde **soziale Tiere,** die viel Kontakt zu ihren Besitzern brauchen. Die Hundehalter nehmen die Stelle des Leitwolfs ein. Vor allem größere Hunde haben einen starken Bewegungsdrang und brauchen viel Auslauf. Die Kosten für Futter, Versicherungen, Tierarztbesuche und Impfungen müssen einkalkuliert werden. Hunde müssen fachgerecht erzogen und behandelt werden. Dafür müssen sich die Hundehalter rechtzeitig die notwendigen Kenntnisse aneignen. Leider werden Hunde häufig – besonders in der Urlaubszeit – von überforderten Besitzern ausgesetzt oder in Tierheime abgegeben.

1 Hunderassen. In Abbildung 1 sind Hunderassen abgebildet. Nenne weitere Hunderassen.

2 Hundehaltung.

a) Befrage einen Hundebesitzer, welchen Pflegeaufwand er treiben muss und welche Kosten sein Hund verursacht. Notiere die Ergebnisse deiner Befragung.

b) Beurteile, welche Vorteile und welche Nachteile mit der Haltung eines Hundes verbunden sein könnten.

c) Eine Familie möchte sich einen Hund anschaffen. Die Familie möchte vorher überlegen, ob sie ihn artgerecht halten kann. Entwirf für die Familie einen Fragebogen, mit dem sie beurteilen kann, ob sie für die Haltung eines Hundes geeignet ist.

3 Ansprüche an Haltung und Pflege. Beschreibe Bedingungen, die nötig sind, damit ein Hund aus Abbildung 1 ein gutes Zuhause hat. Beachte dabei die Abbildungen 2, 3.

„Wer ein Tier hält,
1. muss das Tier seiner Art und seinen Bedürfnissen entsprechend angemessen ernähren, pflegen und verhaltensgerecht unterbringen,
2. darf die Möglichkeiten des Tieres zu artgemäßer Bewegung nicht so einschränken, dass ihm Schmerzen oder vermeidbare Leiden oder Schäden zugefügt werden."

2 *Auszug aus dem Tierschutzgesetz*

	Bernhardiner	Kl. Münsterländer	Yorkshireterrier
Futter	900 €	450 €	228 €
Tierarzt	125 €	115 €	115 €
Steuer	75 €	75 €	75 €
Versicherung	50 €	50 €	50 €
Spielzeug, Leine	10 €	10 €	10 €
Pflegemittel	25 €	25 €	25 €
vier Wochen Ferien im Tierheim	375 €	340 €	300 €

3 *Mögliche Kosten eines Hundes, bezogen auf ein Jahr*

4 Hundeverhalten. Das Verhalten von Hunden ähnelt dem von Wölfen. In Abbildung 5 sind Verhaltensweisen von Hunden gezeigt. Ordne zu, mit welchen Verhaltensweisen von Wölfen diese vergleichbar sind. Beispiel 5 b: Betritt der Briefträger das Grundstück, stürmt der Hund bellend auf ihn zu. – Auch Wölfe verteidigen ihr Revier.

5 Hunde als Nutztiere. Hunde werden vom Menschen für viele Aufgaben eingesetzt. Lege eine Tabelle wie in Abbildung 4 an und ergänze sie für folgende Hunde: Jagdhund, Polizeihund, Wachhund, Blindenhund.

	Sinnesleistung	Aufgabe
Lawinenhund	guter Geruchssinn	Suchen von Verschütteten
?	?	?

4 *Vorlage für Tabelle*

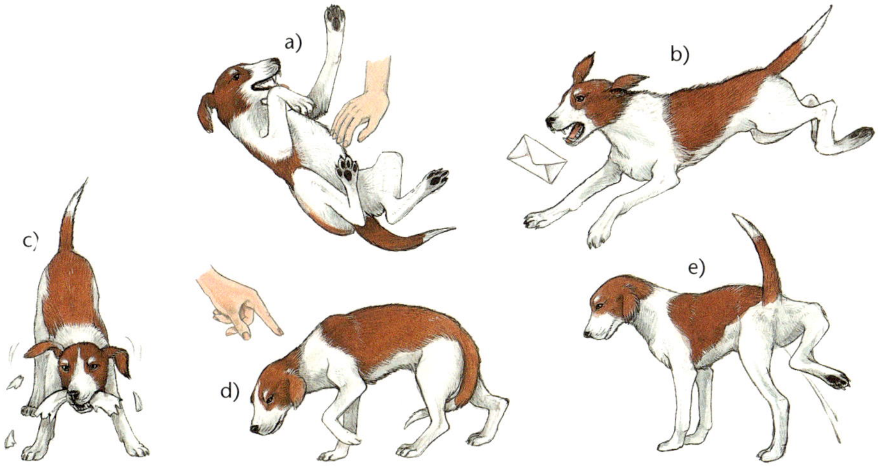

5 *Verhaltensweisen eines Hundes*

2.2 Fortpflanzung und Ernährung des Hundes

1 *Saugende Welpen*

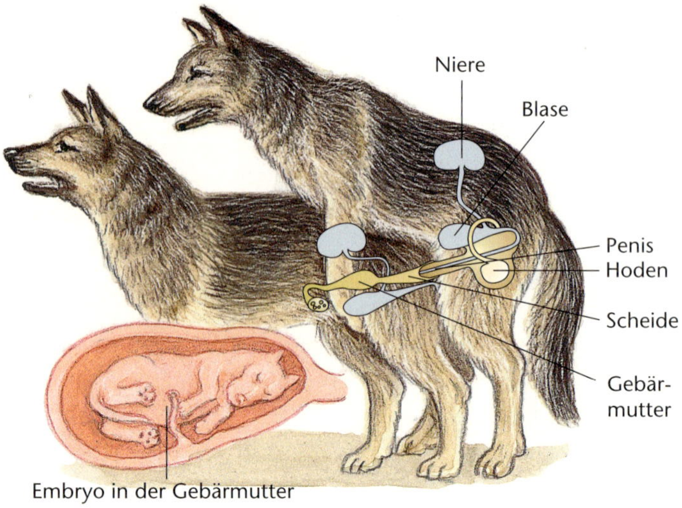

2 *Fortpflanzung und Entwicklung beim Hund*

Hunde haben mit anderen **Säugetieren** eine Reihe gemeinsamer Merkmale. Dazu gehört das Fell aus Haaren und eine gleichwarme Körpertemperatur. Säugetiere pflanzen sich geschlechtlich fort (Abb. 2). Die Befruchtung findet im Inneren des weiblichen Körpers statt. Bei der Befruchtung verschmelzen Eizelle und Spermazelle. Aus der befruchteten Eizelle geht ein Embryo hervor. Etwa 63 Tage nach der Befruchtung werden die Welpen geboren. Sie sind zunächst hilflos und können noch nicht sehen. Erst zwölf Tage nach der Geburt öffnen sich die Augen.

Die Welpen besitzen eine Reihe von Merkmalen, zum Beispiel die Körperform, die Form der Ohren, die Beinlänge sowie die Färbung des Fells. Vergleicht man die Welpen untereinander oder mit ihren Eltern, stellt man viele Ähnlichkeiten, aber auch Unterschiede fest, zum Beispiel in der Fellfärbung (Abb. 1). Alle Lebewesen mit **geschlechtlicher Fortpflanzung** haben Nachkommen, die neben Gemeinsamkeiten auch Unterschiede aufweisen.

Ungefähr fünf Wochen werden die Welpen von der Hündin gesäugt. Wie bei allen Säugetieren enthält die Muttermilch alle Stoffe, die für das Wachstum und die Entwicklung der Jungen notwendig sind.

Nach der Entwöhnung von der Muttermilch müssen die jungen Hunde ihr Gebiss zum Fressen einsetzen. Erwachsene Hunde haben ein kräftiges **Fleischfressergebiss** (Abb. 3). Vorne im Oberkiefer und im Unterkiefer sitzen jeweils sechs scharfe Schneidezähne. Rechts und links der Schneidezähne folgt je ein dolchartiger Eckzahn, auch Fangzahn genannt. Die größten Backenzähne heißen Reißzähne. Wenn der Hund sein Maul schließt, gleiten die Reißzähne des Oberkiefers und des Unterkiefers wie die beiden Hälften einer scharfen Schere aneinander vorbei. Mit den Eckzähnen kann ein Hund seine Beute greifen, festhalten und töten. Mit den Reißzähnen werden Fleischstückchen abgetrennt. Mit den Schneidezähnen kann Fleisch von Knochen abgenagt werden.

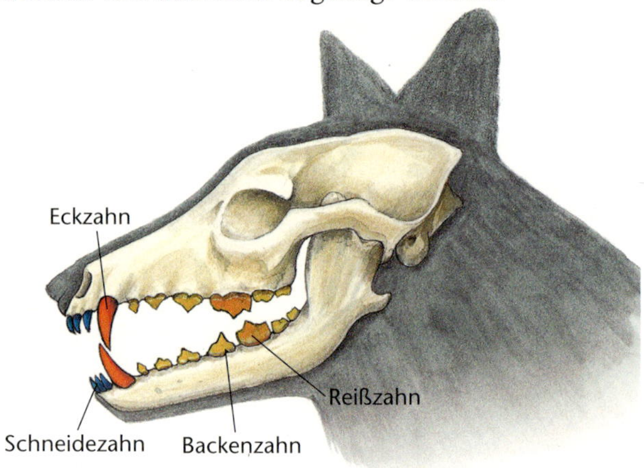

3 *Schädel und Gebiss eines Hundes*

1 Ähnlichkeiten und Unterschiede bei den Nachkommen. Betrachte die Abbildung 1 und vergleiche die Welpen. Nenne Ähnlichkeiten und Unterschiede zwischen den Welpen.

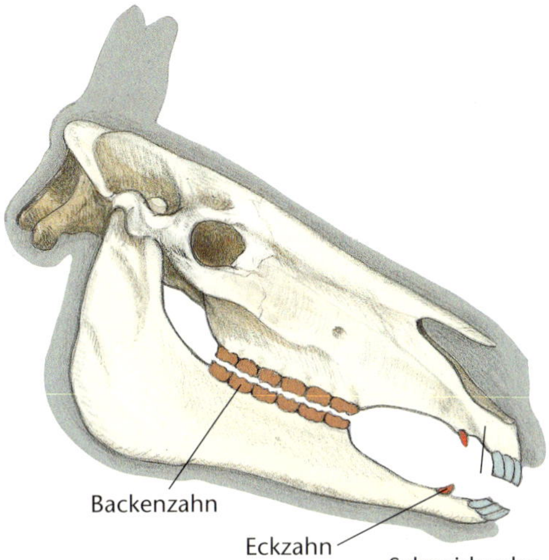

5 *Gebiss eines Pferdes*

Hundewelpen sind Nesthocker. Nach der Geburt können sie nicht sehen, nicht hören und nicht laufen. Um den 12. Lebenstag öffnen sich langsam Augen und Gehörgänge. Ab dem 18. Lebenstag beginnen sie mit Laufversuchen. Muttermilch versorgt die Welpen in den ersten Lebenswochen mit allen Nährstoffen, die sie benötigen. Muttermilch enthält auch Stoffe, die die Welpen in den ersten Tagen vor Krankheitserregern schützen. Ein einzelner Welpe braucht zwei Gramm Muttermilch, um ein Gramm Körpergewicht zuzusetzen. Sechs Schäferhundwelpen nehmen pro Tag insgesamt etwa 400 Gramm zu. Das bedeutet eine tägliche Milchleistung der Mutter von 800 Gramm. Ab der vierten Lebenswoche beginnt das Wachstum der Milchzähne. Erst mit der Entwicklung der Zähne können die Jungen feste Nahrung aufnehmen.

4 *Hundewelpen werden gesäugt*

2 Vergleich von Fleisch- und Pflanzenfresser-Gebiss.
a) Vergleiche das Gebiss eines Schäferhundes mit dem eines Pferdes (Abb. 3, 5).
b) Die Backenzähne des Pferdes haben eine große, raue Kaufläche. Beschreibe, wie Ernährungsweise und Gebiss zusammenhängen.

3 Bedeutung des Säugens. „Zum Säugen gibt es keine Alternative!" Begründe diese Aussage eines Hundezüchters. Verwende dazu Abbildung 4 und den Grundwissentext. Erläutere, warum junge Welpen nicht durch Jagd selbst die notwendige Nahrung erbeuten können.

Eine Kurve beschreiben, auswerten und erklären

Methode

In der Mathematik versteht man unter einer Kurve eine gekrümmte oder gerade Linie. Häufig stellt diese Linie die Beziehung von zwei Werten in einem Koordinatensystem dar. Für die Auswertung solcher Kurven ist es sinnvoll, in Schritten vorzugehen:

1. Thema der Kurve. Welche beiden Werte werden im Koordinatensystem aufeinander bezogen? Welche Maßeinheit hat jeder dieser Werte?
2. Beschreibung des Kurvenverlaufs. Welche Abschnitte hat die Kurve? Wie verläuft die Kurve?
3. Auswertung der Kurve. Was sagt der Kurvenverlauf über die Beziehung der Werte aus?
4. Erklärung der Kurve. Hier werden Begründungen überlegt, mit denen der Kurvenverlauf erklärt werden kann.
5. Vermutungen, offene Fragen. Oft können keine vollständigen Erklärungen gefunden werden. Dann kann man weitere Vermutungen oder Fragen zur Kurve notieren und besprechen.

4 Wachstumskurve eines Bernhardiners. Beschreibe die Wachstumskurve in Abbildung 6 und werte sie aus.

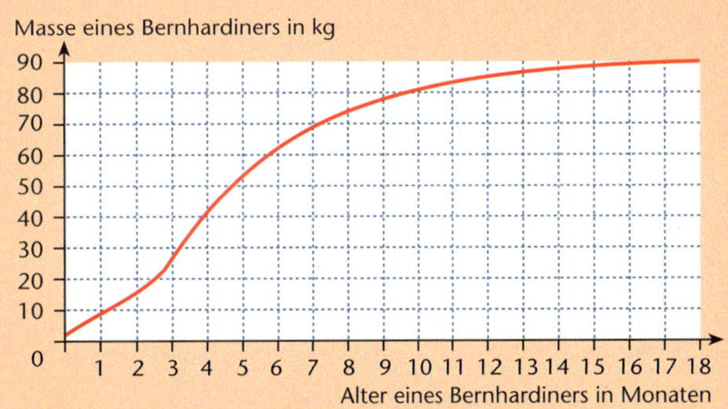

6 *Wachstumskurve eines Bernhardiners*

2.3 Hundezüchtung und Hunderassen

1 *Wölfe*

Alle Wölfe gehören zu einer **Art** mit dem lateinischen Namen Canis lupus. Mitglieder einer Art sind alle Lebewesen, die sich untereinander fortpflanzen können. Aus Skelettfunden weiß man, dass Wölfe bereits in der Steinzeit vor 15000 Jahren mit Menschen zusammenlebten. Vielleicht zogen Menschen der Steinzeit erstmals Welpen groß, deren Elterntiere gestorben waren. Diese Tiere wuchsen in einer Menschengruppe auf und folgten ihr. Der Wolf brachte verschiedene Eigenschaften mit, die seine Zähmung erleichterten. Wölfe leben gesellig in Rudeln und jedes Rudelmitglied gehorcht dem Leittier. Schon bald erkannte der Mensch die Nützlichkeit dieser Tiere und begann, sie für bestimmte Aufgaben gezielt zu züchten, zum Beispiel als Jagdhund oder Wachhund.

2 *Welpen – Gemeinsamkeiten und Unterschiede*

Die Nachkommen eines Wolfspaares oder eines Hundepaares ähneln ihren Eltern, sind aber nicht vollkommen gleich. Diese Ähnlichkeit ist auf vererbte Anlagen zurückzuführen. Bei der Fortpflanzung werden diese Erbanlagen von den Eltern an die Nachkommen weitergegeben. Die Geschwister eines Wurfes ähneln den Eltern und ähneln sich untereinander, zeigen jedoch auch unterschiedliche Eigenschaften und Merkmale (Abb. 2). Diese Unterschiede macht man sich bei der Züchtung zu Nutze. Die Züchter wählen solche Tiere zur Zucht aus, die aus Sicht des Menschen vorteilhafte Veranlagungen haben, zum Beispiel besonders wachsam sind. Tiere mit vorteilhaften erblichen Eigenschaften werden verpaart und in der nächsten Generation werden wieder die Nachkommen mit vorteilhaften Veranlagungen ausgewählt. Die Auswahl von Lebewesen mit bestimmten erblichen Veranlagungen zur Fortpflanzung nennt man **Züchtung.** So ist es im Laufe der Zeit gelungen, über 400 Hunderassen mit verschiedenen Eigenschaften und Merkmalen zu züchten (Abb. 3). All diese Hunderassen gehören zur Art Canis lupus.

Bei der Entwicklung eines Hundes wirken **Veranlagungen** und **Umwelt** zusammen. Zum Beispiel haben alle Hunde die Veranlagung, ein Revier zu verteidigen, etwa durch Bellen. Welches Revier das genau ist, lernt ein Hund durch seine Umwelt.

3 *Der Wolf ist der Vorfahr aller Hunde*

1 Hundezüchtung und Hunderassen.
a) Ordne die Vertreter der in Abbildung 3 dargestellten Hunderassen nach selbst gewählten Gesichtspunkten.
b) Nenne Ziele, die bei der Züchtung verschiedener Rassen vermutlich verfolgt wurden (Abb. 3).
c) Erläutere an einem selbst gewählten Beispiel, wie Hunde gezüchtet werden.

2 Der Wolf, Vorfahr aller Hunde. Nenne Merkmale und Eigenschaften, die Hunde mit dem Wolf gemeinsam haben.

3 Rücksichtslose Züchtung: Zwerghunde und Nackthunde. Zwerghunde sind sehr klein. Die kleinsten wiegen gerade mal ein halbes Kilogramm. Allerdings gehen mit der Züchtung der Zwerghunde Schäden einher: Die Schädelknochen sind papierdünn und im Knochen des Schädeldaches gibt es Löcher, die sich nicht schließen. Beim Chinesischen Nackthund, ebenfalls ein Zwerg unter den Hunden, ist das Fell weitgehend weggezüchtet (Abb. 5). Die Haut muss häufiger mit Sonnencreme eingerieben werden. Außerdem ist beim Chinesischen Nackthund das typische Hundegebiss bis auf ein paar kleine Backenzähne nicht mehr vorhanden.
Bewerte die Züchtung von Zwerghunden und Nackthunden. Beachte dabei auch das Tierschutzgesetz (Abb. 4).

Nach § 11b des Tierschutzgesetzes ist es verboten, Wirbeltiere zu züchten, wenn der Züchter damit rechnen muss, dass aufgrund vererbter Merkmale Körperteile oder Organe für den artgemäßen Gebrauch fehlen oder untauglich sind und hierdurch Schmerzen, Leiden oder Schäden auftreten.

4 *Aus dem Tierschutzgesetz*

5 *Chinesischer Nackthund*

2.4 Wölfe jagen ihre Beute im Rudel

1 *Wolfsrudel mit Beute*

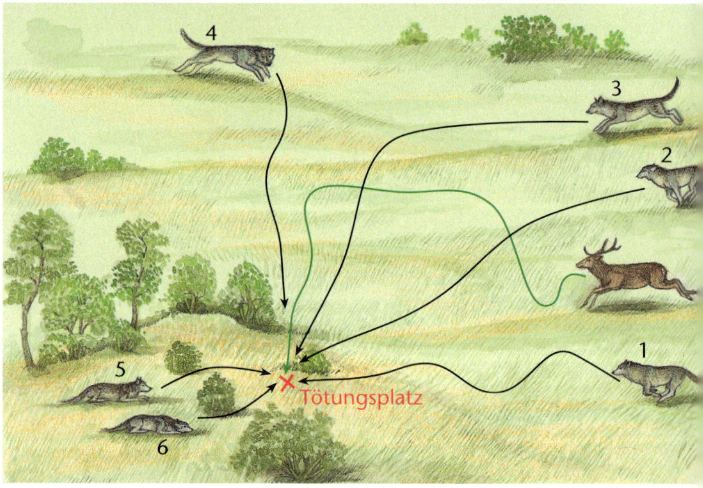

2 *Jagdtechnik bei Wölfen*

Wölfe leben häufig in Rudeln und jagen ihre Beute gemeinsam. Die Art der Beute hängt dabei von der Jahreszeit und von der Region ab, in der die Tiere leben. Es werden auch Tiere erlegt, die größer sind als ein Wolf, zum Beispiel Hirsche, Wildschweine oder Elche. Die Jagdtechnik der Wölfe zielt darauf ab, sich zunächst der Beute zu nähern und sie dann zu verfolgen. Die Jagd kann manchmal über mehrere Kilometer gehen. Meist geben die Wölfe aber schnell auf, wenn sie das Beutetier nicht in kurzer Zeit erreicht haben. Sonst übersteigt die bei der Jagd aufgewendete Energie leicht die Energie, die die Beute den Jägern in Form von Nahrung liefert.

Die Wölfe erkennen sehr schnell das schwächste Tier einer Herde und suchen es als Beutetier aus. Meist handelt es sich um ein Jungtier, ein altes oder krankes Tier. Bei den jagenden Wölfen kommt es zu einer regelrechten Aufgabenverteilung. Die Wölfe treiben sich die Beute gegenseitig zu. Große Beute wird umzingelt und von mehreren Wölfen gleichzeitig angesprungen. Fällt das Beutetier schließlich zu Boden, wird es rasch getötet. Nur gemeinsam können so Beutetiere, die größer als die Wölfe und auch wehrhaft sind, überwältigt werden.

Wölfe können sich untereinander mit bestimmten Signalen verständigen, die typisch für ihre Art sind. Man spricht von **artspezifischen Signalen.** Dazu gehört bei Wölfen die Verständigung mit der Körperhaltung, wobei die Ohren und die Schnauze sowie der Schwanz eine große Rolle spielen. Zusätzlich gehören zur Verständigung zwischen Wölfen auch bestimmte Gerüche und Lautäußerungen wie Winseln, Knurren und Heulen.

1 Wolfsjagd. In Abbildung 2 ist eine erfolgreiche Jagd eines Wolfsrudels dargestellt. Beschreibe den Ablauf der Jagd. Gehe dazu auf die Aufgaben der einzelnen Wölfe ein.

2 Jagderfolg bei Wölfen. Die Abbildung 3 gibt Auskunft über den Jagderfolg eines Wolfsrudels.
a) Fasse die Ergebnisse in eigenen Worten zusammen. Beachte dabei, dass Elche Einzelgänger sind.
b) Entwickle Vermutungen, warum ein Wolfsrudel große Beutetiere bei der Jagd bevorzugt.

3 Einzeln lebende Wölfe und Wölfe im Rudel. Einzeln lebende Wölfe, die zum Beispiel ein neues Rudel suchen, ernähren sich von kleinen Tieren. Das können größere Insekten sein, aber auch Tiere bis zur Größe eines Rehs. Vergleiche die Ernährungsweise eines solchen Wolfes mit der von Wölfen im Rudel. Begründe, warum Wölfe fast immer in Rudeln leben.

4 Wolfsrudel markieren ihr Revier mit Duft. Wölfe können sehr gut riechen und den Duft des Harns von Rudelmitgliedern von fremden Wölfen unterscheiden. Wölfe markieren ihr Revier mit Harn (Abb. 4). Wölfe können auch erkennen, ob ein Duft frisch oder alt ist. Wölfe verteidigen ihr Revier und vertreiben fremde Artgenossen, manchmal töten sie sogar die Eindringlinge.
a) Werte die Abbildung 4 aus. Beachte dabei besonders die Reviergrenzen.
b) Entwickle Vermutungen über die Bedeutung, die ein Revier für ein Wolfsrudel hat.

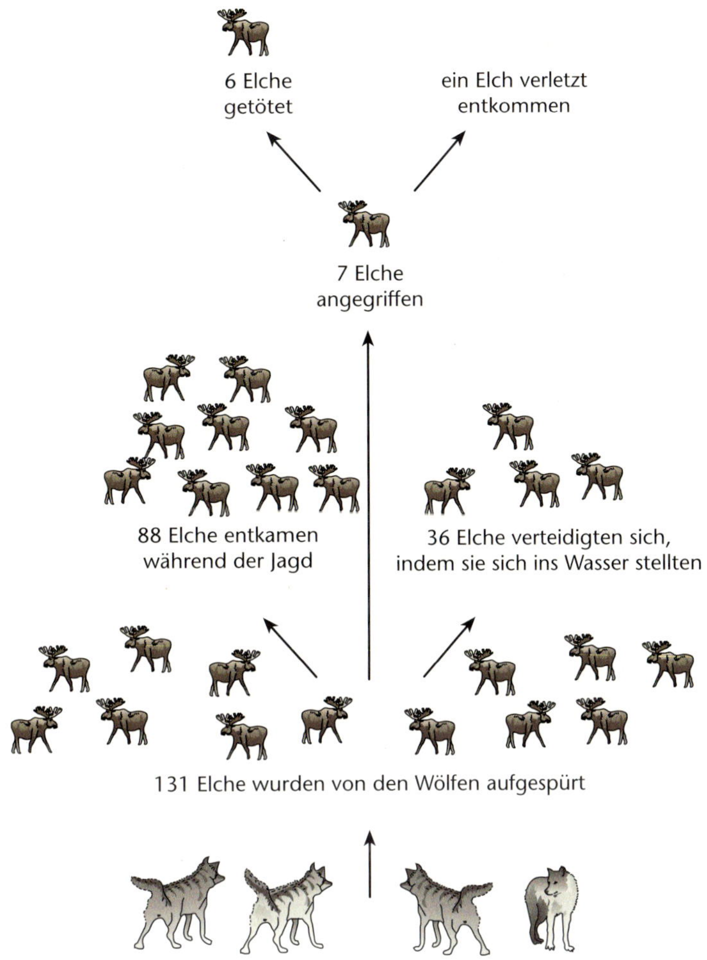

3 *Jagderfolg bei Wölfen in einem Winter*

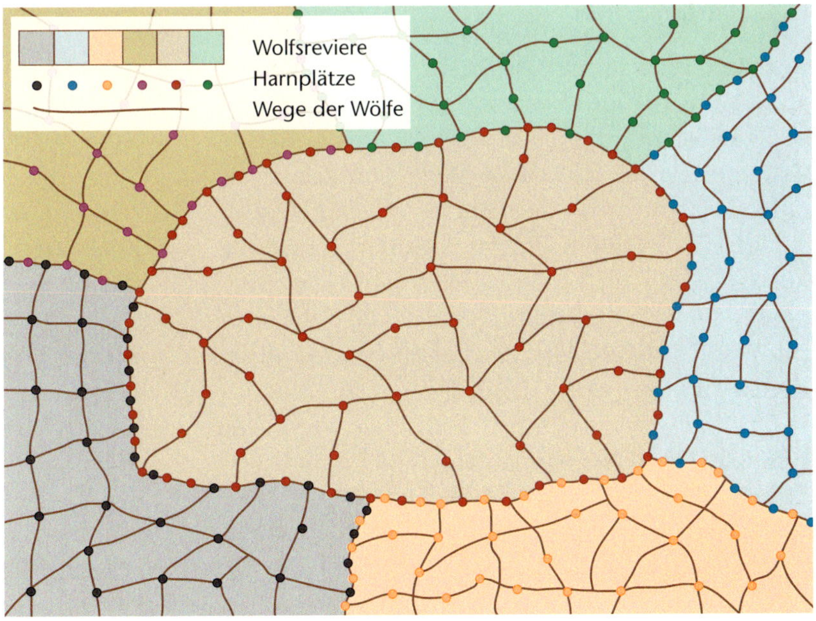

4 *Wolfsrudel markieren ihr Revier mit Harn*

Beobachten und Beschreiben

1 *Giraffe*

2 *Zebra*

Im Zoo kannst du verschiedene Tiere beobachten. Beobachten bedeutet dabei mehr, als nur das Tier anzuschauen. Wenn du ein Tier beobachtest, kannst du auf körperliche Merkmale und auf das Verhalten des Tieres achten. Bei vielen Zootieren fallen dir sofort ihre besonderen Merkmale auf, z. B. das Horn des Nashorns oder der Rüssel des Elefanten. Bei der Tierbeschreibung ist es wichtig, dass du auf alle besonderen Merkmale des Tieres eingehst. Die folgenden Schritte helfen dir bei einer Beschreibung.

1. Schritt: Das Tier beobachten
Beobachte das Tier genau. Achte dabei auf Einzelheiten wie die Kopfform, die Größe und die Fellfarbe.

2. Schritt: Eine Tabelle anlegen
Lege für das Beschreiben eine zweispaltige Tabelle in deiner Mappe an (Abb. 3). Diese Tabelle erleichtert dir die Gliederung der Tierbeschreibung. Trage in die linke Spalte die Merkmale ein, die du beschreiben willst, z. B. Körperbau oder Farbe des Fells. In die rechte Spalte trägst du die dazu passenden Adjektive ein (Abb. 4).

3. Schritt: Das Tier beschreiben
Mithilfe der Tabelle kannst du die Tierbeschreibung beginnen. Beachte dabei folgende Punkte:
- Benutze die Zeitform Präsens (Gegenwart).
- Schreibe in einem sachlichen Stil.
- Verwende keine „Vermenschlichungen“. (Der Löwe schaut traurig aus, das Kamel guckt hochnäsig.)
- Beginne mit den auffälligsten Merkmalen.
- Verwende Fachausdrücke für die Körperteile des Tieres (Abb. 5). Beispielsweise hat ein Bär keinen Mund, sondern eine Schnauze.
- Stelle Vergleiche an, damit deine Beschreibung anschaulicher wird, z. B.: Das Nashorn wiegt so viel wie ein Wohnmobil.

1 Beobachten und beschreiben. Informiere dich auf der Methodenseite „Aufgaben richtig verstehen" über die Unterschiede zwischen „beobachten" und „beschreiben". Schreibe die Definitionen in dein Heft.

Körperbau	muskulös, schlank, plump, sehnig, dick, dünn, geschmeidig…
Kopf	oval, rundlich, eckig, breit, schmal…
Augen	hervorquellend, tief liegend, groß, klein, stechend, glänzend…
Fell	struppig, glatt, gefleckt, gestreift, borstig…

4 *Adjektive zur Tierbeschreibung*

2 Beschreibung von Giraffe und Zebra. Beschreibe zunächst die Giraffe und dann das Zebra. Übertrage die Tabelle von Abbildung 3 in deine Mappe und fülle sie aus. Fertige anschließend für beide Tiere eine Tierbeschreibung an. Verwende dafür treffende Adjektive (Abb. 4).

Name des Tieres	
Merkmal	**Beschreibung**
Kopfform	
Augen	
Ohren	
Körperbau	
Fellfarbe	
Beine	
Füße	

3 *Tabelle zur Tierbeschreibung*

3 Fachbegriffe zuordnen. Ordne die Fachbegriffe von Abbildung 5 den entsprechenden Körperteilen zu. Übertrage dazu die Tabelle von Abbildung 6 in deine Mappe und fülle sie aus. Beachte, dass sich einem Körperteil mehrere Fachbegriffe zuordnen lassen.

4 Beschreibung von Trampeltier und Dromedar. Beschreibe zunächst das Kamel und dann das Dromedar und vergleiche sie anschließend (Abb. 7, 8).

Schnauze, Schuppen, Fell, Pelz, Flossen, Hufe, Borsten, Zehen, Panzer, Schnabel, Tentakel, Maul, Vorderpfote

5 *Fachbegriffe*

5 Erstellen einer schematischen Zeichnung. Erstelle eine Schemazeichnung von der Giraffe und dem Zebra nach dem Muster von Abbildung 9. Welche Vorteile bietet eine schematische Zeichnung gegenüber einem Foto?

Mund	Füße	Arme	Körperbedeckung
Schnauze			

6 *Tabelle Körperteile*

7 *Kamel (Trampeltier)*

8 *Dromedar*

9 *Schemazeichnung Kamel*

2.5 Katzen sind Schleichjäger

1 *Wenige Tage altes Katzenjunges*

2 *Katzenmutter trägt ihr Junges*

Wenn man eine Katze beobachtet, sieht man häufig, wie sie sich in geduckter Haltung mit sehr langsamen und vorsichtigen Bewegungen anschleicht. Manchmal verharrt sie dabei minutenlang. Dann springt sie blitzschnell auf das Beutetier. Dabei fährt sie ihre scharfen Krallen aus, ergreift die Beute mit den Vorderpfoten und tötet sie mit einem Nackenbiss. Katzen sind **Schleichjäger.**

Katzen jagen vor allem nachts und in der Dämmerung. Ihre Pupillen, die sich tagsüber zu schmalen Schlitzen verengen, sind dann stark geweitet. So fällt viel Licht ins Auge und Katzen können auch in der Dämmerung noch gut sehen. Bei völliger Dunkelheit verlassen sich Katzen auf ihr ausgezeichnetes Gehör. Sie können sogar das leise Fiepen einer Maus in ihrem Loch hören. Die beweglichen Ohrmuscheln werden dann auf die Beute ausgerichtet. Die Tasthaare an den Oberlippen können Berührungen wahrnehmen. Sie verhindern im Dunkeln, dass sich die Katze an Hindernissen verletzt.

Katzen sind Einzelgänger. Hauskatzen gewöhnen sich weniger an den Menschen als ein Hund. Häufig ist ihre Bindung an ein **Revier** stärker als an ihre Besitzer. Ständig bringt die Katze in ihrem Revier Duftmarken an (Abb. 3). Dazu nutzt sie über den Körper verteilte Drüsen oder gibt etwas Urin ab. Wenn eine Katze sich an einem Menschen reibt, drückt sie damit nicht nur Zuneigung aus. Sie überträgt auch ihren Körpergeruch und kennzeichnet den Menschen als Teil ihres Reviers.

65 Tage nach der Befruchtung bringen Katzenmütter in geeigneten Verstecken zwei bis sechs zunächst blinde Junge zur Welt (Abb. 1). Werden sie gestört, tragen sie die Jungen in ein anderes Versteck (Abb. 2). Nach einer Woche öffnen die Jungen die Augen. Sie werden etwa acht Wochen gesäugt. In dieser Zeit lernen sie viel von ihrer Mutter. Im Spiel mit ihren Geschwistern üben sie das Jagd- und Sozialverhalten.

3 *Markieren des Reviers durch Wangenreiben*

1 Katzenkrallen. Im Gegensatz zu Hunden und Wölfen können Katzen ihre Krallen einziehen (Abb. 4). Erläutere Zusammenhänge zwischen dieser Eigenschaft und den unterschiedlichen Jagdweisen der Tiere.

4 *Katzenkrallen*

5 Katzen sind Nachtjäger.
a) Betrachte Abbildung 5 und beschreibe die Unterschiede. Erläutere die Bedeutung für die nächtliche Jagdweise der Katze.
b) Nenne weitere Besonderheiten im Körperbau der Katzen, die es ihnen erlauben, nachts zu jagen.

5 *Katzenaugen in der Dämmerung (links) und im Tageslicht (rechts)*

2 Umziehen mit Katzen – ein Fallbeispiel. Familie S. hat gebaut. Sie zieht mit ihrer Katze in das einige Kilometer entfernte neue Haus. Am nächsten Tag ist die Katze verschwunden. An diesem und an vielen folgenden Tagen rufen die alten Nachbarn an, dass die Katze dorthin gelaufen ist. Erkläre das Verhalten der Katze. Würdest du bei einem Hund ein ähnliches Verhalten erwarten?

3 Katzen sind Nesthocker. Katzen bezeichnet man als Nesthocker. Begründe diese Bezeichnung. Nenne andere Beispiele für Nesthocker und für Nestflüchter. Benutze dazu das Stichwortverzeichnis.

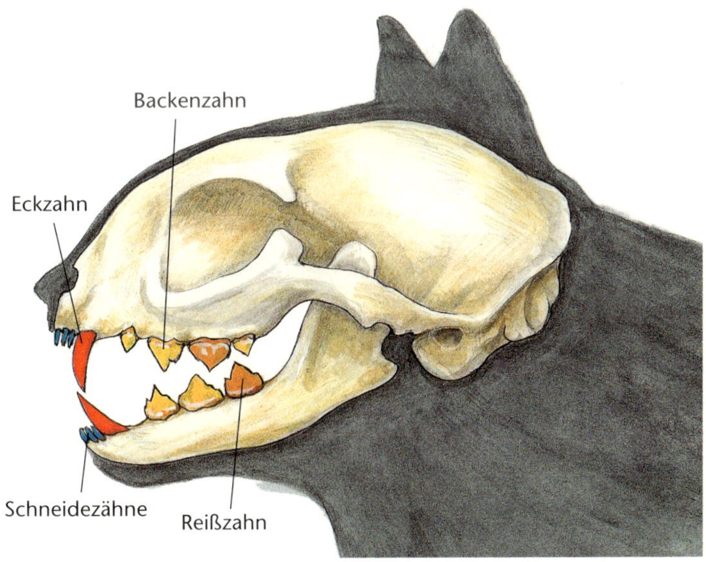

6 *Katzengebiss*

4 Das Gebiss der Katze. Vergleiche das Gebiss einer Katze (Abb. 6) mit dem eines Hundes.

2.6 Katzen – Haustiere mit langer Tradition

1 *Falbkatze*

2 *Siamkatze*

Die Stammform unserer Hauskatze ist die nordafrikanische **Falbkatze** (Abb. 1). Bereits vor Jahrtausenden siedelte sich die Falbkatze in der Nähe menschlicher Siedlungen an. Dort fand sie reichlich Mäuse, Ratten und Abfälle. Als Schädlingsvertilger waren die Katzen sehr willkommen. Falbkatzen erwiesen sich als anpassungsfähig. Vermutlich wurden die zutraulichsten der Tiere weitergezüchtet. Aus diesen Züchtungen entwickelte sich die Hauskatze. Die Entstehung einer Haustierrasse aus einer Wildform bezeichnet man als **Domestikation.**

Seefahrer schätzten Katzen als eifrige Mäusejäger auf Schiffen. Auf Handelswegen wurden Katzen so von Nordafrika aus über die ganze Welt verbreitet. Zunächst eher zufällig und vor allem in den letzten Jahrhunderten entstanden durch gezielte Zucht unterschiedliche Katzenrassen wie die Siamkatze oder die Perserkatze (Abb. 2, 3). Viele von ihnen zeigen noch deutlich die Eigenschaften der Falbkatze.

Falbkatzen sind geschickte Jäger. Mit eingezogenen Krallen schleichen sie sich lautlos an ihre Beute an. Mit ihrem hervorragenden Gleichgewichtssinn können sie über schmale Hindernisse klettern. Ihr Schwanz dient dabei zum Balancieren. Beim Erklettern von Bäumen helfen die ausziehbaren, spitzen Krallen. Die Falbkatze schärft die Krallen regelmäßig an Bäumen. Die Kratzer, die dabei entstehen, dienen auch der optischen Markierung des Reviers. Hauskatzen sind ebenso anpassungsfähig wie ihr Urahn. Sie passen ihre Revieransprüche den Gegebenheiten in einer Wohnung an und lassen sich sogar an eine Katzentoilette gewöhnen.

3 *Perserkatze*

4 *Artikel, die für einen Katzenhaushalt gebraucht werden*

1 Die Pflege von Katzen. Katzen, die in Wohnungen gehalten werden, leben unter anderen Bedingungen als im Freiland. Um den Bedürfnissen von Katzen gerecht zu werden, muss dies berücksichtigt werden. Abbildung 4 zeigt einige Gegenstände, die zur Katzenhaltung benötigt werden. Lege eine Tabelle an. Benenne in der ersten Spalte die Gegenstände und gib in der zweiten Spalte an, wozu sie benötigt werden.

2 Gefährden Katzen die Singvögel? Haltern von Katzen wird häufig der Vorwurf gemacht, ihre Tiere gefährdeten die Singvogelbestände.

a) Fasse die Aussagen von Text 1 und Text 2 zusammen und beurteile die Auffassungen der Autoren.

b) Nimm zum dargestellten Problem Stellung.

c) Welche Maßnahmen sollten Katzenhalter deiner Meinung nach ergreifen, um die Gefährdung der Vögel einzudämmen?

Text 1

Mit Abstand die meisten Opfer unter den Vögeln gehen auf das Konto verwilderter und streunender Hauskatzen. Aber auch die sich gelegentlich draußen aufhaltenden Hauskatzen fangen und fressen Wildvögel. Singvögel machen einen Anteil von 20 Prozent an der Beute von Hauskatzen aus. Zudem zeigte eine Studie, dass einige besonders geschickt jagende Hauskatzen über 1000 Tiere pro Jahr in der Natur töten.

Viele Millionen Katzen leben in deutschen Haushalten. Entsprechend viele Opfer gibt es in der Vogelwelt. Anhand der Daten lässt sich ihre Zahl auf mindestens 50 Millionen Vögel pro Jahr beziffern. Angesichts der starken Bestandsrückgänge vieler Singvogelarten ist diese Zahl höchst alarmierend.

Text 2

Seit Jahrhunderten nutzt der Mensch die Fähigkeiten der Katzen, um Mäuse- und Rattenplagen zu bekämpfen. Doch Katzen stellen nicht nur den Kleinsäugern nach, gelegentlich erbeuten sie auch junge Singvögel. Immer wieder kommt es deshalb zum Streit zwischen Katzenliebhabern und Vogelfreunden. Geht die Zahl der Vögel zurück, ist die Schuldige schnell gefunden: die Katze.

Tatsächlich aber finden viele Singvögel in unseren aufgeräumten Gärten und Parks kaum noch geeignete Nistplätze. Gebüsch und Hecken als Versteckmöglichkeiten fehlen oft genauso wie alte knorrige Bäume oder artenreiche Blumenwiesen. Denn die locken nicht nur Insekten an, sondern auch deren Räuber, die Singvögel. In einer intakten Landschaft sind Katzen keine Gefahr für die Vögel.

In Gebieten mit vielen freilaufenden Katzen können sie jedoch zu einer zusätzlichen Bedrohung für die Vögel werden.
Hauptursache für den Rückgang der Singvögel aber bleibt der Mensch, der ihren Lebensraum immer mehr einschränkt. Diese Tatsache können wir nicht auf die Katzen abwälzen.

2.7 Verständigung bei Hund und Katze

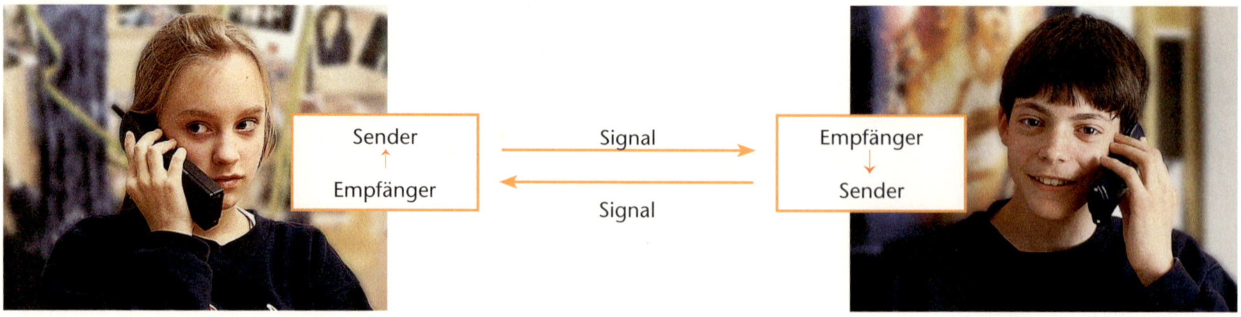

1 *Schema zur Kommunikation*

Wenn du mit jemandem telefonierst, erfolgt die Verständigung nach folgendem Muster (Abb. 1): Derjenige, der gerade spricht, ist der **Sender.** Seine Worte sind die **Signale,** die mithilfe der Technik gesendet werden. Der **Empfänger** nimmt die Signale auf und entnimmt ihnen die **Informationen.** Nun kann er selbst zum Sender werden und Informationen mithilfe von Signalen zurücksenden. Erfolgt ein Austausch von Informationen in beide Richtungen, so spricht man von **Kommunikation** (Abb. 1). Sie ist natürlich nur möglich, wenn der jeweilige Empfänger die Signale des Senders versteht. Signale können beim Menschen neben der Sprache auch Mimik und Körperhaltung sein.

Auch Tiere verständigen sich unter Artgenossen durch Körperhaltungen, Düfte, Mimik und Laute. Wenn Artgenossen sich untereinander verständigen, spricht man von **innerartlicher Kommunikation.** Treffen Hunde aufeinander, beschnüffeln sie sich, um festzustellen, ob es sich bei dem Gegenüber um ein Männchen oder ein Weibchen handelt. Sie stellen durch Drohen und Knurren ihre Rangordnung fest. Der Unterlegene zeigt dies durch Unterwerfungsgesten dem Ranghöheren (Abb. 2). „Befreundete" Tiere begrüßen sich durch Bellen und sie spielen miteinander. Die Fähigkeit, diese Signale zu senden und zu verstehen, ist ihnen angeboren. Hunde können die Bedeutung von Wörtern erlernen. Sie können auch Gesten und Stimmungen der Menschen richtig erfassen und darauf reagieren. Veranlagungen und Umwelt wirken bei der Verständigung mit Menschen zusammen.

Katzen verfügen über eigene Signale. Damit wird zum Beispiel die Revierabgrenzung, Paarungsbereitschaft und das Zusammenleben mit den Jungen geregelt. Dringt eine Katze in das Revier einer anderen ein, wird sie durch Drohen, Fauchen oder Angriff vertrieben oder zum Spielen eingeladen.

Manche Signale haben bei Hund und Katze eine unterschiedliche Bedeutung. So drückt Schwanzwedeln bei Hunden Freude aus, bei Katzen jedoch sowohl Freude als auch Bereitschaft zum Angriff. Missverständnisse sind im Zusammenleben von Hund und Katze daher häufig vorprogrammiert. Will ein Hund eine Katze freundlich mit Schwanzwedeln begrüßen, kann die Katze das als Angriffsbereitschaft missverstehen und zum Angriff übergehen. Umgekehrt sieht ein Hund die schwanzwedelnde Katze als freundliche Spielgefährtin. Kommt er ihr näher, besteht die Gefahr, dass die Katze angreift.

2 *Zwei Hunde begegnen sich, einer in Unterwerfungshaltung*

1 Kommunikation. Beschreibe zwei Beispiele aus deinem Alltag, in denen Kommunikation stattfindet. Benenne dabei jeweils Sender, Signal und Empfänger.

2 Körpersprache von Hund und Katze. Vergleiche mithilfe der Abbildung 4 die Körpersprache von Hund und Katze.

3 Begegnungen von Tieren der gleichen Art.
a) Beschreibe die Situation der Tiere in der Abbildung 2. Überlege dir, wie es zu einer solchen Situation kommen kann und wie sie sich weiterentwickeln könnte. Begründe, warum du glaubst, dass sich die Situation so weiterentwickeln wird.
b) Übertrage das Schema in Abbildung 1 auf die Situation in Abbildung 2.

4 Begegnung von Hund und Katze. Beschreibe die in Abbildung 3 dargestellte Situation. Gehe dabei auf die Stimmung der beiden Tiere ein. Entwickle Vermutungen, wie sich die Situation voraussichtlich weiterentwickeln wird. Begründe jeweils deine Ansicht.

3 *Hund und Katze begegnen sich*

4 *Körpersprache von Hund und Katze*

Vergleichen

Wölfe leben in Rudeln mit einer Rangfolge. Sie gehen meistens gemeinsam auf Jagd, vor allem tagsüber, aber mitunter auch in der Nacht. Wölfe laufen täglich viele Kilometer, um ihre Beutetiere, zum Beispiele Rentiere, zu finden. Mit ihrer feinen Nase und ihrem guten Gehör können Wölfe ihre Beute riechen und hören. Sie pirschen sich an die Rentiere heran und dann rennt das Wolfsrudel los. Die Rentiere werden gehetzt, manchmal über viele Kilometer. Wird ein Beutetier eingeholt, springen mehrere Wölfe das Tier an. Durch einen kräftigen Biss in den Hals wird es getötet. Die Beute wird gemeinsam gefressen. Die ranghöchsten Rudelmitglieder dürfen als Erste fressen.

1 *Wölfe auf der Spur eines Beutetieres*

Eine Hauskatze jagt in der Dämmerung und nachts. Sie kann sehr gut hören und auch im Dämmerlicht gut sehen. Hat eine Katze das Fiepen einer Maus gehört, schleicht sie sich lautlos und in geduckter Haltung an. Vor dem Mauseloch lauert sie reglos. Kommt die Maus aus ihrem Loch heraus, schnellt die Katze mit einem kräftigen Sprung blitzschnell auf die Beute zu. Die Maus wird mit den beiden Vorderpfoten und den scharfen, ausgestreckten Krallen ergriffen und zu Boden gedrückt. Mit den Zähnen wird die Maus getötet.

2 *Katze auf Mäusejagd*

Vergleichen ist eine häufige Tätigkeit – im Alltag und in der Schule. In der Sprache werden Vergleiche unter anderem durch die Steigerung von Eigenschaftswörtern (Adjektive) deutlich: Etwas ist schöner, schneller, lauter, größer, kleiner oder schwieriger als etwas anderes (erste Steigerungsform = Komparativ). Jeder Mensch benutzt solche Steigerungsformen von Adjektiven häufig. Bevor sie ausgesprochen werden, wird etwas in Gedanken verglichen. Auch in der Mathematik und in den Naturwissenschaften spielen Vergleiche eine große Rolle. Während im Alltag Vergleiche häufig persönliche Einschätzungen widerspiegeln, werden in den Naturwissenschaften möglichst nur Vergleiche vorgenommen, die für jeden Menschen unabhängig von der eigenen Meinung nachprüfbar sind.

Das Vergleichen ist eine gedankliche Tätigkeit, bei der gemeinsame und unterschiedliche Merkmale von zwei oder mehr Vergleichsobjekten ermittelt werden. In der Biologie können solche Vergleichsobjekte Tiere oder Pflanzen sein. Auch Vorgänge können miteinander verglichen werden, zum Beispiel das Jagdverhalten von Wölfen und Hauskatzen (Abb. 1, 2).

Folgende Fragen helfen, die Vorgehensweise bei einem Vergleich zu gliedern:

- Was soll ich genau miteinander vergleichen?
- In welchen Grenzen soll der Vergleich erfolgen?
- Wie will ich die Ergebnisse des Vergleichs darstellen, zum Beispiel als Tabelle oder als Text?
- Was weiß ich über die zu vergleichenden Gegenstände oder Vorgänge? (Manchmal ist es notwendig, sich dieses Wissen erst anzueignen, bevor der Vergleich durchgeführt wird.)
- Welche Gemeinsamkeiten haben die zu vergleichenden Objekte oder Vorgänge?
- Welche Unterschiede weisen die zu vergleichenden Objekte oder Vorgänge auf?
- Wie lässt sich der Vergleich zusammenfassen?

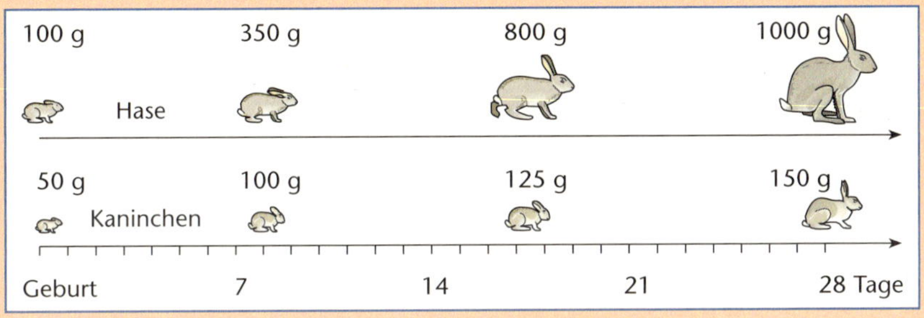

3 *Entwicklung von Hase und Kaninchen*

1 Vergleich der Jagd bei Wölfen und Katzen. Vergleiche die Verhaltensweisen bei der Jagd bei Wölfen und Hauskatzen (Abb. 1, 2). Richte dich nach den Fragen zur Vorgehensweise.

2 Entwicklungsvergleich. Stelle die Entwicklung der Körpermasse von Kaninchen und Hase aus Abbildung 3 in einer geeigneten Grafik dar. Vergleiche die Entwicklung.

3 Vergleich zweier Baumarten. Vergleiche Rotbuche und Stieleiche anhand der Abbildung 4.

a) Stelle die verschiedenen Gesichtspunkte tabellarisch dar.

b) Nenne weitere Gesichtspunkte für einen Vergleich, die nicht aus der Abbildung hervorgehen.

4 *Rotbuche und Stieleiche*

3 Nutztiere

3.1 Der Auerochse – Urvater unserer Rinder

1 *So könnte das Urrind gelebt haben*

Alle europäischen, aber auch viele asiatische und afrikanische Rinderrassen stammen vom Urrind oder Auerochsen ab (Abb. 1). Das Urrind lebte als Herdentier in gebüschreichen, lichten Wäldern und ernährte sich hauptsächlich von Gräsern, manchmal auch von Laub. Vor etwa 8 000 Jahren begannen unsere Vorfahren damit, wild lebende Rinder zu fangen und sie als Haustiere zu halten. Hunde, Ziegen und Schafe waren zu dieser Zeit bereits Haustiere des Menschen. Das Urrind ist bei uns aufgrund ungünstiger Lebensbedingungen und intensiver Bejagung seit 1627 ausgestorben. In Europa überlebte als Wildrind lediglich das Wisent.

Durch gezielte Paarung von männlichen und weiblichen Tieren, die die von Menschen gewünschten Eigenschaften aufweisen, entstanden mehr als 250 Rinderrassen. Eine solche Paarung von ausgewählten Tieren nennt man **Züchtung.** Bei der Züchtung von Milchrassen wurde Wert auf eine hohe Milchleistung gelegt, bei Mastrassen dagegen auf einen hohen Fleischanteil am Gewicht. Die durch Züchtung entstandenen Eigenschaften werden von den Eltern an die Nachkommen vererbt. Zu den reinen Milchrassen gehören zum Beispiel die Jersey-Rinder. Reine Mastrassen dagegen sind Charolais und Limousin. In den weit verbreiteten Rassen Deutsche Schwarzbunte, Deutsche Rotbunte und Fleckvieh sind beide Eigenschaften miteinander kombiniert, man nennt sie daher auch **Zweinutzungsrassen** (Abb. 3, 4).

In den letzten Jahren werden Rinder auch verstärkt in der Landschaftspflege eingesetzt, wobei man hier auf Galloway oder Schottische Hochlandrinder zurückgreift. Diese Tiere sind äußerst robust und widerstandsfähig und bleiben auch bei widrigsten Witterungsverhältnissen draußen auf der Weide.

	1960	1970	1980	1990	2000	2009
durchschnittliche Milchmenge einer Kuh in Liter pro Jahr	3 400	3 800	4 600	5 000	6 700	bis 10 000

2 *Durchschnittliche Milchleistung einer Kuh*

1 Durchschnittliche Entwicklung der Milchleistung einer Kuh in Deutschland. Stelle die Entwicklung der Milchleistung grafisch in einem Balkendiagramm dar (Abb. 2). Erkläre mithilfe des Grundwissentextes diese Entwicklung. Nimm Stellung zu Auswirkungen und möglichen Folgen dieser Entwicklung.

3 *Schwarzbuntes Rind*

4 *Fleckvieh*

Rasse	Gewicht der Kühe in kg	Milchleistung in kg pro Jahr	Fettgehalt der Milch in %	Eiweißgehalt der Milch in %	tägliche Gewichtszunahme in g
Schwarzbunte	680	7 300	4,3	3,4	—
Rotbunte	700	6 650	4,3	3,4	—
Jersey	350	4 680	6,1	4,2	—
Fleckvieh	750	5 690	4,1	3,5	1 280
Charolais	850	—	—	—	1 400
Limousin	750	—	—	—	1 200

5 *Leistungsmerkmale verschiedener Rinderrassen*

2 Verschiedene Rinderrassen. Erkläre die Begriffe Milch- und Fleischrasse sowie Zweinutzungsrasse. Nutze dazu den Grundwissentext und Abbildung 5. Ordne die Rassen den jeweiligen „Zuchtrichtungen" zu. Überlege dir, warum in einigen Kästchen der Tabelle keine Angaben verzeichnet sind.

3 Urrinder und heutige Rinder. Lies den Text in Abbildung 6 durch. Vergleiche die Lebensweise des Urrindes mit der Lebensweise der heutigen Rinder im Rinderstall.

Bis ins 17. Jahrhundert kamen die Urrinder in dichten Wäldern oder auf Grasland vor. Das Urrind lebte in kleineren Herden, die aus Tieren beiderlei Geschlechts bestanden. Sie waren mit rund fünf Jahren ausgewachsen und konnten zwanzig und mehr Jahre alt werden. Innerhalb der Herde bestand eine strikte Rangordnung, die durch unblutige Kämpfe festgelegt wurde. Die Kühe wurden normalerweise durch den ranghöchsten Bullen gedeckt. Eine Kuh brachte ihr Kalb an einem geschützten Ort zur Welt. Bereits nach einem Tag war das Jungtier in der Lage, den ausgewachsenen Tieren zu folgen. Zwischen dem Kalb und der Kuh bestand eine sehr enge Bindung. Das Kalb konnte nur bei der eigenen Mutter saugen, nicht bei den anderen Kühen. Etwas ältere Kälber schlossen sich innerhalb der Herde zu „Spielgruppen" zusammen und kehrten nur noch zur Nahrungsaufnahme zur Mutter zurück.
Das Urrind war ein Pflanzenfresser und Wiederkäuer. Die Hauptaktivitätszeit der Tiere lag in der Dämmerung, zu dieser Zeit waren sie sehr viel in Bewegung. Außerdem waren die Urrinder sehr scheue Fluchttiere. Sie konnten nicht sehr gut sehen, aber dafür umso besser hören und riechen.

6 *Lebensweise des Urrindes*

3.2 Das Rind – unser wichtigstes Nutztier

1 *Melken von Hand*

2 *Moderner Melkstand*

Um 1950 wurden die Kühe angebunden auf Stroh gehalten. Das Melken erfolgte von Hand (Abb. 1). Diese Arbeit war anstrengend und der Landwirt konnte nur zehn Kühe in der Stunde melken. Heute übernehmen Melkmaschinen diese Arbeit. Die Milch wird aus dem Euter abgesaugt und in großen Kühltanks gelagert. Später wird sie in der Molkerei weiterverarbeitet. In den Melkständen der Laufställe melkt ein Landwirt heute 60 bis 70 Kühe in der Stunde (Abb. 2). Milchkühe geben 6000 bis 8000 Liter Milch im Jahr. Im Sommer sind die Kühe häufig auf der Weide. Die übrige Zeit des Jahres verbringen sie angebunden im Stall (Abb. 6). In größeren Beständen ab circa 40 Kühen werden die Tiere immer häufiger in Boxenlaufställen gehalten (Abb. 4). Hier können die Kühe frei herumlaufen und nehmen dabei Kontakt zu anderen Tieren auf. Dies kommt der Kuh als Herdentier sehr entgegen. Haltungsformen, bei denen die Tiere ihr arteigenes Verhalten ausleben können, werden als **artgerechte Haltung** bezeichnet.

Die männlichen Kälber werden gemästet. In den ersten Lebenswochen erhalten sie Milchersatzstoffe, später dann Kraftfutter und Maissilage. Nach 18 bis 20 Monaten erreichen die Bullen ein Gewicht von 600 kg und werden geschlachtet.

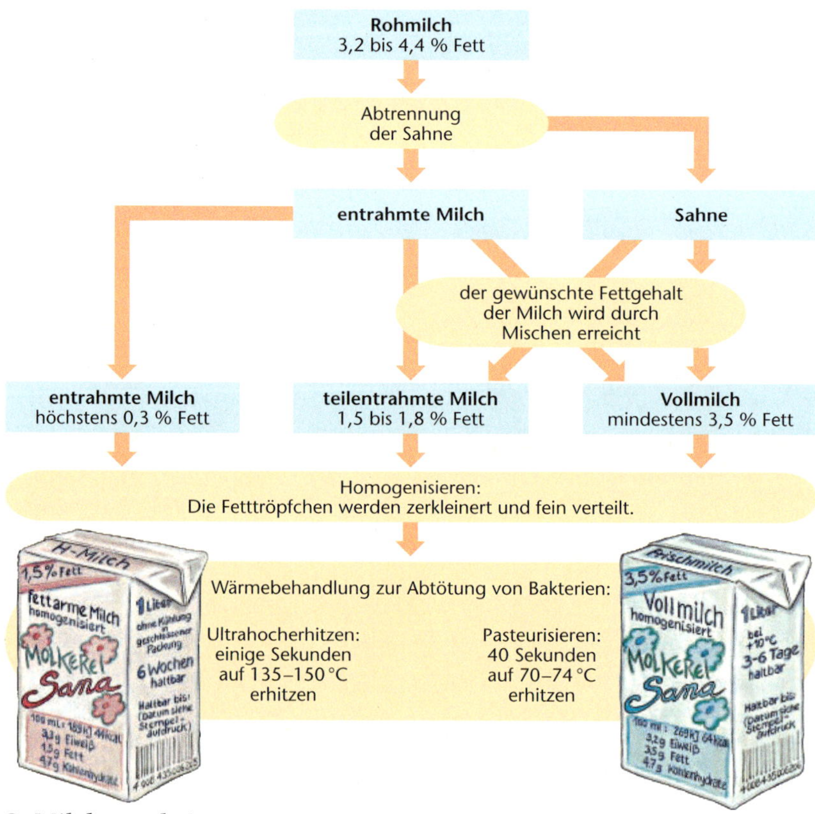

3 *Milchverarbeitung*

4 *Boxenlaufstall*

1 Rinderhaltung.

a) Vergleiche anhand der Abbildungen 4 und 6 die Rinderhaltung in einem Boxenlaufstall und die Anbindehaltung.

b) „Nach dem Tierschutzgesetz muss jeder, der Tiere hält, diese Tiere ihren Bedürfnissen entsprechend angemessen ernähren, pflegen und verhaltensgerecht unterbringen."
Bewerte in dieser Hinsicht die Haltung von Milchkühen in Anbinde- und Boxenlaufställen.

2 Milch ist gesund. Erläutere anhand der Abbildung 5, warum Milch gesund ist.

3 Von der Rohmilch zur Trinkmilch. Beschreibe anhand der Abbildung 3 den Weg von der Rohmilch zur Trinkmilch. Wie kommen die verschiedenen Sorten Trinkmilch zustande?

Besonders während des Wachstums benötigt der Körper von Kindern und Jugendlichen bestimmte Stoffe, die für den Aufbau von Knochen notwendig sind. Dazu gehören Kalzium und Phosphor. Diese Mineralsalze werden in Knochen und Zähne eingebaut. Sie bewirken ihre hohe Festigkeit und Stabilität. Fehlen diese Mineralsalze über längere Zeit in der Nahrung, können Knochen brüchig werden. Außerdem spielt Kalzium für die Tätigkeit der Nerven und Muskeln sowie bei der Blutgerinnung eine Rolle. Milch und Milchprodukte sind wichtige Lieferanten von Kalzium und Phosphor. Schon ein halber Liter Milch kann etwa die Hälfte des täglichen Bedarfs an Kalzium und ein Drittel des Bedarfs an Phosphor decken.
Milch enthält auch Eiweiß. Milcheiweiß kann besonders gut vom Körper verwertet werden. Bei körperlichem Wachstum ist der Eiweißbedarf höher als sonst.

5 *Milch ist gesund*

6 *Anbindestall*

3.3 Das Rind – ein spezialisierter Pflanzenfresser

1 *Wie eine Kuh frisst*

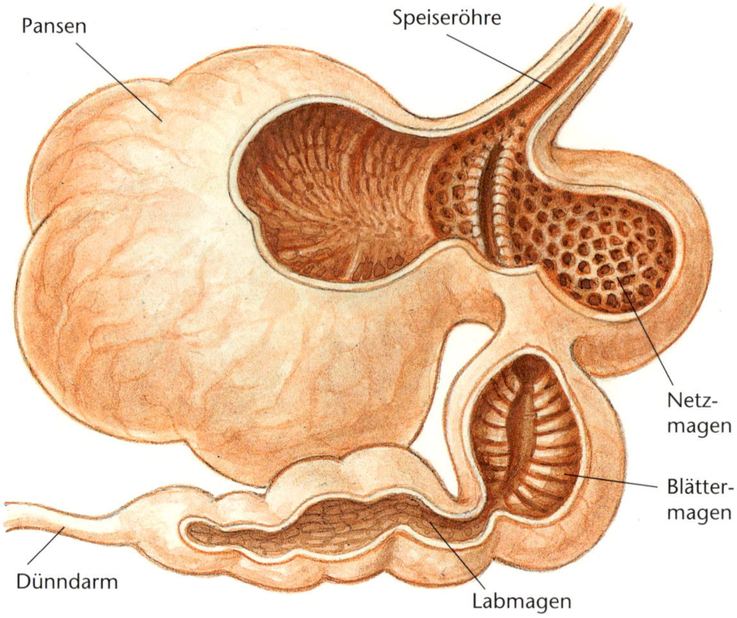

2 *Aufbau eines Rindermagens*

Im Sommer fressen Rinder bis zu 70 kg Gras am Tag (Abb. 1). Im Maul der Tiere wird die Nahrung mit viel Speichel vermengt und nahezu unzerkaut heruntergeschluckt.

Durch die Speiseröhre gelangt das Gras in den **Pansen** (Abb. 2, 3). In diesem Teil des Magens, der bis zu 200 Liter fasst, wird mit der Verdauung der Nahrung begonnen. Milliarden von Bakterien und sonstigen Kleinstlebewesen bewirken die Zersetzung der schwer verdaulichen Nahrungsbestandteile. Der eingeweichte Nahrungsbrei wird zwischen Pansen und **Netzmagen** hin und her bewegt. Gröbere Bestandteile werden hochgewürgt und nochmals durchgekaut.

Das nochmalige Durchkauen des Nahrungsbreis nennt man auch „Wiederkäuen". Es geschieht sehr gründlich und dauert 40 bis 50 Minuten. Dieser Grasbrei wird geschluckt und gelangt erneut in den Pansen. Nachdem hier der Nahrungsbrei weiter zersetzt wurde, gelangt er in den **Blättermagen.** Hier wird in erster Linie Wasser entzogen. Im letzten Teil des Magens, dem **Labmagen,** und im **Dünndarm** wird die Verdauung abgeschlossen (Abb. 2).

Rinder sind reine **Pflanzenfresser.** Das Gebiss ist daran angepasst. Im Unterkiefer befinden sich insgesamt sechs Schneidezähne und zwei Eckzähne. Eckzähne und Schneidezähne fehlen im Oberkiefer. An deren Stelle findet man eine Kauplatte. Im Ober- und Unterkiefer befinden sich auf jeder Seite sechs Backenzähne (Abb. 4). Sie sind im Gegensatz zu den Schneidezähnen Mahl- beziehungsweise Quetschzähne. Sie haben einen quadratischen Querschnitt und werden unterschiedlich stark abgenutzt. Dadurch ist die Oberfläche der Backenzähne immer rau.

Wiederkäuer wie Rinder können mithilfe von Bakterien für andere Tierarten unverdauliche pflanzliche Stoffe verdauen. Durch die Nutzung der Milch und des Fleisches unserer Rinder wird diese für Menschen unverdauliche Nahrung indirekt auch für uns nutzbar. Das Wiederkäuen und eine starke Speichelbildung der Rinder fördern die Tätigkeit der Bakterien. Aufgrund des komplizierten Verdauungsvorganges der schwer verdaulichen Nahrung ist die Länge der Verdauungsorgane im Verhältnis zur Körperlänge beim Rind viel größer als bei Fleischfressern wie dem Hund.

1 Das Verdauungssystem des Rindes. Benenne die einzelnen Abschnitte (1 bis 6) des Verdauungssystems (Abb. 3). Beschreibe anhand der Abbildung, welchen Weg die aufgenommene Nahrung dabei nimmt.

2 Das Pflanzenfressergebiss und seine Funktionsweise. Beschreibe das Gebiss des Rindes. Nutze dazu den Grundwissentext und die Abbildung 4. Erläutere die Aufgaben der verschiedenen Zähne des Gebisses bei der Nahrungsaufnahme.

3 Länge der Verdauungsorgane verschiedener Tiere. Die Verdauungsorgane von Tieren sind an ihre unterschiedliche Nahrung angepasst.

a) Beschreibe die Abbildung 5 und erläutere die Aussagen.

b) Berechne die ungefähre Darmlänge der abgebildeten Tiere.

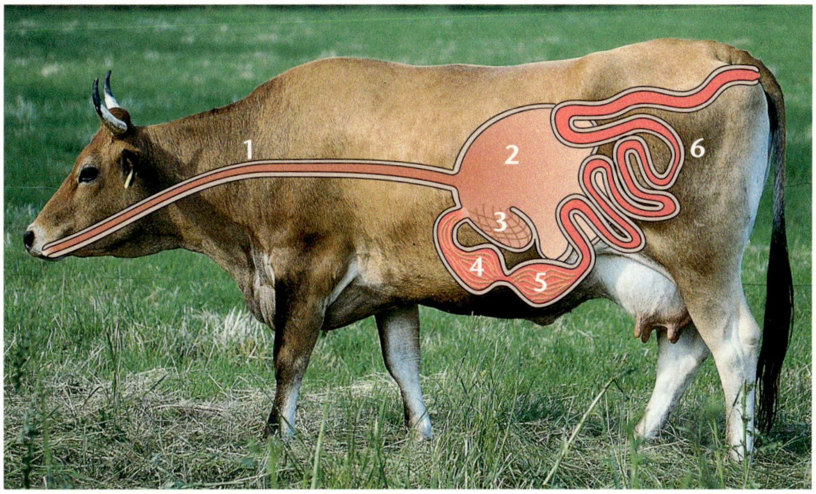

3 *Schema des Verdauungssystems*

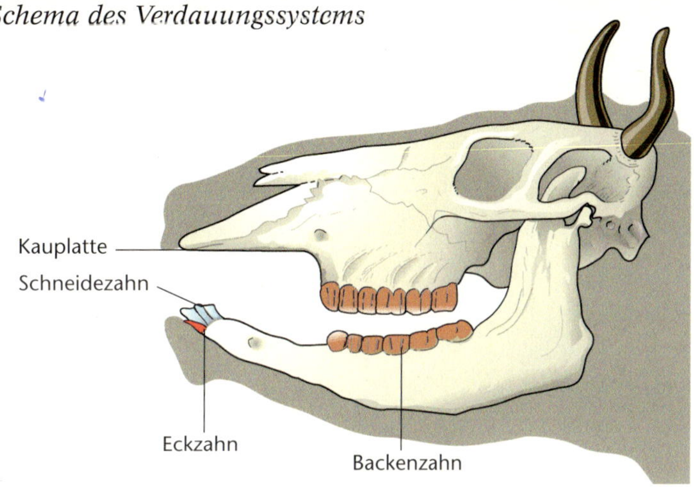

4 *Gebiss des Rindes, Zähne pro Kieferhälfte*

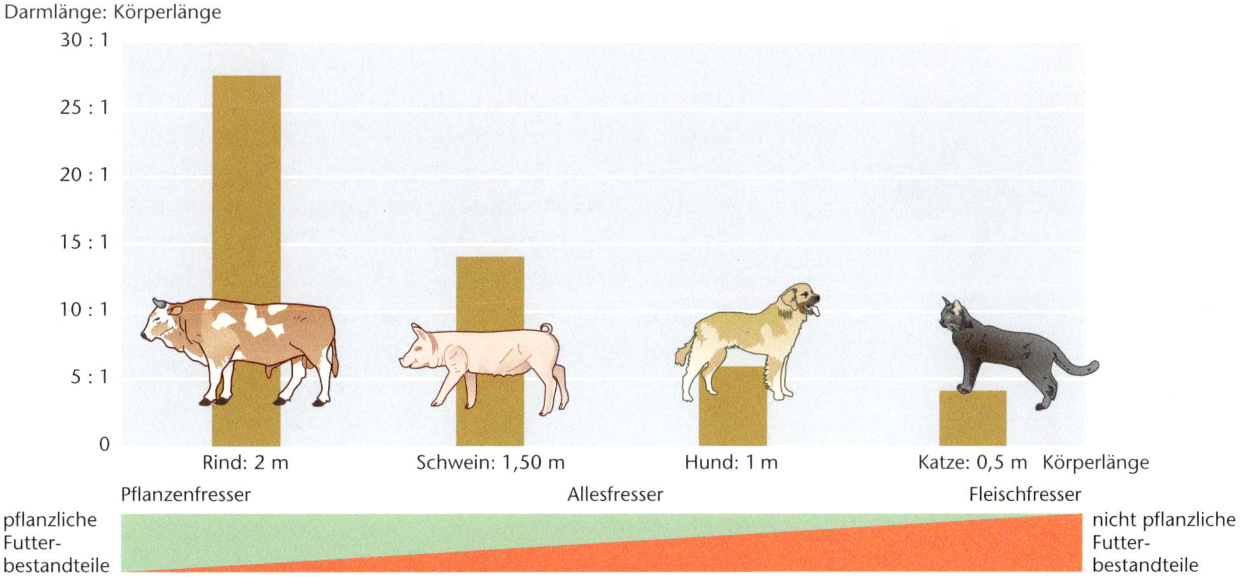

5 *Länge der Verdauungsorgane im Verhältnis zur Körperlänge*

3.4 Schweine

1 *Wildschwein mit Jungen*

Pietrain, Eber

Hampshire, Eber

Deutsche Landrasse, Sau

Deutsches Edelschwein, Sau

2 *Schweinerassen*

Mit der Sesshaftwerdung des Menschen vor ca. 8000 Jahren begann der Mensch, Wildschweine zu halten und sie zu vermehren. Aus der wild lebenden Stammform wurden **Nutztiere** gezüchtet. Unser heutiges Hausschwein stammt vom europäischen Wildschwein ab (Abb. 1, 2). Das Wildschwein hat einen gedrungenen Körper mit einem keilförmig gestreckten Kopf. Ein dunkles, langhaariges Borstenfell schützt vor Kälte.

Unterholzreiche Laub- und Mischwälder bilden den Lebensraum der Wildschweine. Zur Abkühlung und zum Schutz vor Insektenstichen suhlen sie gerne im Schlamm. In der Dunkelheit durchwühlen Wildschweine den Boden mit ihrer rüsselförmigen Schnauze nach Nahrung. Als Nahrung dienen Gräser, Pilze, Beeren, Eicheln oder Feldfrüchte. Aufgrund ihres hervorragenden Geruchssinns spüren sie aber auch Würmer und Insekten auf, ja selbst Aas wird gefressen. Das **Gebiss** ist an diese vielfältige Nahrung angepasst (Abb. 6). Das Wildschwein verfügt im Ober- und im Unterkiefer über jeweils zwei Eckzähne, die besonders stark entwickelt sind und als Waffe dienen, und sechs scharfe und spitze Schneidezähne. Die 14 Backenzähne vereinen die Eigenschaften eines Pflanzen- und Fleischfressers in sich. Die vorderen Backenzähne sind äußerst scharfkantig und haben schneidende Funktion. Mehr zermahlend wirken die hinteren Backenzähne.

Wildschweine leben in Gruppen. Die männlichen Wildschweine, die Keiler, sind Einzelgänger und schließen sich dem Familienverband lediglich während der Paarungszeit an. Nach einer Tragezeit von etwa vier Monaten wirft das weibliche Wildschwein, die Bache, vier bis zwölf Frischlinge, die als Jungtiere noch für ein Jahr die typischen Längsstreifen aufweisen (Abb. 1).

1 Vergleich unterschiedlicher Gebissformen. Vergleiche die Gebisse in Abbildung 4–6. Welches Tier ist ein Fleischfresser, welches ein Pflanzenfresser und welches ein Allesfresser? Lege eine Tabelle an und schreibe auf, welches Aussehen und welche Aufgaben beim Fressen die Schneide-, Eck- sowie die Backenzähne haben.

2 Vergleich zwischen Wildschwein und Hausschwein. Das Wildschwein ist der Vorfahre unseres Hausschweins. Wodurch unterscheiden sich Wildschwein und Hausschwein voneinander? Vergleiche Kopf, Fell, Beine, Schwanz und Körperform miteinander.

In manchen Städten hat man beobachtet, dass in großen Grünanlagen und an den Stadträndern Wildschweine heimisch werden. Wildschweine wühlen in der Erde von Gärten und Vorgärten. Auch Komposthaufen und Abfalltonnen bleiben nicht verschont.
Eigentlich haben Wildschweine Scheu vor Menschen. Nun scheint es so, als wenn sie zumindest teilweise ihre Scheu vor Menschen verlieren. Fachleute nennen mehrere Gründe, warum in manchen Städten Wildschweine auftauchen: In der freien Wildbahn wächst der Bestand an Wildschweinen, das Nahrungsangebot für Wildschweine ist in der Stadt gut und in der Stadt werden Wildschweine nicht gejagt.

3 *Wildschwein in der Stadt*

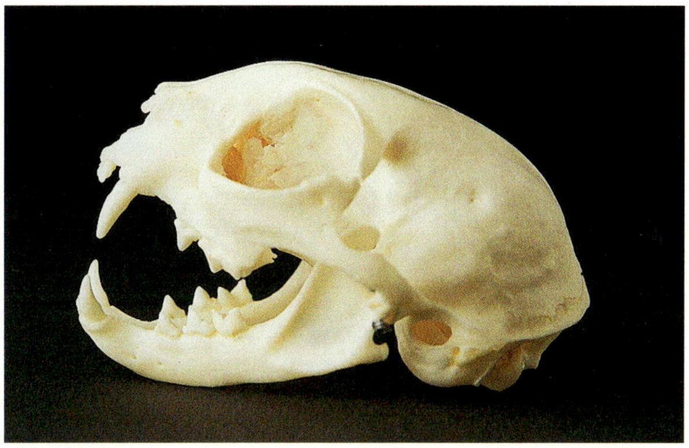

4 *Katze*

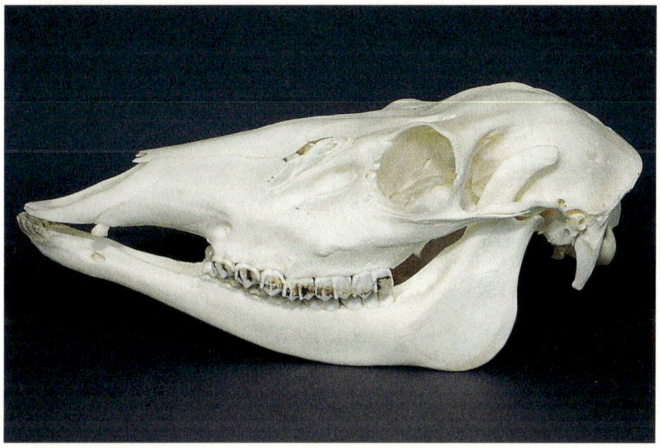

5 *Rothirsch*

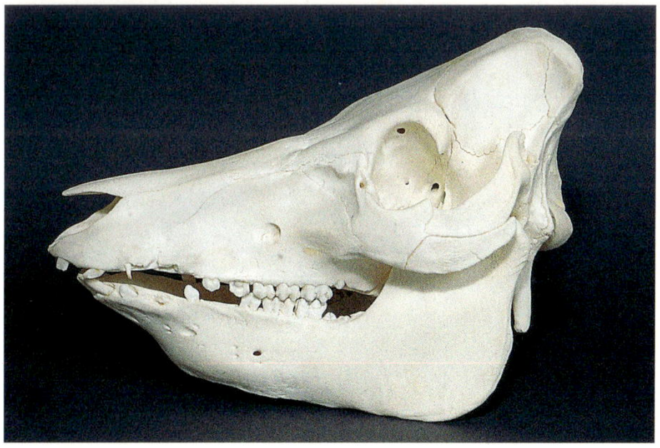

6 *Schwein*

3 Wildschweine in Städten. Lies den Text in Abbildung 3. Nenne die Gründe, die zum Auftreten von Wildschweinen in Großstädten führen. Nimm Stellung zu diesem Sachverhalt.

3.5 Das Hausschwein – unser wichtigster Fleischlieferant

1 *Zuchtsau mit Ferkeln*

2 *Moderner Schweinemaststall*

Nach durchschnittlich vier Monaten bringt die Zuchtsau etwa 10 bis 13 Ferkel zur Welt. Zweimal im Jahr werden Ferkel geboren (Abb. 1). In den ersten vier Lebenswochen bleiben die Jungtiere bei der Sau. Mit einem Gewicht von ungefähr 30 kg kommen die Ferkel in den Maststall. Hier werden sie in Gruppen gehalten (Abb. 2).

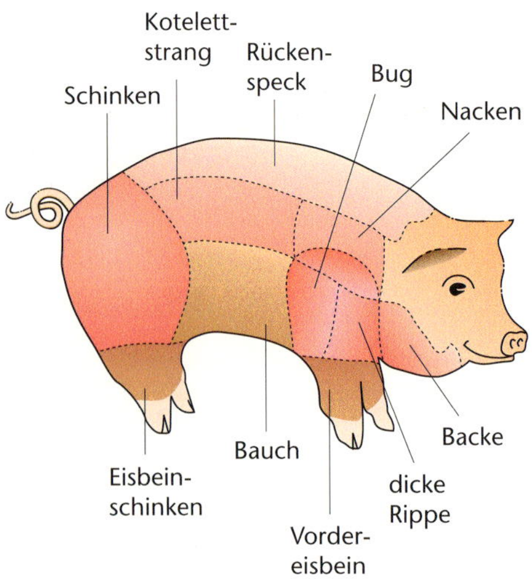

3 *So zerteilt der Schlachter das Schwein*

Die meisten Mastschweine werden auf Spaltenböden gehalten. Der Kot und der Urin der Tiere fallen dabei nach unten in eine Auffanggrube. Diese Gülle bringt der Landwirt als Dünger auf seine Felder aus. Landwirte befürchten die Übertragung von Krankheiten durch den Menschen auf die Tiere. Die bekanntesten Krankheiten sind die Schweinepest und die Maul- und Klauenseuche, die beide häufig durch den unmittelbaren Kontakt über Schuhe und Kleidung des Menschen übertragen werden können. Moderne Stallanlagen verfügen daher über Schmutzschleusen, in denen vor Betreten der Ställe Kleidung und Schuhe gewechselt werden.

Als Futtergrundlage dient den Mastschweinen ein energiereiches Kraftfutter, welches aus Getreide und Sojaschrot besteht. Nach fünf Monaten wiegen sie 120 kg und werden geschlachtet.

Die Freilandhaltung von Schweinen ist recht selten geworden. Bei Freilandhaltung kann das Tier seinen angeborenen Lebensgewohnheiten ungehindert nachgehen.

	1960	1970	1980	1990	2000	2009
Stundenlohn in €	1,27	2,68	5,51	8,12	11,36	14,05
Rindfleisch zum Kochen	482 g	829 g	1.171 g	1.534 g	1.923 g	2.690 g
Schweinefleisch(Kotelett)	381 g	624 g	962 g	1.313 g	1.802 g	1.875 g
Deutsche Markenbutter	380 g	699 g	1.151 g	1.874 g	2.830 g	3.750 g
Vollmilch (3,5 % Fett)	3,8 l	7,1 l	9,4 l	12,3 l	18,2 l	20 l
Eier	12 St.	28 St.	43 St.	60 St.	79 St.	75 St.

4 *Die Veränderungen der Kaufkraft für verschiedene Lebensmittel*

1 Kaufkraftentwicklung im Vergleich der letzten 50 Jahre. Die Kaufkraft (das, was man für den Durchschnittsverdienst einer Stunde kaufen kann) hat sich bei landwirtschaftlichen Produkten in den letzten 50 Jahren deutlich erhöht (Abb. 4). Stelle für das Schweinefleisch diese Entwicklung in Form eines Balkendiagramms grafisch dar. Welche Konsequenzen hat diese Entwicklung für den einzelnen landwirtschaftlichen Betrieb?

2 Die Veränderung des Fleischverbrauchs seit 1990. Stelle den Fleischverbrauch für die einzelnen Tierarten grafisch als Balkendiagramm dar (Abb. 5). Beschreibe mit eigenen Worten die Veränderungen. Wie sind diese Veränderungen zwischen den einzelnen Tierarten zu begründen?

	Schweinefleisch	Rindfleisch	Geflügelfleisch
1990	60	22	12
1994	56	18	13
1996	55	15	14
1998	56	15	15
2000	54	14	16
2006	54	12	16
2009	54	12	19

5 *Fleischverbrauch in Deutschland pro Person in kg*

6 *Schweine auf der Weide*

3 „Schwein gehabt". Häufig wird das Schwein zum Vergleich und zur Beschreibung menschlicher Eigenschaften herangezogen. Beschreibe die Bedeutung der nachfolgenden Redensarten.
a) „Er sieht aus wie ein Schwein",
b) „Da habe ich aber Schwein gehabt",
c) „Der Chef hat ihn zur Sau gemacht",
d) „Jetzt lassen wir die Sau raus",
e) „Ihr seid richtig kleine Ferkel",
f) „Der Autofahrer als Sparschwein der Nation",
g) „Er hat sich wie ein Schwein benommen".

4 Vergleich der Schweinehaltung. Manche Landwirte halten ihre Schweine im Sommer auf der Weide und nicht im Stall. Vergleiche die Freilandhaltung mit der Stallhaltung (Abb. 2, 6). Nenne Vorteile und Nachteile der beiden Haltungsformen.

Biologische Prinzipien zum Thema „Haustiere und Nutztiere"

Die nachfolgenden Sachverhalte stammen aus den Kapiteln „Kennzeichen von Lebewesen" und „Haustiere und Nutztiere".

Auf der rechten Seite sind noch einmal die biologischen Prinzipien aufgeführt.

1 Aufgabe: Ordne jedem Sachverhalt auf dieser Seite ein biologisches Prinzip oder mehrere biologische Prinzipien zu.

1. Zu den Kennzeichen von Lebewesen gehört auch, auf Reize zu reagieren und sich fortzupflanzen.

2. In einem Versuch kann man Kressekeimlinge unter einen Schuhkarton stellen, der nur an einer Seite eine Öffnung hat, durch die Licht hindurch treten kann. Die Kressekeimlinge wachsen dann zum Licht. Auch andere Pflanzen wachsen so, dass ihre Blätter Licht erhalten.

3. Der Wolf ist der Vorfahr aller Hunde. Wölfe und Hunde sind miteinander verwandt. Das Verhalten und die Ansprüche eines Hundes versteht man besser, wenn man die Lebensweise des Wolfes kennt.

4. Hunde und Katzen sind Fleischfresser. Ihr Gebiss ist so gebaut, dass damit Beutetiere ergriffen und getötet sowie Fleischstücke von der Beute abgetrennt werden können.

5. Die Nachkommen von Lebewesen mit geschlechtlicher Fortpflanzung, zum Beispiel von Hunden oder Katzen, zeigen neben Gemeinsamkeiten auch viele unterschiedliche Merkmale. Diese Unterschiede bei den Nachkommen macht man sich in der Züchtung zu Nutze. Die Züchter wählen solche Individuen zur Zucht aus, die aus Sicht des Züchters vorteilhafte Merkmale haben.

6. Hunde können sich untereinander mit bestimmten Signalen verständigen, die typisch für ihre Art sind. Bei Hunden gehört die Verständigung mit der Körperhaltung, mit Lautäußerungen und mit Gerüchen dazu. Auch Katzen verständigen sich untereinander durch Körperhaltung, Gerüche und Laute. Manche Signale haben bei Hund und Katze unterschiedliche Bedeutung.

7. Wenn im Lebensraum der Wölfe viele Mäuse vorkommen, dann fressen Wölfe auch Mäuse. Beutegreifer (Wölfe) und Beutetiere (z. B. Mäuse) in einem Lebensraum beeinflussen sich gegenseitig.

8. Unter artgerechter Tierhaltung versteht man, dass Tiere ihren Bedürfnissen entsprechend ernährt, gepflegt und untergebracht werden. Für artgerechte Haltung ist es notwendig zu wissen, wie die Vorfahren der Haustiere und Nutztiere leben.

9. Hunde, Katzen, Rinder und Schweine haben bestimmte Ähnlichkeiten. Sie gehören zu den Säugetieren. Sie ernähren ihre Jungen nach der Geburt mit Milch.

Struktur und Funktion

Unter Struktur versteht man den Bau von Lebewesen. Mit ihrem Bau sind sie an bestimmte Aufgaben (Funktionen) angepasst, zum Beispiel sich zu bewegen oder zu ernähren.

Fortpflanzung

Lebewesen vermehren sich. Durch Fortpflanzung wird der Fortbestand der Art gesichert. Die meisten Lebewesen entwickeln sich im Laufe ihres Lebens und verändern sich dabei.

Wechselwirkungen zwischen Lebewesen

Jedes Lebewesen hat Wirkungen auf seine Umwelt und die Umwelt wirkt auf das Lebewesen. Ein Lebewesen kann Wirkungen auf andere Lebewesen haben und umgekehrt.

Biologische Prinzipien

Vielfalt

Auf der Erde gibt es vielfältige Lebensräume und eine große Vielfalt von Tier- und Pflanzenarten. Die Nachkommen von zwei Eltern zeigen neben Gemeinsamkeiten auch Unterschiede in den Merkmalen.
Die Geschichte der Lebewesen und ihre Entwicklung im Laufe langer Zeiträume bezeichnet man als Stammesgeschichte. Wenn Lebewesen in vielen Merkmalen übereinstimmen, ist das meistens auf gemeinsame Stammesgeschichte zurückzuführen. Man sagt dann, dass die Lebewesen, die sich in ihrem Körperbau ähneln, stammesgeschichtlich miteinander verwandt sind.

Information und Verständigung

Lebewesen nehmen mit ihren Sinnesorganen Informationen aus ihrem Körper und aus ihrer Umwelt auf. Die Informationen werden verarbeitet und können Einfluss darauf haben, was ein Lebewesen tut und wie es sich verhält. Lebewesen können sich untereinander verständigen.

Angepasstheit

Lebewesen besitzen Eigenschaften, mit denen sie an ihre Umwelt angepasst sind. Solche Eigenschaften nennt man Angepasstheiten. Sie sind für das Überleben eines Lebewesens in seiner Umwelt vorteilhaft.

Säugetiere und Vögel in ihrem Lebensraum

4 Säugetiere

4.1 Der Feldhase

1 *Feldhasen*

2 *Junge Feldhasen*

Der Hase war ursprünglich ein Bewohner der Steppen Asiens. Auch heute noch bevorzugt er weite offene Feld- und Grünlandfluren. Durch die starken und langen Hinterbeine sind Feldhasen sehr schnelle und ausdauernde Läufer. Auf der Flucht können sie bis zu vier Meter weit springen. Zwischen den Sprüngen vollziehen sie rasche Richtungswechsel. Das nennt man auch Haken schlagen.

Die großen Augen sitzen seitlich am Kopf, so dass der Hase nach hinten sehen kann, ohne den Kopf zu drehen. Der Feldhase kann sehr gut hören und riechen. Die Ohren („Löffel") des Feldhasen sind länger als sein Kopf. Er kann auch Bodenerschütterungen, z. B. bei der Annäherung von Feinden, sehr fein wahrnehmen. An Lippen und Stirn befinden sich lange borstenartige Haare, die als Tastorgane dienen.

Hasen leben meist als Einzelgänger. Den Tag verbringt der Hase meist ruhend und tief geduckt in einer kleinen Mulde, die er ausscharrt. In diese Sasse legt er sich mit der Nase gegen den Wind. Der Hase wählt sie so, dass er die ganze Umgebung überblicken kann. Nähert sich ein Feind, bleibt der Hase ruhig liegen. Das Fell bietet Tarnung. Erst im letzten Moment springt er mit einem schnellen Satz aus der Sasse und flüchtet mit Spitzengeschwindigkeiten bis zu 80 Stundenkilometern. In der Dämmerung geht er auf Nahrungssuche. Seine Nahrung besteht hauptsächlich aus saftigen Gräsern, Kräutern und Wurzeln. Im Winter sind es auch Knospen, Triebe und Rinde.

Im Vorfrühling beginnt die Paarungszeit. Die Häsin bringt nach sechs Wochen Tragzeit zwei bis vier Junge zur Welt. Die neugeborenen Feldhasen haben schon bei ihrer Geburt ein dichtes Fell und können schon am ersten Tag sehen und kriechen. Sie sind **Nestflüchter.** Die Häsin hält sich nicht direkt bei den Jungen auf, häufig aber in der Nähe. Nach drei bis vier Wochen sind die Junghasen selbstständig. Bis zu 80 % der Junghasen gehen durch schlechte Witterung, Feinde und Krankheiten zugrunde. Häsinnen können drei- bis viermal im Jahr Junge zur Welt bringen.

3 *Beinlängen des Hasen*

4 *Hasenspur im Schnee*

1 Der Lauf des Hasen. Manche Forscher bezeichnen das schnelle Laufen des Hasen eher als Springen. Begründe diese Aussage mithilfe der Abbildungen 1, 3 und 4. Beschreibe genau den Bewegungsablauf.

2 Angepasstheit an schnelle Fluchten. Der Feldhase ist durch seine Hinterläufe gut an das schnelle Laufen angepasst. Begründe diese Aussage anhand von Abbildung 3. Ermittle dazu aus der Zeichnung das Verhältnis der Längen von Vorderbein und Hinterbein. Miss aus und teile die für das Hinterbein ermittelte Länge durch die Länge des Vorderbeines.

3 Abrupte Richtungswechsel. Der Hase kann durch abrupte Richtungswechsel bei hoher Geschwindigkeit Verfolgern entkommen (Abb. 5). Beschreibe in einem zusammenhängenden Text diese Art der Hasenflucht und welche Auswirkungen sie auf den Weg des Verfolgers hat. Wie nennt man diese abrupten Richtungswechsel?

5 *Laufwege von Hase und Fuchs*

4 Die Sinne des Hasen. Der Hase hat viele Feinde. Durch Davonlaufen und Verstecken kann er sich vor den Verfolgern retten. Für den Hasen ist es deswegen besonders wichtig, einen sich nähernden Feind rechtzeitig zu entdecken. Dafür ist er gut ausgerüstet. Erläutere diesen Sachverhalt in einem zusammenhängenden Text.

5 Umweltbedingungen und Hasenbestand. In zwei benachbarten Gebieten wurde die Entwicklung des Hasenbestandes über mehrere Jahre genau erfasst. Das Klima war in beiden Gebieten nahezu gleich. In einem Gebiet trocknen die Böden nach Regenfällen rasch ab. Im anderen Gebiet sickert das Regenwasser nur sehr langsam in den Boden. Fasse die Informationen, die du Abbildung 6 entnehmen kannst, in einem Text zusammen.

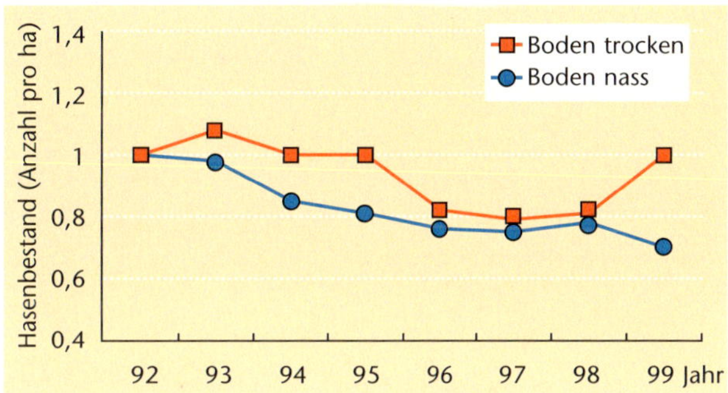

6 *Entwicklung des Hasenbestandes*

6 Verhaltensweisen des Feldhasen. Stelle Zusammenhänge zwischen Körpermerkmalen und Verhaltensweisen des Feldhasen dar. Fertige nach den Angaben im folgenden Text eine Skizze an, die die Sasse des Hasen zeigt und seinen Weg dorthin.

Kehrt ein Feldhase in sein Versteck („Sasse" genannt) zurück, läuft er nicht geradewegs dorthin, sondern hoppelt erst daran vorbei, wendet, macht dann einen weiten Sprung zur Seite und legt dadurch eine neue, parallele Spur an. Dieses Verhalten wiederholt er mehrfach. Schließlich springt er mit einem mächtigen Satz in sein Lager. Von dort aus kann er einen Feind, der seine Spur verfolgt, gut sehen. Nähert sich ein Feind, ergreift der Hase nicht gleich die Flucht, sondern presst sich fest an den Erdboden. Dabei beobachtet er seine Umgebung genau. Erst wenn sich der Feind auf etwa drei Meter Abstand nähert, springt der Hase mit einem gewaltigen Satz auf und flieht. Auf der Flucht schlägt er Haken und macht Sprünge, die manchmal zwei bis drei Meter weit sind.

4.2 Wildkaninchen

1 *Wildkaninchen*

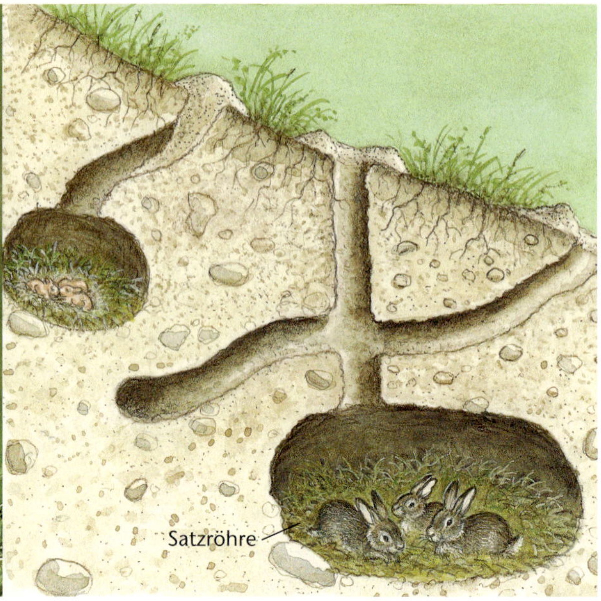

2 *Erdbau von Wildkaninchen*

Wildkaninchen findet man auf der ganzen Welt. Sie sind im Gegensatz zum Feldhasen klein und eher gedrungen (Abb. 1). Die Ohrmuscheln sind wie längliche Trichter aufgebaut. Sie können unabhängig voneinander gedreht werden. Auf diese Weise können Kaninchen selbst leise Geräusche wahrnehmen und die Richtung, aus der sie kommen, genau bestimmen. Die Nase ist mit 100 Millionen Riechzellen ausgestattet, so dass das Tier ganz schwache Gerüche wahrnehmen kann. Die großen Augen sitzen seitlich am Kopf. Daher hat das Kaninchen einen weiten Rundumblick. Mit seinen gut ausgeprägten Sinnen kann es frühzeitig Feinde wahrnehmen und fliehen.

Wildkaninchen leben in Gruppen. In einem Gebiet leben mehrere Männchen und Weibchen zusammen. Innerhalb der Gruppe gibt es eine strenge Rangordnung. Das Zentrum der Gruppe ist ein größerer Erdbau mit mehreren Röhren. Diese bestehen aus einem Wohnkessel und mehreren Ein- und Ausgängen (Abb. 2). Mehrere Baue können zu Kolonien mit oft über 100 Kaninchen heranwachsen. Bei Gefahr warnen sich die Tiere gegenseitig, indem sie mit den Hinterläufen auf den Boden trommeln. Die Tiere ergreifen dann die Flucht und verschwinden blitzschnell im unterirdischen Bau. Kaninchen sind Fluchttiere.

Wildkaninchen können sich das ganze Jahr fortpflanzen. Nach einer Tragzeit von etwa 30 Tagen kommen fünf bis sieben Junge zur Welt. Die Jungen werden in Satzröhren zur Welt gebracht, die mit Gras und ausgezupften Haaren gepolstert sind (Abb. 2). Junge Kaninchen sind bei der Geburt nackt und blind und werden drei Wochen von der Mutter gesäugt. Erst nach etwa fünf Wochen sind sie selbstständig und verlassen zum ersten Mal den Bau. Kaninchenjunge sind **Nesthocker.** Ausgewachsen sind sie nach neun Monaten, jedoch schon nach fünf Monaten sind sie fortpflanzungsfähig.

Das Kaninchen hat viele Feinde. Zu ihnen zählen zum Beispiel Bussard, Habicht, Fuchs, Iltis und Wiesel. Die zahlreichen Verluste werden durch die hohe Nachkommenzahl der Kaninchen ausgeglichen. Fehlen natürliche Feinde, so kann die Zahl der Kaninchen enorm anwachsen. Sie können dann zu einer Plage werden, da sie Pflanzenkulturen und Feldgemüse zerstören können.

1 Entwicklung der Jungen. Erläutere Unterschiede zwischen „Nestflüchter“ und „Nesthocker“ am Beispiel von Feldhase und Wildkaninchen.

2 Nesthocker und Nestflüchter. Für die beiden Gruppen „Nesthocker“ und „Nestflüchter“ findest du Beispiele in Abbildung 3. Ordne die in Abbildung 4 genannten Tierarten den beiden Gruppen zu; lege dazu eine zweispaltige Tabelle („Nesthocker – Nestflüchter“) an und trage die Tierarten dort ein. Begründe deine Zuordnung.

3 Überleben von Feldhase und Wildkaninchen.
a) Erläutere Gefahren, denen beide Tierarten ständig ausgesetzt sind.
b) Erkläre mithilfe der Abbildung 5, wodurch das Überleben jeder dieser beiden Arten gesichert wird.
c) Vergleiche beide Arten im Punkt „Tragdauer“ (Abb. 5). Welcher Zusammenhang besteht zwischen der Tragdauer und weiteren Kennzeichen, die die Abbildung bereitstellt? Begründe.

4 Gesichtsfelder von Kaninchen und Fuchs. Abbildung 6 zeigt schematisch die Gesichtsfelder eines Kaninchens und eines Fuchses. Nenne zunächst die Bedeutung der unterschiedlichen Farben. Vergleiche dann Blickrichtung und Gesichtsfelder miteinander. Erläutere die Gesichtsfelder von Fuchs und Kaninchen als Angepasstheiten für den Beutegreifer Fuchs und das Beutetier Kaninchen.

5 Größenwachstum von Kaninchen und Hase. Übertrage die der Abbildung 7 zu entnehmenden Werte in eine Tabelle. Vergleiche die Werte in einem zusammenhängenden Text.

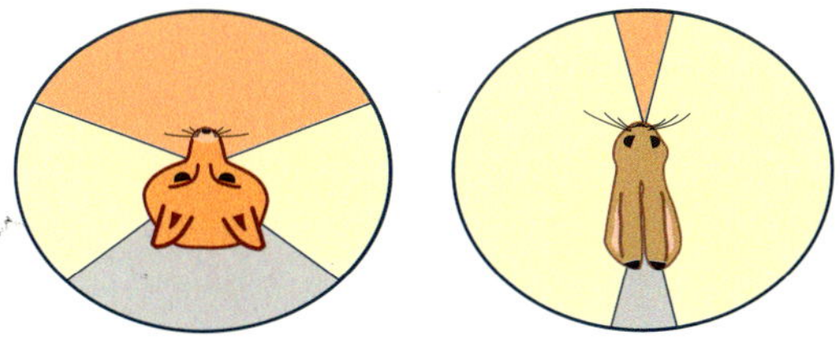

6 *Gesichtsfelder von Fuchs und Kaninchen*

Tier	Tragdauer	Würfe/Jahr	Junge/Wurf
Siebenschläfer (Nh)	30–32 Tage	1	2–7
Haselmaus (Nh)	20 Tage	1 (2)	3–4
Elch (Nf)	36 Wochen	1	2–3
Rotwild (Nf)	33–34 Wochen	1	1

3 *Beispiele für Nesthocker (Nh)/Nestflüchter (Nf)*

Tier	Tragdauer	Würfe/Jahr	Junge/Wurf
Zwergmaus	21 Tage	2–3	3–7
Hausmaus	23 Tage	4–6	4–8
Wanderratte	22–24 Tage	3–6	6–10
Wolf	63 Tage	1	4–6
Fuchs	52 Tage	1	3–8
Wildkatze	63 Tage	1	2–4
Luchs	70 Tage	1	2–3
Damwild	31–32 Wochen	1	1–2
Rehwild	40 Wochen	1	1–2
Wisent	41 Wochen	1	1
Mufflon	21–23 Wochen	1	1–2
Gämse	25–27 Wochen	1	1–2

4 *Tragzeiten, Würfe und Junge pro Wurf bei verschiedenen Tierarten*

	Feldhase	Wildkaninchen
Tragdauer	42–46 Tage	28–30 Tage
Würfe je Jahr	3–4	5–7
Junge je Geburt	2–3	5–8
Geburtsgewicht	ca. 130 g	ca. 45 g
Sehfähigkeit	gleich nach Geburt	nach 10 Tagen
Fell	bei Geburt vorhanden	nach 8 Tagen
Selbstständigkeit	nach 3 Wochen	nach 5 Wochen

5 *Fortpflanzung und Entwicklung bei Feldhase und Wildkaninchen*

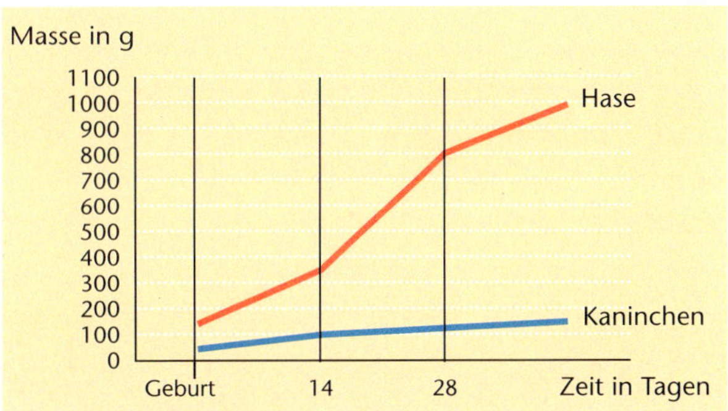

7 *Größenwachstum von Kaninchen und Hase*

Diagramme erstellen und interpretieren

Messergebnisse und Daten werden besonders anschaulich und verständlich, wenn man sie in Form von Diagrammen darstellt. Es gibt verschiedene Typen von Diagrammen, die sich jeweils für unterschiedliche Darstellungsabsichten eignen. Die auf dieser Seite gezeigten Diagramme stellen die Anteile der auf einer Untersuchungsfläche lebenden Tiere dar (Abb. 1).

Tierart	1998	2007
Fuchs	2	5
Hase	21	17
Kaninchen	78	78

1 *Tabelle*

Kreisdiagramme ähneln einer Torte, auf die man von oben blickt (Abb. 2). Sie eignen sich gut zur Darstellung von Anteilen an einer Gesamtheit.

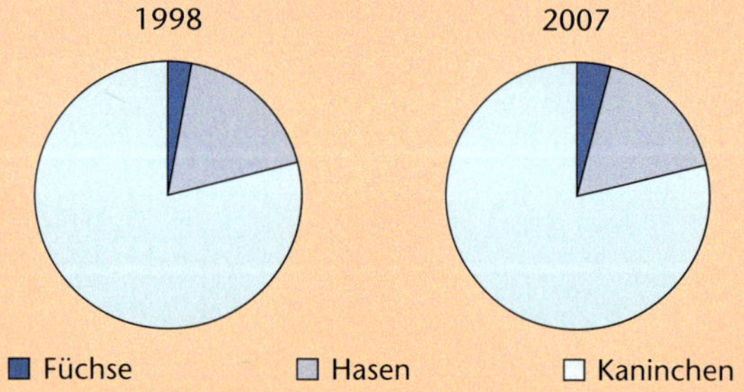

2 *Kreisdiagramme*

Säulendiagramme stellen absolute Werte in Form von blockartigen Säulen dar. Der Wert wird dabei durch die Höhe der Säule verdeutlicht. Stellt man zwei Säulen nebeneinander, kann man auch Veränderungen grafisch verdeutlichen (Abb. 3). Wenn innerhalb der dargestellten Werte Unterkategorien betrachtet werden, können gestapelte Säulen verwendet werden.

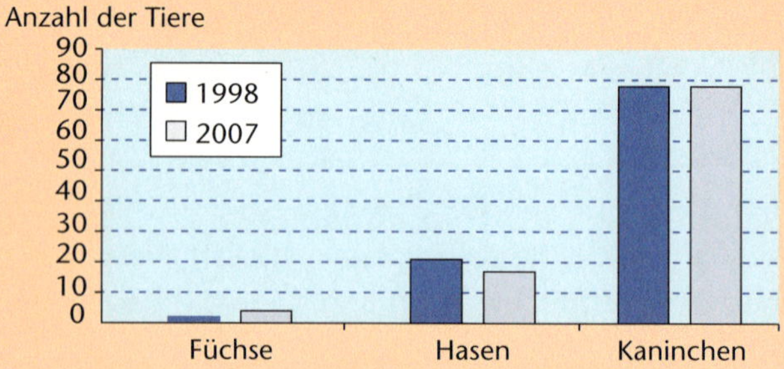

3 *Säulendiagramm*

Bei **Balkendiagrammen** wird der Wert auf einer horizontalen Achse angetragen. Auch hier kann es sinnvoll sein, gestapelte Balken zu verwenden (Abb. 5).

Liniendiagramme entstehen, wenn man an die Stelle des höchsten Punktes der Säulen nur Punkte zeichnet und diese verbindet (Abb. 4).

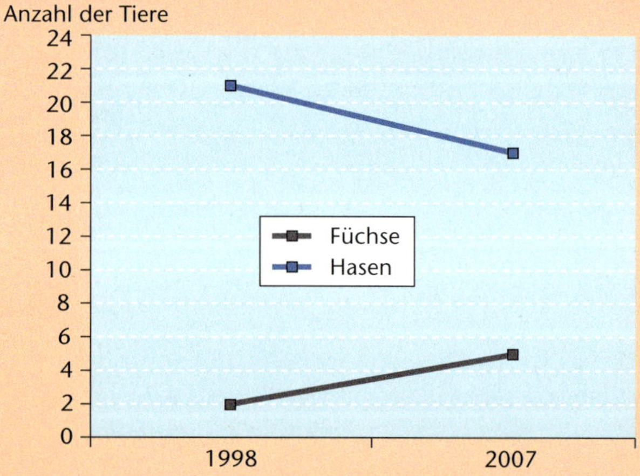

4 *Liniendiagramm*

Skalen und Gitterlinien können die Lesbarkeit verbessern. Aussagekräftige, aber knappe Legenden erleichtern das Verständnis des Diagramms. Es ist empfehlenswert, immer die knappste und eingängigste Form zu suchen, in der der zu vermittelnde Inhalt dargestellt werden kann.

1 Ein Säulendiagramm zeichnen. Forme die Angaben über die Viehbestände dreier Bauern in ein aussagekräftiges Säulendiagramm um.

	Schmidt	Maier	Klages
Milchkühe	58	25	12
Mastbullen	12	88	55
Schweine	120	110	70

2 Diagramme vergleichen. Die Diagramme in Abbildung 5 und 7 stellen den Wildbestand dreier Jagdreviere dar.

a) Formuliere die Aussagen der Diagramme schriftlich.

b) Aus welchem Diagramm konntest du die Informationen leichter entnehmen? Begründe.

3 Gestapeltes Balkendiagramm. Erstelle drei gestapelte Balkendiagramme für die Viehbestände der drei Bauern aus Aufgabe 1. Achte auf Legende und Farbgebung.

4 Ein Liniendiagramm erstellen. Erstelle aus der Tabelle für die Körpertemperatur eines Patienten ein Liniendiagramm.

Tag	Temperatur
Dienstag	37,0 °C
Mittwoch	38,5 °C
Donnerstag	39,2 °C
Freitag	37,5 °C
Samstag	37,0 °C

5 Ein Kreisdiagramm erstellen. Zeichne ein Kreisdiagramm, das die Anteile der einzelnen Baumarten in einem Wald darstellt. Folgende Daten liegen vor:

Baumart	Anteil	Winkel
Rotbuche	25 %	90°
Eiche	50 %	
Birke	10 %	
Hainbuche	15 %	

Jeder Kreis weist eine Winkelsumme von 360 Grad auf. Um die Winkel der einzelnen Anteile zu errechnen, verwendest du den Dreisatz. Für die Rotbuche ergibt sich folgende Berechnung:

$100\,\% \mathrel{\hat{=}} 360°$

$1\,\% \mathrel{\hat{=}} 360° : 100 = 3{,}6°$

$25\,\% \mathrel{\hat{=}} 360° : 100 \cdot 25 = 90°$

Berechne die Winkel für die anderen Baumarten. Zeichne einen Kreis und übertrage die Winkelmaße. Achte auf eine geeignete Farbgebung und eine aussagekräftige Legende.

> **Prozent**
> Prozentangaben beziehen sich immer auf ein Ganzes:
> $100\,\% \triangleq$ 1 Ganzes $\triangleq \frac{1}{1}$
> $50\,\% \triangleq$ der Hälfte eines Ganzen $\triangleq \frac{1}{2}$
> $1\,\% \triangleq$ dem Hundertsten Teil eines Ganzen $\triangleq \frac{1}{100}$

6 Mit einem Kreisdiagramm arbeiten. Im Kreisdiagramm von Abbildung 6 ist die Flächennutzung einer Stadt in Prozenten angegeben. Erstelle eine Tabelle mit folgenden Spalten: Nutzung, Fläche in % und Fläche in ha. Berechne die Flächen der einzelnen Nutzungsformen in ha mithilfe des Dreisatzes.

Beispiel: $100\,\% \mathrel{\hat{=}} 3000$ ha

$1\,\% \mathrel{\hat{=}} 3000$ ha : 100

$2{,}56\,\% \mathrel{\hat{=}} \ldots$

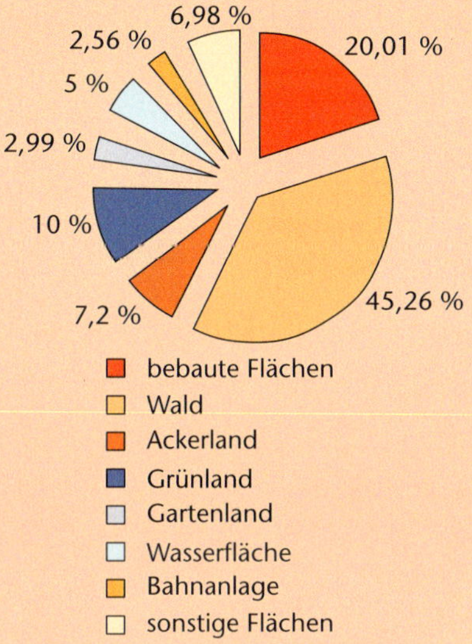

6 Flächennutzung der Stadt Roßlau (gesamt 3000 ha)

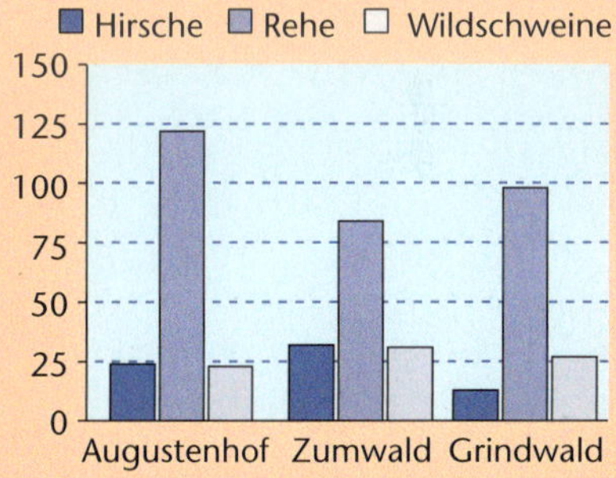

7 Wildbestand: Säulendiagramm

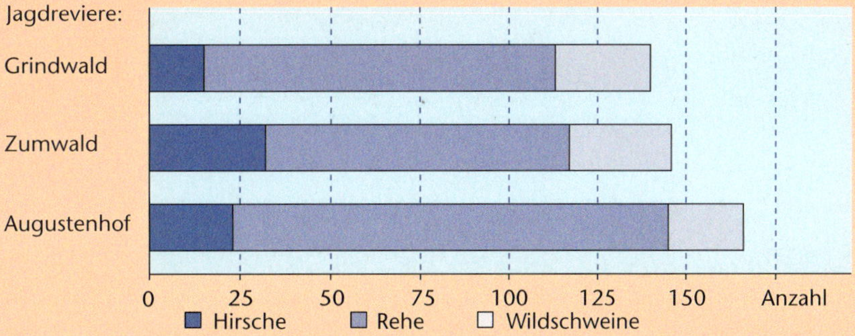

5 Wildbestand: Gestapeltes Balkendiagramm

4.3 Der Maulwurf

Meistens stammen alle Maulwurfshaufen auf einer Fläche von einem einzigen Tier. Die Haufen bestehen aus lockerer Erde, die ein Maulwurf beim Graben seines Baus an die Erdoberfläche befördert hat. Maulwürfe leben den größten Teil des Jahres als Einzelgänger. Sie verbringen fast ihr ganzes Leben unter der Erde und sind auch im Winter aktiv.

Weil die Gänge eines Maulwurfsbaus häufig durch Wurzelwerk führen, vermuten viele Menschen noch immer, dass Maulwürfe die Pflanzen schädigen. Aber das Gegenteil ist der Fall. Maulwürfe lockern den Boden. Die spitzen Zähne zeigen: Maulwürfe sind Raubtiere, genauer gesagt Insektenfresser. Ihre nächsten Verwandten sind Spitzmäuse und Igel. Alle drei bis vier Stunden streift der Maulwurf durch seinen Bau auf der Suche nach Insekten, Insektenlarven, Würmern und Schnecken. Ein Maulwurf frisst am Tag etwa 110 Gramm Nahrung, etwa so viel, wie er selbst wiegt.

Ein Maulwurf sieht sehr schlecht. Seine kleinen Augen liegen im Fell verborgen (Abb. 1). Dafür ist sein Gehör und vor allem sein Geruchs- und sein Tastsinn sehr leistungsfähig. Die Ohren liegen ebenfalls unter dem Fell. Wenn man über den samtigen Pelz eines Maulwurfes streicht, stellt man fest, dass es sehr weich ist und keinen Strich besitzt. Das heißt, dass sich die Haare in alle Richtungen leicht umlegen lassen. Dadurch kann sich der Maulwurf in den engen Erdgängen gut vorwärts- und rückwärtsbewegen. Die kräftigen Vorderbeine sind kurz und besitzen starke Knochen. Die Hände des Maulwurfs sind sehr breit mit kräftigen Krallen. Sie ähneln einer Baggerschaufel. Damit kann der Maulwurf viel Kraft entwickeln und gut graben. In geeigneten Böden legt er in einer Nacht Gänge mit bis zu 100 Metern Länge an.

Der Maulwurf gehört nach dem Bundesnaturschutzgesetz zu den besonders geschützten Tierarten. Er darf deshalb nicht verfolgt, verletzt, gejagt oder getötet werden.

1 *Maulwurf und einige seiner Beutetiere*

1 Maulwurfsbau und Maulwurfsrevier. Abbildung 2 zeigt ein Maulwurfsrevier von oben betrachtet. Bestimme die Anzahl der Maulwurfshügel, die größte Entfernung zwischen zwei benachbarten Maulwurfshügeln und die ungefähre Größe des Reviers in Quadratmetern.

2 Maulwurfsbau. Beschreibe den Maulwurfsbau in einem Text (Abb. 3). Gib jeweils an, welche Funktionen die Gänge und Kammern des Maulwurfsbaus haben.

3 Lebensweise unter der Erde. Lege eine Tabelle nach dem abgebildeten Muster an. Notiere in der ersten Spalte die Körpermerkmale oder Leistungen des Maulwurfes. Schreibe in der zweiten Spalte auf, warum diese Merkmale Angepasstheiten an die unterirdische Lebensweise des Maulwurfes sind.

2 *Maulwurfsrevier von oben (Maßstab 1:200; 1 cm auf dem Bild entsprechen 200 cm = 2 m in der Realität)*

Merkmal	Bedeutung
guter Geruchssinn	Der Maulwurf kann seine Beute gut aufspüren.
...	...

3 *Maulwurfsbau*

4.4 Das Igeljahr

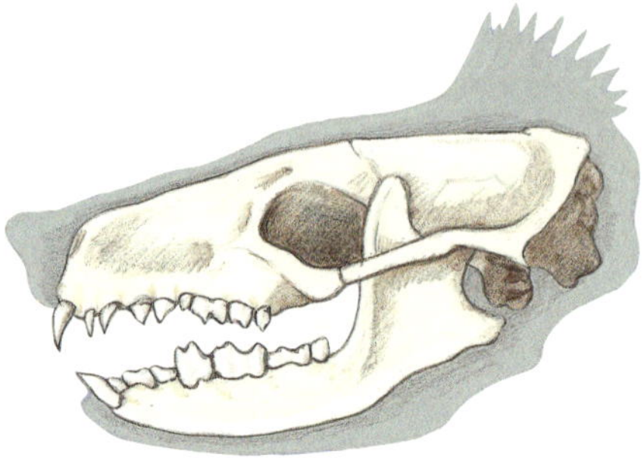

1 *Schädel und Gebiss eines Igels*

2 *Junger Igel*

Igel halten sich hauptsächlich in Gärten, Parks oder an Waldrändern auf. Am Tage schlafen Igel in einem Schlafnest aus Laub und trockenen Pflanzenteilen. In der Abenddämmerung verlassen sie ihr Nest. Igel sind nachtaktive Tiere. Mit ihrer langen Rüsselschnauze durchwühlen Igel den Boden nach Regenwürmern und Insekten. Schnecken und Mäusejunge gehören ebenso zur Nahrung wie Äpfel, Birnen und andere Früchte, die am Boden liegen. Die 36 Zähne des Gebisses sind klein und spitz (Abb. 1).

Im Sommer und Herbst frisst sich der Igel ein dickes Fettpolster an. Wenn die Tage im Spätherbst kürzer und kälter werden und ein Igel nur noch wenig Nahrung findet, sucht er sich ein trockenes Nest, das vor Nässe und Kälte schützt. Sinkt die Temperatur in der Umgebung öfter unter 10 °C, so rollt sich der Igel zu einer Kugel zusammen und beginnt mit dem **Winterschlaf.** Während des Winterschlafes atmet ein Igel nur wenige Male in einer Minute. Das Herz schlägt langsamer und die Körpertemperatur sinkt. Wenn es sehr kalt ist und die Temperatur in der Umgebung des Igels unter 1 °C sinkt, kann ein Igel aufwachen. Dann sucht er sich einen neuen Schlafplatz. Wenn ein Igel häufig aus dem Winterschlaf aufwacht, verbraucht er viel Fett aus seinen Fettpolstern. Im Frühjahr, wenn die Temperatur in seinem Nest wieder auf etwa 15 °C steigt, wird der Winterschlaf beendet.

Im Mai oder Juni bringen die Igelweibchen jeweils fünf bis sieben Junge zur Welt. Manchmal bekommen die Igelweibchen im September ein zweites Mal Junge. Die Jungen werden gesäugt. Igel sind Säugetiere. Die Augen öffnen sich erst nach drei Wochen (Abb. 2). Igeljunge sind **Nesthocker.** Etwas später verlassen die Jungen erstmals das Nest. Im Alter von sechs bis sieben Wochen müssen sich Igel selbst ernähren.

3 *Viele Igel werden überfahren*

1 Merksätze. Fasse die Aussagen von jedem der drei Abschnitte im Grundwissentext in einem Merksatz zusammen.

2 Der Igel hält Winterschlaf.
a) Zeichne mit den Daten aus Abbildung 4 ein Balkendiagramm. Trage die Werte für die Umgebungstemperatur und die Werte für die Körpertemperatur mit unterschiedlichen Farben ein.
b) Beschreibe, wie sich die Körpertemperatur und die Häufigkeit des Herzschlags im Winterschlaf verändern.
c) Begründe, an welchem Datum der Igel im Winterschlaf war und wann nicht.

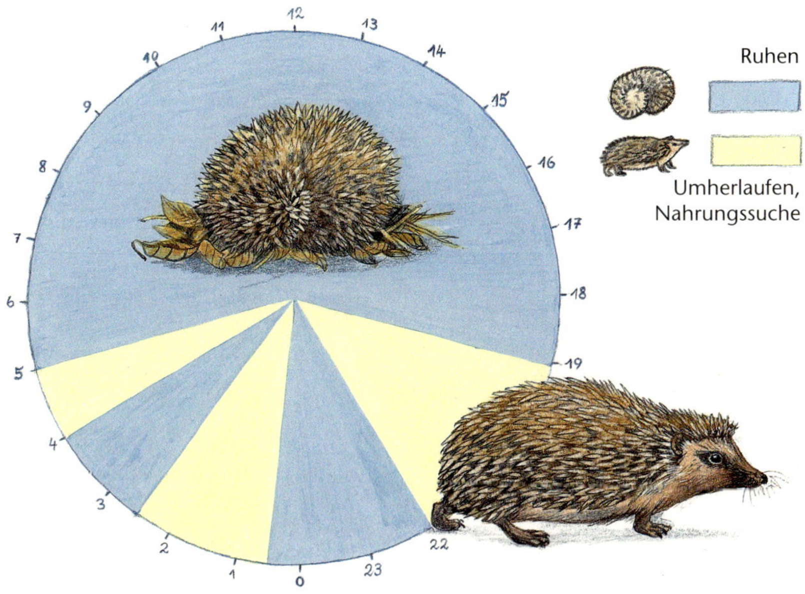

6 *Tag im Leben eines Igels*

5 Tagesablauf eines Igels.
a) Die Abbildung 6 zeigt den Tagesablauf eines Igels. Schreibe untereinander die Zeiten, in denen der Igel umherläuft und Nahrung sucht, sowie die Zeiten, in denen er ruht.
b) Zeichne einen Uhrkreis wie in Abbildung 6. Trage in diesen Kreis die Zeiten ein, in denen du wach bist und in denen du schläfst. Vergleiche deine Zeichnung mit der Abbildung 6.

Datum	Umgebungstemperatur	Körpertemperatur	Herzschläge pro Minute
15. September	18 °C	35 °C	320
15. Oktober	10 °C	10 °C	56
15. Dezember	0 °C	24 °C	124
15. Januar	2 °C	5 °C	18
15. Februar	10 °C	10 °C	56
15. März	15 °C	35 °C	282

4 *Der Igel im Winter*

3 Aufwachen im Winterschlaf. Erläutere, welche Folgen Igeln drohen, die häufig aus dem Winterschlaf erwachen.

4 Igel-Verkehrstote. Beschreibe den Verlauf des Säulendiagramms in Abbildung 5. Begründe den Verlauf.

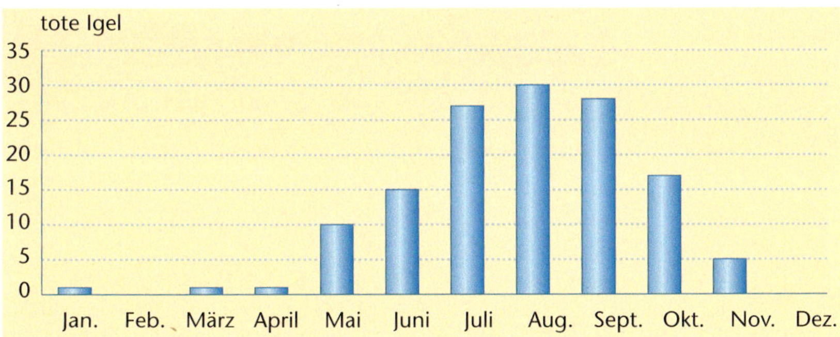

5 *Igel als Verkehrsopfer*

6 Vorkommen von Igeln. Untersuchungen haben ergeben, dass im Stadtzentrum keine Igel vorkommen, am Stadtrand etwa 10 Igel pro Quadratkilometer, am Waldrand durchschnittlich 13 Igel und auf einem Acker durchschnittlich 3 Igel pro Quadratkilometer. Stelle diese Angaben in einer übersichtlichen Tabelle dar. Werte die Tabelle aus. Begründe, warum die durchschnittliche Anzahl der Tiere in den verschiedenen Lebensräumen unterschiedlich ist.

4.5 Eichhörnchen

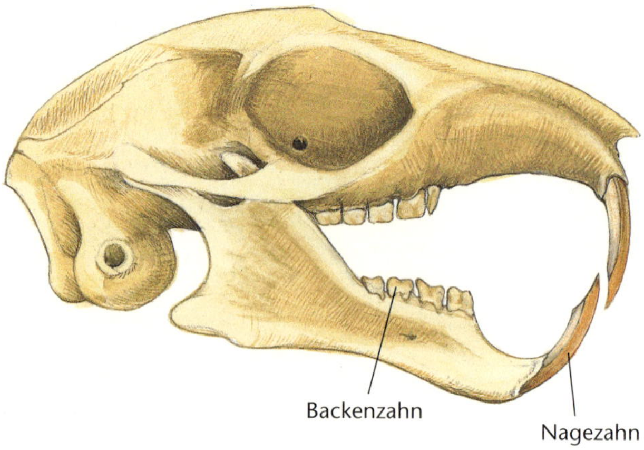

1 *Nagetiergebiss des Eichhörnchens*

2 *Eichhörnchen mit Kobel*

Eichhörnchen sind an das Leben in den Bäumen angepasst. Mit den kräftigen Hinterbeinen können sie hervorragend von Ast zu Ast springen oder Baumstämme hinaufschnellen. Dabei geben die scharfen Krallen den nötigen Halt. Der buschige Schwanz dient beim Springen zur Steuerung (Abb. 2).

Eichhörnchen gehören zu den **Nagetieren.** Das Nagetiergebiss besteht aus Mahlzähnen im hinteren Kiefer und den vier großen Nagezähnen. Diese sind tief im Kiefer verankert und wachsen ständig nach (Abb. 1). Dadurch wird die Abnutzung ausgeglichen.

Die Nahrung der Eichhörnchen besteht aus Samen von Nadelbäumen, Nüssen, Bucheckern, Eicheln, Knospen, Früchten und Pilzen. Aber auch Vogeleier und Jungvögel werden beim Plündern von Nestern verspeist. Insekten und Larven gehören ebenfalls zur Nahrung.

Im Laufe des Herbstes fressen sich Eichhörnchen eine Speckschicht an. Sie verstecken viele Samen in der Erde oder in Baumritzen als Wintervorrat. Da sie nur einen Teil wiederfinden, tragen sie so dazu bei, die Samen von Bäumen zu verbreiten. Das Vergraben von Samen ist den Tieren angeboren. Die genaue Technik zum Öffnen der harten Nüsse müssen die Tiere erst lernen und üben.

Eichhörnchen halten **Winterruhe.** Bei großer Kälte oder Nässe bleiben sie in ihrem Nest und schlafen. Dabei wird der Herzschlag und die Atmung aber nicht wie bei den Winterschläfern herabgesetzt. Auch die Körpertemperatur verändert sich nicht. Bei gutem Wetter kommen die Tiere auch im Winter aus dem Nest hervor und suchen nach dem versteckten Futter.

Die Nester der Eichhörnchen sind kugelige, mit Moos, Blättern und Federn ausgepolsterte Gebilde aus Zweigen und besitzen meist zwei Eingänge, die verstopft werden können. Man nennt sie Kobel (Abb. 2). Häufig legt ein Eichhörnchen mehrere Kobel in dem Gebiet an, in dem es umherstreift. Dieses Gebiet kann über 1000 Hektar groß sein.

Eichhörnchen werden nach elf Monaten geschlechtsreif. Sie bekommen ein- bis zweimal im Jahr Junge, wobei die Wurfgröße zwischen drei und acht Jungtieren schwankt. Junge Eichhörnchen sind **Nesthocker.** Die Jungtiere werden nackt und blind geboren. Nach 19 Tagen sind sie dicht behaart und erst nach vier Wochen öffnen sich die Augen. Die Mutter säugt ihre Jungen 40 Tage lang. Im Alter von acht Wochen sind die Eichhörnchen selbstständig und verlassen das Nest. In freier Wildbahn werden die Tiere bis etwa zehn Jahre alt. Ihre Hauptfeinde sind Marder und Habichte.

Der Verhaltensforscher EIBL-EIBESFELD berichtet, dass Eichhörnchen zum Öffnen von Nüssen von Geburt an die Nagetechnik und die Technik des Aufsprengens mit den Nagezähnen beherrschen. Diese Verhaltensweisen sind den Tieren angeboren. Mit dem Älterwerden lernen sie, wie sie diese Techniken optimal einsetzen. Erfahrene Eichhörnchen nagen nur ein oder zwei Furchen entlang der Fasern in die Nuss und sprengen sie mit den Nagezähnen auf. Unerfahrene Eichhörnchen nagen wahllos in alle Richtungen an der Nuss, bis sie zufällig die Schale an einer Stelle durchgenagt haben. Sobald ein Loch in der Schale ist, versuchen die Tiere, die Nuss aufzusprengen. Das gelingt nur, wenn die Nagespuren entlang der Fasern in der Nussschale verlaufen. Das Nagen entlang der Fasern bietet den Tieren weniger Widerstand als das Nagen quer zur Faserung. Eichhörnchen lernen so durch Probieren, die Nuss möglichst schnell zu öffnen. Das Zuschauen bei erfahrenen Tieren beschleunigt den Lernerfolg.

3 *Technik des Nüsseöffnens*

4 *Eichhörnchen beim Öffnen einer Nuss*

5 *Haselnüsse, von unterschiedlich erfahrenen Eichhörnchen geöffnet*

1 Überwinterung.

a) Begründe die Notwendigkeit für ein Eichhörnchen, sich im Herbst eine Speckschicht anzufressen.

b) Vergleiche die Überwinterung eines Eichhörnchens mit der des Igels.

2 Angeboren und erlernt.

a) Fasse die Aussagen des Textes in Abbildung 3 mit eigenen Worten zusammen.

b) Abbildung 5 zeigt Nüsse, die von Eichhörnchen geöffnet wurden. Entwickle Vermutungen dazu, wie erfahren die jeweiligen Eichhörnchen waren. Begründe deine Aussagen.

c) Beschreibe die genaue Technik, die beim Öffnen der Nüsse in Abbildung 5 angewendet wurde.

d) Entwirf einen Versuch, der klärt, ob das Vergraben von Nüssen bei Eichhörnchen ein angeborenes Verhalten ist oder nicht.

3 Zähne.

a) Die Materialien, aus denen ein Nagezahn besteht, haben eine unterschiedliche Härte. Begründe, warum durch den Zahnaufbau die Zähne trotz ständiger Abnutzung immer scharf bleiben (Abb. 6).

b) Begründe, warum Nagetiere, die in Gefangenschaft gehalten und nur mit weichem Futter versorgt werden, ohne Nagemöglichkeiten letztlich verhungern.

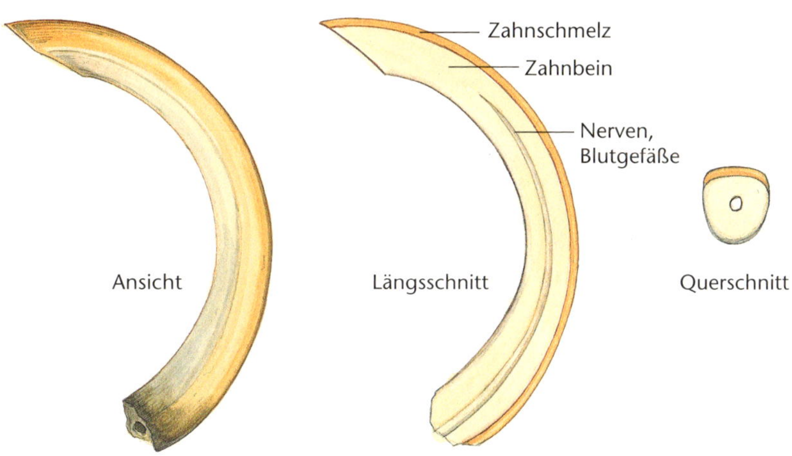

6 *Aufbau eines Nagezahns*

4.6 Der Rotfuchs

1 *Füchsin mit Jungen vor dem Bau*

Der Rotfuchs gehört zu den **Raubtieren,** die auf der Nordhalbkugel der Erde am weitesten verbreitet sind. Er lebt in Wäldern. Dort geht er besonders in der Dämmerung und nachts auf Jagd. Der Rotfuchs ist nachtaktiv. Im Gebiss finden sich die scharfen Schneidezähne, die großen Fangzähne (Eckzähne) und die Reißzähne. Obwohl Rotfüchse ein typisches Raubtiergebiss haben, ernähren sie sich sehr vielseitig. Beeren und Obst können je nach Jahreszeit einen beträchtlichen Anteil der Nahrung ausmachen. Rotfüchse passen sich schnell an das Nahrungsangebot in ihrem Revier an. Das ist auch einer der Gründe dafür, dass Rotfüchse sich zunehmend in Großstädten aufhalten. Dort ernähren sie sich von Abfällen und Essensresten (Abb. 2).

Wie viele nachtaktive Tiere können auch Rotfüchse sehr gut hören. Dabei können die großen, trichterförmigen Ohren in fast alle Richtungen gedreht werden. Ein Fuchs kann in eine andere Richtung hören, als er sieht. Das Hörvermögen dient vor allem dazu, Beutetiere und Gefahren frühzeitig wahrzunehmen. Ähnlich wie bei Hunden spielt die Stellung der Ohrmuscheln auch für die Körpersprache der Füchse eine Rolle. Sehsinn und Geruchssinn sind ebenfalls gut ausgeprägt und werden bei der Nahrungssuche eingesetzt. Füchse können sich auch am Geruch erkennen. Sie können bei Nacht Helligkeitsunterschiede viel besser wahrnehmen als Menschen. Allerdings sehen Füchse genauso wie Katzen und Hunde Farben nicht so gut wie wir.

Die Fortpflanzung der Rotfüchse findet in Mitteleuropa von Ende Dezember bis Ende Februar statt. In dieser Zeit paaren sich männliche und weibliche Füchse. Nach einer Tragzeit von durchschnittlich 52 Tagen werden vier bis sechs Welpen geboren. Sie kommen in einem unterirdischen Bau als Nesthocker zu Welt. Sie sind zunächst blind und auf die Mutter angewiesen. Etwa drei Monate nach der Geburt verlassen die Jungen erstmals ihren Bau.

2 *Fuchs in der Großstadt*

1 Vorkommen des Rotfuchses. Nenne die Länder außerhalb Europas, in denen der Rotfuchs vorkommt (Abb. 3).

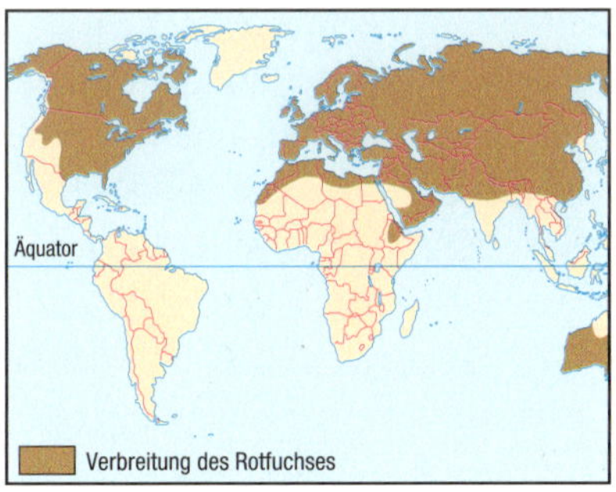

3 *Verbreitung des Rotfuchses*

2 Nahrung des Rotfuchses. Die Nahrung von Rotfüchsen ist sehr unterschiedlich, je nach Nahrungsangebot. Werte die Angaben in Abbildung 4 aus.

Die folgende Fabel stammt von Jean de la Fontaine, einem Franzosen, der von 1621 bis 1695 lebte. Fontaine schrieb besonders gerne Tierfabeln.

Der Rabe und der Fuchs
Ein Rabe saß auf einem Baum und hielt im Schnabel einen Käse; den wollte er verzehren. Da kam ein Fuchs daher, der vom Geruch des Käses angelockt war. „Ah, guten Tag, Herr von Rabe!", rief der Fuchs. „Wie wunderbar Sie aussehen! Wenn Ihr Gesang ebenso schön ist wie Ihr Gefieder, dann sind Sie der Schönste von allen hier im Walde!" Das schmeichelte dem Raben, und das Herz schlug ihm vor Freude höher. Um nun auch seine schöne Stimme zu zeigen, machte er den Schnabel weit auf – da fiel der Käse hinunter. Der Fuchs schnappte ihn auf und sagte: „Mein guter Mann, nun haben Sie es selbst erfahren: Ein Schmeichler lebt auf Kosten dessen, der ihn anhört – diese Lehre ist mit einem Käse wohl nicht zu teuer bezahlt." Der Rabe, bestürzt und beschämt, schwur sich zu, dass man ihn so nicht wieder anführen sollte – aber es war ein bisschen zu spät.

5 *Fabel über den Fuchs*

3 Reineke Fuchs in Tierfabeln. Unter einer Tierfabel versteht man eine kurze Erzählung oder ein Gedicht, in der Tiere wie Menschen reden und handeln. Der Fabeldichter will meistens menschliche Schwächen aufzeigen. Jede Fabel enthält immer eine besondere Weisheit oder Lehre.

a) Beschreibe, welche Eigenschaften der Fuchs in „Der Rabe und der Fuchs" hat (Abb. 5). Welche Weisheit oder menschliche Schwäche soll die Fabel ausdrücken?

b) Vergleiche Abbildung 1 und Abbildung 6. Erläutere, welche menschlichen Eigenschaften Abbildung 6 ausdrücken soll.

6 *Darstellung zu Goethes Fabel „Reineke Fuchs"*

Nahrung / Eigenschaften der Nahrung	Feldmaus	Regenwurm	Jungwild, auch tot	Vögel	Insekten	Früchte
häufiges Vorkommen	x	–	–	–	x	x
Vorkommen Frühling	x	x	x	x	x	–
Sommer	x	x	x	x	x	x
Hebst	x	x	–	x	x	x
Winter	x	–	–	x	–	–
Energiegehalt der Nahrung	x	x	x	x	–	–
geringer Aufwand der Beschaffung	x	x	–	–	x	x

4 *Nahrung des Rotfuchses*

Fünf-Schritt-Lesemethode

Im Biologieunterricht lernst du verschiedene Tiere und Pflanzen kennen. Wenn du mehr über ein bestimmtes Lebewesen wissen möchtest, findest du in einem Lexikon oder einem Sachbuch zusätzliche Informationen. Manchmal ist es aber nicht leicht, solche Artikel zu verstehen. Wenn du die folgenden Schritte beachtest, wird es dir leichterfallen, schwierige Texte zu verstehen.

1. Schritt: Text genau lesen
Lies den Text mehrmals genau durch. So erhältst du einen Überblick über den Inhalt.

2. Schritt: Unbekannte Wörter und Begriffe klären
Wenn im Text Begriffe vorkommen, die du nicht verstehst, unterstreiche sie mit Bleistift, wenn du das darfst. Trage sie in die linke Spalte eines Vokabelheftes ein (Abb. 1). Kläre mithilfe eines Lexikons, eines Wörterbuchs oder des Internets ihre Bedeutung. Du kannst auch deinen Lehrer oder deine Mitschüler fragen. Wenn du beispielsweise den Begriff Balg im Schülerlexikon nachschlägst, erhältst du folgende Erklärung: Balg = Fachbegriff für das Fell des Fuchses. Den Begriff Fähe findest du vielleicht nicht in deinem Lexikon. Wenn du aber im Internet danach suchst, findest du z.B. unter der Adresse: http://www.jagenonline.at folgende Erklärung: Fähe = Füchsin.

Balg	Fell
Rumpf	Körper
Fähe	Füchsin
wölft	gebärt

1 *Ausschnitte aus einem Vokabelheft*

3. Schritt: Zwischenüberschriften schreiben
Prüfe, in welche Abschnitte sich der Text gliedern lässt. Markiere die Abschnitte z. B. durch einen Schrägstrich (Abb. 2). Formuliere für jeden Abschnitt eine Zwischenüberschrift.

Der Rotfuchs
Der Rotfuchs gehört zu den hundeartigen Raubtieren. Er erreicht eine Körperlänge zwischen 80 und 90 cm.[1]/ Seine Körpergröße liegt zwischen 35 und 40 cm.[2]/ Das Gewicht eines ausgewachsenen Rotfuchses liegt zwischen 2,2 bis 10 kg.[3]/ Sein Balg ist rotbraun gefärbt. Die Unterseite von Kopf, Hals und Rumpf ist hellweiß.[4]/ Der Rotfuchs ernährt sich hauptsächlich von Mäusen. Daneben stehen noch Insekten, Frösche, Beeren und Aas auf seinem Speiseplan. [5]/ Im Januar/Februar paaren sich die Rotfüchse. Die Fähe wölft im März/April drei bis fünf Junge.[6]/

2 *Tierbeschreibung Fuchs*

Zwischenüberschriften:

1. Länge
2. Größe
3. Gewicht
4. Fell
5. Nahrung
6. Fortpflanzung

4. Schritt: Schlüsselstellen markieren
Prüfe den Text Abschnitt für Abschnitt, ob er die von dir gewünschten Informationen liefert. Diese Stellen nennt man Schlüsselstellen. Markiere sie mit einem Textmarker oder einem hellen Buntstift (Abb. 2). Achte darauf, dass du nur das Wichtigste im Text markierst.

5. Schritt: Zusammenfassung schreiben
Fasse mithilfe der Zwischenüberschriften und der Schlüsselstellen den Inhalt des Textes zusammen. Eine Zusammenfassung des Textes über den Rotfuchs kann so aussehen:
Der Rotfuchs ist ein Raubtier. Er wird 35 bis 40 cm lang und bis 40 cm groß. Ein Fuchs wiegt zwischen 2,2 und 10 kg. Sein Fell ist rotbraun, an der Unterseite weiß. Mäuse sind seine Hauptnahrung. Im Frühling bringt die Füchsin drei bis fünf Junge zur Welt. (48 Wörter)

Der Eisbär

Der ausgewachsene Eisbär erreicht eine Körperlänge von 250 cm. Seine Schulterhöhe liegt bei 150 cm. Das Gewicht eines solchen Riesen beträgt ungefähr 400 kg. Sein Fell ist gelblich weiß. Eine 10 cm dicke Fettschicht in der Unterhaut schützt ihn vor der arktischen Kälte. Die Heimat des Eisbären liegt in der Nähe des Nordpols. Man trifft ihn vor allem in den Küstenbereichen des Nordpolarmeers an. Dort gibt es riesige Eisschollen, auf denen er lebt und jagt. Zum Überwintern gräbt er sich im Oktober eine Höhle in den Schnee. Der Eisbär ernährt sich hauptsächlich von Robben. Daneben jagt er kleinere Nagetiere wie Lemminge und Mäuse. Auch Aas steht bei ihm auf dem Speiseplan. Im April paaren sich die Eisbären. Im Herbst gräbt das Weibchen eine Höhle in den Schnee. Dort bringt es durchschnittlich zwei Junge zur Welt.

3 *Tierbeschreibung Eisbär*

4 *Eisbär*

1 Fünf-Schritt-Lesemethode. Schreibe den Text über den Eisbären ab und werte ihn mit der Fünf-Schritt-Lesemethode aus.

2 Zusammenfassung Eisbär. Erstelle eine Zusammenfassung über den Eisbären mit höchstens 50 Wörtern aus dem Text in Abbildung 3.

3 Gitterrätsel. Übertrage das Kreuzworträtsel zum Thema Eisbär in dein Heft (Abb. 5). Lies den Text über den Eisbären genau durch. Löse dann das Rätsel. Die markierten Kästchen ergeben ein Lösungswort.

1) Wann ist die Paarungszeit der Eisbären?
2) Wo liegt die Heimat des Eisbären?
3) Gegen was schützen Fell und Fettschicht?
4) Was schützt den Eisbären vor der arktischen Kälte?
5) Wie viele Junge bringt das Weibchen durchschnittlich zur Welt?
6) Was steht neben anderem auf dem Speiseplan eines Eisbären?

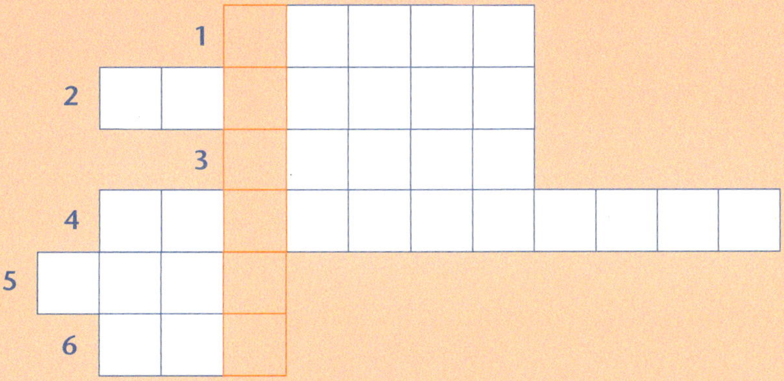

5 *Gitterrätsel*

4.7 Rehe und Rothirsche

1 *Ricke mit Kitz*

2 *Rothirsche*

Rehe und Rothirsche sind die ursprünglich in Deutschland vorkommenden Hirscharten. Die Tiere sind **Wiederkäuer.** Ihre Nahrung besteht aus Kräutern, Gräsern, Früchten, frischem Laub, Knospen und aus kleinen Ästen. Bei beiden Arten wird von den männlichen Tieren jedes Jahr ein Geweih gebildet. Das heranwachsende Geweih ist von einer Haut umschlossen, die man Bast nennt. Durch sie wird es mit Nährstoffen versorgt. Wenn das Geweih entwickelt ist, entfernen die Tiere diese Haut, indem sie das Geweih an Bäumen und Ästen reiben. Der Jäger bezeichnet dieses Verhalten als „Fegen". Das Geweih dient dazu, in der Paarungszeit, der Brunftzeit, um Weibchen zu werben und dabei Rivalen in die Flucht zu schlagen. Rehböcke werfen ihr Geweih zwischen Oktober und Dezember ab, Rothirsche zwischen Februar und April.

Das weibliche Reh, die Ricke, bringt im Mai oder Anfang Juni ein bis zwei Junge zur Welt. Die Jungtiere haben ein geflecktes Fell und werden Kitze genannt (Abb. 1). Rehe sind **Nestflüchter.** Die Kitze bleiben in ihren ersten Lebenswochen allein an den Boden gedrückt zurück, wenn die Ricke auf Nahrungssuche geht. Das Fell ist eine gute **Tarnung** und schützt das Kitz vor Feinden. Später folgt das Jungtier der Mutter überallhin. Die Brunftzeit ist in den Monaten Juli und August. Von April bis August verteidigen die männlichen Tiere, die Böcke genannt werden, ein Revier gegen mögliche Rivalen. In der übrigen Zeit leben Rehe meist in kleinen Familienverbänden. In Landschaften mit wenig Wald- und Buschbestand finden sich die Tiere zu größeren Rudeln zusammen. Ursprünglich waren Rehe Bewohner von Waldlichtungen und dem umgebenden Wald. Sie leben heute bevorzugt in Gebieten, in denen sich viele Buschreihen und Waldränder mit Wiesen und Feldern abwechseln. In diesen vom Menschen geprägten Landschaften sind sie heute häufiger als früher in den großen Waldgebieten. Das Reh ist ein **Kulturfolger.**

Die weiblichen und männlichen Rothirsche leben das Jahr über in getrennten Rudeln, alte männliche Tiere auch als Einzelgänger. Zur Brunftzeit im September und Oktober lösen sich die Rudel der männlichen Rothirsche auf. Starke Männchen gesellen sich zu den Weibchen und verteidigen das Rudel gegen Rivalen. Dabei kann es zu heftigen Kämpfen kommen. Im Mai oder Juni wird vom Weibchen ein Jungtier geboren, das sofort der Mutter folgt. Rothirsche leben bei uns auch heute noch bevorzugt in waldreichen Gebieten, die wenig von Menschen beeinflusst sind.

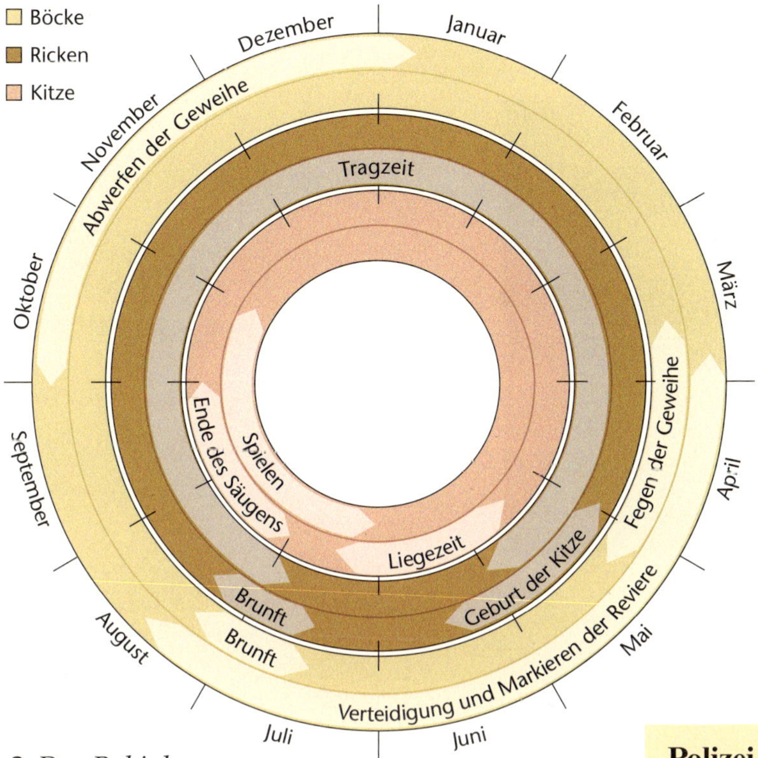

3 *Das Rehjahr*

4 *Geweihe von a) Rehen und b) Rothirschen*

1 **Das Rehjahr**. Beschreibe anhand der Abbildung 3 das Jahr der Rehe.

2 **Reh – Rothirsch**. Vergleiche Reh und Rothirsch. Verwende dazu den Grundwissentext und die Abbildungen 3 und 4.

3 **Bestandsdichte und Schäden.** Rehe verursachen im Wald durch Verbiss besonders an jungen Bäumen und Sträuchern große Schäden. Zum Schutz vor den Tieren werden junge Anpflanzungen mit hohen Kosten eingezäunt.

a) Erläutere, warum besonders junge Bäume durch Verbiss gefährdet sind.

b) Entwickle Vermutungen, warum sich in unserer Kulturlandschaft die Rehe so vermehrt haben, dass sie zu einem Schadensfaktor in Wald, Feld und Verkehr geworden sind (Abb. 5).

c) Erkläre mithilfe der Abbildung 6, weshalb in der Regel auch eine stärkere Bejagung der Rehe auf Dauer nicht den Bestand der Tiere verringert.

Polizei legt Wildunfallstatistik 2006 vor

Zahl der polizeilich gemeldeten Wildunfälle erhöht sich im Landkreis um 16,6 %.

Im Jahr 2006 wurde die Polizei des Landkreises Oldenburg zu 431 Unfällen mit Wildbeteiligung gerufen. Dies waren 47 Unfälle mehr als im Vorjahr.
Über 20 Prozent aller registrierten Schadensfälle gehen somit auf das Konto von Wild. In erster Linie sind es Rehe, 326 Stücke wurden gezählt, die Opfer des Straßenverkehrs wurden.

5 *Zeitungsmeldung*

	Bestandsdichte	
	niedrig	hoch
mittlere Körpergewichte	hoch	niedriger
starke Geweihe	schon bei jüngeren Böcken	nur bei älteren Böcken
Anzahl der Kitze pro Ricke	höher	niedriger
Verhältnis der Geschlechter bei Kitzen	mehr Weibchen	mehr Männchen
Kitzsterblichkeit	niedriger	höher
Revierbesitz bei Böcken	schon im 2. Lebensjahr	ab dem 3.–4. Lebensjahr

6 *Informationen zur Bestandsdichte von Rehen*

4.8 Fledermäuse – fliegende Säugetiere

1 *Fledermaus mit Beute*

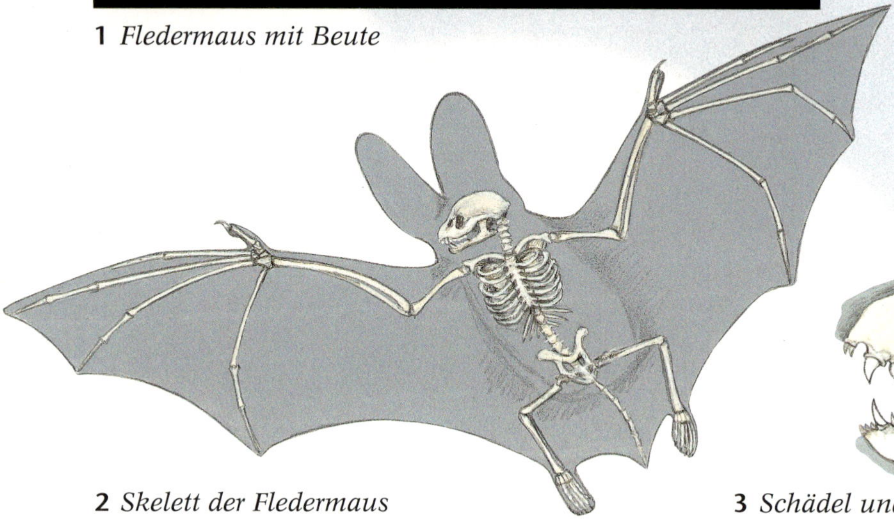

2 *Skelett der Fledermaus*

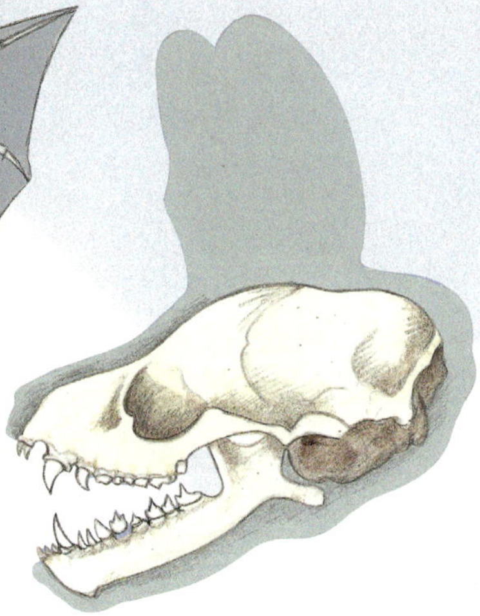

3 *Schädel und Gebiss der Fledermaus*

Fledermäuse fressen wie Igel, Maulwürfe und Spitzmäuse Insekten. Typisch für diese Tiere sind die spitzen Zähne (Abb. 3). Fledermäuse sind Säugetiere. Die Jungen entwickeln sich im mütterlichen Körper und werden lebend geboren. Nach der Geburt werden die Jungtiere eine Zeit lang gesäugt.

Fledermäuse tragen den wissenschaftlichen Namen Chiroptera, was so viel wie **Handflügler** bedeutet. Zwischen den verlängerten Fingern, den Beinen und dem Schwanz befindet sich eine Flughaut, die wie ein Regenschirm aufgespannt werden kann. Mit diesen Flügeln können die Tiere flatternd fliegen. Der Daumen und die Zehen bleiben jedoch frei (Abb. 1, 2).

Auf ihren nächtlichen Beutezügen vertilgen Fledermäuse viele Insekten. Eine nur sechs Gramm schwere Zwergfledermaus kann pro Nacht 1000–2000 Insekten fressen. Das entspricht etwa einem Drittel ihres Körpergewichtes. Fledermäuse sind sehr nützlich, weil viele dieser Insekten Schädlinge sind.

In Deutschland gibt es etwa 20 verschiedene Fledermausarten. Diese lassen sich aufgrund gemeinsamer Merkmale zwei Familien zuordnen. Unsere kleinste Fledermausart ist die Zwergfledermaus. Die größte heimische Art, die Mausohrfledermaus, bringt etwa 40 g auf die Waage und hat eine Spannweite von etwa 43 cm.

Arbeiten mit dem Bestimmungsschlüssel

1 Einfacher Bestimmungsschlüssel. In der Biologie können alle Lebewesen durch einen so genannten Bestimmungsschlüssel eindeutig identifiziert werden. Folgendes Beispiel zeigt dir, wie man die sechs Figuren, die zur Klasse der Strichmännchen zusammengefasst werden, mithilfe eines einfachen Bestimmungsschlüssels benennen kann. Für jeden Schritt wird eine Frage gestellt, die mit „ja" oder „nein" beantwortet werden kann.
Wie lauten die Fragen 1–5, die zu den jeweiligen Strichmännchen geführt haben?

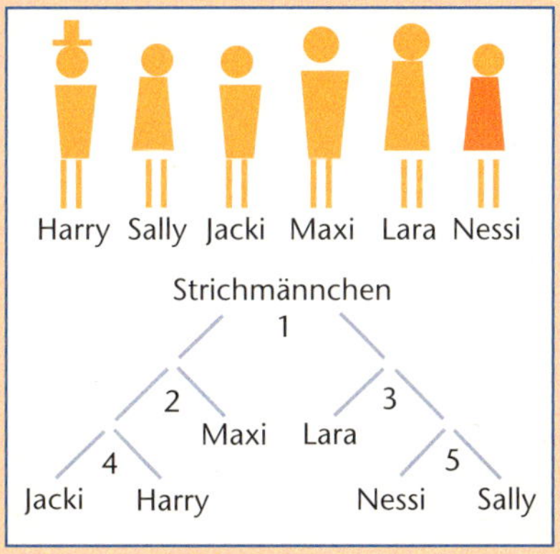

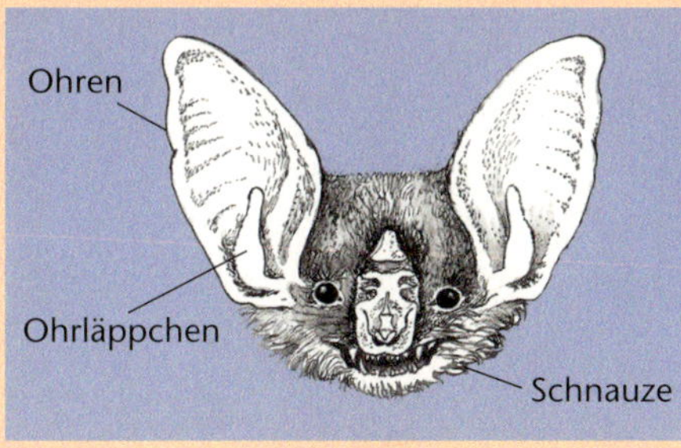

2 Fledermausbestimmungsschlüssel. Die Fotos zeigen die Köpfe einiger heimischer Fledermausarten. Versuche, mithilfe des Bestimmungsschlüssels die Fledermäuse A–F zu benennen. Erstelle für jede Fledermausart eine Merkmalsliste.

Frage 1	Nase mit Nasenaufsatz, sehr spitze Ohren?	ja . . . . . . Hufeisennase nein . . . . weiter zu Frage 2
Frage 2	Ohren sind an der Basis zusammengewachsen?	ja . . . . . . Mopsfledermaus nein . . . . weiter zu Frage 3
Frage 3	riesige Ohren mit seitlichen Falten?	ja . . . . . . Langohrfledermaus nein . . . . weiter zu Frage 4
Frage 4	Ohrläppchen lang und spitz, helle Kehle?	ja . . . . . . Großes Mausohr nein . . . . weiter zu Frage 5
Frage 5	Ohrläppchen pilzförmig und dunkel?	ja . . . . . . Abendsegler nein . . . . weiter zu Frage 6
Frage 6	Ohrläppchen pilzförmig, Kopfhaar mit grauen Spitzen?	ja . . . . . . Zweifarbfledermaus

1 *Fledermaus ortet ihre Beute*

Echo-Ortungssystem. Die Fledermäuse können mithilfe ihres Echo-Ortungssystems bei absoluter Dunkelheit fliegen und jagen. In regelmäßigen Abständen stoßen sie kurze **Ultraschalllaute** aus. Diese Töne sind so hoch, dass sie für uns Menschen nicht wahrnehmbar sind. Wenn diese Töne auf ein Flughindernis oder ein Beutetier treffen, werden sie reflektiert (Abb. 1). Die Tiere hören dieses Echo mit ihren großen Ohren und machen sich so ein „Hörbild" ihrer Umgebung. Viele Experimente belegen die Perfektion dieser Echoorientierung: Hufeisennasenfledermäuse konnten Drähten ausweichen, die nur 0,08 mm dick waren!

Jahreszyklus. Das Fledermausjahr verbringen die Tiere in unterschiedlichen Quartieren. Frostfreie Höhlen und Keller dienen als **Winterquartier.** Dort hängen die Tiere mit dem Kopf nach unten und verbringen die Zeit von November bis März im Winterschlaf. Dabei sinkt die Körpertemperatur auf bis zu 4 °C ab, das Herz schlägt nur noch sechsmal pro Minute. Nur so reicht die Energie ihrer Fettreserven.

Mit den ersten warmen Frühlingstagen wachen die Tiere auf. Die trächtigen Weibchen besiedeln gemeinsam warme **Sommerquartiere**, z.B. auf einem Dachboden. Dort gebären sie im Juni ihre ein bis zwei Jungen. Bei der Geburt bilden sie mit ihren Flughäuten einen Trichter, mit dem sie die Jungen auffangen. Diese werden dann etwa acht Wochen gesäugt. Die älteren Männchen sind in dieser Zeit Einzelgänger. Im September beginnt die Paarungszeit. Im Oktober suchen Weibchen und Männchen gemeinsam die Winterquartiere auf.

2 *Fledermaus mit Jungtier*

1 Rückgang der Fledermäuse. Besprecht, welche Gründe für den Rückgang der Fledermäuse verantwortlich sein könnten.

2 Jahreszyklus einer Fledermaus. Erstelle den Jahreszyklus einer Fledermaus als Kreisdiagramm. Zeichne hierzu einen Kreis wie in Abbildung 3 in dein Heft. Zeichne den Kreis mit Zirkel und einem Durchmesser von 10 cm und unterteile ihn ähnlich einer Uhr in zwölf gleich große Abschnitte.

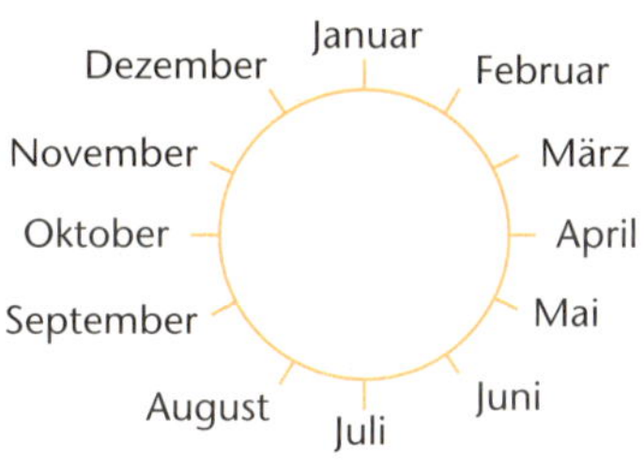

3 *Fledermauszyklus*

4 *Schallreflexion durch ein Buch*

3 Versuch zur Schallreflexion. Besorge dir für das Experiment folgende Gegenstände: 2 Papprohre ca. 30 cm (Küchenpapierrolle), eine laut tickende Uhr, ein Buch mit festem Einband, ein Kuscheltier. Die Abbildung 4 zeigt dir die Versuchsanordnung mit dem Buch als Schallreflektor. Ersetze in einem zweiten Experiment das Buch durch das Kuscheltier. Teste auch andere Gegenstände auf ihre Fähigkeit zur Schallreflexion.

4 Anpassung der Nachtfalter an ihre Jäger. Viele Nachtfalter sind am Körper und zum Teil auch an den Flügeln behaart. Welche Vorteile hat die Behaarung für sie? Berücksichtige Versuch 3 und begründe.

5 Hören wie die Fledermaus – ein Spiel. Für das Ortungsspiel braucht ihr genügend Platz, z. B. auf dem Pausenhof. Ein Schüler spielt die Fledermaus. Dazu werden ihm die Augen verbunden. Zwei weitere Schüler spielen fliegende Nachtfalter. Die Fledermaus geht herum und sagt im Abstand von etwa drei Sekunden laut das Wort „Fledermaus". Die Nachtfalter sind ebenfalls ständig in Bewegung. Sie gehen rasch und möglichst lautlos, flüchten aber nicht bewusst vor der Fledermaus. Wenn die Nachtfalter den Ruf der Fledermaus hören, antworten sie mit dem Echo: „Motte!" So kann sich die Fledermaus ein „Tonbild" von der Umgebung machen. Wird es der Fledermaus gelingen, einen Falter zu fangen?

5 *Nachtfalter*

4.10 Wale und Delfine

1 *Delfine*

Wale sind keine Fische, sondern gehören zur Klasse der **Säugetiere.** Delfine sind eine Gruppe innerhalb der Wale. Fische entwickeln sich aus Eiern im Wasser. Wale gebären lebende Junge, die eine lange Zeit mit Muttermilch ernährt werden. Wale sind gleichwarm. Ihre Körpertemperatur ist also weitgehend unabhängig von der Umgebungstemperatur. Bei Fischen ist das anders. Ihre Körpertemperatur schwankt mit der Umgebungstemperatur.

Im Gegensatz zu Fischen besitzen Wale eine waagerechte Schwanzflosse. Sie wird Fluke genannt. Durch kräftige Auf- und Abwärtsbewegungen der Fluke bewegen sich die Tiere vorwärts. Der stromlinienförmige Körper ist von glatter Haut umgeben. Dadurch wird die Fortbewegung im Wasser erleichtert.

Unter der haarlosen Haut der Wale befindet sich eine dicke, wärmeisolierende Speckschicht, der Blubber. Fische haben eine Haut aus Schuppen. Fische atmen mit Kiemen. Damit können sie Sauerstoff aufnehmen, der im Wasser gelöst ist. Wale und Delfine atmen mit Lungen. Daher müssen die Tiere immer wieder zum Luftholen an die Wasseroberfläche kommen. Die Nasenöffnung liegt an der höchsten Stelle des Walkörpers, in der Schädelmitte. Beim Auftauchen ist bei den großen Walen, zum Beispiel dem Blauwal, der so genannte Blas zu sehen (Abb. 2). Dabei handelt es sich nicht um eine Wasserfontäne, sondern um ausgestoßene Luft, deren Wasserdampf in der kalten Außenluft kondensiert. Wale und Delfine können sehr lange und sehr tief tauchen. Das ist unter anderem möglich, weil sie den Sauerstoff in der Einatmungsluft sehr gut ausnutzen. Wale gehören zu den bedrohten Tieren.

2 *Der Blas eines Blauwals*

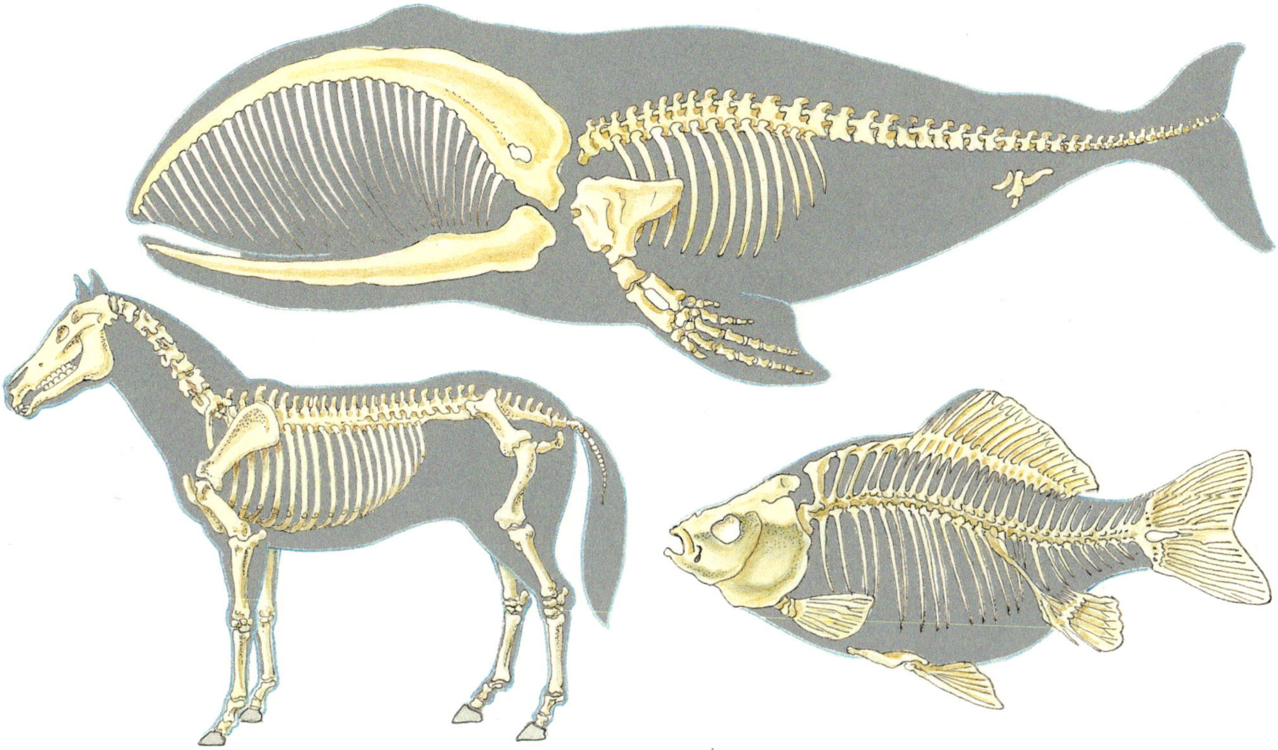

3 *Skelett von Karpfen, Pferd und Wal*

1 Vergleich: Fisch – Wal – Pferd. Beschreibe möglichst viele Gemeinsamkeiten
a) zwischen einem Karpfen und einem Wal und
b) zwischen einem Pferd und einem Wal. Benutze dazu den Text auf der Grundwissenseite und Abbildung 3.

2 Angepasstheiten eines Säugetieres an den dauerhaften Aufenthalt im Lebensraum Wasser. Man weiß heute, dass Wale von Säugetieren abstammen, die an Land lebten. Für ein Säugetier, das dauerhaft im Wasser lebt und mit Lungen atmet, ist das Wasser ein „extremer" Lebensraum. Beschreibe anhand des Textes auf der Grundwissenseite Angepasstheiten der Wale an das dauerhafte Leben im Wasser.

3 Verständigung im Wasser. Wale sind gesellige Tiere, die meistens in Gruppen leben. Dabei verständigen sie sich mit Lauten, die je nach Art verschieden sind. Überlegt ein Experiment, mit dem ihr nachweisen könnt, dass man sich mit Lauten im Wasser verständigen kann.

4 Wal-Geburt. Die Geburt der Wale findet im Wasser statt und unterscheidet sich von der Geburt landlebender Säugetiere. Vergleiche Geburt und Atmung eines jungen Wals (Abb. 4) mit der Geburt und Atmung eines landlebenden Säugetieres.

4 *Eine Wal-Geburt unter Wasser*

Einen Kurzvortrag erarbeiten und halten

Bei einem Kurzvortrag bist du der Experte und hältst einen Vortrag zu einem bestimmten Thema.

Ein Kurzvortrag dauert etwa fünf Minuten.

1. Vorbereitung
Schreibe auf ein DIN-A4-Blatt folgende Fragen und beantworte sie:
- Was weiß ich über mein Thema?
- Was möchte ich noch wissen?
- Was könnte meine Zuhörer interessieren?

2. Materialien beschaffen
Suche in Büchern, Zeitschriften oder im Internet nach Material zu deinem Thema.

3. Materialien sichten
Entscheide, welche Materialien du in deinem Kurzvortrag verwenden möchtest.

4. Materialien auswerten
Werte die gefundenen Materialien mithilfe der 5-Schritt-Lesemethode aus. Hefte deine Materialien und Ergebnisse in eine DIN-A4-Mappe.

5. Vortrag gliedern
Überlege dir, in welcher Reihenfolge du die gefundenen Informationen deinen Zuhörern vortragen möchtest.

Eine mögliche Gliederung wäre zum Beispiel:
Thema: Die Waldmaus
1. Körperbau
2. Verbreitung
3. Nahrung
4. Fortpflanzung
5. Feinde
6. Überwinterung

6. Karteikarten erstellen

Erstelle Karteikarten, auf denen du sowohl wichtige Stichpunkte festhältst als auch den vollständigen Redetext. Links stehen die Stichpunkte, rechts der ausformulierte Text.

Die Waldmaus	
Körperbau schlank	Körperbau Die Waldmaus hat einen schlanken Körper.
Körperlänge 7–13 cm	Die Waldmaus erreicht ohne Schwanz eine Körperlänge von 7–13 cm.
Schwanz 8–10 cm	Der Schwanz ist 8–10 cm lang.
große Augen und Ohren	Die Waldmaus ist vor allem nachts aktiv. Mithilfe ihrer großen Augen und Ohren kann sie sich auch in der Dunkelheit gut zurechtfinden.
Fell bräunlich / Bauch weiß	Ihr Fell ist bräunlich gefärbt. Das Fell am Bauch ist weiß.
Gewicht 25–30 g	Das Gewicht liegt bei 25–30 g

- Karteikarten im DIN A5 Format verwenden
- groß und deutlich schreiben
- nur einseitig beschreiben
- Stichpunkte links, den vollständigen Text rechts
- Karten nummerieren

7. Vortrag üben

Übe deinen Vortrag zu Hause. Sprich ihn dir mindestens einmal laut vor. Versuche mithilfe der Stichworte frei zu sprechen. Notfalls kannst du immer einen Teil des rechten Textes vorlesen.

8. Interessanter Einstieg

Durch einen interessanten Einstieg weckst du das Interesse deiner Zuhörer. Das gelingt dir, wenn du
- ein Bild zeigst,
- einen Gegenstand mitbringst,
- von einem persönlichen Erlebnis erzählst oder
- sagst, warum das Thema für dich interessant ist.

9. Vortrag halten

- Stell dich so hin, dass jeder dich sehen kann.
- Versuche möglichst frei vorzutragen.
- Sprich laut und deutlich.
- Nimm immer wieder Blickkontakt zu deinen Zuhörern auf.

Tiersteckbriefe mit Word

In diesem Buch findest du viele Informationen über verschiedene Pflanzen- und Tierarten. Steckbriefe können wichtige Informationen über eine Pflanze oder ein Tier in knapper und übersichtlicher Form zusammenfassen. Der Steckbrief sollte folgende Bestandteile enthalten:

- mindestens ein Bild, das entweder selbst gemalt oder z. B. aus dem Internet kopiert sein kann. Auf dem Bild sollten auffällige Merkmale zu erkennen sein. Mitunter ist es günstiger, mehrere Abbildungen einzufügen, auf denen einzelne Merkmale besonders gut zu sehen sind (Abb. 7).
- Angaben zum Tier, z. B. die systematische Zugehörigkeit zu bestimmten Tiergruppen oder auch besondere Merkmale und Angepasstheiten.

Durch das Gestalten von Steckbriefen von Tieren oder Pflanzen, die du im Unterricht durchgenommen hast oder die dich besonders interessieren, entsteht dein eigenes Tierlexikon.

Besonders einfach lässt sich ein Steckbrief mit einem Textverarbeitungsprogramm wie z. B. Word erstellen. Zunächst startest du das Programm. Dann schreibst du als Überschrift den Namen der Art und drückst zweimal die Entertaste, um zwei Leerzeilen zu erzeugen.

Am besten sieht der Steckbrief aus, wenn du ihn als Tabelle aufbaust. Hierzu rufst du in der Menüleiste das Menü „Tabelle" auf und folgst den in Abbildung 1 angegebenen Schritten.

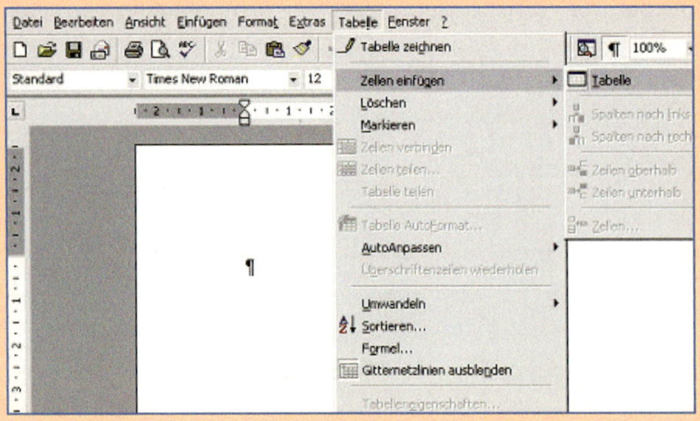

1 *Anlegen einer Tabelle*

Im folgenden Menü „Tabelle einfügen" wählst du zwei Spalten sowie die notwendige Zeilenzahl (Abb. 2).

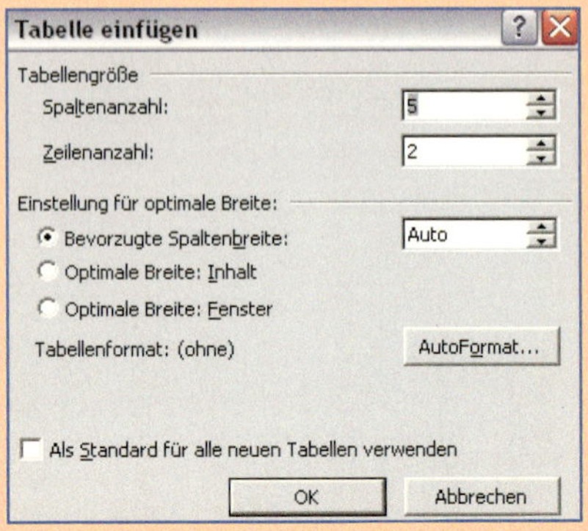

2 *Form der Tabelle gestalten*

Jetzt kannst du damit beginnen, die Tabelle auszufüllen (Abb. 3).

Klasse	
Ordnung	
Unterordnung	
Familie	
Gattung	
Lateinischer Artname	

3 *Ausfüllen der Tabelle*

Wenn du einen Steckbrief erstellt hast, solltest du ihn unter dem Namen des Tieres in einem Ordner, den du z. B. Tierlexikon nennst, speichern (Abb. 4). Dazu rufst du in der Menüleiste das Menü „Datei" und wählst den Menüpunkt „speichern unter".

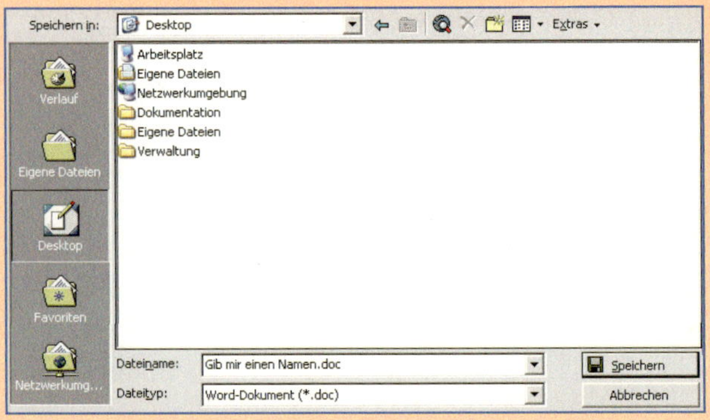

4 *Datei benennen*

Klasse	Säugetiere
Ordnung/Unterordnung	Waltiere/Zahnwale
Familie	Delfine
Gattung	Schwertwale
lateinischer Artname	Orcinus orca
deutscher Name	Schwertwal, Killerwal
Größe	bis zu 10 Meter Länge
Gewicht	ca. 8 Tonnen
Fortpflanzung	lebend gebärend, ein Junges alle 8 Jahre, bei Geburt 2 m lang und 1-2 t schwer
Lebensweise	Gruppen von 5-20 Tieren
Lebenserwartung	50–60 Jahre
Nahrung	Robben, Fische, Delfine
Lebensraum	Meeresküsten, Arktis, Antarktis
Geschwindigkeit	56 km/h
besondere Kennzeichen	hohe Rückenfinne, schwarzer Rücken, weiße Färbung an Kinn und Bauch, runder Kopf
besonderheiten	größtes Raubtier, dicke Fettschicht schützt vor Auskühlung

5 *Beispiel für einen Steckbrief mit Stichwörtern*

1 Tiersteckbrief erstellen. Erstelle handschriftlich einen Steckbrief für dein Lieblingstier. Beschaffe dir die notwendigen Informationen aus Büchern, Lexika oder aus dem Internet. Suche passende Bilder aus den vorgenannten Informationsquellen, kopiere oder drucke sie und klebe sie ein. Markiere besondere Körpermerkmale mit einem Pfeil. Erstelle im Anschluss den gleichen Steckbrief mithilfe des Computers.

2 Steckbrieftext. Erstelle einen zusammenhängenden Text wie in Abbildung 6 für einen Steckbrief.

Der Blauwal
Der Blauwal gehört zur Klasse der Säugetiere und hier wiederum zur Ordnung der Waltiere; Familie: Furchenwale; Gattung: Bartenwale. Sein lateinischer Artname ist Balaenoptera musculus. Man findet ihn im Nordatlantik und Nordpazifik sowie in den Meeren der gesamten südlichen Halbkugel. Er erreicht eine Körperlänge von bis zu 33 m und ein Gewicht von 100 bis 160 Tonnen. Er ist das größte Tier, das auf der Erde lebt. Allein das Herz des Blauwals ist so groß wie ein Kleinwagen. Blauwale leben einzeln oder in kleinen Gruppen bis zu fünf Tieren. Sie wandern im Frühjahr und im Herbst in Gruppen bis zu 60 Tieren. Ihre Hauptnahrung besteht aus ganz kleinen Krebsen, dem Krill. Der Magen kann fast 2000 kg Nahrung aufnehmen. Bei der Nahrungsaufnahme nimmt der Wal Wasser in sein Maul auf. Danach presst er das Wasser mit der Zunge wieder nach draußen. Durch die Barten im Maul wird das Plankton aus dem Wasser herausgefiltert und anschließend gefressen. Blauwale können bis zu 20 Minuten die Luft anhalten und erreichen eine Tauchtiefe von 300 Metern. Ein Blauwaljunges ist bis sieben Meter lang und zwei bis drei Tonnen schwer. Die Jungen werden sechs bis sieben Monate gesäugt und trinken jeden Tag 600 Liter Milch. Blauwale wurden früher oft Opfer des Walfanges, so dass heute schätzungsweise nur noch ca. 12 000 Tiere leben. Der Blauwal ist seit 1967 unter Schutz gestellt.

6 *Beispiel für einen Steckbrief mit zusammenhängendem Text*

4.11 Die Klasse der Säugetiere

1 *Übersicht zur Klasse der Säugetiere mit Einordnung des Rotfuchses in das Reich der Tiere*

Auf der Erde gibt es viele Millionen Tierarten. Sie werden nach bestimmten Gesichtspunkten geordnet (Abb. 1). Das **Reich** der Tiere wird in mehrere **Stämme** untergliedert. Einer davon ist der Stamm der Wirbeltiere. Alle Wirbeltiere besitzen eine Wirbelsäule. Innerhalb der Wirbeltiere gibt es fünf **Klassen:** Fische, Amphibien (Lurche), Reptilien (Kriechtiere), Vögel und Säugetiere. Innerhalb der Klasse der Säugetiere gibt es mehrere **Ordnungen** (Abb. 1). Insektenfresser, Nagetiere, Paarhufer und Raubtiere sind Beispiele dafür. Jede Ordnung wird in mehrere **Familien** gegliedert. Innerhalb der Ordnung Raubtiere sind die Hundeartigen eine Familie. Sie wird in **Gattungen** aufgeteilt. Die Füchse sind eine Gattung in der Familie Hundeartige. Schließlich werden die Gattungen noch einmal in **Arten** unterteilt. Der Rotfuchs ist eine, der Polarfuchs und der Wüstenfuchs sind andere Arten innerhalb der Gattung Füchse. Dabei versteht man unter einer Art alle Lebewesen, die untereinander Nachkommen zeugen können.

Auf der Erde gibt es fast fünftausend Arten von **Säugetieren,** von den kleinen Mäusen bis zu den riesigen Walen. Die meisten Säugetiere entwickeln sich geschützt im Inneren des mütterlichen Körpers und werden lebend geboren. Nach der Geburt werden die Jungen eine Zeit lang mit Muttermilch ernährt. Sie enthält alle Stoffe, die für die Entwicklung und das Wachstum notwendig sind. Säugetiere sind gleichwarm. Ihre Körpertemperatur ist unabhängig von der Außentemperatur. Die meisten Säugetiere haben ein Fell aus Haaren. Säugetiere atmen mit Lungen. Auch der Mensch gehört zur Klasse der Säugetiere.

2 *Schnabeltier*

1 Eier legendes Säugetier? Das Schnabeltier kommt in Australien vor. Der Körper ist behaart und gleichwarm. Mit dem empfindlichen Schnabel werden in der Dämmerung Beutetiere im Wasser (Wasserschnecken, Krebse, Wasserinsekten) aufgestöbert. Nur während der Fortpflanzungszeit geben die Tiere ihr Dasein als Einzelgänger auf. Nach der Paarung legt das Weibchen eine mehrere Meter lange Bruthöhre im Uferbereich eines Gewässers an. Dort hinein werden ein bis drei Eier gelegt und ausgebrütet. Nach zehn Tagen schlüpfen die Jungtiere. Sie werden mehrere Monate lang gesäugt. Welche Gründe sprechen dafür, dass das Schnabeltier ein Säugetier ist, welche dagegen?

2 Mensch, Hund und Katze sind Säugetiere. Nenne die Säugetiermerkmale, die Mensch, Hund und Katze gemeinsam haben.

3 Ordnung in der Vielfalt.
a) Welche der nachfolgend genannten Tiere gehören zur Klasse der Säugetiere, welche zur Klasse der Vögel, der Reptilien, der Amphibien und der Fische? Fledermaus, Fuchs, Rotkehlchen, Grasfrosch, Schildkröte, Wal, Igel, Karpfen, Bussard, Erdkröte, Tiger, Forelle, Pinguin, Zauneidechse, Ringelnatter, Braunbär, Pferd.
b) Fertige schriftlich für den Wolf (Gattung Wölfe) eine Einordnung wie in Abbildung 1 an.

3 *Lageplan der Säugetier-Gehege in einem Zoo*

4 Besuch im Zoo. Abbildung 3 zeigt den Lageplan der Säugetiergehege in einem Zoo. Nach welchen Gesichtspunkten sind die Zootiere hier geordnet ? Welche anderen Möglichkeiten zur Anordnung der Gehege sind sinnvoll? Begründe deine Vorschläge.

5 Vögel

5.1 Vögel beobachten und bestimmen

1 *Zwei einheimische Vögel*

Wer einen Vogel bestimmen will, sollte ihn möglichst genau beobachten und sich seine wichtigsten Merkmale einprägen. Fernglas, Fotoapparat und Bestimmungsbuch sind nützliche Hilfsmittel zur Vogelbeobachtung. Mit Notizblock und Stift können die Beobachtungen notiert oder in einer Skizze festgehalten werden.

Um herauszufinden, zu welcher Art ein Vogel gehört, werden verschiedene Merkmale betrachtet. Die Größe wird von der Schnabelspitze bis zum Ende des Schwanzes angegeben. Hilfreich ist ein Vergleich mit bekannten Vögeln. Ist der beobachtete Vogel so groß wie ein Spatz, eine Taube, eine Ente oder noch größer? Ist der Körper schlank oder eher rundlich? Auch wenn viele Vögel durch ein schlichtes Gefieder gut getarnt sind, ist die Gefiederfärbung ein wichtiges Merkmal beim Bestimmen von Vögeln. Bei manchen Vogelarten sind Weibchen und Männchen unterschiedlich gefärbt. In der Regel sind die Männchen bunter als die Weibchen. Auch die Form der Flügel und des Schwanzes kann eine Rolle spielen, ebenso die Schnabelform. Beine und Zehen der Vögel haben unterschiedliche Formen und Farben. Sie sind aber häufig schlecht zu sehen. Auch die Bewegungsweise eines Vogels auf dem Boden oder in der Luft gibt einen Hinweis auf die Vogelart. Greifvögel können anhand ihrer Flugbilder bestimmt werden (Abb. 2). Der Vogelgesang ist ein weiteres charakteristisches Merkmal der Vögel. Es gibt Menschen, die einen Vogel allein an seinem Gesang erkennen.

2 *Flugbilder*

1 Beschreiben und vergleichen. Wähle einen Vogel aus Abbildung 1 aus. Beschreibe ihn in schriftlicher Form. Vergleiche deine Beschreibung mit denen von zwei oder drei anderen Schülerinnen und Schülern.

2 Bestimmungsmerkmale. Erstelle eine Tabelle mit allen Bestimmungsmerkmalen aus Abbildung 3. Trage in die Tabelle die Merkmale der Vögel von Abbildung 1 und 3 ein, die du erkennen kannst.

3 Vergleichen von Haussperling und Feldsperling. Durch welche Merkmale können die Vögel in Abbildung 4 voneinander unterschieden werden?

3 *Bestimmungsmerkmale*

4 Karteikarten als Lernhilfe. Lege Karteikarten mit den Merkmalen jeweils eines Vogels an. Die Vogelbilder kannst du abzeichnen, scannen oder aus dem Internet herunterladen.

4 *Haussperling (Weibchen und Männchen) und Feldsperling (Männchen)*

Kennübung Vögel

1 Vögel erkennen. Ordne die Beschreibungen der Vogelarten den Vögeln in der Abbildung zu. Schreibe die Vogelart und den dazugehörigen Buchstaben auf. Hast du die Vögel richtig zugeordnet, ergibt sich ein Lösungswort.

(1) spatzengroß; Kehle und Brust rötlich, Bauch weiß, Rücken braun; sucht auf dem Boden nach Nahrung: Rotkehlchen

(2) amselgroß; schwarz mit metallischem Schimmer, kurzer Schwanz; stochert im Boden; oft in großen Scharen: Star

(3) spatzengroß; Kopf und Kehle schwarz, weiße Wangen, Brust gelb mit schwarzem Längsstreifen; frisst Insekten an Bäumen: Kohlmeise

(4) taubengroß; grau mit weißen Flecken rechts und links am Hals; lautes Flügelschlagen beim Abflug: Ringeltaube

(5) doppelt so groß wie eine Taube; braun mit Streifen und Flecken; kräftiger, nach unten gebogener Schnabel; sitzt oft auf Bäumen oder Pfosten an der Straße: Mäusebussard

(6) amselgroß; Männchen schwarz mit gelbem Schnabel, Weibchen braun; stochert im Rasen nach Regenwürmern: Amsel

(7) kleiner als ein Spatz; Scheitel, Flügel und Schwanz blau, Brust und Bauch gelb; in Bäumen oft kopfunter: Blaumeise

(8) spatzengroß; Männchen: Kopf und Rücken grau, Kehle schwarz, Brust und Schwanz rostrot; Weibchen braun; hüpft auf der Suche nach Insekten über den Boden: Gartenrotschwanz

(9) amselgroß; schwarzweiß; Männchen mit rotem Streifen am Hinterkopf; läuft an Stämmen hoch: Buntspecht

(10) größer als eine Taube; weiß und schwarz mit schillerndem Glanz; sehr langer Schwanz; hüpft auf dem Boden, oft an Straßen: Elster

(11) größer als eine Taube; langer heller Hals, sonst braun; spitzer Schnabel; im Sommer rötliche Halskrause und schwarzer Schopf; taucht minutenlang: Haubentaucher

(12) größer als eine Taube; schwarz mit weißem Schnabel und weißer Stirn; Beine grün, auf Teichen mit Schilf: Blesshuhn

(13) kleiner als ein Spatz; rundlich; braunes Gefieder; kurzer, hochgestellter Schwanz; oft auf dem Boden und in Hecken: Zaunkönig

(14) größer als ein Spatz; schwarz mit heller Kehle; schmale, lange, sichelförmige Flügel; fast immer in der Luft, fliegt oft in Gruppen: Mauersegler

(15) größer als ein Spatz; Kehle und Nacken schwarz, Stirn, Wangen und Bauch weiß; langer Schwanz; wippt oft mit dem Schwanz: Bachstelze

(16) spatzengroß; Oberseite blauschwarz, Unterseite weiß; jagt Insekten im schnellen Flug, oft in der Nähe von Ställen: Mehlschwalbe

5.2 Federn

1 *a) Schwungfeder, b) Deckfeder, c) Daunenfeder*

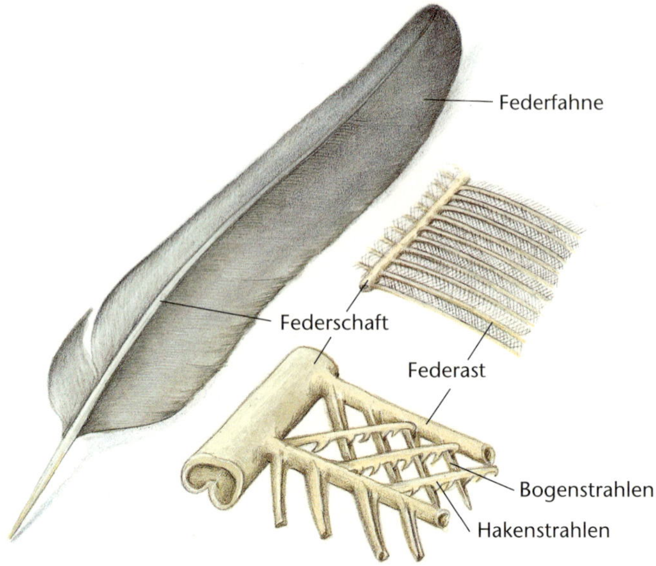

2 *Aufbau einer Schwungfeder*

Vögel haben ein gemeinsames Kennzeichen, das sie von anderen Lebewesen unterscheidet. Sie haben Federn (Abb. 1). Federn bestehen aus Horn. Das ist ein leichter und elastischer, aber stabiler Stoff.

Die **Schwungfedern** sitzen am Vogelflügel (Abb. 1a), sie sind trotz ihres geringen Gewichtes sehr fest, aber auch biegsam. In der Mitte einer Feder befindet sich der Federschaft (Abb. 2, 3). Nach beiden Seiten zweigen die Federäste mit den Bogen- und Hakenstrahlen ab. Sie sind so miteinander verbunden, dass sie eine geschlossene Fläche bilden, die Federfahne. Wenn die Federfahne nach einem Flug oder durch starken Wind aufreißt, bringt der Vogel sie wieder in die richtige Position, indem er sich schüttelt oder mit dem Schnabel darüberstreicht.

Bei vielen Vögeln sind die **Deckfedern** auffällig gefärbt (Abb. 1b). Diese Federn liegen dachziegelartig am Körper übereinander. Durch die Färbung des Gefieders können sich die Vögel untereinander erkennen. Unter den Deckfedern sitzen die weichen **Daunenfedern** (Abb. 1c). Bei kaltem Wetter plustert sich der Vogel auf. Dadurch gelangt viel Luft zwischen die Daunenfedern. Dieses Luftpolster schützt den Vogel gegen eine zu hohe Wärmeabgabe, denn Luft leitet die Wärme schlecht, sie isoliert.

Die Vögel fetten ihr Gefieder ständig ein, damit es wasserabweisend wird. Dazu verteilen sie mit dem Schnabel Fett aus einer Drüse am Schwanz, der Bürzeldrüse, über ihr Gefieder.

3 *Schwungfeder, 20fach vergrößert*

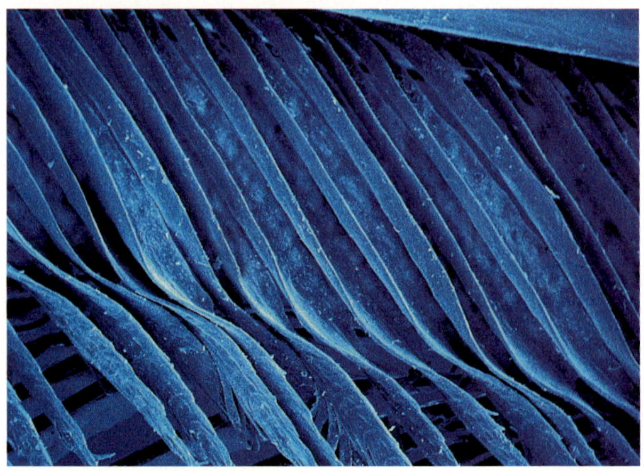

4 *Schwungfeder, 185fach vergrößert*

1 Bedeutung der Federn für Vögel. Beschreibe mithilfe von Abbildung 5 die Bedeutung der Federn für Vögel.

2 Federgewicht. Wiege eine größere Feder. Lege sie auf einen Bogen Papier, zeichne den Umriss nach und schneide diesen aus. Wiege die Papierfeder. Vergleiche beide Messergebnisse.

3 Amsel bei unterschiedlichen Temperaturen. Ordne den Zeichnungen in Abbildung 6 die dazugehörige Temperatur zu: + 40 °C, + 20 °C, 0 °C und -20 °C. Begründe deine Zuordnung.

4 Halten Federn warm? Drei Reagenzgläser sind mit 40 °C warmem Wasser gefüllt (Abb. 7). Die Reagenzgläser stehen in unterschiedlich gefüllten Bechergläsern. In Abständen von fünf Minuten wurde die Temperatur des Wassers gemessen. Beschreibe und erkläre die Messwerte.

5 *Bedeutung der Federn für Vögel*

6 *Wie warm ist es?*

	Beginn	5 min	10 min	15 min	20 min
Federn, locker	40 °C	34,6 °C	29,5 °C	26,8 °C	24,8 °C
Federn, dicht	40 °C	32,4 °C	27,0 °C	24,0 °C	21,5 °C
Luft	40 °C	29,8 °C	26,7 °C	22,5 °C	19,8 °C

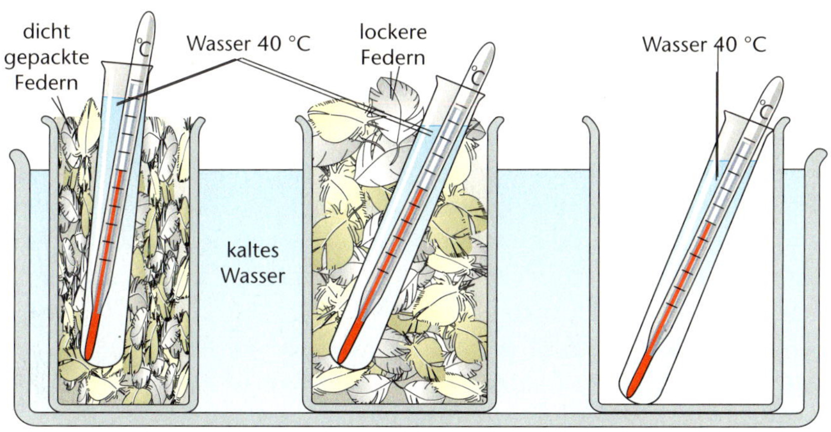

7 *Halten Federn warm?*

5 Eine Schreibfeder herstellen. Stelle eine Schreibfeder nach der Anleitung in Abbildung 8 her und versuche, damit zu schreiben.

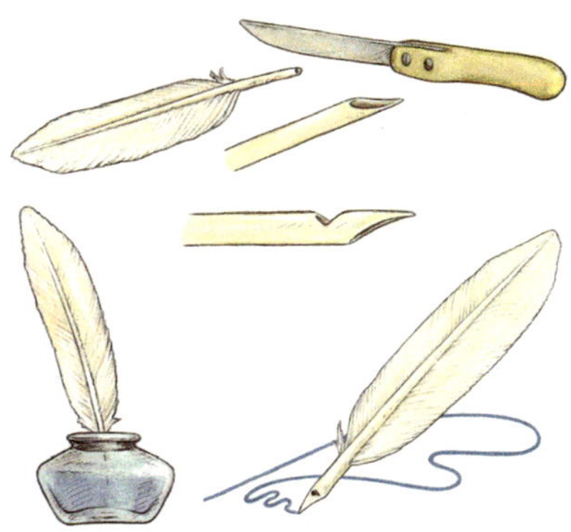

8 *Herstellung einer Schreibfeder*

5.3 Vögel – Wirbeltiere in Leichtbauweise

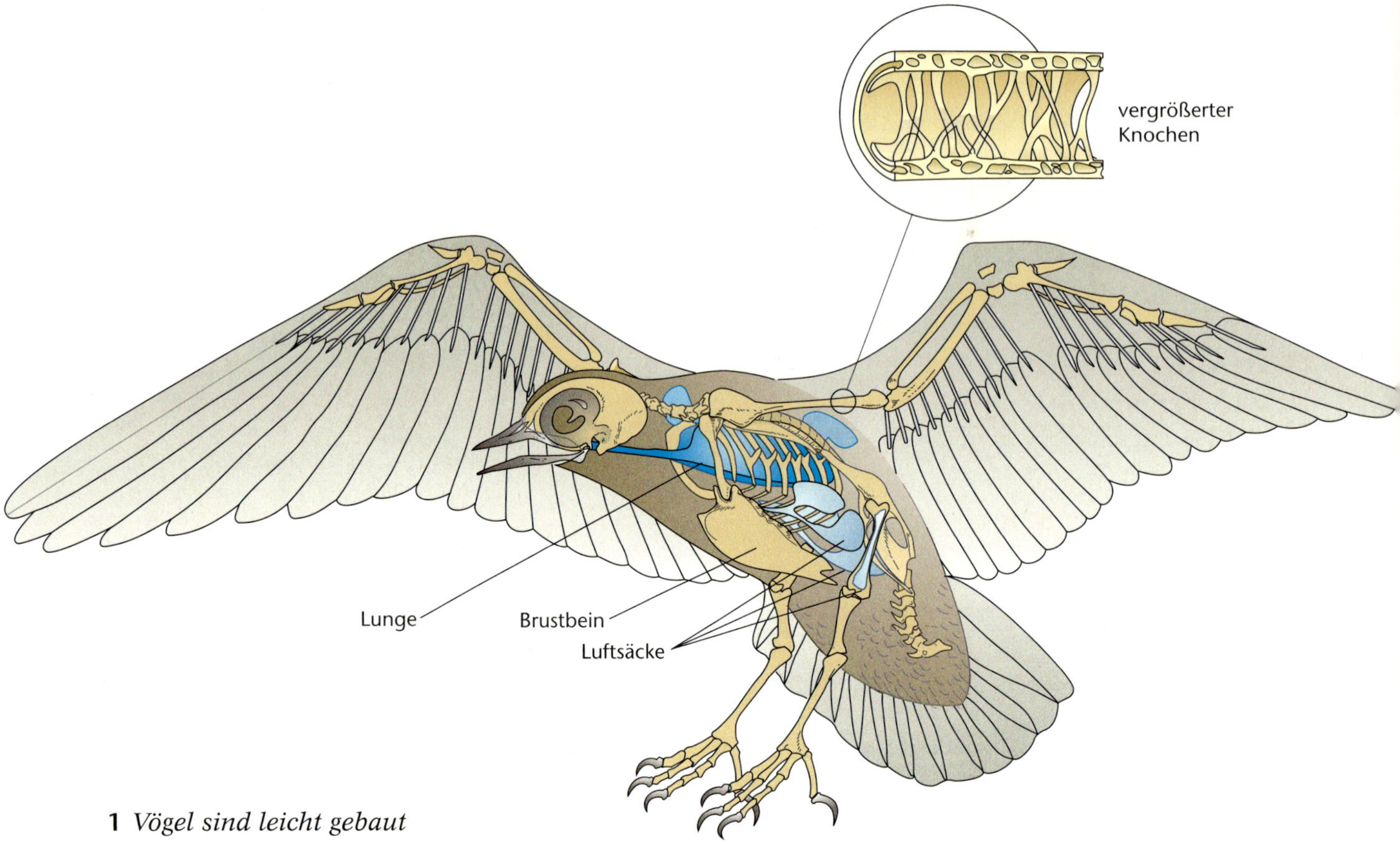

1 *Vögel sind leicht gebaut*

Vögel sind an das Leben in der Luft angepasst (Abb. 1). Die Fortbewegung in der Luft erfordert einen leichten Vogelkörper. Die Schädelknochen sind sehr dünn. Die Beinknochen der Vögel sind mit Luft gefüllt. Ihnen fehlt das Knochenmark, das die Knochen anderer Wirbeltiere ausfüllt. Trotzdem sind Vogelknochen sehr hart und widerstandsfähig. Die notwendige Stabilität wird wie bei einem Fachwerkhaus durch ein Netz von Verstrebungen erreicht. Federn und Schnabel sind aus Horn, einem sehr leichten Material.

Zahlreiche Luftsäcke durchziehen den Vogelkörper (Abb. 1). Das sind Ausstülpungen der Lunge, die im ganzen Körper verteilt sind, sogar zwischen den Muskeln und den Organen. Einzelne Luftsäcke reichen mit ihren Verzweigungen tief in die Knochen hinein. In die Luftsäcke nimmt der Vogel Luft auf. Mithilfe der Luftsäcke können Vögel den Sauerstoff in der Luft besser nutzen. Das ist auch ein Grund dafür, dass Zugvögel 5000 m hohe Gebirge überqueren können.

Das Brustbein ist bei Vögeln besonders breit ausgebildet. Es besteht aus einem leichten und elastischen Material, dem Knorpel. Am Brustbein setzen die kräftigen Muskeln an, die eine schnelle und ausdauernde Bewegung der Flügel ermöglichen. Um ihre Masse für das Fliegen gering zu halten, verdauen die Vögel ihre Nahrung schnell.

Leichtbauweise und stromlinienförmige Körperform sind Angepasstheiten an die Fortbewegung im Lebensraum Luft. Sie ermöglichen den Vögeln erstaunliche Flugleistungen. Eine Küstenseeschwalbe kann 5000 km ohne Zwischenstopp zurücklegen, Mauersegler erreichen Spitzengeschwindigkeiten von 180 km/h. Sie können wochenlang in der Luft sein und fliegen.

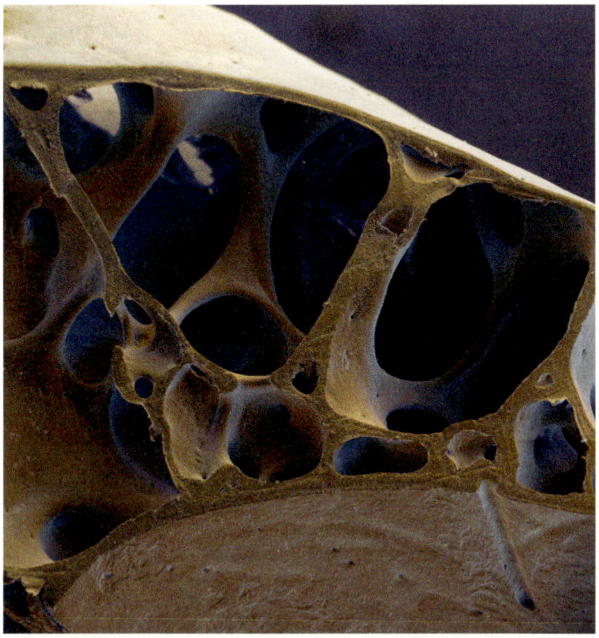

2 *Aufgeschnittener Knochen eines Falken, 40fach vergrößert*

3 *Eiffelturm*

1 Vogelknochen.
a) Beschreibe anhand der Abbildung 2 den Aufbau eines Vogelknochens.
b) Das Prinzip, nach dem Vogelknochen gebaut sind, hat der Mensch beim Bauen verwendet (Abb. 3). Erläutere das Prinzip. Beschreibe, welche Vorteile es beim Bauen hat.

2 Vergleich Flügel – Arm. Das Flügelskelett eines Vogels ist ähnlich wie das Armskelett eines Menschen gebaut. Vergleiche mithilfe von Abbildung 4 das Skelett eines Vogelflügels mit dem Armskelett eines Menschen. Übertrage die beiden Zeichnungen in dein Heft. Male gleiche Skelettteile in gleichen Farben aus. Beschrifte das Armskelett des Menschen.

3 Vergleich von Körpermassen.
a) Vergleiche mithilfe von Abbildung 5 die Masse der Vögel mit der etwa gleich großer Säugetiere. Bilde jeweils Paare. Lege eine Tabelle an. Erläutere das Ergebnis des Vergleichs.
b) Berechne die Masse pro Zentimeter Körperlänge. Fertige ein Diagramm an und werte es aus.

	Körperlänge	Masse
Feldhase	65 cm	4000 g
Amsel	25 cm	100 g
Wildkaninchen	46 cm	1800 g
Rabenkrähe	48 cm	550 g
Kohlmeise	14 cm	18 g
Stockente	61 cm	1200 g
Igel	28 cm	700 g
Feldmaus	15 cm	30 g

5 *Vergleich Vögel – Säugetiere*

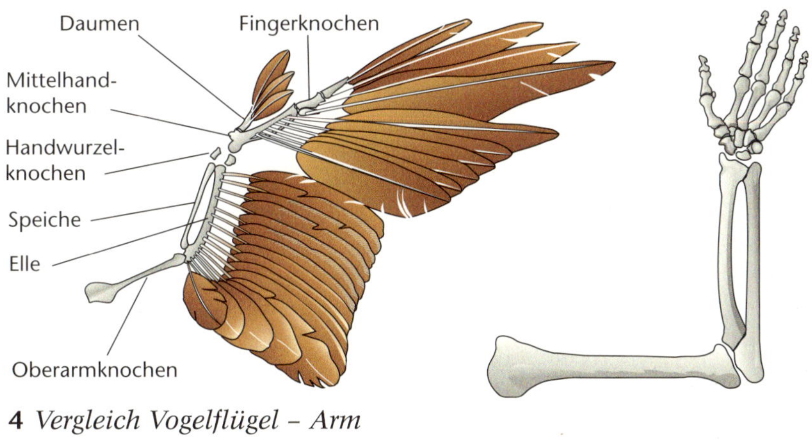

4 *Vergleich Vogelflügel – Arm*

5.4 Wie Vögel fliegen

1 *Gleitflug beim Basstölpel*

2 *Segelflug beim Mäusebussard*

Gleitflug. Wenn sich ein Vogel in der Luft befindet, seine Schwingen ausbreitet und sie nicht bewegt, gleitet er abwärts. Bei diesem Gleitflug bewegt sich der Vogel gleichzeitig vorwärts und abwärts (Abb. 1). Diese Flugart ist wenig anstrengend. Beim Gleitflug sind die ausgebreiteten Flügel leicht nach oben gewölbt. Sie wirken als Tragflächen und werden beim Gleiten von der Luft umströmt. Im Gleitflug können manche Vögel ohne Flügelschlag lange Strecken zurücklegen. Dabei verlieren sie nur ganz langsam an Höhe. Andere Vogelarten können nur geringe Entfernungen im Gleitflug zurücklegen.

Segelflug. Vögel mit sehr breiten Flügeln können warme Aufwinde besonders gut ausnutzen. Wenn ein Mäusebussard mit ausgebreiteten Flügeln ohne Flügelschlag minutenlang hoch in der Luft immer in gleicher Höhe kreist oder sogar noch höher steigt, so nutzt er die aufsteigenden warmen Luftströmungen aus. Der Segelflug ist ein Gleitflug, bei dem sich der Vogel von der aufwärtsströmenden Luft mitbewegen lässt (Abb. 2).

Ruderflug. Beim Ruderflug bewegt sich ein Vogel mithilfe der eigenen Muskelkraft fort. Dabei schlägt er die Flügel abwärts und aufwärts. Beim Abwärtsschlagen werden die Flügel nach vorn geführt (Abb. 3). Dabei bilden die Schwingen eine geschlossene Fläche, durch die kaum Luft dringt. Der Vogel gewinnt an Höhe. Beim Abwärtsschlagen werden die Flügel auch etwas nach hinten bewegt. Dadurch fliegt der Vogel nach vorn. Werden die Flügel aufwärtsgeführt, sind sie abgeknickt. Sie liegen näher am Körper. Dadurch ist der Luftwiderstand geringer als beim Abwärtsschlagen. So wird verhindert, dass der Vogel um die gleiche Strecke zurückfällt, die er beim Abwärtsschlag gewonnen hat. Das Auf- und Abschlagen des Vogelflügels erinnert an die Bewegung eines Ruders beim Bootfahren, daher kommt der Name Ruderflug für diese Flugart.

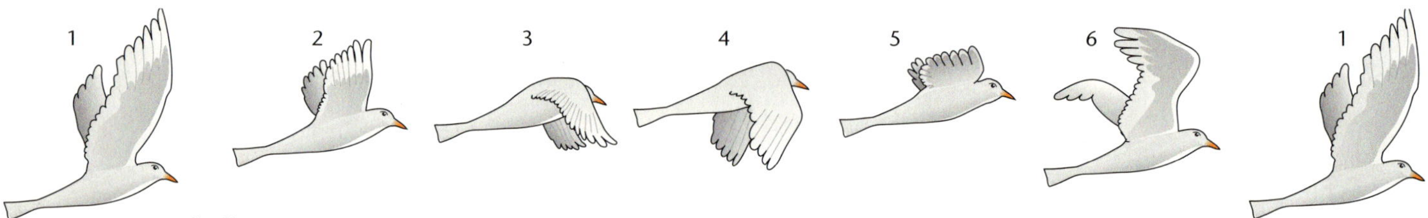

3 *Ruderflug*

4 *Drei Stadien beim Ruderflug einer Meise*

	Stadium a	Stadium b	Stadium c
Flügel	Flügel hinten, unten		
Flügelbewegung	abwärts		
Bewegung des Vogels	aufwärts		

5 *Stadien beim Ruderflug*

	Masse	Flügelfläche
Storch	4000 g	55 dm^2
Falke	300 g	15,5 dm^2
Mäusebussard	1200 g	20 dm^2
Taube	450 g	8,5 dm^2
Segelflugzeug	265 000 g	14 600 dm^2

6 *Welcher Vogel kann gut gleiten?*

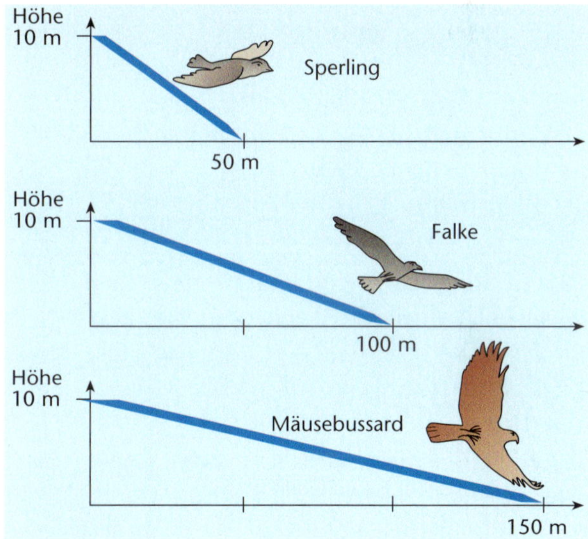

7 *Gleitstrecken*

1 Ruderflug.
a) Ordne die drei Stadien des Ruderfluges in Abbildung 4 jeweils einer Zeichnung von Abbildung 3 zu.
b) Übertrage die Tabelle in Abbildung 5 in dein Heft und fülle sie aus.

2 Vergleich der Flugformen.
Formuliere zu jeder Flugform, die auf der Grundwissenseite beschrieben ist, einen Merksatz.

3 Gleitstrecken bei Vögeln.
Vögel können unterschiedlich weit gleiten. Die Fähigkeit zum Gleiten kann man in der Gleitzahl ausdrücken. Ein Vogel, der bei Windstille aus 10 m Höhe 50 m weit zu Boden gleitet, erhält die Gleitzahl 5.

a) Lies aus Abbildung 7 ab, wie weit die Vögel gleiten. Wie groß ist ihre Gleitzahl?
b) Wie weit kann ein Storch (Gleitzahl 10) gleiten?
c) Je größer die Flügelfläche im Verhältnis zur Masse ist, desto weiter kann ein Vogel gleiten. Wer könnte ein guter Gleiter sein? Erstelle mithilfe der Angaben in Abbildung 6 eine Reihenfolge.

5.5 Kräfte beim Fliegen

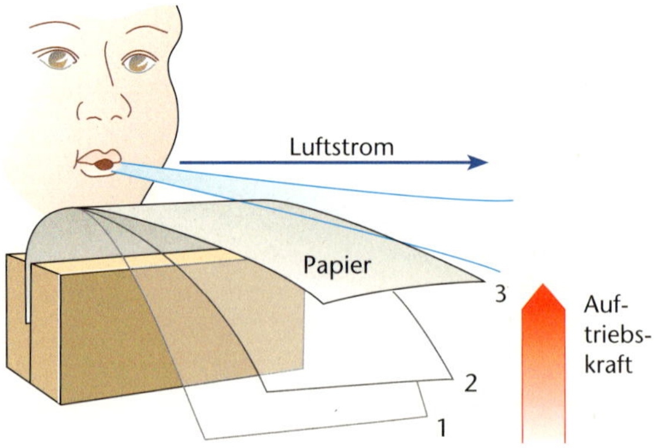

1 *Der Luftstrom erzeugt eine Auftriebskraft*

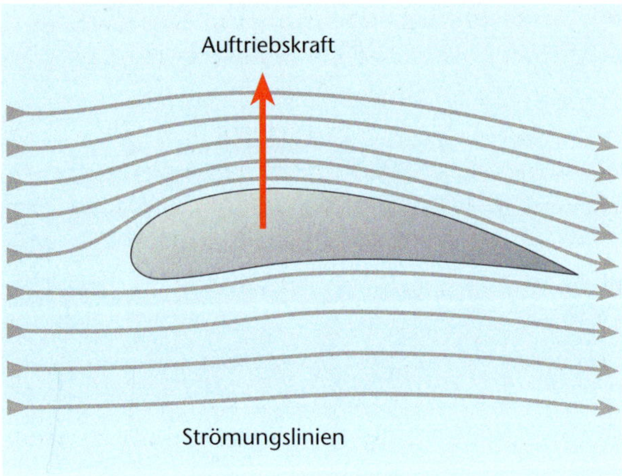

2 *Strömungslinien am Vogelflügel*

Wenn man kräftig über ein Blatt Papier bläst (Abb. 1), hebt es sich. Durch den Luftstrom entsteht eine Kraft nach oben, die das Papier ein wenig anhebt. Man nennt diese Kraft Auftriebskraft.

Auch bei einem fliegenden Vogel wirkt die Auftriebskraft: Der Flügel wird von Luft umströmt. Er hat nicht die Form eines flachen Brettes, sondern ist eine gewölbte Tragfläche. Wenn der Luftstrom auf die Vorderkante des Flügels trifft, teilt er sich. Ein Teil der Luft fließt oben über den gewölbten Flügel, ein anderer Teil strömt an der Unterseite vorbei. Wegen der Wölbung wird der Flügel an der Oberseite schneller umströmt als an der Unterseite. Die Strömungslinien sind an der Oberseite enger als auf der Unterseite des Flügels (Abb. 2).

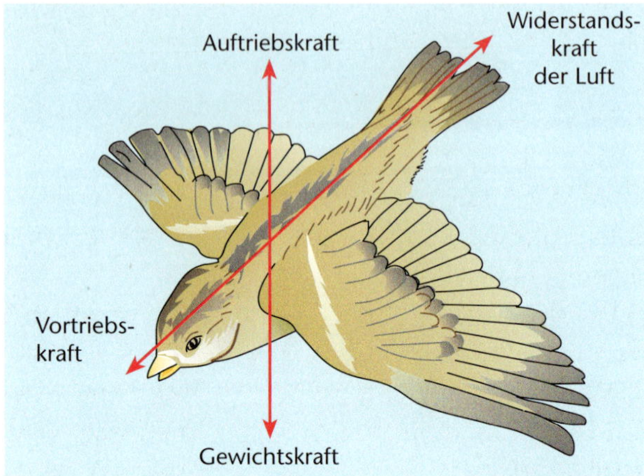

3 *Kräfte, die auf einen gleitenden Vogel wirken*

Wenn die Luftströmung an der Oberseite des gewölbten Flügels schneller ist als an der Unterseite, wirkt die Auftriebskraft. Sie trägt mit dazu bei, dass ein Vogel in der Luft bleibt und nicht zu Boden sinkt.

Auf einen Vogel im Gleitflug wirken mehrere Kräfte gleichzeitig (Abb. 3): Die Gewichtskraft des Vogels wirkt nach unten zur Erde hin. Beim Fliegen wird die Gewichtskraft durch die Auftriebskraft überwunden. Wenn die Gewichtskraft größer ist als die Auftriebskraft, sinkt der Vogel. Die Vortriebskraft wirkt in Flugrichtung. Ihr wirkt eine weitere Kraft entgegen, der Luftwiderstand. Jede dieser vier Kräfte kann zu verschiedenen Zeitpunkten unterschiedliche Größen haben. Zum Beispiel sind die Werte für die einzelnen Kräfte beim Landeanflug anders als beim Abflug vom Boden in die Luft.

1 Strömungslinien. Vergleiche in Abbildung 2 den Verlauf der Linien oberhalb des Flügels mit den Linien unterhalb des Flügels.

a) Wo verlaufen die Linien eng aneinander?

b) Welche Bedeutung haben die unterschiedlich eng liegenden Linien?

c) Wo strömt die Luft schneller, wo langsamer?

d) Was bewirkt die unterschiedlich schnell strömende Luft am Vogelflügel?

2 Auf die Strömung kommt es an. Halte einen Bogen Papier wie in Abbildung 4 und blase über das Papier hinweg. Beschreibe deine Beobachtung und erkläre sie mithilfe von Strömungslinien.

5 *Wie verändert sich das Gleichgewicht durch den Luftstrom?*

3 Vogel im Luftstrom. Stelle einen ausgestopften Vogel mit ausgebreiteten Schwingen auf eine Waage und bringe die Waage durch Auflegen von Gewichtsstücken ins Gleichgewicht. Blase den Vogel mithilfe eines Föhns mit unterschiedlich starkem Strahl von vorn an (Abb. 5). Beschreibe deine Beobachtungen. Wie viele Gewichtsstücke musst du wegnehmen, damit die Waage jeweils wieder ins Gleichgewicht kommt?

4 Welche Kräfte wirken?

a) Ein Vogel fliegt im Gleitflug zu Boden. Wie verhalten sich Auftriebskraft und Gewichtskraft zueinander?

b) Vogel A fliegt in einem langen Gleitflug auf den Boden. Vogel B fliegt sehr steil zum Boden. Wie unterscheiden sich in diesen Fällen Auftriebskraft und Gewichtskraft?

c) Ein Vogel fliegt gegen einen starken Wind an. Wie verhalten sich Vortriebskraft und Luftwiderstand zueinander?

4 *Eine Luftströmung erzeugen*

5 Mit dem Wind oder gegen den Wind starten? Ein Storch startet zum Flug gegen den Wind. Wäre es für ihn nicht günstiger, mit dem Wind zu starten? Begründe deine Meinung.

6 Biologische Prinzipien. Im Grundwissentext sind keine Biologischen Prinzipien angegeben. Überlege, welche Biologischen Prinzipien für das Thema dieses Abschnitts zutreffen. Begründe deine Antwort.

5.6 Fortpflanzungsverhalten bei Amseln

1 *Kämpfende Amselmännchen*

2 *Singendes Amselmännchen*

3 *Amselnest*

4 *Amseljunge werden gefüttert*

Amseln verständigen sich untereinander zum Beispiel mit Gesang oder bestimmten Körperhaltungen. Man sagt, sie verständigen sich mit **artspezifischen Signalen.** Besonders in der Fortpflanzungszeit sind diese Signale wichtig. Im März beginnt bei Amseln die Fortpflanzungszeit. Dann singen die Männchen schon früh am Morgen. Sie singen an einem gut sichtbaren Platz (Abb. 2). Der Bereich um diesen Platz ist das Revier des Männchens. Ein **Revier** ist ein Gebiet, das Nahrung, Verstecke, Schlafplätze und Nistmöglichkeiten bietet und in dem die Jungen aufgezogen werden. Ein Amselmännchen grenzt sein Revier durch seinen Gesang gegenüber anderen Amselmännchen ab. Taucht dennoch ein anderes Amselmännchen in diesem Revier auf, droht ihm der Revierinhaber. Er hält den Kopf gesenkt und läuft mit kleinen Schritten auf den Eindringling zu. Verlässt dieser daraufhin das Revier nicht, kommt es zum Kampf. Beide Männchen fliegen mit nach vorn gestreckten Füßen so lange aufeinander zu, bis sich eines der Männchen zurückzieht (Abb. 1).

Ein Amselmännchen lockt mit seinem Gesang Amselweibchen in sein Revier. Erscheint ein Weibchen, begibt sich das Männchen mit auffälligen Kopfbewegungen in Richtung Weibchen. Das Weibchen reagiert darauf mit besonderen Bewegungen und trippelt dicht vor dem Männchen her. Während der ganzen Zeit wird es vom Männchen angesungen. Dieses Verhalten der beiden Vögel nennt man **Balz.** Nach der Balz paaren sich Männchen und Weibchen. Nach der Paarung – oft schon im März – baut das Weibchen ein Nest aus dünnen Zweigen, Gras, Moos und Federn. Das Nest ist in etwa sieben Tagen fertiggestellt. In den folgenden vier bis sechs Tagen legt das Weibchen jeden Tag ein Ei (Abb. 3). Dann beginnt das Weibchen zu brüten. Nach zwei Wochen schlüpfen die Jungen. Sie wiegen etwa sechs Gramm, haben die Augen geschlossen und noch keine Federn, es sind **Nesthocker.** Die jungen Vögel werden unter dem elterlichen Gefieder gewärmt und mit Futter versorgt. Die Eltern stopfen Würmer, Insekten und deren Larven in die weit aufgerissenen Schnäbel der Jungen (Abb. 4). Auch wenn die Jungen nach etwa 14 Tagen das Nest verlassen, werden sie noch weitere zwei Wochen von ihren Eltern gefüttert. Das Verhalten der Amseleltern während der Brut und Jungenaufzucht bezeichnet man als **Brutpflege.**

1 **Reviergrenzen.** Abb. 5 zeigt ein Amselrevier. Übernimm das Raster in dein Heft und zeichne darin die Reviergrenzen des Amselmännchens ein. An folgenden Stellen hat man das Amselmännchen beobachtet:
- Gesang auf Zaunpfahl (10/B),
- Gesang auf Apfelbaum (2/F),
- Gesang auf Dachrinne (7/F),
- Futtersuche auf Rasen (3/D),
- Gesang auf Fichte (6/B),
- Drohen am Beetrand (1/D),
- Drohen auf Rasenfläche (9/C),
- Gefiederpflege im Strauch (5/E),
- Kampf auf Weg (8/A),
- Kampf auf Rasenfläche (2/B).

5 *Amselrevier*

6 *Brutpflege bei Amseln*

2 **Brutpflege bei Amseln.** Übernimm die Zeitachse von Abbildung 6 in dein Heft und beschrifte sie mithilfe der Angaben im Grundwissentext.

3 **Gesang und Rufe.** Es gibt ein Gerät, das Vogelgesänge und Vogelrufe aufzeichnet. Das Gerät nennt man Sonagraf, die Aufzeichnungen heißen Sonagramme. In Abbildung 7 siehst du drei Sonagramme eines Amselmännchens. Vergleiche die Sonagramme.

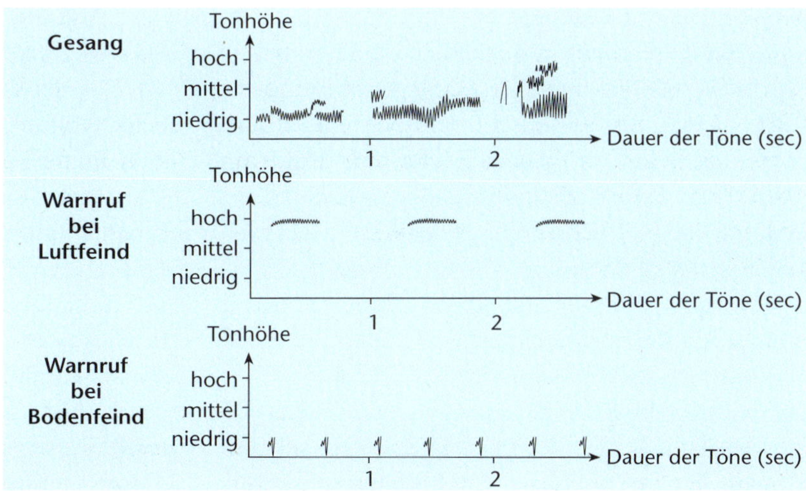

7 *Sonagramme eines Amselmännchens*

5.7 Befruchtung und Entwicklung beim Huhn

2 *Paarung von Hahn und Henne*

1 *Balz von Hahn und Henne*

Bei der Balz schreitet der Hahn mit gesenktem Kopf und abgespreizten Flügeln um die Henne herum (Abb. 1). Daraufhin duckt sich die Henne und breitet ihre Flügel aus. Der Hahn steigt auf ihren Rücken und hält sich mit dem Schnabel an ihrem Nackengefieder fest. Dann erfolgt die **Paarung** (Abb. 2). Bei der Paarung gelangen Spermazellen in den Eileiter. Trifft eine Spermazelle auf eine Eizelle, dringt sie in sie ein. Die Kerne von Spermazelle und Eizelle verschmelzen. Diesen Vorgang nennt man **Befruchtung.**

Die befruchtete Eizelle beginnt sich zu teilen. Die entstandenen Zellen liegen als flache Keimscheibe auf dem Dotter. Sobald das Ei bebrütet wird, entwickelt sich in der Brutwärme aus der Keimscheibe das Küken (Abb. 3a-c). Ist das Küken vollständig entwickelt, kann man sein Piepen im Ei hören. Das Küken hört die Lockrufe der brütenden Henne.

Beim Küken befindet sich an der Spitze des Schnabels ein kleiner Höcker. Er wird Eizahn genannt. Damit ritzt und pickt das Küken die Eischale von innen ringförmig auf. Danach stemmt es sich mit Füßen und Nacken gegen die Eischale, dreht sich dabei immer etwas und bricht schließlich die Schale in zwei Teile (Abb. 4). Das Schlüpfen kann bis zu sechs Stunden dauern. Kurze Zeit später beginnt das Küken zu laufen und begibt sich unter Anleitung der Henne auf Futtersuche. Da Hühnerküken direkt nach dem Schlüpfen weitgehend selbstständig sind, bezeichnet man sie als **Nestflüchter.**

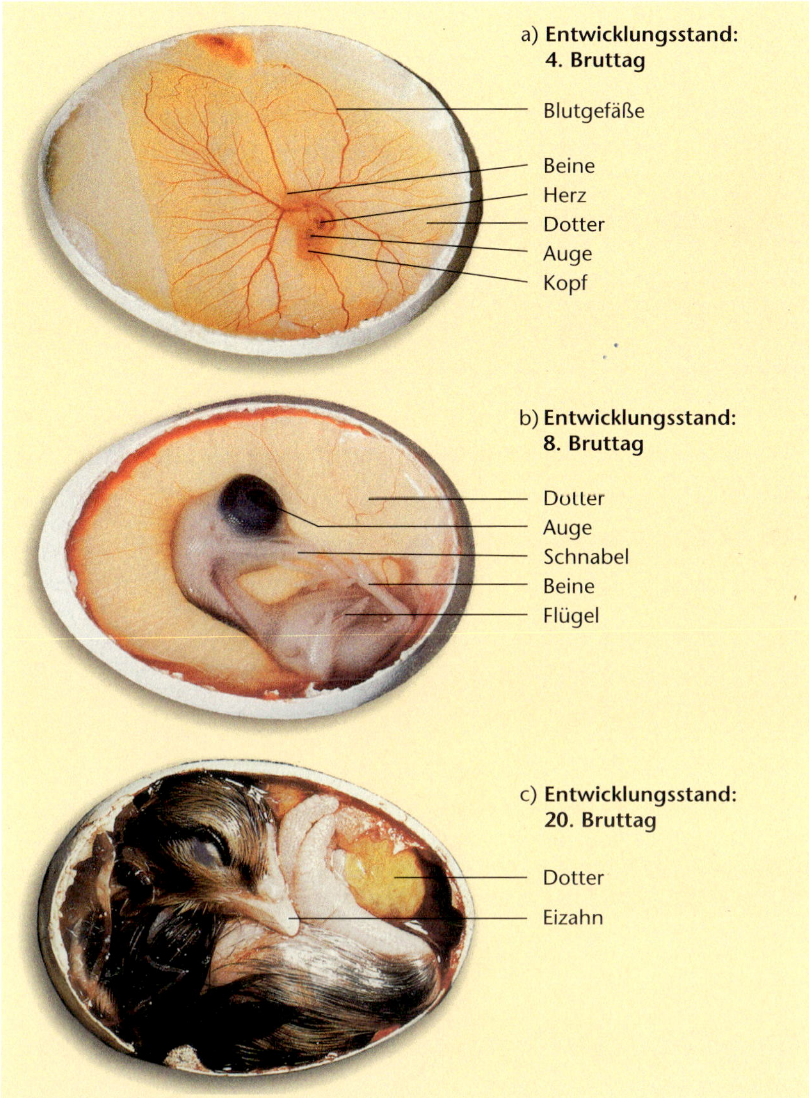

3 *Entwicklung des Kükens*

4 *Küken schlüpfen*

1 Entwicklung eines Huhns. Beschreibe die Entwicklung des Kükens anhand der Abbildungen 3 und 4.

2 Hühnerleben. Vergleiche das beschriebene Hühnerleben in Abbildung 5 mit dem von Hühnern in Käfighaltung. Lies dazu den Grundwissentext im nächsten Abschnitt. Schreibe eine Erzählung über das Leben eines Huhns im Käfig und im Freiland aus der Sicht des Huhns. Bewerte beide Lebensweisen.

Sobald es draußen hell wird, fängt der Hahn an zu krähen. Dann verlassen Hahn und Hennen ihre Sitzstangen im Stall. Zur Futtersuche gehen die Tiere ins Freie. Sie scharren und kratzen im Boden. Hat der Hahn eine Futterquelle gefunden, ruft er die Hennen. Die laufen dann schnell heran und picken das Futter auf. Die Futtersuche wird bei Hühnern für die Gefiederpflege unterbrochen. Steht trockener, sandiger Boden zur Verfügung, wühlen die Tiere darin und werfen sich Sand auf den Rücken. Nach solch einem „Staubbad" wird der Sand gut abgeschüttelt. Das Gefieder wird mehrmals am Tag geordnet und leicht eingefettet. Die schwer erreichbaren Stellen an Kopf und Hals werden von anderen Tieren gepflegt. Hahn und Hennen kennen sich gegenseitig. Unter den Hennen herrscht eine Rangordnung. Die ranghöchste Henne hat den Vortritt am Futter- und am Schlafplatz. Sobald es dämmrig wird, führt der Hahn seine Hennen wieder zum Schlafplatz in den Stall.

5 *Hühnerleben*

5.8 Das Hühnerei als Ware

1 *Angaben auf Eiern und Eierverpackungen*

In Deutschland verbraucht jeder Mensch im Jahr durchschnittlich 220 Eier. Das sind insgesamt über 18 Milliarden Eier. Die Eier werden in Europa in Käfighaltung, in Bodenhaltung oder in Freilandhaltung produziert.

Die Käfighaltung ist in Deutschland seit 2010 verboten. Bei der **Käfighaltung** lebten die Hühner in voll automatisierten Ställen. Er waren mehrere Tiere in einem Käfig untergebracht. Die vorgeschriebene Bodenfläche pro Huhn betrug seit dem 1. 1. 2009 890 cm^2. Die Käfige hatten Sitzstangen, Einstreu und Nest. Die dicht zusammenlebenden Tiere hacken sich oftmals untereinander und verletzten sich dadurch. Notwendige Medikamente wurden ebenso wie Futter automatisch zu den Käfigen befördert.

Bei der **Bodenhaltung** leben die Hühner in riesigen, voll automatisierten Ställen. Sie können sich frei bewegen, auf dem Boden scharren und picken, ihre Flügel schlagen und zur Gefiederpflege im Sand baden. Im Stall befindet sich eine mit Draht überspannte Kotgrube. An den Stallseiten sind Legenester. Auf einem Quadratmeter Bodenfläche dürfen nicht mehr als sieben Hennen gehalten werden.

Bei der **Freilandhaltung** leben die Hühner ähnlich wie in Bodenhaltung, haben aber zusätzlich tagsüber Auslauf im Freien. Die Auslauffläche beträgt pro Huhn mindestens 10 m^2. Die Hühner können dort nach Futter scharren und im Sand baden.

Beim Eierkauf findet man auf der Verpackung oder auf dem Ei Informationen darüber, in welcher Haltungsform ein Ei produziert wurde, aus welchem Land es stammt und aus welchem Betrieb (Abb. 1). Es werden außerdem Angaben zum Gewicht des Eies und zum Datum der Mindesthaltbarkeit gemacht.

Eier können bis zu drei Wochen im Kühlschrank gelagert werden. Danach altern sie merklich. Schlägt man die Eierschale auf und gibt den Inhalt in ein Gefäß, sieht man bei einem frischen Ei ein gewölbtes Eigelb umgeben von relativ festem Eiklar. Bei einem älteren Ei ist das Eigelb abgeflacht und das Eiklar fließt wässrig auseinander. Ältere Eier sollten nicht mehr roh verzehrt werden, eignen sich aber zum Backen und Kochen.

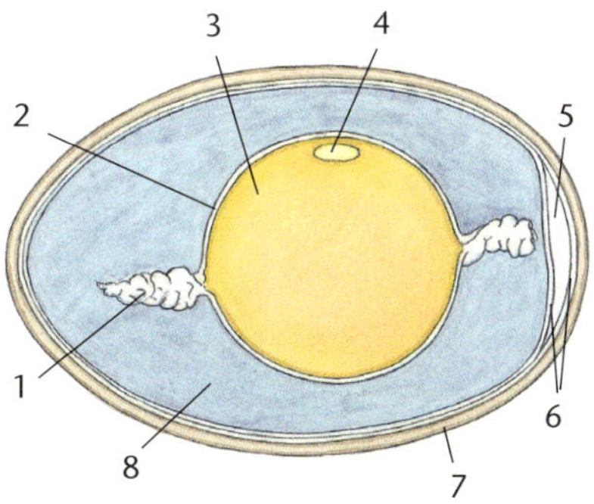

2 *Aufbau eines Hühnereies*

1 Aufbau eines Hühnereies. Ordne jedem Bestandteil des Hühnereies die entsprechende Ziffer der Abbildung 2 und seine jeweilige Aufgabe zu. Beispiel: Dotter (3): Er enthält Nährstoffe, die dem sich entwickelnden Küken zugeführt werden.
Bestandteile: Dotter, Dotterhaut, Eiklar, Hagelschnur, Kalkschale, Keimscheibe, Luftkammer, Schalenhäute
Aufgabe(n) der Bestandteile:
- Aus ihr entwickelt sich das Küken.
- Sie grenzt den Dotter gegenüber dem Eiklar ab.
- Über sie erfolgt die Sauerstoffzufuhr während der Entwicklung.
- Sie verhindern, dass zu viel Wasser aus dem Ei verdunstet.
- Sie hält den Dotter in der Eimitte und dreht ihn so, dass die Keimscheibe stets oben, also der Brutwärme zugewandt, liegt.
- Es enthält bakterienhemmende Stoffe zum Schutz des Dotters.
- Er enthält Nährstoffe, die dem sich entwickelnden Küken zugeführt werden.
- Sie gibt dem Ei die notwendige Festigkeit. Die Poren sind luftdurchlässig, so dass die Sauerstoffversorgung gesichert ist.

2 Informationen auf Eierverpackungen.
a) Erläutere, welche Bedeutung die verschiedenen Angaben auf der Verpackung und auf dem Ei für den Kunden haben (Abb. 1).
b) Auf einer Eierverpackung steht: „Das Goldei von glücklichen Hühnern" sowie die Nr. 3-BE-1234-13. Welche Informationen kannst du dieser Aufschrift entnehmen? Was verspricht der Text auf der Packung? Bewerte die Aussage.
c) Welche Eier würdest du bevorzugen? Begründe.

3 Untersuchung eines Hühnereies. Material: Hühnerei, Lupe, Teelöffel, Pinzette, Petrischale.
a) Betrachte die Schale des Eies mit der Lupe. Beschreibe sie.
b) Klopfe mit dem Löffel leicht auf die Längsseite des Eies, so dass die Schale eingedrückt wird. Hebe mit der Pinzette vorsichtig die Schalenstückchen ab. Betrachte die Schalenhaut mit der Lupe.
c) Entferne die Haut mit der Pinzette. Drehe das Ei etwas um seine Längsachse hin und her. Beschreibe, was du beobachtest. Achte besonders auf den Dotter.
d) Schütte den Inhalt des Eies in die Petrischale. Ziehe mit der Pinzette an den Hagelschnüren. Beschreibe, was mit dem Dotter passiert.
e) Fasse deine Beobachtungen schriftlich in einem Protokoll zusammen.

4 Zahlen zum Hühnerei. Im Jahr 2005 wurden in Deutschland 13 Milliarden Eier produziert. 70 % dieser Eier wurden in Käfighaltung, 16 % in Bodenhaltung und 14 % in Freilandhaltung erzeugt. Ein Hühnerei besteht zu 58 % aus Eiklar, zu 32 % aus Dotter und zu 10 % aus Schale. Der durchschnittliche Preis für ein Ei beträgt: 10 Cent aus Käfighaltung, 16 Cent aus Bodenhaltung, 19 Cent aus Freilandhaltung. Wähle dir ein Beispiel aus den Zahlen zum Hühnerei aus und veranschauliche die Informationen in einem Säulendiagramm.

5 Frischetest. Ist ein Ei frisch, sinkt es in einem mit Wasser gefüllten Glas zu Boden und liegt fast waagerecht. Da die Luftkammer eines Eies mit zunehmendem Alter immer größer wird, stellt sich ein Ei, das ungefähr eine Woche alt ist, senkrecht auf. Ist es zwei bis drei Wochen alt, steht es auf der Spitze. Noch ältere Eier schwimmen an der Oberfläche.
Lege ein Ei in ein mit Wasser gefülltes Glas.
Bestimme das ungefähre Alter des getesteten Eies. Wie alt ist das Ei in Abbildung 3?

3 *Untersuchung eines Eies*

5.9 Stockenten in ihrem Lebensraum

1 *Stockenten*

2 *Entenfuß*

3 *Stockente mit Jungen*

4 *Entenschnabel*

Auf jedem Stadtteich leben Stockenten (Abb. 1). Stockenten sind an ein Leben am und im Wasser angepasst. Sie besitzen Schwimmfüße mit drei Zehen. Zwischen diesen befinden sich Schwimmhäute (Abb. 2). Die Füße stoßen mit gespreizten Zehen und gespannten Schwimmhäuten wie mit Schwimmflossen das Wasser nach hinten. Werden die Füße nach vorn gezogen, sind die Schwimmhäute und die Zehen aneinandergefaltet. So bieten sie dem Wasser wenig Widerstand.

Die weibliche Ente baut ihr Nest meist in Ufernähe unter Büschen oder im hohen Gras. Sie übernimmt die Brutpflege allein. Die sieben bis elf Küken schlüpfen nahezu gleichzeitig. Sie haben bereits Federn, können sehen und verlassen kurze Zeit später das Nest. Sie sind **Nestflüchter.** Zur Nahrungssuche führt eine Stockente ihre Jungen ins Wasser (Abb. 3). Manchmal kann man Stockenten am Ufer dabei beobachten, wie sie mehrmals mit ihrem Schnabel über ihr Gefieder streichen. Mit diesen Bewegungen fetten sie ihre Federn ein. Sie besitzen oberhalb des Schwanzes eine große Bürzeldrüse, in der Fett gebildet wird. Dieses Fett nehmen sie mit dem Schnabel auf und verteilen es sorgfältig auf den Federn. Dadurch entsteht eine Wasser abweisende Fettschicht. Da sich zwischen den Federn Luft befindet, können sich Stockenten ohne Schwimmbewegungen über Wasser halten. Gleichzeitig wirkt die Luft wie eine Isolierschicht und verhindert ein Auskühlen der Tiere.

Stockenten stellen sich im flachen Wasser durch rudernde Beinbewegungen auf den Kopf und suchen den Boden nach Futter ab. Sie nehmen dabei mit dem Schnabel Wasser, Schlamm und Nahrung auf. Diese besteht aus Pflanzenteilen und Insekten. Mithilfe von Hornleisten an den Schnabelrändern wird die Nahrung beim Abfließen des Wassers herausgefiltert. Einen solchen Schnabel nennt man Seihschnabel (Abb. 4).

5 *Haubentaucher mit Jungen*

1 Gefiederfarbe. Beschreibe die Gefiederfarbe von männlichen und weiblichen Stockenten. Welche Bedeutung haben die unterschiedlichen Färbungen? Schreibe begründete Vermutungen auf.

2 Stockenten leben am und im Wasser. Beschreibe, wie Stockenten an ihren Lebensraum angepasst sind. Berücksichtige dabei Fortbewegung, Ernährung und Brutpflege.

3 Nestflüchter oder Nesthocker. Suche in diesem Buch nach Nesthockern und Nestflüchtern bei Vögeln. Erstelle eine Tabelle und ordne die Vogelarten entsprechend zu.

4 Watvögel. Watvögel nennt man Vögel, die sich im flachen Wasser oder in Sümpfen watend fortbewegen, z. B. bei der Suche nach Nahrung. Bei uns kommen sie in Sumpfgebieten, an größeren Seen und an der Küste vor. Einige Watvögel, z. B. die Graureiher, leben in feuchten Wiesen mit Gräben und Teichen. Vergleiche die abgebildeten Füße in Abbildung 6. Entscheide, ob sich der Vogel vorwiegend schwimmend oder vorwiegend watend fortbewegt. Begründe deine Entscheidung.

5 Haubentaucher. Haubentaucher verlassen nur selten das Wasser (Abb. 5). Sie ernähren sich überwiegend von kleinen Fischen, die sie im Wasser jagen und mit ihrem langen, spitzen Schnabel greifen. Bei ihrer Jagd tauchen sie bis vier Meter tief. Männchen und Weibchen der Haubentaucher bauen gemeinsam im flachen Wasser ein Nest aus Röhrichtpflanzen. Es liegt meistens versteckt zwischen Schilf. Das Nest schwimmt auf dem Wasser. Beide Eltern sind an der Brutpflege beteiligt. Die Küken schlüpfen in größeren Abständen voneinander. Sie können vom ersten Tag an schwimmen und tauchen. Trotzdem lassen sie sich oft von einem der beiden Eltern auf dem Rücken tragen.
Beschreibe Unterschiede in Körperbau und Lebensweise von Haubentaucher und Stockente.

6 Versuch mit Entenfedern. Lege eine Schwungfeder vorsichtig und waagerecht in ein Gefäß mit Wasser. Beobachte, was mit der Feder geschieht. Gib auf eine andere Schwungfeder einen Tropfen Spülmittel und verteile diesen gleichmäßig auf der Feder. Wasche das Spülmittel ab. Lege diese Feder ebenfalls auf das Wasser und beobachte. Erkläre deine Beobachtungen.

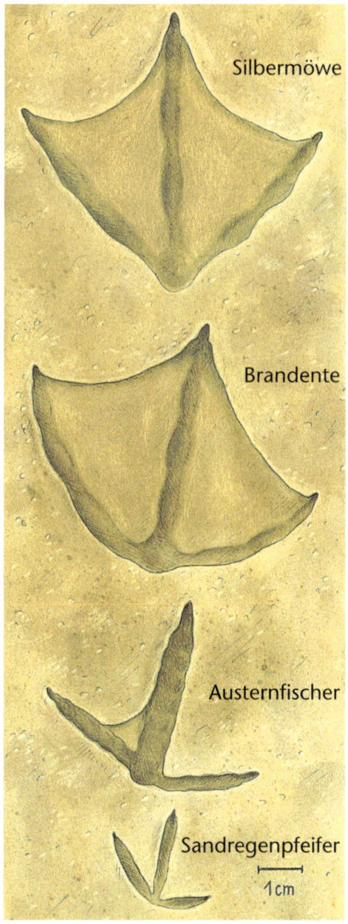

6 *Verschiedene Vogelfüße*

5.10 Ein Lebensraum wird aufgeteilt

1 *Zu viel Konkurrenz*

Zwei Bäckereien in direkter Nachbarschaft – gibt es das (Abb. 1)? Wenn zwei benachbarte Bäcker die gleichen Waren anbieten, können sie auf Dauer nur schwierig oder gar nicht nebeneinander existieren. Man sagt, sie machen sich Konkurrenz. Tierarten, die denselben Lebensraum besiedeln, können dort nur gemeinsam leben, wenn sie nicht um die gleiche Nahrung, den gleichen Brutplatz oder den gleichen Schlafplatz konkurrieren. Sie spezialisieren sich und vermeiden so Konkurrenz.

Auf einem Stadtteich leben neben vielen Stockenten noch andere Entenarten: Krickenten (Abb. 4), Gänsesäger (Abb. 3) und Reiherenten (Abb. 2). Krickenten filtern wie die Stockenten mithilfe ihres Seihschnabels Wasserpflanzen, Insekten, Würmer, Schnecken und Fischbrut aus dem Wasser. Während sich Stockenten überall im seichten Wasser aufhalten, sind Krickenten sehr scheu. Sie bleiben immer in Uferbereichen, in denen reichlich Pflanzen wachsen. Hier können sie jederzeit Schutz suchen.

Reiherenten tauchen bis vier Meter tief. Sie fangen ihre Nahrung, die hauptsächlich aus kleinen Wasserinsekten besteht, in den tieferen Bereichen eines Gewässers. Sie suchen auch den Grund des Gewässers nach kleinen Muscheln ab.

Gänsesäger tauchen ebenfalls bis vier Meter tief. Sie ernähren sich überwiegend von Fischen und nur wenig von Wasserinsekten. Am Schnabel der Gänsesäger befinden sich feine Hornzähnchen, mit deren Hilfe sie die Fische gut festhalten können.

2 *Reiherente*

3 *Gänsesäger*

4 *Krickente*

1 Zwei Bäckereien nebeneinander? Beide Bäcker von Abbildung 1 wollen ihr Geschäft weiterführen. Um Konkurrenz zu vermeiden, einigen sie sich auf mehrere Maßnahmen. Beschreibe verschiedene Möglichkeiten der Konkurrenzvermeidung und schreibe sie auf.

5 *Lebensraum See*

2 Aufteilung des Lebensraumes. Übernimm Abbildung 5 in dein Heft und trage die folgenden Entenarten dort ein, wo sich die Vögel überwiegend aufhalten: Stockente, Krickente, Reiherente, Gänsesäger. Begründe deine Zuordnung.

3 Versuch: Wie Vögel sich ernähren. Dir stehen drei Werkzeuge zur Verfügung. Sie sollen den Schnabel von Vogel A, B und C darstellen (Abb. 6). Probiere sie alle aus. Dabei darfst du immer nur eine Hand benutzen.

Welches Werkzeug eignet sich am besten als „Schnabel" von Vogel A, B und C? Welcher der abgebildeten Vögel ist Vogel A, B und C? Begründe, inwiefern man hier von Konkurrenzvermeidung durch Spezialisierung sprechen kann.

Vogel A
Mit seinem langen Schnabel greift er Kleintiere aus morastigem Untergrund in flachem Wasser. Dabei taucht er den Kopf nicht unter.
Lege einige Nägel auf den Boden eines mit Wasser gefüllten Gefäßes. Die Nägel sollen die Nahrung sein. Du darfst beim Herausholen deine Hand nicht nass machen.

Wassergefäß mit Nägeln

Vogel B
Er frisst Würmer, die er aus der Erde zieht.
Stecke einige Stecknadeln in ein Korkbrett, das soll die Nahrung sein. Verteile um die Stecknadeln etwas Holzwolle, sie soll eine Wiese darstellen. Achte darauf, dass du beim Picken der „Nahrung" kein „Gras" abzupfst.

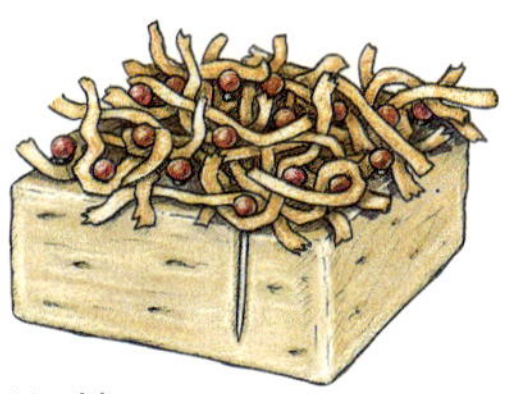

Korkbrett mit Stecknadeln

Vogel C
Seine Nahrung sind Vögel, Mäuse und andere kleine Tiere. Er zerkleinert sie und schluckt sie herunter.
Befestige an einer Werkbank ein Stück Leder. Versuche, es mit einem Werkzeug in kleine „Häppchen" zu zerteilen.

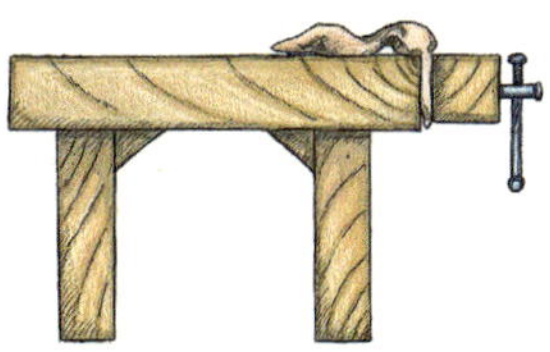

Werkbank mit Leder

Werkzeuge

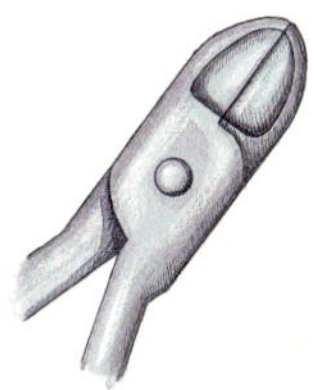

Seitenschneider

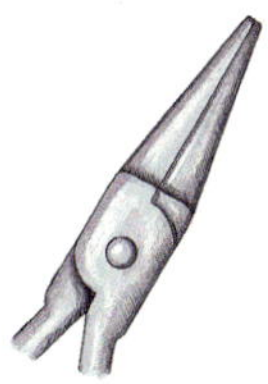

Halbrundzange

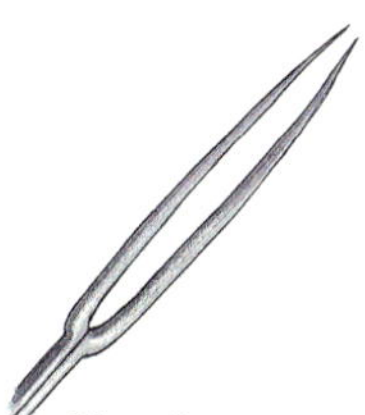

Pinzette

Vögel

Star

Habicht

Großer Brachvogel

6 *Konkurrenzvermeidung durch Spezialisierung*

5.11 Spechte leben auf Bäumen

1 *Buntspecht*

2 *Kletterfuß des Buntspechts*

3 *Buntspecht beim Fressen*

Der Buntspecht lebt in Wäldern und Parks (Abb.1). Er kann sehr gut die senkrechten Baumstämme hinaufklettern und verbringt die meiste Zeit auf Bäumen. Sein Körperbau ist an diese Lebensweise angepasst. Wenn Buntspechte einen Baumstamm hochklettern, müssen sie eine große Kraftaufwendung vollbringen. Mithilfe langer und kräftiger Schwanzfedern, dem Kletterschwanz, können Buntspechte das Gewicht ihres Körpers am Baum abstützen. Ihr Fuß weist vier Zehen auf, die kräftige spitze Krallen besitzen (Abb. 2). Beim Hinaufklettern stellt der Buntspecht zwei Zehen seiner Füße nach oben und zwei nach unten. Eine dieser nach oben weisenden Zehen ist die Wendezehe. Sie weist beim Hochlaufen nach unten, wird beim Herabklettern jedoch nach oben gewendet. Mit dem Schnabel hacken Buntspechte die Borke von Bäumen auf, um die Larven des Borkenkäfers zu erbeuten (Abb. 3). Ihre klebrige Zunge ist doppelt so lang wie der Schnabel und aufrollbar. Vorne ist sie mit feinen Widerhaken versehen. Wenn der Specht seine Zunge streckt, ist sie so steif, dass er damit die Maden aufspießen kann.

Im Frühling beginnt der männliche Buntspecht mit dem Schnabel an Baumstämme und Äste zu schlagen. Mit etwa 15 Trommelschlägen von jeweils zwei Sekunden Dauer lockt der Specht Weibchen an. An dem besonderen Trommelrhythmus erkennt das Weibchen die Buntspechtmännchen. Bei der Paarbildung ist die auffällige Gefiederfärbung ein wichtiges Erkennungsmerkmal. Wenn Weibchen und Männchen ein Paar gebildet haben, dient das Trommeln auch der Reviermarkierung. Das **Revier** ist ein abgegrenzter Bereich im Wald, in dem das Buntspechtpärchen keine anderen Buntspechte duldet. Dadurch ist die Nahrung für die Jungenaufzucht gesichert. Mit dem harten, scharfen Schnabel wird eine Nisthöhle in einen Baum gehackt. Im Mai legt das Weibchen fünf Eier, die von beiden Eltern etwa zehn Tage lang bebrütet werden. In den befruchteten Eiern entwickeln sich die Jungvögel mithilfe von Nährstoffen, die im Ei enthalten sind. Nach dem Schlüpfen sind die Jungvögel noch nicht in der Lage, sich selbst zu ernähren. Sie sind **Nesthocker.** Beide Elternteile übernehmen die Fütterung. Nach ungefähr drei Wochen verlassen die Jungvögel erstmalig das Nest, werden aber noch einige Tage lang weiter gefüttert. Spechte betreiben **Brutpflege.**

Neben dem Buntspecht kommen auch weitere Spechtarten wie Grünspecht und Schwarzspecht im Wald vor. Grünspecht und Schwarzspecht weisen eine andere Gefiederfärbung als der Buntspecht auf (Abb. 4, 5). Am Gefieder erkennen Buntspechte ihre Artgenossen. Grünspecht und Schwarzspecht werden nicht aus dem Revier des Buntspechtes vertrieben. Die drei Spechtarten nutzen das Nahrungsangebot des Waldes auf unterschiedliche Weise aus. Dadurch wird Konkurrenz um die Nahrung vermindert.

4 *Grünspecht*

5 *Schwarzspecht*

6 *Wendehals*

1 Spechtarten. Ordne den drei Steckbriefen in Abbildung 7 die in diesem Abschnitt abgebildeten Vögel zu. Ergänze anhand der Abbildungen weitere Merkmale der Arten. Welcher Vogel ist nicht beschrieben? Erstelle auch für ihn einen Steckbrief.

2 Konkurrenzverminderung. Lege eine Tabelle an, in der du die Ernährung der Spechtarten gegenüberstellst (Abb. 9). „Zwischen den Spechtarten gibt es kaum Konkurrenz um die Nahrung." Begründe diese Aussage anhand der Angaben in deiner Tabelle.

Art A: rote Kopfoberseite, beim Männchen gänzlich schwarz befiedert; kräftiger, 6 cm langer Schnabel, gelblich

Art B: überwiegend grün gefärbt; rote Kopfoberseite

Art C: schwarz-weiß gezeichnet; Unterseite im Schwanzbereich rot gefiedert

7 *Steckbriefe: Spechte*

3 Der Wendehals. Der Wendehals ist nah mit den Spechten verwandt (Abb. 6). Er besitzt nur einen ganz kurzen Schnabel und ernährt sich nahezu ausschließlich von Bodenameisen. Er ist der einzige Zugvogel bei den Spechten. Begründe diese Überwinterungsstrategie. Lies dazu den Text in Abbildung 9.

4 Die Spechtzunge.
a) Man unterscheidet Baum- und Bodenspechte. Wozu gehören Buntspecht, Grünspecht und Schwarzspecht? Begründe deine Zuordnung mithilfe der Abbildung 9.
b) Baumspechte besitzen eine Harpunenzunge, Bodenspechte hingegen eine Leimzunge. Ordne die Bilder in Abbildung 8 einem Typ zu. Beschreibe den Zusammenhang mit der Ernährungsweise.

a

b

8 *Schnabel und Zunge von Spechten*

Schwarzspechte schlagen das ganze Jahr die Borke von Bäumen auf und stochern nach Borkenkäfern und ihren Larven. Grünspechte hacken bis zu acht Zentimeter tiefe Löcher in den Boden, um mit ihrer langen Zunge Ameisen aus den unterirdischen Gängen zu holen. Im Winter meißeln sie häufig die großen Wohnbauten der Roten Waldameisen auf, um aus bis zu 50 cm Tiefe die überwinternden Insekten zu holen. Buntspechte schlagen die Borke von Bäumen auf, um dort die Larven des Borkenkäfers zu erbeuten. In den Baumkronen sammeln sie Insekten von Ästen und Blättern ab. Im Herbst suchen sie Nüsse, Eicheln, Obst und Knospen. Im Winter ernähren sie sich von den fetthaltigen Samen, die in den Fichten- und Kiefernzapfen enthalten sind.

9 *Ernährung der Spechtarten*

5.12 Zugvögel

1 *Störche ziehen gemeinsam nach Süden*

2 *Ein Sender wird angebracht*

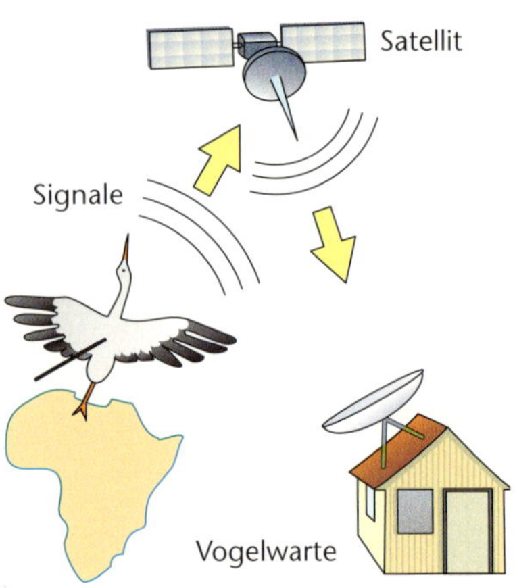

3 *Signalübertragung*

Vögel, die das ganze Jahr über bei uns sind, werden **Jahresvögel** genannt. Viele von ihnen ernähren sich im Sommer von Insekten. Diese Nahrung ist im Winter knapp. Die Insekten sind gestorben oder überwintern in frostsicheren Verstecken, wo sie kaum zu finden sind. Die Vögel stellen sich im Winter in ihrer Ernährung auf Samen und Früchte um. Etwa zwei Drittel der bei uns brütenden Vögel wählen einen anderen Weg. Sie ziehen als **Zugvögel** in wärmere Gegenden und überwintern dort (Abb. 1).

Seit 1991 werden größere Zugvögel wie Störche, Gänse und Schwäne mit etwa 20 g schweren Funksendern ausgestattet (Abb. 2). Die Signale der Sender enthalten verschiedene Informationen darüber, ob der Vogel gerade fliegt oder ruht. Empfangen werden die Signale von Satelliten, die in einer Höhe von 850 km um die Erde kreisen. Von den Satelliten werden die Informationen an Bodenstationen übermittelt, wo sie ausgewertet werden (Abb. 3). So kann man die jeweilige Position des Vogels auf etwa 100 Meter genau bestimmen. Aufgrund dieser Daten weiß man, dass Störche ihre Zugstrecke bis Zentralafrika in knapp drei Wochen zurücklegen können. Störche fliegen tagsüber. Bei günstigem Wetter legen sie ohne Pause bis zu 250 km in etwa zehn Stunden zurück. Gegen Nachmittag landen sie.

Wie orientieren sich Zugvögel auf ihrem Zug? Man vermutet, dass sich Zugvögel am Verlauf von Flüssen und Gebirgszügen orientieren. Die gewünschte Flugrichtung finden sie wahrscheinlich mithilfe des Sonnenstandes. In Versuchen zeigte sich, dass sich Zugvögel auch an Gerüchen orientieren können, ebenso an den Sternen, an Magnetfeldern und an sehr tiefen, für uns nicht hörbaren Infraschall-Tönen. Die Zahl der jährlich ziehenden Vögel schätzt man auf 50 Milliarden.

1 Vogelzug - Rückblick und Gegenwart. Vor 2300 Jahren vermutete der berühmte griechische Gelehrte ARISTOTELES, dass viele Vögel den Winter verschlafen würden. 1899 erdachte der dänische Lehrer MORTENSEN eine Methode, um Genaueres zu erfahren: Er fing verschiedene Vögel und befestigte einen Metallring am Fuß. Auf dem Ring stand seine Adresse. Dann ließ er die Vögel wieder frei. Nach einiger Zeit geschah das, was er erhofft hatte: Er erhielt Briefe aus weit entfernten Ländern. Beigelegt waren seine Ringe und Informationen der Absender, wann und wo sie die Vögel gefunden hatten.
Das war der Anfang der Vogelzugforschung. Es wurden Beringungsstationen eingerichtet und Vogelwarten gegründet. Alle Informationen von beringten Vögeln und Rückmeldungen wurden zusammengetragen. Bis heute wurden mehr als 200 Millionen Vögel beringt und mehr als zwei Millionen Rückmeldungen vermerkt (Abb. 4).
Schreibe auf, welche Vorteile die beiden Methoden „Beringung" und „Besenderung" für die Vogelzugforschung haben.

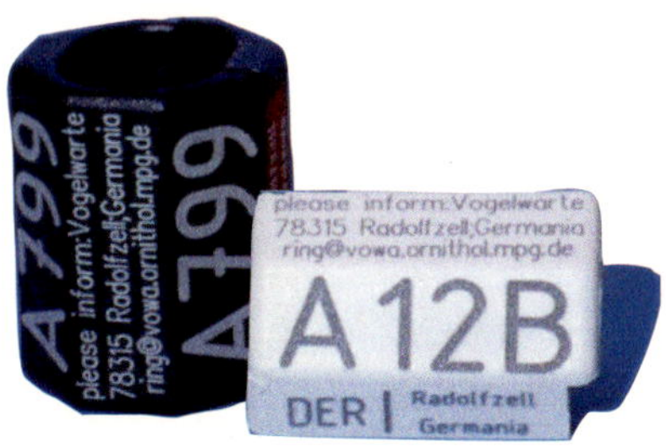

4 *Storchenringe*

2 Zugwege 2002. Prinzesschen ist ein Storchenweibchen, das 1994 als brütender Altvogel auf dem Storchenhof in Loburg, Sachsen-Anhalt, beringt und 2001 besendert wurde. Prinzesschen ist 2006 im Alter von 16 Jahren in Südafrika gestorben.
Jonas ist das Storchenmännchen, mit dem sich Prinzesschen gepaart hat. Er wurde 1997 als Jungstorch im Nest beringt und 2001 besendert.
Felix brütete die letzten Jahre in Rühstadt, Brandenburg. Es ist das storchenreichste Dorf Deutschlands.
a) Verfolge mithilfe der Atlaskarte die drei Flugrouten. Ermittle mithilfe von Breiten- und Längengraden zugehörige Orte.
b) Nenne die Länder, über die die Störche gezogen sind.
c) Miss die Flugstrecke von Prinzesschen, Jonas und Felix.
d) Berechne die Durchschnittsgeschwindigkeit der Störche.

3 Neue Technik. Überlege, wo man die Satellitentechnik außer in der Vogelzugforschung noch einsetzen könnte.

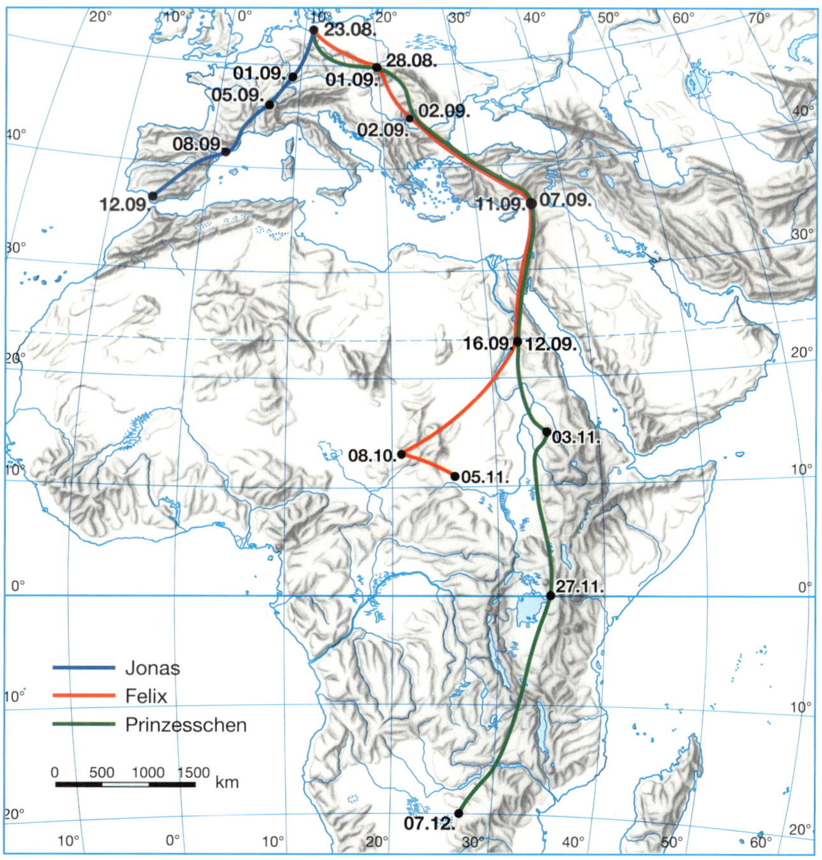

5 *Die Flugrouten von Prinzesschen, Jonas und Felix*

5.13 Lebensräume verändern sich

1 *Steinkauz und künstliche Niströhre für Steinkäuze*

Steinkäuze sind kleine Greifvögel. Sie leben in Gebieten mit feuchten Wiesen und in Streuobstwiesen. Das sind Wiesen, deren Gräser z. B. von Schafen kurzgefressen werden und auf denen große, oft alte Obstbäume stehen (Abb. 1). In den Stämmen dieser Obstbäume legen die Steinkäuze ihre Bruthöhlen an. Steinkäuze jagen im Tiefflug. Sie fliegen in einer Höhe von einem bis zwei Metern über der Wiese. Sobald sie Beute sehen, stürzen sie sich auf sie und packen sie. Steinkäuze fressen fast ausschließlich Mäuse. In Streuobstwiesen leben auch Amseln und Kohlmeisen. Sie finden dort Nistmöglichkeiten und reichlich Nahrung.

Im Laufe der letzten Jahrzehnte wurden immer mehr alte Obstbäume gefällt. Die Wiesenflächen werden nicht mehr beweidet, sondern ein- bis dreimal im Jahr gemäht. Das bedeutet, dass das Gras über längere Zeit recht lang ist. Während früher viele Dörfer von Streuobstwiesen umgeben waren, liegen hier heute Neubaugebiete. Außerdem sind viele Wiesengebiete von Straßen mit regem Autoverkehr durchzogen. Die Zahl der Steinkäuze ist in den letzten Jahren immer mehr zurückgegangen. Das gilt nicht für den Bestand von Amseln und Kohlmeisen. Diese Vögel finden auch in Städten und Dörfern Nistplätze und Nahrung. Sie sind nicht so stark an einen ganz bestimmten Lebensraum angepasst, sondern können viele verschiedene Lebensräume besiedeln.

Viele Vogelarten sind in ihrem Bestand bedroht. Das trifft auf fast die Hälfte der 254 in Deutschland brütenden Vogelarten zu. Diese Arten hat man in der „Roten Liste“ aufgeführt und vermerkt, wie stark jede einzelne Art gefährdet ist. Um gefährdete Arten zu schützen, ist es nötig, die Lebensräume dieser Arten zu erhalten. So werden beispielsweise Streuobstwiesen geschützt oder neu angelegt. Die noch vorhandenen alten Obstbäume werden gepflegt, an jüngeren Bäumen werden künstliche Niströhren angebracht (Abb. 1). In Zusammenarbeit von Behörden, Landwirten und Vereinen werden die Wiesen gemäht.

2 *Hausrotschwanz*

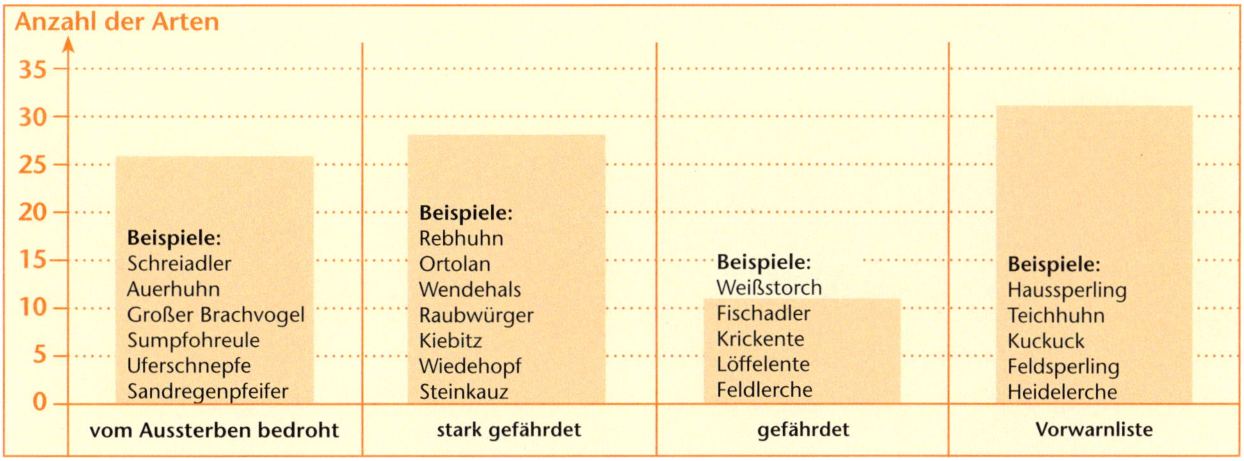

3 *Auszug aus der „Roten Liste" für Vogelarten in Deutschland, 16 Arten sind ausgestorben*

1 Vogelarten sind unterschiedlich gefährdet. Abbildung 3 zeigt einen Ausschnitt der „Roten Liste". Wie viele der in Deutschland brütenden 254 Vogelarten sind in der „Roten Liste" der Vögel in Deutschland, weil ihr Bestand zurückgegangen ist? Wie viel Arten sind nicht gefährdet?

2 Veränderung des Lebensraumes. Beschreibe mithilfe des Grundwissentextes, wodurch sich der Lebensraum von Steinkäuzen in den letzten Jahrzehnten verändert hat. Welche Auswirkungen haben diese Veränderungen auf den Beutefang und die Fortpflanzung von Steinkäuzen?

4 *Eisvogel mit Fisch im Schnabel*

3 Hausrotschwanz. Hausrotschwänze waren ursprünglich nur im Gebirge verbreitet. Sie brüteten dort in Felsspalten. Ab Anfang März kann man bei uns Hausrotschwänze singen hören. Sie nisten in Vorsprüngen und Mauernischen von Gebäuden (Abb. 2). In den Mauerritzen, auf dem Boden und an Blättern suchen sie Insekten und Spinnen als Nahrung.
Wirst du Hausrotschwänze in der Roten Liste finden? Begründe deine Vermutung.

4 Eisvogel. Ein Eisvogel sitzt auf einem Ast, Pfahl oder Stein am Ufer eines klaren Baches, der mit Büschen bewachsen ist (Abb. 4). Von dort stürzt er sich auf einen vorbeischwimmenden kleinen Fisch. Zum Nestbau brauchen Eisvögel steile Erdwände. Mit Schnabelhieben hacken sie zunächst ein Erdloch heraus. Von dieser Stelle aus legen sie einen bis zu einem Meter langen Tunnel sowie einen Brutraum an seinem Ende an. Schau in der „Roten Liste" nach, wo der Eisvogel aufgeführt ist (Abb. 3). Schreibe begründete Vermutungen für diese Zuordnung auf.

5 Gefährdungsursachen.
a) Übernimm Abbildung 5 in dein Heft. Trage an die Pfeile die verschiedenen Gefährdungsursachen für den Bestand von Vogelarten, die in diesem Abschnitt beschrieben sind, ein.
b) Beschreibe in einem kurzen Aufsatz, wie du die Zukunft des Steinkauzes siehst.

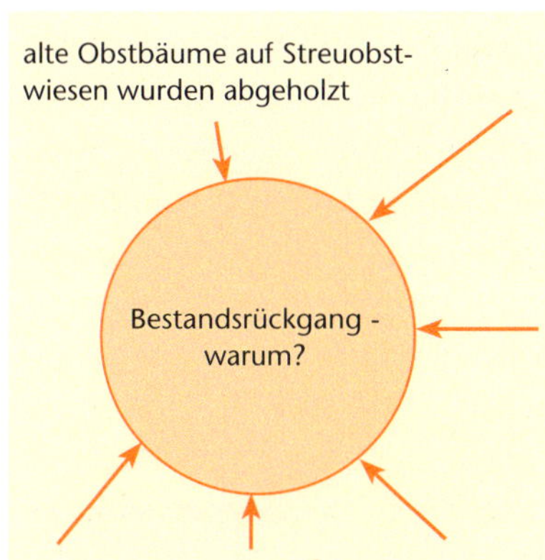

5 *Bestandsrückgang – warum?*

5.14 Der Ursprung der Vögel

1 *Archaeopteryx: Fossil*

2 *Archaeopteryx: Rekonstruktion*

1878 wurde in der fränkischen Alb bei Eichstätt in einem Kalksteinbruch ein etwa 150 Millionen Jahre altes Fossil gefunden (Abb. 1). Das Fossil stammte von einem taubengroßen Tier und war gut erhalten. Außer dem vollständigen, versteinerten Skelett waren im Bereich der Vordergliedmaßen und der Schwanzwirbelsäule deutliche Federabdrücke zu erkennen. Insgesamt wurden bis heute in der Nähe von Eichstätt noch sechs weitere Fossilien dieses Tieres gefunden. Man nannte es Archaeopteryx. Das bedeutet „alte Feder". Manche Forscher vermuten, dass der Archaeopteryx über den Boden lief und in die Luft sprang, um Räubern zu entkommen oder Insekten zu fangen (Abb. 2). Hierbei wurde er von den Federn an den Vordergliedmaßen und am Schwanz unterstützt.

Der Besitz von Federn ist ein typisches Merkmal der Vögel. Das Skelett von Archaeopteryx weist dagegen auch Merkmale auf, die nicht zu den Vögeln passen (Abb. 3). Archaeopteryx besitzt beispielsweise eine lange Schwanzwirbelsäule, Finger mit Krallen und Kiefer mit Zähnen. Diese Merkmale hat er mit Dinosauriern gemeinsam. Sein Skelett sieht dem Skelett des Zwergdinosauriers Compsognathus, das man ebenfalls in der Nähe von Eichstätt gefunden hat, zum Verwechseln ähnlich (Abb. 3).

Archaeopteryx weist Dinosauriermerkmale und Vogelmerkmale auf. Aufgrund dieser Tatsache könnte er am Beginn der Entwicklung der Vögel gestanden haben. Man bezeichnet Archaeopteryx auch als ein **Brückentier**. Er verbindet die Gruppe der Reptilien mit der Gruppe der Vögel. Dass Archaeopteryx tatsächlich der Urvogel war, von dem sich die heutigen Vögel ableiten, wird heute bezweifelt. Auf jeden Fall belegt sein Vorhandensein die Abstammung der Vögel von den Reptilien.

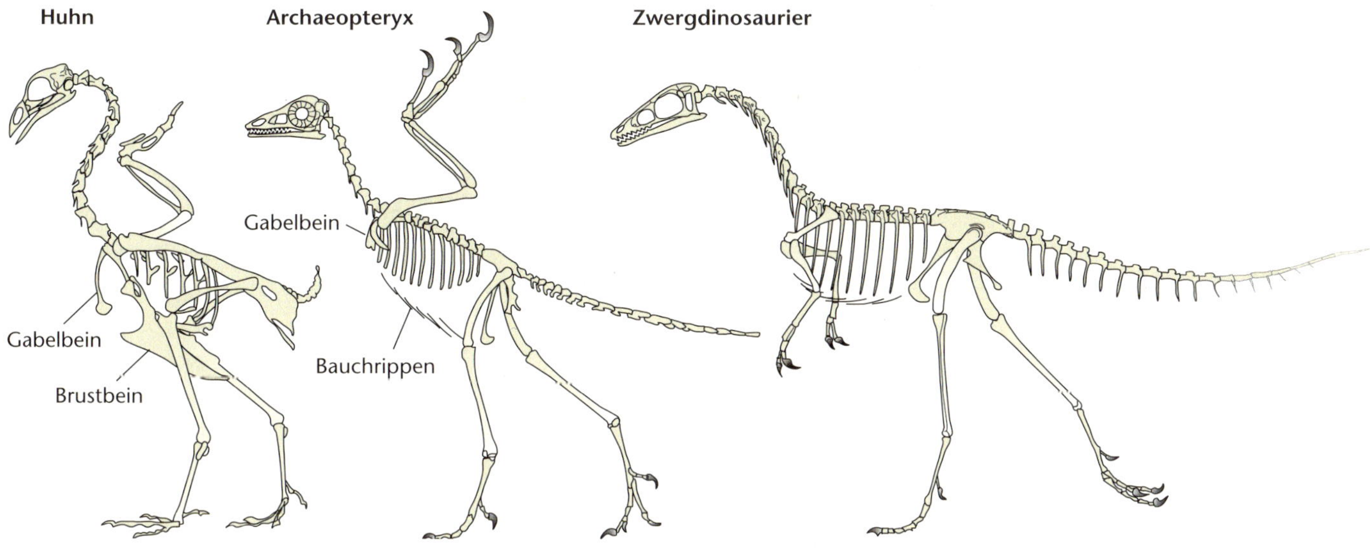

3 *Skelett vom Zwergdinosaurier Compsognathus, von Archaeopteryx und einem Huhn*

Merkmal	Zwerg-dinosaurier	Archae-opteryx	Huhn
Kiefer			
Finger			
Gabelbein			
Brustkorb			
Becken			
Schwanz-wirbelsäule			
Federn			

4 *Skelettvergleich*

5 *Archaeopteryx: alternative Rekonstruktion*

1 Merkmalsmosaik. Vergleiche Archaeopteryx mit einem Zwergdinosaurier und einem Huhn (Abb. 3). Schreibe hierzu die Tabelle von Abbildung 4 in dein Heft und fülle sie aus. Markiere in der Tabelle Dinosauriermerkmale von Archaeopteryx grün und Vogelmerkmale von Archaeopteryx gelb.

2 Rekonstruktion. Neben der in Abbildung 2 dargestellten Auffassung von der Lebensweise des Archaeopteryx gibt es noch eine andere Möglichkeit der Rekonstruktion.

a) Beschreibe die in Abbildung 5 dargestellte Rekonstruktion.

b) Welche Theorien über die Entstehung des Vogelflugs vertreten die beiden Rekonstruktionen?

c) Worin bestehen die Schwierigkeiten bei der Rekonstruktion eines Fossils?

d) Wie lässt sich erklären, dass fossile Tiere unterschiedlich rekonstruiert werden?

Biologische Prinzipien beim Thema „Säugetiere und Vögel in ihrem Lebensraum"

Die nachfolgenden Sachverhalte stammen aus dem Kapitel „Säugetiere und Vögel".

Auf der rechten Seite sind noch einmal die biologischen Prinzipien aufgeführt.

1 Aufgabe: Ordne jedem Sachverhalt auf dieser Seite ein biologisches Prinzip oder mehrere biologische Prinzipien zu.

1. Feldhasen besitzen Angepasstheiten, um rechtzeitig und schnell vor Feinden zu fliehen. Dazu gehört die seitliche Stellung der Augen. Sie ermöglicht es, auch nach hinten zu sehen.

2. Maulwürfe besitzen für ihre unterirdische Lebensweise viele Angepasstheiten. Dazu gehört, dass ein Maulwurf gut riechen und tasten kann. Die kräftigen Vorderbeine sind wie Schaufeln gebaut. Mit diesem Bau wird die Aufgabe, Erde beiseite zu bewegen, gut erfüllt.

3. Igel ernähren sich unter anderem von Regenwürmern, Schnecken, Insekten und Früchten. Im Sommer und Herbst frisst sich der Igel ein dickes Fettpolster an. Wenn die Tage im Spätherbst kühler und kälter werden und der Igel nur noch wenig Nahrung findet, begibt sich der Igel in ein trockenes Nest und hält Winterschlaf. So überlebt er die ungünstige Jahreszeit.

4. Eichhörnchen sind Nagetiere. Zu ihrem Gebiss gehören die großen Nagezähne, die ständig nachwachsen. Dadurch wird die Abnutzung ausgeglichen, die unter anderem beim Öffnen harter Nüsse auftritt. Neben Nüssen fressen Eichhörnchen auch Samen von Nadelbäumen, Bucheckern und Eicheln. Eichhörnchen vergraben im Herbst, Samen, Nüsse, Bucheckern und Eicheln als Wintervorrat. Da sie nur einen Teil der Vorräte wiederfinden, beeinflussen Eichhörnchen die Verbreitung von Bäumen in ihrem Lebensraum.

5. Wenn Rehe in großer Zahl in einem Lebensraum vorkommen, können sie durch Verbiss von jungen Bäumen und Sträuchern Schäden anrichten.

6. Wale und Delfine gehören zur Gruppe der Säugetiere. Sie leben im Wasser, atmen mit Lungen und säugen ihre Jungen.

7. Vögel sind Wirbeltiere mit Leichtbauweise. Sie besitzen Angepasstheiten, die für den Lebensraum Luft vorteilhaft sind. Dazu gehören die Federn.

8. Die Entwicklung eines Vogels findet im Ei statt. Vogeleier sind sehr groß. Sie enthalten viel nährstoffreichen Dotter. Er dient als Nahrung und Energielieferant für das heranwachsende Küken.

9. Amseln verständigen sich untereinander mit bestimmten Signalen, die typisch für ihre Art sind. Zu den artspezifischen Signalen gehört der Gesang von Amselmännchen, mit dem sie ihr Revier abgrenzen.

Biologische Prinzipien

Struktur und Funktion

Unter Struktur versteht man den Bau von Lebewesen. Mit ihrem Bau sind sie an bestimmte Aufgaben (Funktionen) angepasst, zum Beispiel sich zu bewegen oder zu ernähren.

Fortpflanzung

Lebewesen vermehren sich. Durch Fortpflanzung wird der Fortbestand der Art gesichert. Die meisten Lebewesen entwickeln sich im Laufe ihres Lebens und verändern sich dabei.

Wechselwirkungen zwischen Lebewesen

Jedes Lebewesen hat Wirkungen auf seine Umwelt und die Umwelt wirkt auf das Lebewesen. Ein Lebewesen kann Wirkungen auf andere Lebewesen haben und umgekehrt.

Vielfalt

Auf der Erde gibt es vielfältige Lebensräume und eine große Vielfalt von Tier- und Pflanzenarten. Die Nachkommen von zwei Eltern zeigen neben Gemeinsamkeiten auch Unterschiede in den Merkmalen.
Die Geschichte der Lebewesen und ihre Entwicklung im Laufe langer Zeiträume bezeichnet man als Stammesgeschichte. Wenn Lebewesen in vielen Merkmalen übereinstimmen, ist das meistens auf gemeinsame Stammesgeschichte zurückzuführen. Man sagt dann, dass die Lebewesen, die sich in ihrem Körperbau ähneln, stammesgeschichtlich miteinander verwandt sind.

Information und Verständigung

Lebewesen nehmen mit ihren Sinnesorganen Informationen aus ihrem Körper und aus ihrer Umwelt auf. Die Informationen werden verarbeitet und können Einfluss darauf haben, was ein Lebewesen tut und wie es sich verhält. Lebewesen können sich untereinander verständigen.

Angepasstheit

Lebewesen besitzen Eigenschaften, mit denen sie an ihre Umwelt angepasst sind. Solche Eigenschaften nennt man Angepasstheiten. Sie sind für das Überleben eines Lebewesens in seiner Umwelt vorteilhaft.

Reptilien Amphibien Fische

6 Reptilien

6.1 Die Zauneidechse

1 *Zauneidechsen zur Paarungszeit*

2 *Zauneidechsen schlüpfen aus dem Ei*

Zauneidechsen sind **wechselwarme** Wirbeltiere. Die kalten Wintermonate verbringen sie in Winterstarre in frostsicheren Höhlen oder Felsspalten. In dieser Zeit nehmen sie keine Nahrung auf. Ihr Stoffwechsel verringert sich: Das Herz schlägt nur ein- bis zweimal pro Minute, ihre Bluttemperatur sinkt bis -3 °C ab.

Durch die wärmende Sonne im Frühjahr steigt die Körpertemperatur. Jetzt werden die Eidechsen wieder aktiv. Sie verlassen ihr Versteck und gehen auf Jagd nach Insekten. Diese spüren sie mit ihrem gut ausgebildeten Seh- und Gehörsinn auf. Außerdem riechen sie ihre Beute, indem sie durch Züngeln mit ihrer gelappten Zunge Duftproben in den Mundraum transportieren.

Die Beine sind bei den Eidechsen seitlich am Körper, Hüft- und Schultergelenke sind nur wenig beweglich (Abb. 3). Dies führt zu einer besonderen Technik der Fortbewegung, dem Schlängellauf (Abb. 4). Trotz ihrer Schnelligkeit werden die Eidechsen gelegentlich selbst zur Beute. Wenn sie zum Beispiel von einer Elster am Schwanz gepackt werden, bricht dieser fast unblutig an einer Sollbruchstelle ab. Dadurch gelingt den Eidechsen häufig die Flucht. Es wächst ein neuer kurzer Schwanz nach, allerdings ohne Wirbelknochen.

Die Schuppenhaut der Eidechse besteht wie unsere Fingernägel aus Horn. Sie schützt die Tiere vor Austrocknung und Verletzung. Die Schuppenhaut kann nicht mit der Eidechse mitwachsen. Die Tiere häuten sich mehrmals im Jahr. Dabei wird die alte Haut in Fetzen abgestreift.

Die Männchen sind im Frühjahr auffällig grün gefärbt (Abb. 1). So werben sie um die Weibchen und imponieren Rivalen. Nach der Paarung vergraben die Weibchen bis zu 14 Eier im weichen Boden. Ausgebrütet durch die Sonnenwärme schlüpfen nach etwa zehn Wochen die Jungen. Sie schlitzen die lederartige Eihülle mit ihrem Eizahn auf und sind sofort selbstständig (Abb. 2).

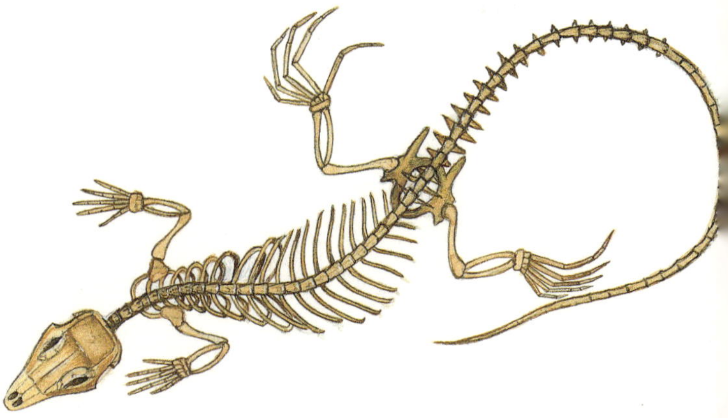

3 *Skelett einer Zauneidechse*

1 Modell zum Schlängellauf. Baue ein Modell einer Eidechse aus dünner Pappe in doppelter Größe (Abb. 5). Bewege das Modell mithilfe von Stecknadeln auf einer Styroporplatte vorwärts. Beschreibe die Fortbewegung dieser Tiere anhand des Modells. Achte vor allem auf die starren Hüft- und Schultergelenke und die Wirbelsäule.

4 *Schlängellauf*

2 Nahrungsbedarf. Der Nahrungsbedarf einer Eidechse beträgt im Sommer etwa 2 g pro Tag. Die etwa gleich schwere Spitzmaus benötigt täglich 8 g Nahrung. Erläutere, welche Ursachen dieser Unterschied haben könnte.

3 Regulation der Körpertemperatur. Die Abbildung 6 zeigt die Möglichkeiten einer Eidechse zur Regulation ihrer Körpertemperatur. Stelle die Aussagen des Schemas in Form eines zusammenhängenden Textes dar.

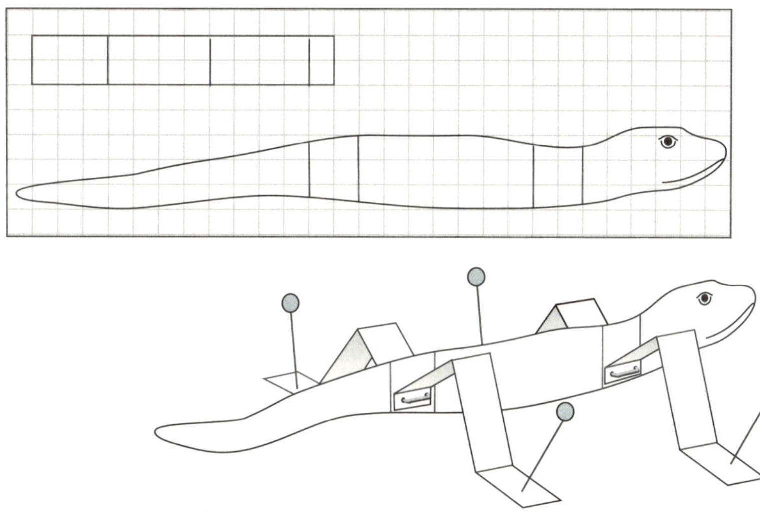

5 *Bauplan und fertiges Modell*

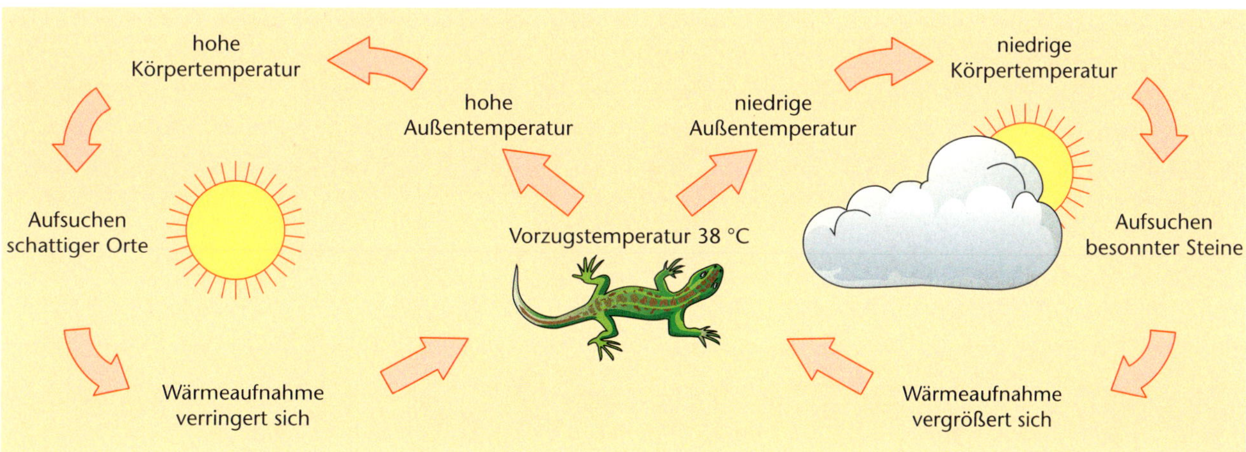

6 *Schema zur Regulation der Körpertemperatur*

6.2 Schlangen

1 *Ringelnatter*

2 *Ringelnatter frisst Frosch*

Die bis zu 1,20 m lange Ringelnatter lebt in Wassernähe und kann hervorragend schwimmen (Abb. 1). Dort findet sie ihre bevorzugten Beutetiere: Frösche, Kröten und Fische. Kleingartensiedlungen mit Gartenteichen und Komposthaufen zählen inzwischen auch zu ihrem Lebensraum.

Schlangen bewegen sich ohne Beine schlängelnd vorwärts. An der Bauchseite ihres lang gestreckten Körpers haben Ringelnattern breite Bauchschuppen (Abb. 8). Diese sind über Sehnen mit den Rippen verbunden. Mit den Rippenmuskeln können die Schlangen ihre Rippen einzeln bewegen. Dadurch werden die Bauchschilder aufgestellt und wieder angelegt. Durch Einhaken im rauen Untergrund schiebt sich der Körper gleichmäßig und lautlos nach vorne.

Schlangen nehmen durch Züngeln mit ihrer gespaltenen Zunge Duftstoffe auf, um sie an den Gaumen zu bringen, wo sich ihr Riechorgan befindet. So können sie der Duftspur der Beutetiere folgen. Mit ihren wenig leistungsfähigen Augen können die Ringelnattern Beutetiere erst dann sehen, wenn diese durch einen Sprung flüchten. Als gute Schwimmer können Ringelnattern ihrer Beute in das Wasser folgen.

Ringelnattern verschlingen ihre Beute als Ganzes, ohne sie zu zerkleinern. Sie können Frösche fressen, die größer sind als ihr eigener Kopf (Abb. 2). Ein zusätzlicher Knochen zwischen Schädelknochen und Unterkieferknochen ermöglicht eine sehr weite Öffnung des Mauls (Abb. 7).

Die Ringelnatter ist **wechselwarm.** Nach der Kältestarre, die von Oktober bis Anfang April dauert, paaren sich die Ringelnattern. Im Juni oder Juli legen die Weibchen in Pferdemist, Laub oder Kompost zwischen 20 und 40 Eier ab. Im September schlüpfen die jungen Schlangen aus den Eiern. Die Jungtiere sind nur zwei Zentimeter lang. Junge Ringelnattern häuten sich während des Wachstums vier- bis sechsmal im Jahr, sie können über 20 Jahre alt werden. Ringelnattern flüchten, wenn sich ihnen ein Mensch nähert, in ein Mauseloch oder unter Steine. Nur wenn man die Schlangen überrascht, kann es vorkommen, dass sie ein Angriffsverhalten zeigen und laut zischen. Die Ringelnatter beißt sehr selten. Ihr Biss ist für Menschen nicht gefährlich. Sie stellt keine Gefahr für Hunde und Katzen dar, wird aber nicht selten von diesen getötet.

Die Ringelnatter wird in der Roten Liste als gefährdet geführt. Sie ist durch das Bundesnaturschutzgesetz geschützt und darf nicht verfolgt bzw. belästigt werden.

3 *Skelett der Ringelnatter*

Die Kreuzotter kennzeichnet sich durch die auffällig kleinen Kopfschuppen. Ihre Färbung ist überaus verschieden, ein dunkler, längs des Rückens verlaufender Zickzackstreifen aber stets vorhanden und deshalb als Merkmal beachtenswert. Sie bewohnt jede Örtlichkeit: Wald und Heide ebenso gut wie Weinberge, Wiesen, Felder, Moore und selbst Steppen. In den Alpen steigt sie bis zu einem zweitausend Meter über dem Meere liegenden Gürtel empor und gefällt sich in einem Gelände, in welchem sie sich höchstens drei Monate im Jahre ihrer Freiheit erfreuen kann, drei Viertel ihres Lebens aber winterschlafend verträumen muss. Die Nahrung besteht vorzugsweise in warmblütigen Tieren, wie in Mäusen und Maulwürfen.

4 *Beschreibung der Kreuzotter nach Brehm's Tierleben 1876*

6 *Kreuzotter*

Die Kreuzotter erreicht eine Gesamtlänge von 90 cm, wobei die Weibchen größer werden als die Männchen. Die Färbung der Oberseite reicht bei Männchen von fast weiß über silber, grau, grüngrau, braungrau bis zu gelbbraun und bei Weibchen von sandgelb über gelbrot, rost- oder kupferfarben bis dunkelbraun. Das Zickzackband auf dem Rücken ist bei Männchen schwärzlich und scharf abgesetzt, bei den Weibchen dagegen bräunlich und weniger deutlich. Sie besiedelt ein breites Spektrum an Biotopen wie Waldränder, Waldlichtungen, Heidegebiete, Moore, Feuchtwiesen, gestrüppreiche Kanal- und Bahndämme, Steinbrüche, Kies- und Tongruben. Die Höhenverbreitung reicht bis 3000 m.
Die Kreuzotter ist überwiegend tagaktiv. Sie ernährt sich hauptsächlich von Kleinsäugern, Fröschen und Eidechsen. Jungtiere bevorzugen junge Braunfrösche und Waldeidechsen. Kreuzottern töten ihre Beute durch ihr Gift. Die verendete Beute wird mit dem Kopf zuerst im Ganzen verschlungen. Kreuzottern sind wechselwarme Tiere, deren Körpertemperatur von der ihrer Umgebung abhängig ist. Nur wenn es warm genug ist, können sie aktiv sein. Während der kalten Jahreszeit fallen Schlangen in eine Kältestarre, die z. B. im Hochgebirge von Ende September bis Ende März dauern kann. Die Kältestarre verbringen die Schlangen in Erdlöchern oder Felsspalten.

5 *Beschreibung der Kreuzotter heute*

1 Vergleich von Texten über die Kreuzotter. Vergleiche die alte und die heutige Tierbeschreibung (Abb. 4, 5). Stelle in einer Tabelle die Aussagen zu Lebensweise und Verbreitung der Kreuzotter gegenüber.

2 Nahrungsaufnahme. Schlangen können ihre Beute als Ganzes hinunterwürgen. Erläutere diesen Sachverhalt anhand der Abbildung 7.

3 Fortbewegung. Beschreibe mithilfe der Abbildung 8 den Schuppengang der Schlangen.

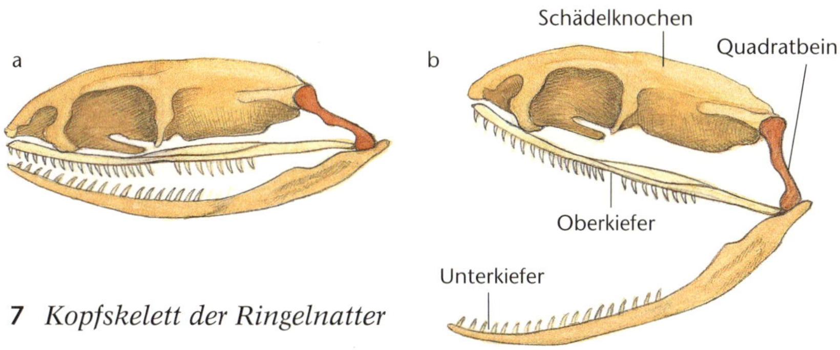

7 *Kopfskelett der Ringelnatter*

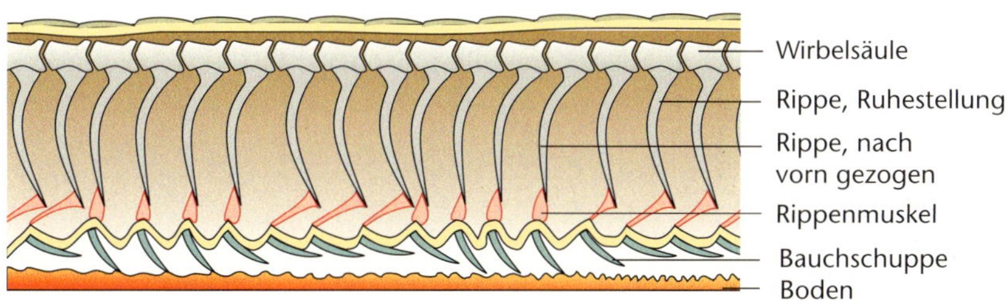

8 *Fortbewegung bei Schlangen*

6.3 Die Vielfalt der Reptilien

Man kennt heute über 6000 verschiedene Arten von Reptilien. Sie werden verschiedenen Gruppen zugeordnet. Reptilien sind wechselwarm und kommen daher vor allem in wärmeren Ländern vor. Einige Arten sind an kalte Klimazonen angepasst.

Schildkröten: Schildkröten leben an Land oder im Wasser. Die Eiablage erfolgt immer an Land. Der feste Panzer besteht aus Horn und Knochen (Abb. 3). Weil der Brustkorb unbeweglich ist, pumpen Schildkröten durch Bewegungen des Halses oder der Vorderbeine Luft in die Lungen.

Echsen: Die Echsen bilden die artenreichste Gruppe der Reptilien. Die Beine der Echsen haben lange Zehen mit Krallen. Die größte aller Echsen ist der Komodo-Waran, der ausschließlich auf einigen wenigen Inseln in Indonesien vorkommt. Es gibt auch Echsen wie unsere Blindschleiche, deren Beine zurückgebildet sind. Zu den Echsen gehören auch Eidechsen und das in den Tropen lebende Chamäleon (Abb. 1, 2).

Schlangen: Nattern, Ottern, Vipern, Boas, Kobras und Mambas gehören zu den Schlangen. Alle Schlangen sind Fleischfresser. Ihre Beute schlingen sie unzerteilt hinunter.

Krokodile: Der Schwanz dient als Ruder und zwischen den Zehen der Hinterbeine spannen sich Schwimmhäute. Ohren, Nasenlöcher und Augen liegen auf der Oberseite des Kopfes. Wenn ein Krokodil im Wasser auf Beute lauert, taucht der Körper ins Wasser, nur Augen und Nasenlöcher ragen heraus.

1 *Bergeidechse*

2 *Chamäleon beim Beutefang*

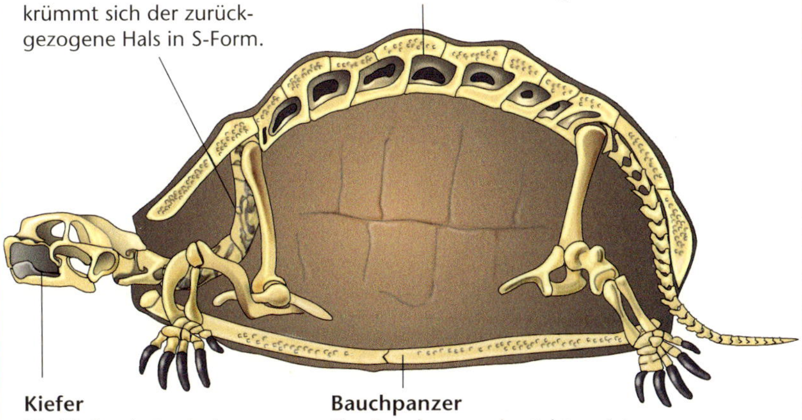

3 *Skelett einer Schildkröte*

1 Schildkröten-Panzer. Beschreibe, welche Probleme der Panzer für Fortbewegung, Atmung und Wachstum einer Schildkröte aufwirft (Abb. 3).

1 Angepasstheiten bei Echsen.
a) Beschreibe die Angepasstheiten der Bergeidechse, mit denen sie den langen Winter nördlich des Polarkreises übersteht (Abb. 1, 4).
b) Beschreibe die Angepasstheiten der Chamäleons an ihren Lebensraum (Abb. 2, 5).

Die Bergeidechse dringt höher ins Gebirge und weiter nach Norden vor als jedes andere Reptil (Abb. 1). Sie kommt noch nördlich des Polarkreises in Finnland vor. Acht Monate liegt das Gebiet unter Schnee. Den Bergeidechsen bleiben nur vier Monate für Fressen, Wachsen und Fortpflanzen.
Forscher haben herausgefunden, wie die wechselwarmen Bergeidechsen den langen Winter überstehen: Sie können gefrieren, ohne zu erfrieren. In einem trockenen Versteck fallen sie in eine Eisstarre. Das Herz hört auf zu schlagen und die Atmung steht still. Erwärmt sich nach Monaten die Umgebung, erwacht die Eidechse innerhalb von etwa zwei Tagen aus der Eisstarre wieder zum Leben. Die Forscher lüfteten auch das Geheimnis, warum die Bergeidechsen in der Eisstarre nicht erfrieren: Bevor die Tiere in Eisstarre verfallen, erhöhen sie den Gehalt an Zucker im Blut sehr stark. Das zuckerreiche Blut entzieht dem Gewebe Wasser. Dadurch können sich keine zerstörerischen Eiskristalle in den Zellen bilden. Außerhalb der Zellen gefriert die Körperflüssigkeit offenbar, ohne den Bergeidechsen zu schaden. Beim Auftauen nehmen die Zellen Wasser auf und werden wieder funktionstüchtig.

4 *Gefrieren ohne zu erfrieren*

Die meisten Chamäleons sind Baumbewohner und jagen Insekten oder andere Gliederfüßer. Die Zehen der Füße sind zum Greifen geeignet und können auch dünne Äste umfassen. Der Greifschwanz der Chamäleons wirkt wie eine fünfte Hand. Beide Eigenschaften sind vorteilhaft für die kletternde Lebensweise. Chamäleons können ihre Körperfarbe rasch ändern und dadurch mit ihrer Umgebung verschmelzen. Diese Tarnung schützt vor Feinden. Die Augen stehen hervor und können unabhängig voneinander bewegt werden. Dadurch können Chamäleons hervorragend räumlich sehen. Das wiederum ist von Vorteil, wenn die Echse mit ihrer langen Zunge auf Beute zielt (Abb. 2). Bei den Chamäleons ist die Zungenmuskulatur besonders ausgebildet. Wenn ein Chamäleon ein Beutetier gesichtet hat, richtet es den Körper auf die Beute aus. Die Zunge im Maul des Chamäleons ist stark zusammengestaucht. Nahe der Zungenspitze befindet sich ein Beschleunigungs-Muskel. Sobald das Maul geöffnet wird, schnellt die Spitze der Zunge mit einer Geschwindigkeit von fünf Metern pro Sekunde hervor. An der äußersten Zungenspitze befinden sich Drüsen und Muskeln, die die Beute festhalten. Muskeln ziehen die Zunge samt Beute rasch zurück.

5 *Angepasstheiten beim Chamäleon*

6.4 Saurier – ausgestorbene Reptilien

1 *Saurier in ihrem Lebensraum im Zeitalter des Jura*

Landlebende Amphibien mit kräftigen Gliedmaßen waren die Vorfahren der Reptilien. Die ältesten **Reptilien** traten vor 320 Millionen Jahren auf. Reptilien legen Eier, in denen die Embryos vor Austrocknung geschützt sind. So sind sie vom Wasser unabhängig. Seit der Zeit vor 250 Millionen Jahren entwickelten die Reptilien in Gestalt der Saurier eine enorme Artenvielfalt. Sie besiedelten alle Lebensräume (Abb. 1).

Stromlinienförmige Meeressaurier jagten im Meer nach Beute. Flugsaurier flogen geschickt durch den Luftraum. Ähnlich wie die Vögel besaßen sie hohle Knochen. Von den Flugarmen bis zum Körper war eine Flughaut ausgespannt. Sie erreichten Spannweiten von mehreren Metern. An Land lebten die Dinosaurier. Im Gegensatz zu den heute lebenden Reptilien befanden sich ihre Beine direkt unter dem Körper, ähnlich wie bei den heutigen Säugetieren. Nur aufgrund dieser Stellung konnten die Beine das oft enorme Gewicht der Tiere tragen. Dies ermöglichte weite Schritte und schnelles Laufen. Die Dinosaurier nutzten verschiedene Nahrungsquellen: Pflanzen, Fleisch und Aas. Sie erreichten sehr unterschiedliche Größen. Unter den Pflanzenfressern finden sich die größten Tiere, die je auf der Erde lebten. Die kleinsten, nur knapp hundegroßen Dinosaurier gehörten zu den Fleischfressern. Alle Dinosaurier legten Eier. Manche bauten Erdnester und bedeckten die Eier mit Laub. Die Wärme des verrottenden Laubs brütete die Eier aus. Andere nisteten dicht gedrängt in Kolonien. Teilweise wurden die Jungen nach dem Schlüpfen von den Eltern versorgt. Vermutlich waren manche Dinosaurier nicht wie die heutigen Reptilien wechselwarm, sondern konnten ihre Körpertemperatur zumindest teilweise konstant halten.

Etwa 150 Millionen Jahre lang waren die Saurier die vorherrschende Tiergruppe. Vor etwa 65 Millionen Jahren starben die Saurier und viele andere Arten aus. Vermutlich war eine erdumfassende Katastrophe, der Einschlag eines großen Himmelskörpers auf der Erde, die Ursache. Das Zeitalter der Säugetiere begann.

1 Land – Wasser – Luft. Ähnlich wie die Saurier im Erdmittelalter sind die Säugetiere und Vögel heute in allen Lebensräumen vertreten. Schreibe die Tabelle von Abbildung 2 in dein Heft und ergänze sie.

Leben ...	Vertreter der Saurier	Vertreter der Säugetiere	Vertreter der Vögel
an Land als Pflanzenfresser			
an Land als Fleischfresser			
im Wasser			
in der Luft			

2 *Leben in verschiedenen Lebensräumen*

3 *Fossilfund von Pterodactylus*

2 Aussehen der Saurier. Welche der Merkmale von Pterodactylus in Abbildung 1 sind durch Fossilfunde zu belegen (Abb. 3)? Welche entstammen der Fantasie der Wissenschaftler?

3 Was fraß Anatosaurus? Betrachte Schädel und Unterkiefer von Anatosaurus (Abb. 4). Was hat dieses Tier gefressen? Begründe deine Antwort, indem du den Schädel mit einem dir bekannten Säugetierschädel vergleichst.

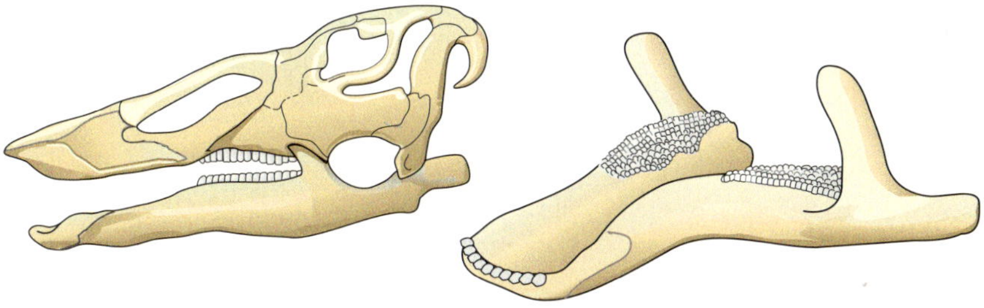

4 *Schädel und Unterkiefer von Anatosaurus*

7 Amphibien

7.1 Lebewesen im Wasser und auf dem Land

1 *Grasfrösche in ihrem Lebensraum*

2 *Verschiedene Amphibienarten*

1 Steckbrief: Grasfrosch. Erstelle anhand der Abbildung 1 einen ausführlichen Steckbrief für den Grasfrosch.

2 Amphibien. Der Begriff Amphibien kommt aus dem Griechischen „amphi bios" und bedeutet so viel wie „beidseitig lebend". Erläutere den Begriff am Beispiel des Grasfrosches.

3 Amphibienarten.
a) Ordne die Steckbriefe in Abbildung 3, soweit möglich, den Tieren in Abbildung 2 zu und begründe deine Entscheidung.
b) Ordne den übrigen Steckbriefen die entsprechenden Tierarten zu.

1: Größe bis 11 cm. Farbe braun bis oliv, häufig gefleckt, Unterseite leuchtend orange mit dunklen Flecken. Männchen während der Balz mit Hautkamm. Schwanz mit Flossensaum. Meist in Wassernähe. Nahrung: Insekten, Larven, Würmer.

2: Größe bis 30 cm. Farbe der Weibchen braun. Männchen: grüner Kopf, weißer Halsring, brauner Rücken, braune Brust, Unterseite hell. Schwimmhäute an den Füßen. Körperbedeckung: Federn. Nahrung: Kleintiere.

3: Größe bis 10 cm. Farbe grün bis gelb. 4 Flügel, 6 Beine. Legt Eier an Stängel von Wasserpflanzen. Larve im Wasser lebend.
Nahrung: fliegende Insekten.

4: Größe bis 15 cm. Farbe braun bis oliv, Unterseite hell. Gedrungener Körper, warzige Haut. Nur zur Paarung im Wasser. Nahrung: Insekten, Schnecken, Würmer.

5: Größe bis 12 cm. Farbe grün bis oliv mit schwarzen Flecken. Männchen zur Paarungszeit mit seitlichen Schallblasen. Meist im Wasser oder in unmittelbarer Nähe. Nahrung: hauptsächlich fliegende Insekten.

6: Größe bis 5 cm. Farbe grün bis braun, dunkler Längsstreifen an den Seiten. Haftscheiben an Finger- und Zehenenden. Männchen während der Paarungszeit mit Schallblase unter dem Kinn. Im Sommer auf Bäumen und Sträuchern in Wassernähe.
Nahrung: fliegende Insekten.

7: Größe bis 150 cm. Farbe dunkelbraun bis schwarz, weißer Kehlfleck. Schwimmhäute zwischen den Zehen. Körperbedeckung: Fell. Nahrung: Fische, Frösche, Vögel, Krebse und Muscheln.

8: Größe bis 12 cm. Farbe dunkel, Unterseite orange. Schwanz mit Flossensaum. Fast immer in Wassernähe oder im Wasser. Nahrung: Insekten, Larven, Würmer, Krebstiere.

9: Größe bis 20 cm. Farbe schwarz mit gelben Flecken oder Streifen. Schwanz ohne Flossensaum. Nahrung: Insekten, Larven, Schnecken, Würmer.

3 *Steckbriefe einheimischer Tierarten*

7.2 Fortpflanzung und Entwicklung

1 *Entwicklung des Grasfrosches*

Grasfrösche wandern nach der Winterruhe im Februar oder Anfang März zu ihren **Laichgewässern.** Das sind die Gewässer, in denen die Fortpflanzung stattfindet.

Häufig finden sich die Paare schon auf diesem Weg. Dabei umfasst das Männchen das Weibchen und lässt sich von ihm auf dem Rücken tragen. Im Wasser gibt das Weibchen die Eier in Ballen ins Wasser ab, worauf das Männchen die Spermien dazugibt. Es findet also eine Befruchtung außerhalb des Körpers statt. Dies nennt man eine **äußere Befruchtung.**

Aus den Eiern schlüpfen nach zwei Wochen Larven, die man bei den Amphibien Kaulquappen nennt. Sie atmen mit büschelartigen Außenkiemen und ernähren sich noch etwa zehn Tage lang vom Dottervorrat in den Eiern.

Danach leben die Larven von Algen, die sie von Pflanzenteilen abnagen. Zwei bis drei Wochen nach dem Schlüpfen werden die Kiemen in den Körper verlagert. Man spricht jetzt von inneren Kiemen.

Es folgt das Wachstum der Hinterbeine. Gleichzeitig entwickeln sich die Vorderbeine unter der Haut.

Etwa zehn bis elf Wochen nach dem Schlüpfen bricht zunächst das linke Vorderbein, einige Tage später auch das rechte Bein durch die Haut.

Anschließend wölben sich die Augen vor und der Schwanz wird zurückgebildet. Auch die Kiemen bilden sich zurück. Die Tiere atmen jetzt mit der Lunge. Die jungen Grasfrösche verlassen etwa Mitte Juni das Wasser. Sie ernähren sich nun von lebenden Tieren.

Die Umwandlung des Körpers von der Larve zum Frosch nennt man **Metamorphose.** Es dauert dann noch drei bis vier Jahre, bis die Tiere geschlechtsreif sind.

1 Kaulquappe und Frosch.
a) Lies den Text auf der Grundwissenseite durch und schließe dann das Buch. Beschreibe mit eigenen Worten die Entwicklung des Grasfrosches in der richtigen Reihenfolge.
b) Bestimme möglichst genau das Alter der in Abbildung 2 dargestellten Kaulquappen und begründe deine Ansicht.

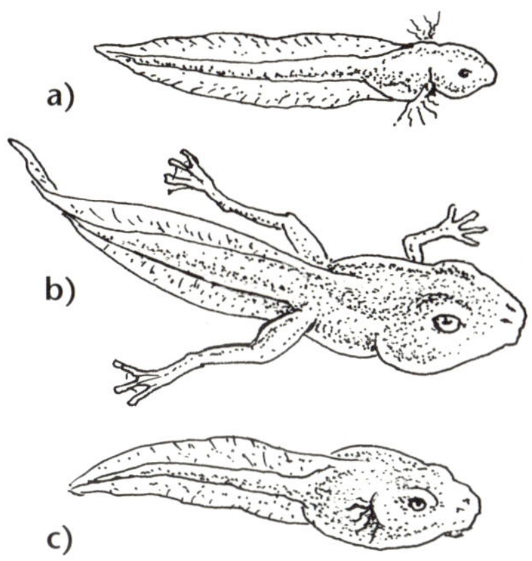

2 *Wie alt sind die Kaulquappen?*

Amphibienarten

Bedingungen am Laichplatz	Grasfrosch	Wasserfrosch	Laubfrosch	Kreuzkröte	Erdkröte	Gelbbauch-Unke	Teichmolch	Bergmolch	Kammmolch	Feuersalamander
offenes Wasser ohne Bewuchs	●	●	●	●	●	●	●	●	●	●
Besonnung	○	●	●	●		◐	◐		◐	
Flachwasser mit Bewuchs	○	●	○		●	○	○	○	◐	
Äste, die über das Wasser ragen			◐							
Verstecke unter Wasser									○	
Wasserströmung	○			▬						
Gewässergröße gering				●		●				
Gewässergröße mittel/groß	○	●	○		●				○	

● sehr wichtig ◐ wichtig ○ vorteilhaft ▬ ungünstig

3 *Anforderungen an Laichgewässer*

2 Das Laichgewässer. In Abbildung 3 sind die Anforderungen von Amphibienarten an ihre Laichgewässer zusammengestellt.
a) Beurteile, welche der Gewässer in Abbildung 4 als Laichgewässer für die verschiedenen Amphibienarten in Frage kommen.
b) Zeichne ein Laichgewässer für den Wasserfrosch in Aufsicht und im Schnitt. Skizziere dazu Wassertiefen, Bewuchs mit Wasserpflanzen, Bäume und Sträucher im Randbereich usw. Stelle begründete Vermutungen an, warum das Gewässer mindestens einen Meter tief sein sollte.

4 *Als Laichgewässer geeignet?*

1 *Amphibien im Wasser*

7.3 Atmung und Blutkreislauf

Die Atmung erfolgt bei Kaulquappen durch Kiemen und über die Haut. Die Haut ist dünn und von feinen Blutgefäßen, den Kapillaren, durchzogen. Die Haut ist ebenso wie die Kiemen sehr gut durchblutet. Die beiden Lungenflügel sind schon im späteren Larvenstadium vorhanden, werden aber noch nicht genutzt. Die Kiemen werden während der Metamorphose zurückgebildet, sobald die Umstellung auf Lungenatmung erfolgt ist.

Auch nach der Metamorphose, wenn die Frösche an Land mit Lungen atmen, spielt die Hautatmung noch eine große Rolle. Dazu muss die Haut ständig feucht sein. Aus diesem Grund enthält die Amphibienhaut viele Schleimdrüsen. Trocknet die Haut aus, kann das Tier sterben. Beim Tauchen nehmen die Frösche etwas Sauerstoff über die Haut aus dem Wasser auf. Im Winter können sie sogar ausschließlich durch Hautatmung am Grund der Seen überleben.

Das Herz besteht bei Amphibien aus zwei Vorkammern und einer Hauptkammer. Bei den Kaulquappen wird jedoch nur eine Vorkammer und die Hauptkammer genutzt (Abb. 2). Während der Umwandlung zum erwachsenen Tier wird der Kreislauf umgestellt. Einige Blutgefäße verlieren ihre Funktion und werden abgebaut. Da das sauerstoffarme Blut und das sauerstoffreiche Blut aus den Lungen in die gemeinsame Hauptkammer fließen, entsteht „Mischblut“, das in den Körper gepumpt wird (Abb. 2).

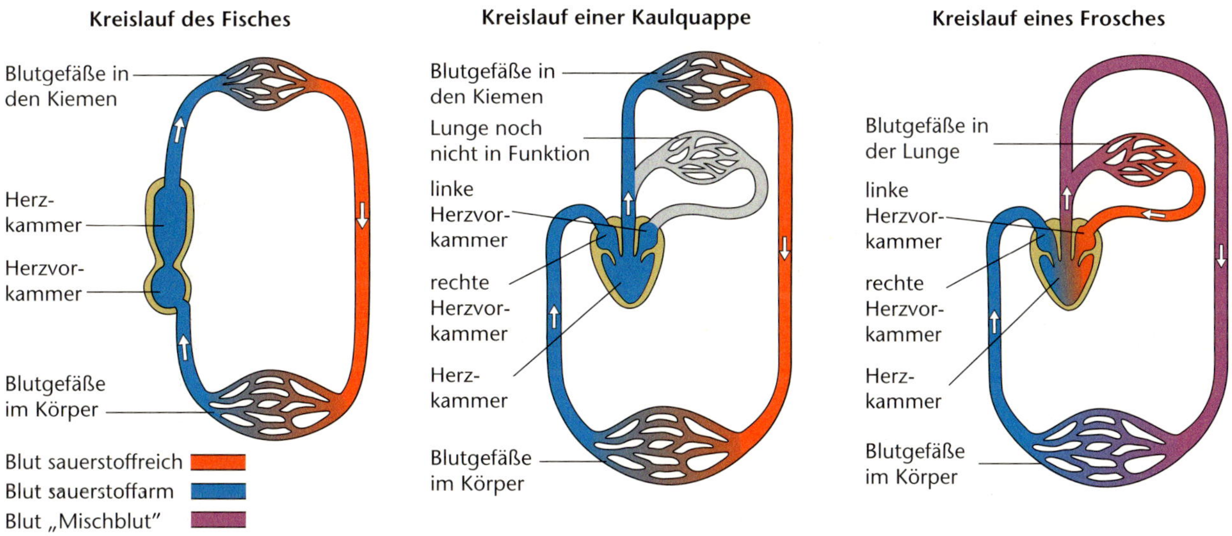

2 *Vergleich der Blutkreisläufe*

1 Kreislauf. Vergleiche die Blutkreisläufe und Herzen von Fisch, Kaulquappe und Frosch. Beschreibe jeweils in einem Fließdiagramm den Weg des Blutes.

2 Atmung.

a) Finde einen Bezug zwischen den Daten in Abbildung 3 und Abbildung 4, begründe den Zusammenhang. Stelle eine Vermutung zum Lungenaufbau des Feuersalamanders und der Erdkröte auf.

b) Das Ein- und Ausatmen erfolgt bei Fröschen nicht wie bei uns durch Bewegungen des Brustkorbes. Frösche drücken die Luft mithilfe ihrer Mundhöhle in die Lunge. Ordne die Zeichnungen in Abbildung 5 in die richtige Reihenfolge und beschreibe die Funktionsweise dieser Atmung.

	Atmung durch die...		
	Haut	Mundhöhle	Lunge
Erdkröte	27,6 %	0,9 %	71,5 %
Laubfrosch	24,2 %	1,1 %	74,7 %
Feuersalamander	41,4 %	1,3 %	57,3 %
Kammmolch	73,7 %	3,0 %	23,3 %

3 *Anteile an der Atmung*

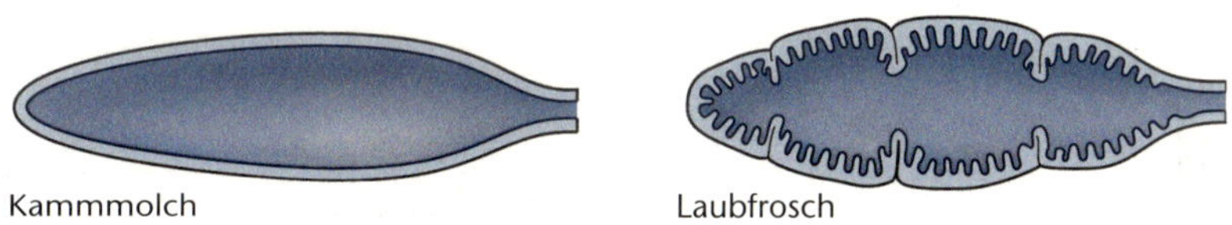

4 *Aufbau eines Lungenflügels*

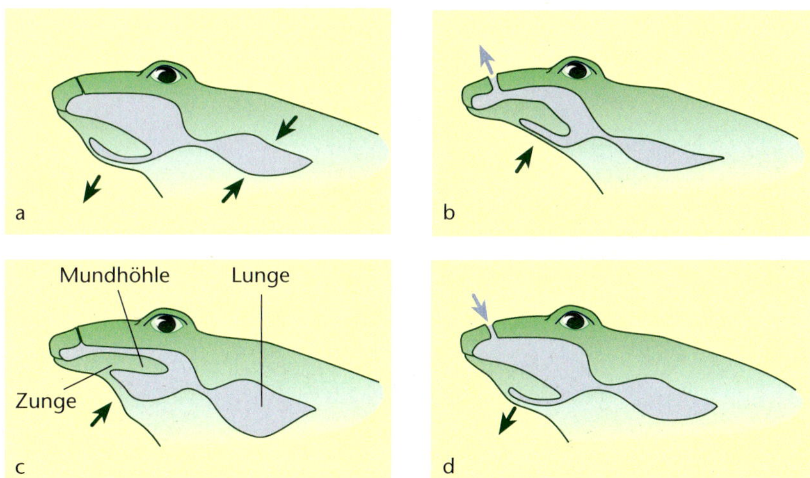

5 *Atmung beim Frosch*

7.4 Wanderung von Amphibien

Wanderungen treten bei den meisten einheimischen Amphibienarten auf. Meist wandern die Tiere bei Nacht. Der Wandertrieb wird durch Hormone ausgelöst. Die Produktion dieser Hormone im Körper wird im Wesentlichen durch die Tageslänge gesteuert. Auch das Wetter hat Einfluss auf die Wanderungen.

Die **Frühjahrswanderung** führt die Amphibien vom Winterquartier zum Laichgewässer (Abb. 1). Einige Arten, zum Beispiel Erdkröten, suchen fast immer das Gewässer wieder auf, in dem sie selbst herangewachsen sind. Erdkröten sind besonders standorttreu.

Nach dem Laichen wandern Erdkröten zu ihren **Sommerquartieren.** Das sind helle, feuchte Laubwälder mit vielen Pflanzenarten. Dort leben sie von Insekten, Schnecken und Würmern.

Die Jungtiere der meisten Arten verlassen nach der Metamorphose das Laichgewässer und suchen ebenfalls geeignete Sommerquartiere auf.

Bei der **Herbstwanderung** der Erdkröten werden die Winterquartiere aufgesucht. Das sind häufig Wälder in der Nähe der Laichgewässer. Die Winterquartiere müssen frostfreie Verstecke bieten, da Amphibien bei tiefen Temperaturen in Kältestarre fallen. Sie können bei stärkerem Frost keine besseren Verstecke aufsuchen und erfrieren. Andere Amphibien überwintern auch am Boden von Gewässern und wandern im Herbst zurück zu ihrem Laichgewässer (Abb. 1).

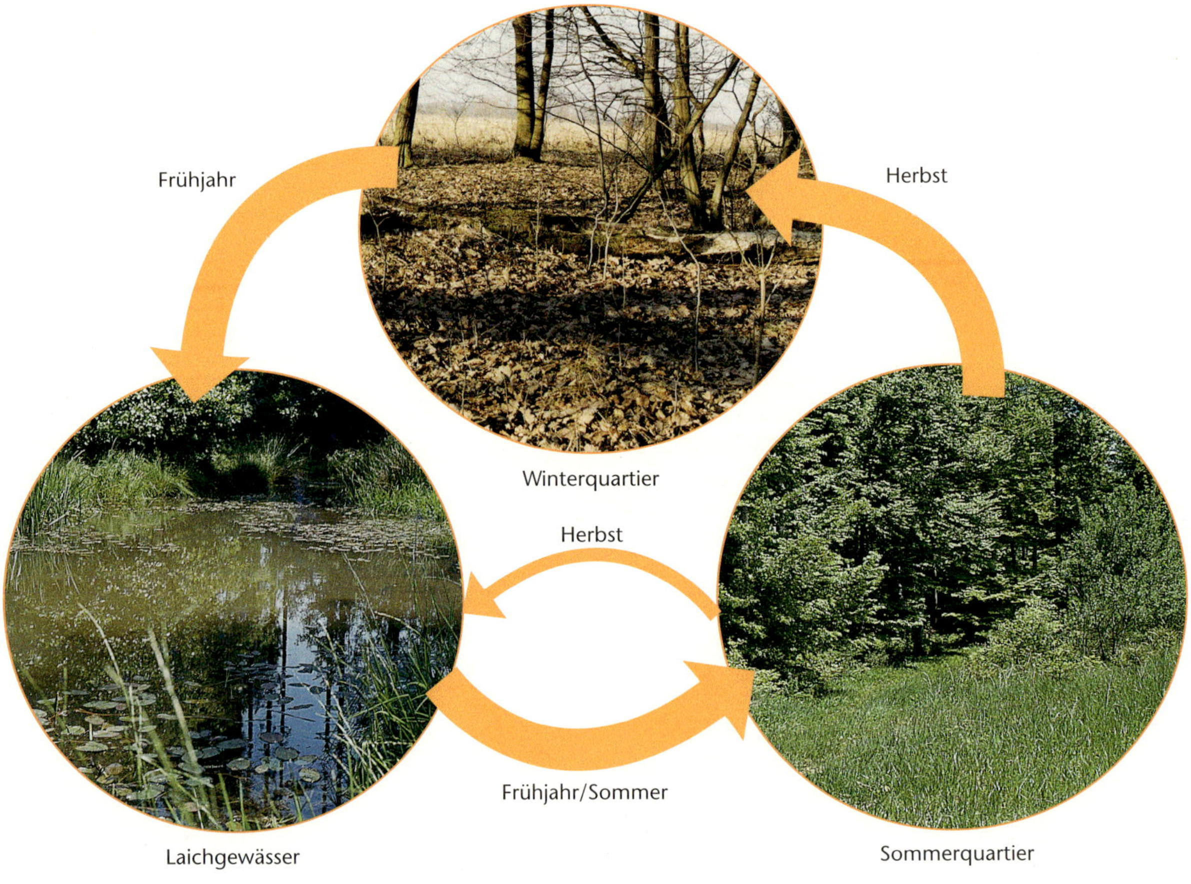

1 *Wanderungen von Amphibien: Beispiel Erdkröte*

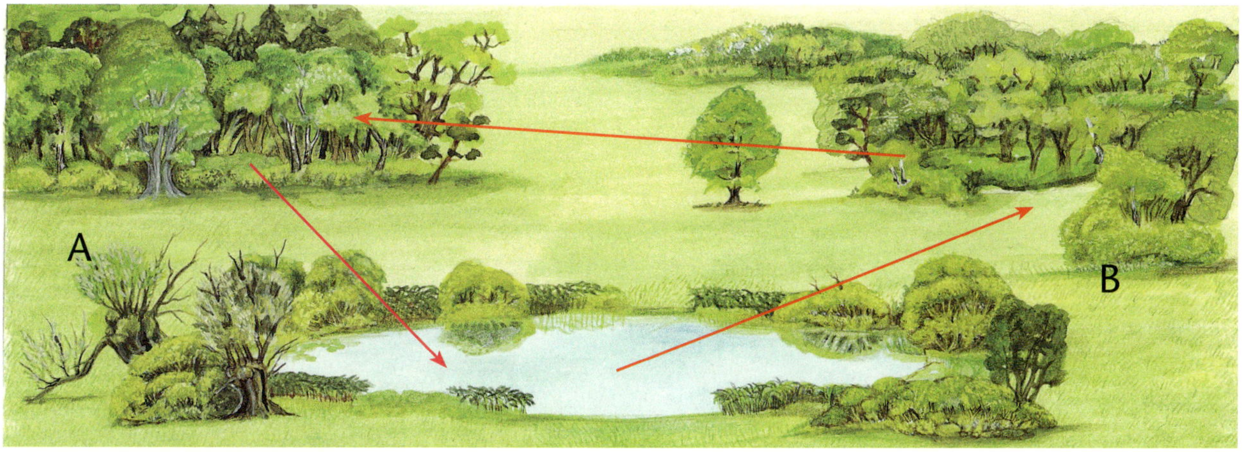

2 *Wanderung der Erdkröte*

3 *Amphibienzaun*

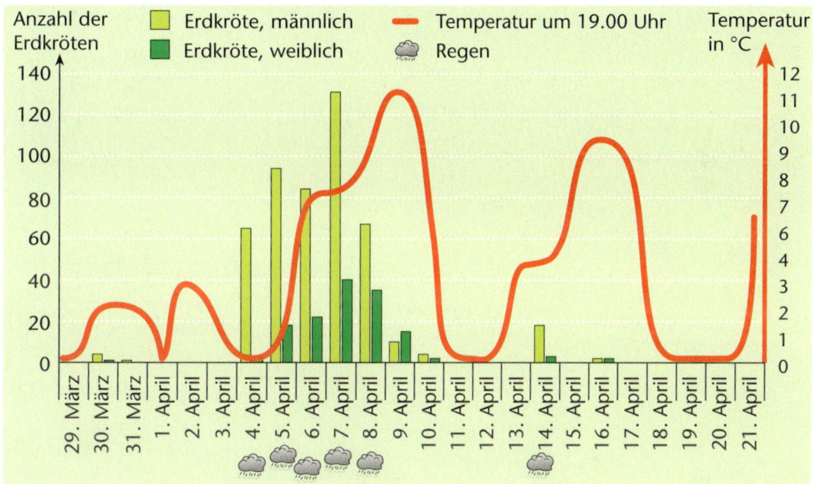

4 *Daten zur Erdkrötenwanderung*

1 Amphibien und Straßenverkehr. Wenn die Wanderwege von Amphibien über Straßen führen, können sehr viele der langsamen Tiere überfahren werden. Zu ihrem Schutz baut man daher zur Zeit der Frühjahrswanderung Zäune. In kurzen Abständen sind am Zaun Eimer in die Erde gegraben (Abb. 3). Die am Zaun entlangkriechenden Tiere fallen in die Eimer und werden von Helfern über die Straße getragen.

a) Übertrage Abbildung 2 als Skizze in dein Heft und beschrifte sie mit folgenden Begriffen: Laichgewässer, Sommerquartier, Winterquartier, Frühjahrswanderung, Herbstwanderung, Sommerwanderung.

Im Lebensraum der Erdkröte wird eine Straße von A nach B gebaut. Zeichne in deine Abbildung diese Straße ein. Welche Folgen hat sie für die Erdkröten?

b) Begründe, warum die Amphibienzäune meist nur während der Frühjahrswanderung aufgebaut werden.

c) Überlege, welche Alternativen zu den Zäunen möglich sind.

2 Die Frühjahrswanderung der Erdkröten zum Laichgewässer.

a) Formuliere die wesentlichen Aussagen der Abbildung 4.

b) Beschreibe und vergleiche anhand der Abbildung 4 das Wanderungsverhalten von Erdkrötenmännchen und Erdkrötenweibchen. Stelle dar, welche Vorteile sich aus dem Verhalten der Geschlechter ergeben.

7.5 Lebensraum und Schutz der Amphibien

1 *Lebensräume von Amphibien*

Amphibien leben im Laufe eines Jahres in ganz verschiedenen Lebensräumen. Im Frühjahr brauchen sie ein Laichgewässer und suchen nach dem Ablaichen wieder ihre Lebensräume auf, meist Wälder und Hecken in der Nähe der Gewässer. Dabei entfernen sich die verschiedenen Amphibienarten unterschiedlich weit vom Laichgewässer (Abb. 1).

Die größte Gefahr für die einheimischen Amphibien besteht in der Veränderung der Landschaft, die in den letzten 50 Jahren sehr stark vorangeschritten ist. Moderne Anbaumethoden in der Landwirtschaft und die Zunahme der bebauten Fläche führten zum Verlust vieler Lebensräume für Amphibien.

Da viele Amphibienarten bereits sehr selten geworden und einige sogar vom Aussterben bedroht sind, wurden alle einheimischen Amphibienarten unter Schutz gestellt. Die Entnahme von Laich, Larven oder erwachsenen Tieren aus der Natur ist verboten. Ein umfassender Schutz der Amphibien kann aber nur gelingen, wenn die Lebensräume der Tiere erhalten bleiben bzw. neue Lebensräume geschaffen werden.

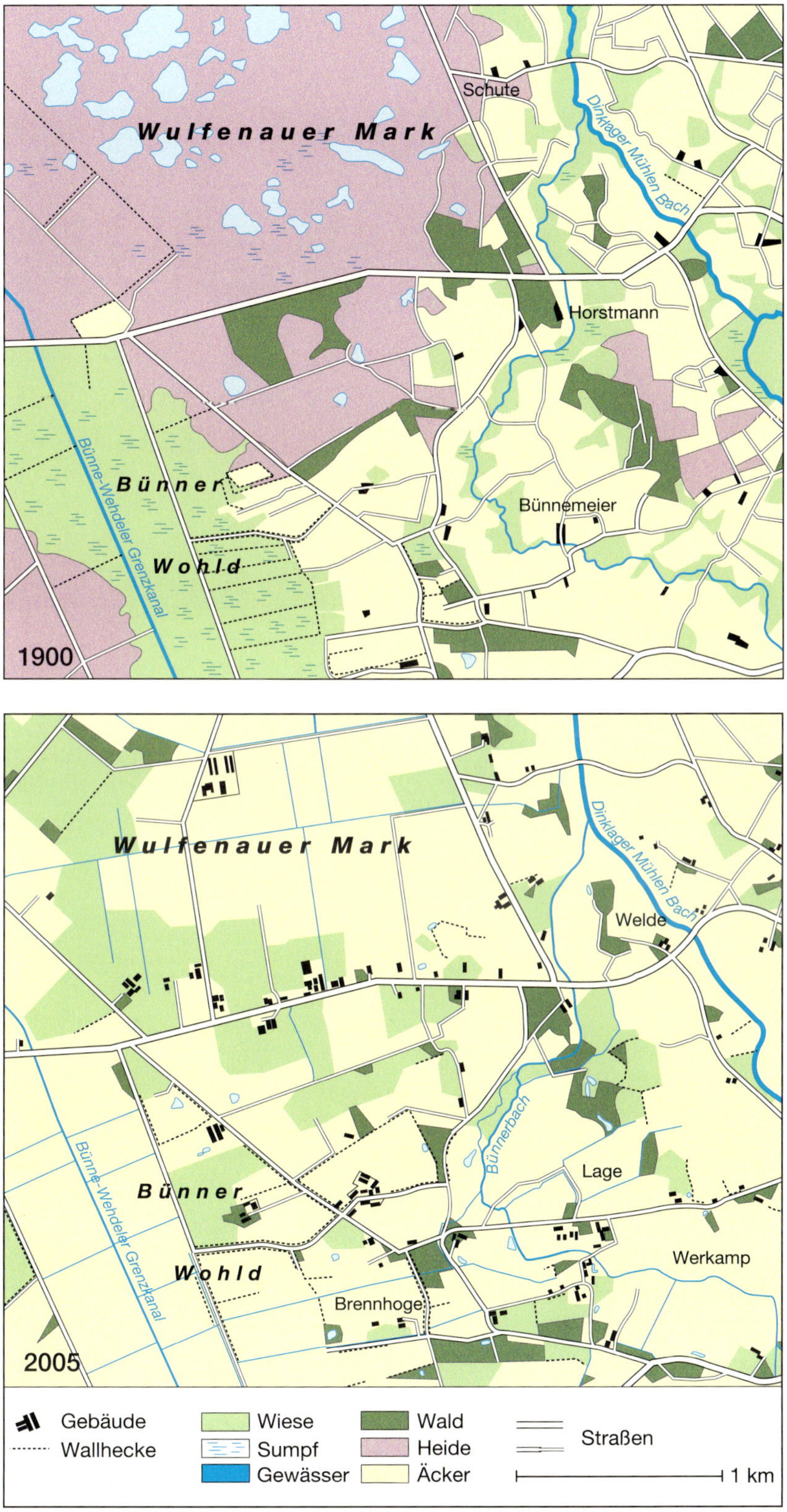

3 *Veränderung einer Landschaft von 1900 bis 2005*

1 Ansprüche an den Lebensraum.

a) Nenne anhand der Abbildung 1 Lebensräume, die von Feuersalamander, Erdkröte, Grasfrosch und Teichmolch aufgesucht werden.

b) Als Mindestlebensraum bezeichnet man die kleinste notwendige Fläche, die von einer Art zum langfristigen Überleben benötigt wird. Veranschauliche die Fläche des Mindestlebensraumes von Erdkröte, Grasfrosch und Molch, indem du sie zur Grundfläche deines Klassenzimmers in Beziehung setzt.

Art	Fläche
Erdkröte	15000000 m²
Grasfrosch	2000000 m²
Molch	500000 m²

2 *Mindestgröße des Lebensraumes*

2 Veränderung der Landschaft.

a) Werte die beiden Karten in Abbildung 3 im Hinblick auf die Veränderungen aus.

b) Stelle begründete Vermutungen an, welche Gründe zu dieser Veränderung geführt haben könnten.

c) Diskutiere und bewerte die Veränderungen in Hinblick auf das Vorkommen und das Überleben von Amphibien. Begründe deine Argumente mit Einzelheiten der Karten.

d) Nenne Möglichkeiten, mit denen den Amphibien in diesem Gebiet geholfen werden könnte.

8 Fische

8.1 Körperbau der Fische

1 *Äußerer Bau eines Karpfens*

2 *Skelett eines Karpfens*

Fische sind **Wirbeltiere.** Sie leben im Wasser und sind wechselwarm. Das heißt, ihre Körpertemperatur ist von der Umgebungstemperatur abhängig. Schuppen mit Schleim bedecken den Körper. Das **Skelett** besteht aus Knochen und Knorpel (Abb. 2). Zur Fortbewegung dienen die Flossen. Der Antrieb erfolgt im Wesentlichen über die Schwanzflosse und den Hinterleib, die von kräftigen Muskeln bewegt werden. Die anderen Flossen dienen zum Steuern. Fische nehmen den notwendigen Sauerstoff über **Kiemen** aus dem Wasser auf. Wichtige Sinnesorgane für die Fische sind die Augen, der Geruchssinn und das Seitenlinienorgan. Mit dem Seitenlinienorgan können die Tiere auch kleine Wasserbewegungen wahrnehmen. So sind sie in der Lage, Hindernisse im Wasser zu umgehen sowie angreifende Feinde oder Beutetiere im trüben Wasser oder bei Dunkelheit zu bemerken.

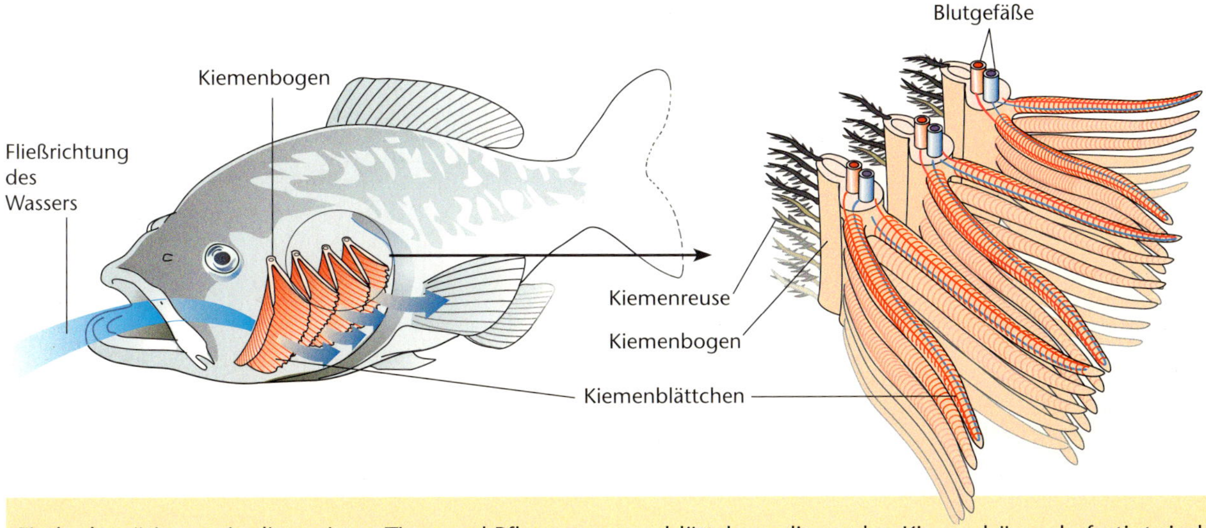

Fische benötigen wie die meisten Tiere und Pflanzen sowie der Mensch Sauerstoff zum Leben. Diesen Sauerstoff nehmen Fische mithilfe der Kiemen auf. Wenn ein Fisch das Maul öffnet, strömt Wasser in die Mundhöhle. Wird das Maul geschlossen, wird das Wasser an den Kiemen vorbei durch die geöffneten Kiemendeckel nach außen gedrückt.
Kiemen bestehen aus sehr vielen zarten Kiemenblättchen, die an den Kiemenbögen befestigt sind. Kiemenreusen verhindern, dass die Kiemenblättchen von festen Teilen im Wasser verletzt werden. Die Kiemenblättchen sind sehr stark durchblutet. Während das Wasser an ihnen vorbeiströmt, tritt Sauerstoff aus dem Wasser ins Blut des Fisches über. Der Vorgang wird durch eine große Oberfläche der Kiemenblättchen begünstigt.

3 *Bau und Aufgaben der Kiemen*

1 Kiemen.
a) Beschreibe anhand der Abbildung 3 die Kiemenatmung der Fische.
b) Kiemenblättchen sind stark durchblutet und alle Kiemenblättchen zusammen haben eine sehr große Oberfläche. Erläutere, warum dies vorteilhafte Merkmale für einen Fisch sind.

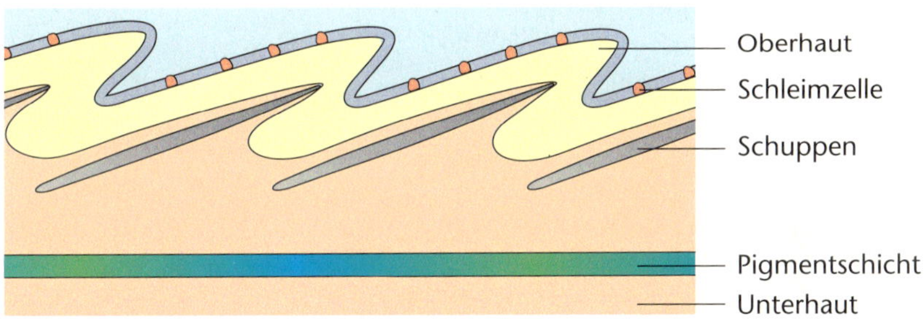

4 *Schnittbild durch die Haut eines Fisches*

2 Verschieden geformte Körper. In einem Versuch wurden fünf verschieden geformte Körper von gleicher Masse und gleichem Volumen durch ein Wasserbecken gezogen (Abb. 5). Die Körper wurden durch gleich große Gewichte, die an Zugschnüren hingen, vorwärtsbewegt. Dabei wurde die Zeit gemessen, in der der jeweilige Körper eine Strecke von 2 m zurücklegte. Die Ergebnisse des Versuchs zeigt Abbildung 5.
a) Zeichne den Versuchsaufbau.
b) Beschreibe und erkläre die Ergebnisse.
c) Zeige Zusammenhänge zwischen Körperform und Höchstgeschwindigkeit bei Fischen auf. Begründe deine Überlegungen.

3 Die Haut der Fische.
a) Betrachte den Schnitt durch die Haut eines Fisches (Abb. 4). In welcher Richtung liegt der Kopf, in welcher die Schwanzflosse? Begründe deine Annahme.
b) Die Schleimzellen in der Fischhaut produzieren ein glitschiges Sekret. Erläutere die Bedeutung für den Fisch.

Zugrichtung →	Zeit [s]
Würfel	10
Tropfenform	5
Tropfenform	4
Zylinder	7
spindelförmiger Körper	3

5 *Versuchsergebnis*

8.2 Die inneren Organe der Fische

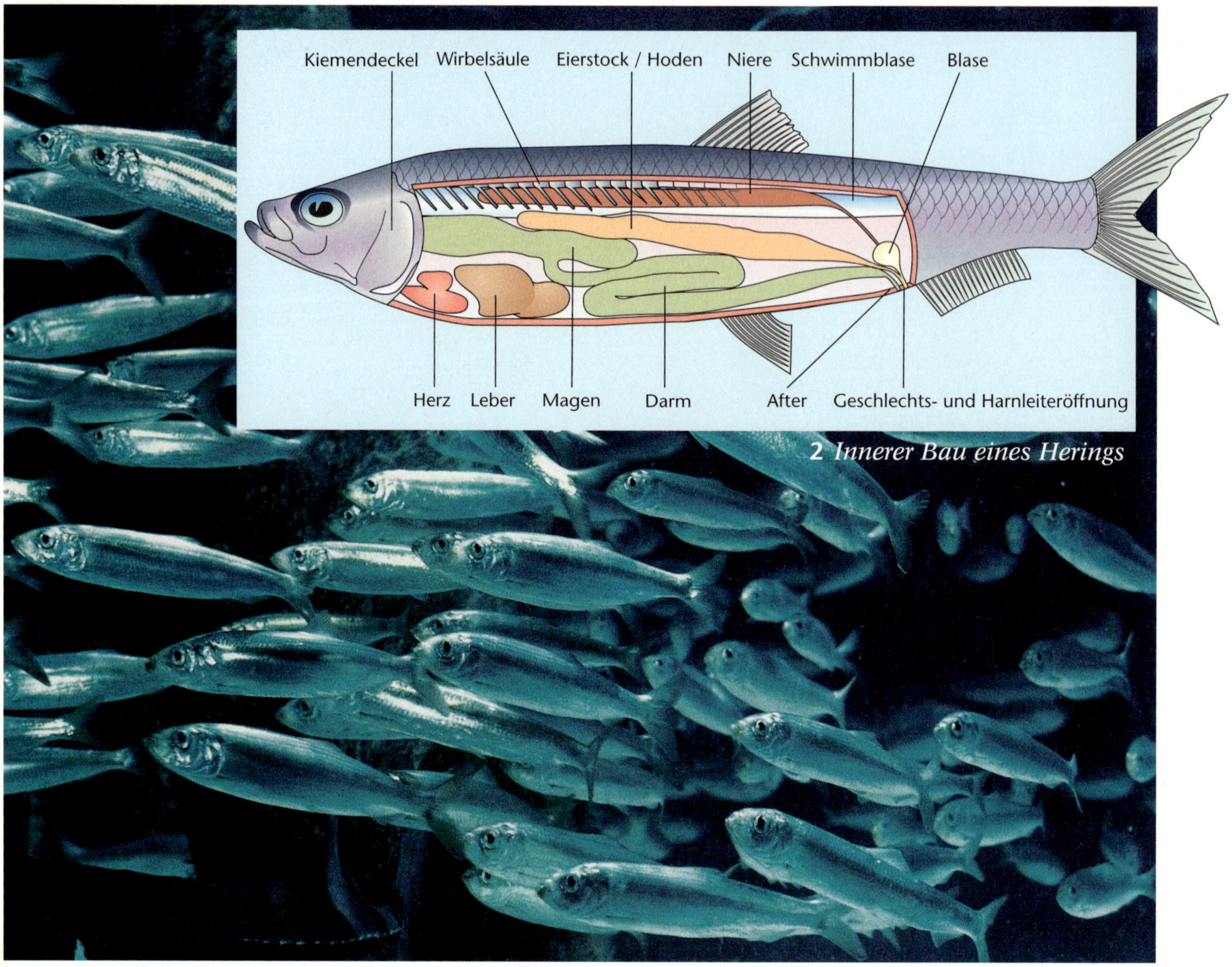

2 *Innerer Bau eines Herings*

1 *Heringsschwarm*

Fische haben eine Wirbelsäule, sie bildet die Längsachse des Körpers. An ihr sitzen die Rippen und weitere Knochen, die bei kleineren Fischen als Gräten bezeichnet werden. Seitlich der Wirbelsäule liegen die großen Muskeln, die der Fisch zur Fortbewegung benötigt.

Im vorderen Bereich des Körpers liegt an der Unterseite das Herz (Abb. 2). Darüber durchzieht der Darm den ganzen Körper. Vom Darm werden die Nährstoffe aufgenommen und in das Blut gegeben. Die Leber nimmt einen großen Raum ein. In ihr werden Stoffe umgewandelt, um sie nutzbar zu machen. Dabei entstehen auch Abfallstoffe, die von den Nieren aus dem Blut herausgefiltert und in den Harn abgegeben werden. Die Nieren sind ein Ausscheidungsorgan. Sie liegen bei den Fischen unterhalb der Wirbelsäule. Man bezeichnet die Aufnahme, Umwandlung und Abgabe von Stoffen bei Lebewesen als **Stoffwechsel.** Bei den geschlechtsreifen Tieren findet man im Bauchraum außerdem die Geschlechtsorgane, Hoden oder Eierstöcke.

Fische besitzen Kiemen als Atmungsorgane. Sie sitzen seitlich hinter der Mundöffnung. In der Körpermitte befindet sich unterhalb der Wirbelsäule die mit Gas gefüllte Schwimmblase. Mit ihrer Hilfe kann der Fisch im Wasser schweben.

Präparation

3 *Schnittführung bei der Präparation*

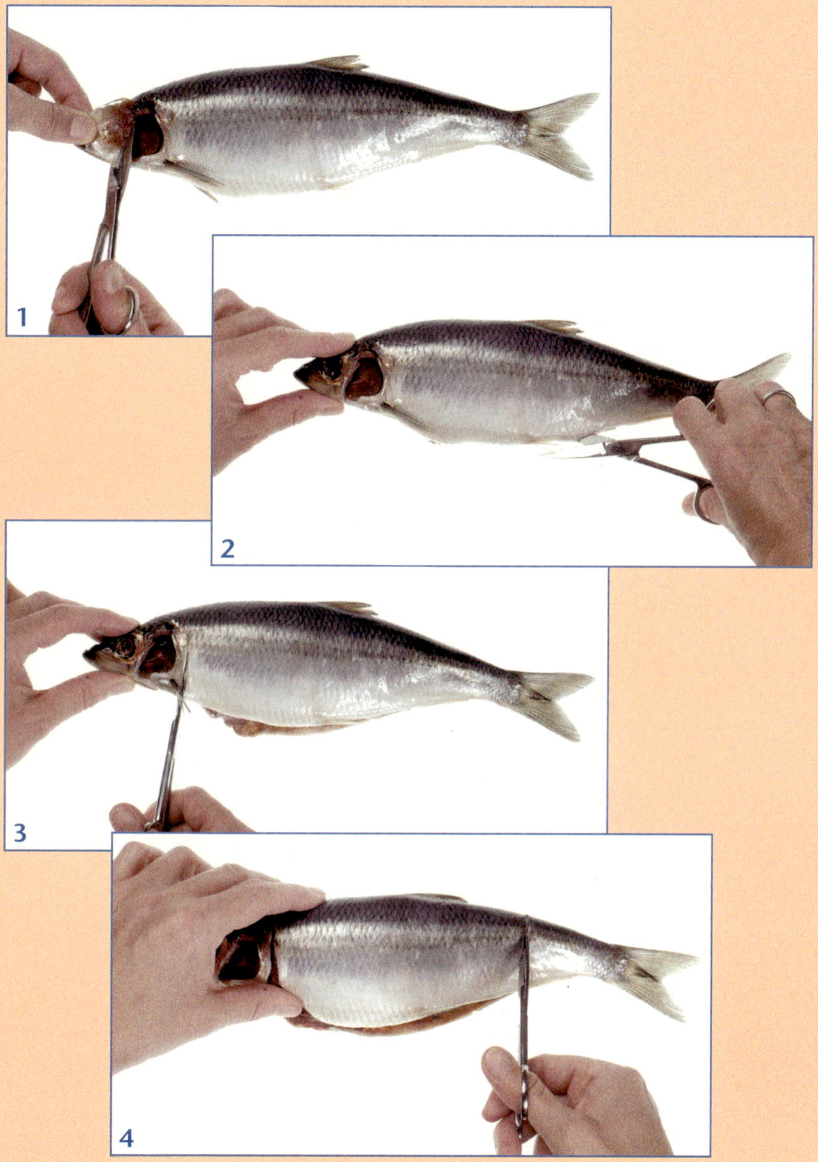

4 *Präparation*

1 Präparation eines Fisches. Lege den Fisch mit dem Kopf nach links in die Präparationsschale oder auf eine andere Unterlage. Benenne die einzelnen Flossen.

1. Schnitt: Entferne mit der Schere den Kiemendeckel. Untersuche die Kiemen mit einer Sonde.

2. Schnitt: Schneide vorsichtig von der Afterflosse an der Bauchseite bis zum Ansatz der Brustflossen. Schneide vorsichtig und nicht zu tief, um die inneren Organe nicht zu verletzen.

3. Schnitt: Schneide vom vorderen Ende des Bauchschnittes, so weit es geht, nach oben.

4. Schnitt: Schneide vom hinteren Ende des Bauchschnittes so weit wie möglich nach oben und klappe das entstandene Seitenteil nach oben.

5. Schnitt: Entferne das Seitenteil, indem du möglichst weit oben am Rücken von hinten nach vorn schneidest. Die Bauchhöhle liegt nun frei. Versuche nun vorsichtig mit Sonde und Pinzette, die inneren Organe freizulegen. Achte dabei auf die natürliche Anordnung. Zeichne und beschrifte den geöffneten Fisch.

5 *Präparierter Fisch*

2 Die inneren Organe. Abbildung 5 zeigt innere Organe des Fisches. Zeichne den Fisch und beschrifte die Organe mithilfe von Abbildung 2.

8.3 Schweben, Steigen, Sinken

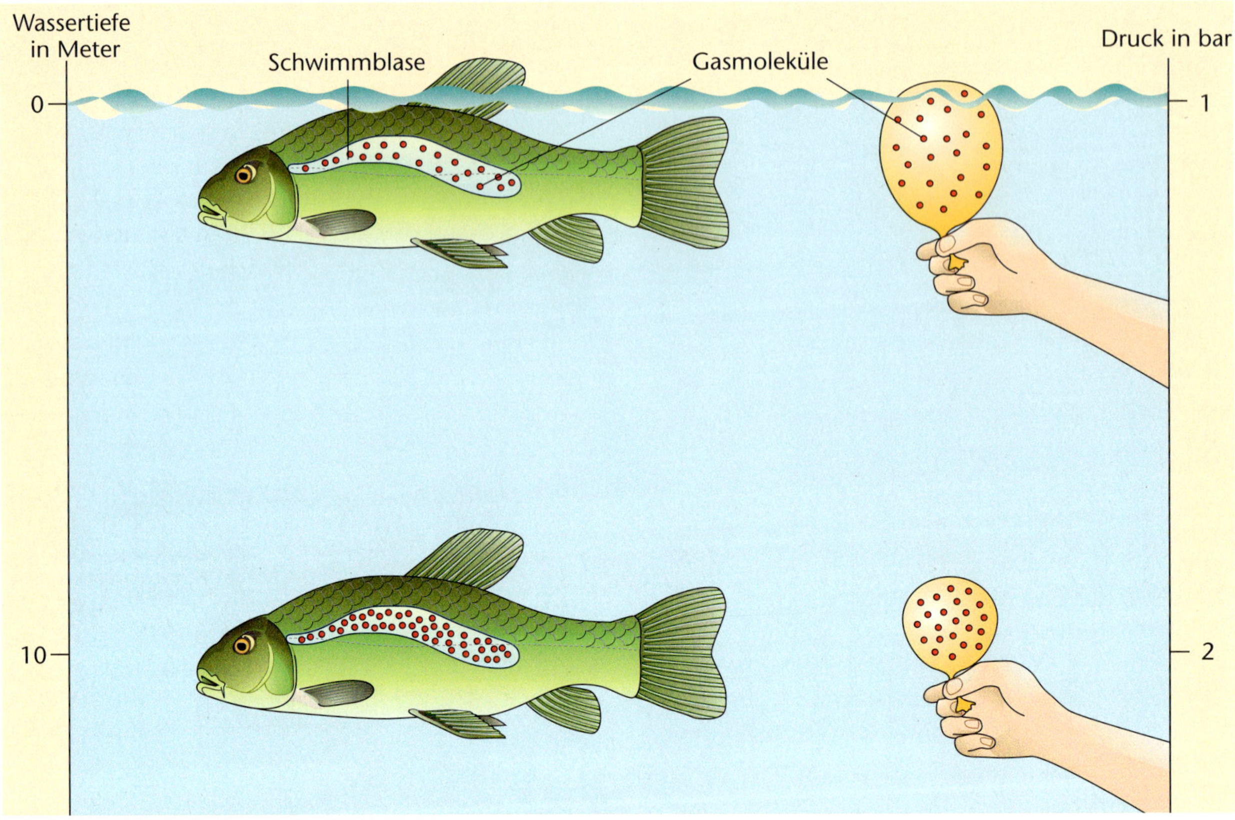

1 *Fisch und Luftballon bei unterschiedlichem Wasserdruck*

Ob ein Körper im Wasser schwimmt, schwebt oder zu Boden sinkt, hängt von seiner **Dichte** ab. Ist die Dichte des Körpers gleich der Dichte des Wassers, so schwebt er (Abb. 2). Ist die Dichte geringer, so schwimmt der Körper und verdrängt dabei die Menge Wasser, die seiner Masse entspricht. Ein Körper mit höherer Dichte als Wasser sinkt zu Boden.

2 *Körper mit unterschiedlicher Dichte im Wasser*

Die Dichte wird durch folgende Formel berechnet:

$$Dichte = \frac{Masse}{Volumen} \left[\frac{g}{cm^3}\right]$$

Wenn man einen aufgeblasenen Luftballon von der Wasseroberfläche auf eine Tiefe von zehn Metern zieht, so wird sein Volumen kleiner (Abb. 1). Der Wasserdruck ist in zehn Meter Tiefe doppelt so groß wie an der Oberfläche. Mit größerer Tiefe erhöht sich der Wasserdruck weiter. Dieser Wasserdruck drückt den Luftballon zusammen. Sein Volumen wird geringer.

Wenn ein Fisch von der Wasseroberfläche auf eine Tiefe von zehn Metern schwimmt, so verändert sich sein Volumen nicht. Fische halten ihr Körpervolumen und damit ihre Dichte konstant, indem sie Gas in die Schwimmblase abgeben oder aus ihr entfernen. So können sie durch die Schwimmblase in jeder Wassertiefe schweben.

5 *Hai*

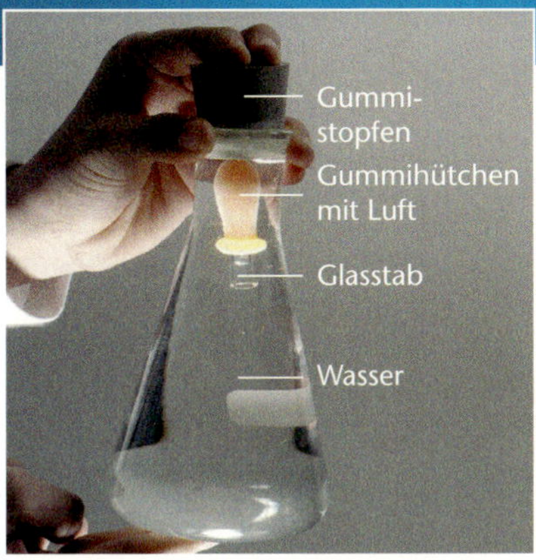

3 *Versuch zur Schwimmblase*

1 Modell zur Schwimmblase. Baue einen Versuch wie in Abbildung 3 auf. Drücke mit unterschiedlicher Kraft auf den Gummistopfen. Stelle das Gefäß dann auf den Kopf und wiederhole den Versuch.

a) Beschreibe in beiden Fällen deine Beobachtungen und versuche, sie zu erklären. Wofür steht in diesem Modell das Herunterdrücken des Gummistopfens? Wofür steht das Gummihütchen mit dem Glasstab?

b) Worin unterscheidet sich die Funktionsweise des Modells von der der Schwimmblase?

Material	Dichte [g/cm³]
Wasser	1
Luft	0,0013
Fett	0,93
Muskeln	1,06
Knochen	1,944

4 *Angaben zur Dichte*

2 Fische mit und ohne Schwimmblase. Fische bestehen im Wesentlichen aus Knochen, Muskeln, Fett und Wasser. Diese Materialien haben verschiedene Dichten (Abb. 4).

a) Die meisten Fische haben eine Schwimmblase. Welche besonderen Möglichkeiten haben diese Fische?

b) Haie und Rochen haben keine Schwimmblase. Sie führen im freien Wasser ständig Schwimmbewegungen aus. Finde eine Begründung dafür und erkläre, was geschieht, wenn sie mit den Schwimmbewegungen aufhören.

3 Ein Tauchgang.

a) Beschreibe genau, was während der einzelnen Stationen des Tauchers in Abbildung 7 vorgeht.

b) Übertrage die Vorgänge auf einen Fisch.

c) Ein Taucher will von 10 m Wassertiefe auf 30 m abtauchen und dort einen Schwebezustand erreichen. Erkläre, wie er vorgehen muss, um sein Ziel zu erreichen. Was passiert mit der Schimmblase eines Fisches in gleicher Situation?

Taucher machen sich das gleiche Prinzip wie die Fische zunutze, um im Wasser zu schweben. Sie verändern ihre Dichte, indem sie Luft in das Jackett hineinblasen oder Luft ablassen.

6 *Taucher lernen von der Natur*

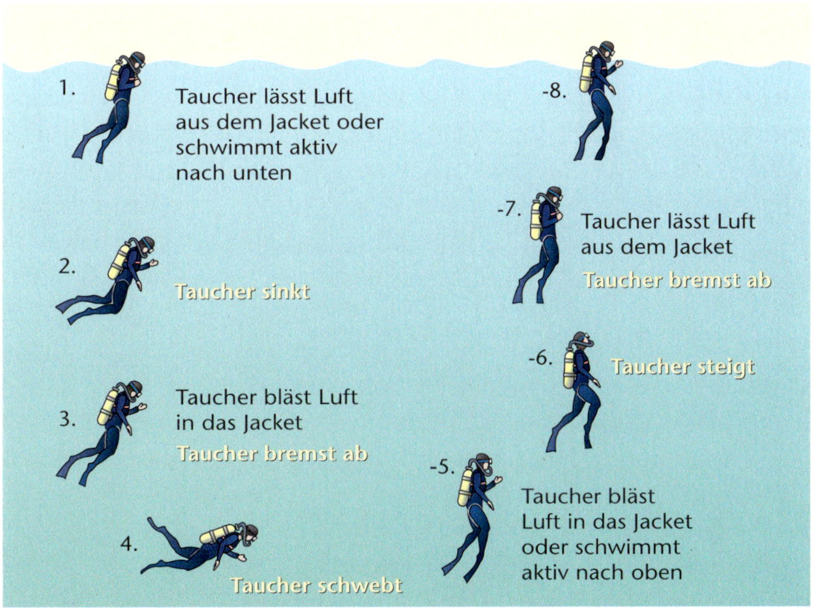

7 *Tauchgang*

8.4 Fortpflanzung und Wanderung von Fischen

1 *Entwicklung der Forelle*

Fortpflanzung. Im Laufe der Paarung geben weibliche Fische die unbefruchteten Eier ins Wasser ab. Man nennt die Eier auch Laich. Die Männchen geben die Spermienflüssigkeit hinzu. Die Befruchtung erfolgt außerhalb des Körpers im Wasser. Man spricht von **äußerer Befruchtung.** Die Entwicklung zum Fisch findet zunächst noch in der Eihülle statt (Abb. 1a). Nach einigen Tagen schlüpfen die Larven (Abb. 1b). Sie ernähren sich aus einem nährstoffreichen Dottersack (Abb. 1c), bis sie als Jungfische selbstständig Nahrung aufnehmen können (Abb. 1d, e).

Meist bleiben Eier, Larven und Jungfische sich selbst überlassen, wie bei der Forelle. Doch gibt es auch Beispiele von Brutpflege: So bauen Stichlingsmännchen ein Nest, bewachen die Brut und fächeln ihr frisches, sauerstoffreiches Wasser zu. Viele Fischarten können nach dem Erreichen der Geschlechtsreife jedes Jahr ablaichen, z.B. die Forelle. Einige Arten laichen nur einmal im Leben, z.B. der Aal.

Wanderungen. Manche Fische verlassen ihre Geburtsgewässer als Jungtiere und kehren nach der Geschlechtsreife wieder dorthin zurück, um selbst abzulaichen. Damit können große Wanderungen verbunden sein. Lachs und Aal sind dafür Beispiele.

Lachse laichen in den Oberläufen von Bächen. Nach ein bis zwei Jahren wandern die Jungfische ins Meer, wo sie weitere zwei bis drei Jahre auf Nahrungssuche umherstreifend verbringen. Als erwachsene Tiere kehren sie in großen Schwärmen zu ihren Geburtsgewässern zum Laichen zurück. Den Weg dorthin finden sie mithilfe ihres guten Geruchssinns. Sie kennen den speziellen Geruch ihres Geburtsgewässers. Die Tiere nehmen während der Laichwanderung keine Nahrung zu sich. Die meisten Lachse sterben nach dem Ablaichen an Erschöpfung. Einige Tiere kehren nach der Paarung zum Meer zurück und können die Laichwanderung wiederholen.

1 Entwicklung der Forellen.

a) Beschreibe die Entwicklung vom Ei bis zum ausgewachsenen Fisch (Abb. 1).

b) Miss die Größe der Larven und erstelle eine Grafik, die das Wachstum der Larven veranschaulicht.

2 Jungaale.

Aale haben ihr Laichgebiet in der Sargasso-See vor der nordamerikanischen Küste (Abb. 2).

Die Jungaale wandern nach dem Schlüpfen mehrere Jahre lang Tausende von Kilometern bis nach Europa, wo sie als Glasaale an der Küste ankommen. Als so genannte Steigaale schwimmen sie die Flüsse hinauf. In Flüssen, Bächen und Binnenseen leben sie sechs bis zehn Jahre.

In dieser Zeit wachsen die Aale bis zu einer Länge von etwa einem Meter heran. Als erwachsene Blankaale kehren sie zur Sargasso-See zurück.

Für den 6000 bis 7000 km langen Rückweg benötigen sie etwa sechs bis acht Monate. Während dieser Zeit nehmen die Tiere keine Nahrung auf, ihr Verdauungssystem wird vor dem Aufbruch zurückgebildet. Nach dem Laichen sterben die Aale.

In Abbildung 2 sind Größe, Alter und Vorkommen der Jungaale dargestellt.

a) Stelle die Größe der Jungaale in Abhängigkeit vom Alter in einem Diagramm dar.

b) Vergleiche das Wachstum der Aale mit dem der jungen Forellen (Abb. 1).

c) Nenne mögliche Gefahren für die wandernden Fische.

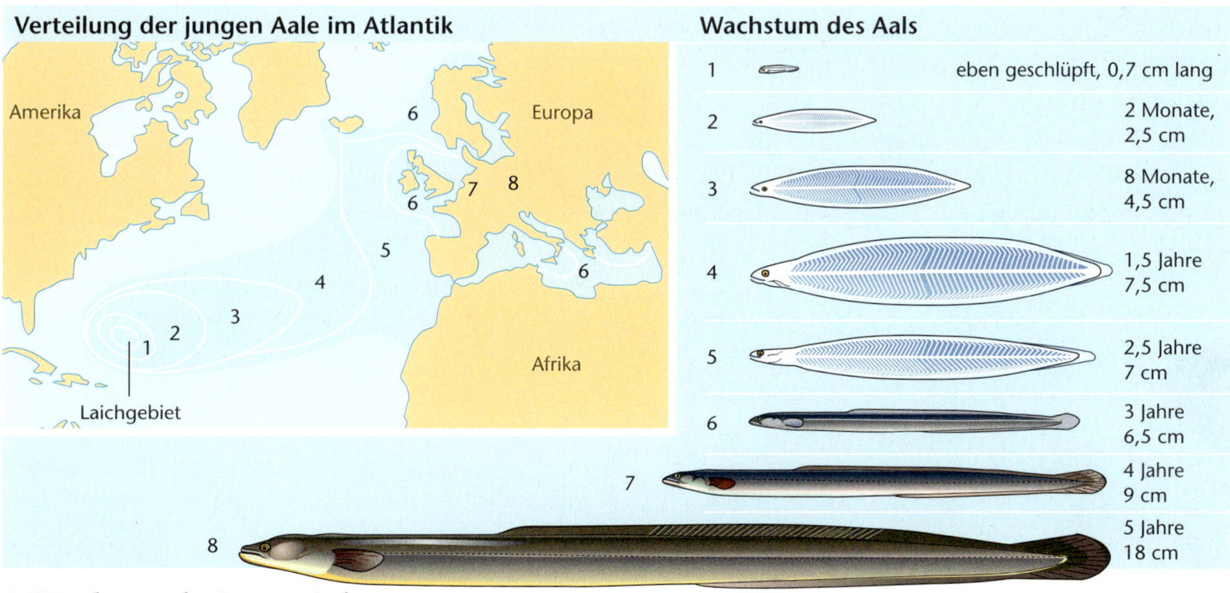

2 *Wanderung der jungen Aale*

1 *Polarbarsch*

2 *Schwarzangler*

Fische in den Meeresgebieten um die Antarktis leben in -1,86 °C kaltem Meerwasser (Abb. 1). Der Gefrierpunkt von Wasser liegt umso tiefer, je mehr Teilchen, z. B. Salze, im Wasser gelöst sind. Die Fische, deren Blut und Zellen Wasser enthalten, können nur mit einem speziellen Eiweiß (Glykoprotein) als „Frostschutzmittel" überleben. Ohne dieses Eiweiß würde ihre Körperflüssigkeit gefrieren.

Tiefseebewohner leben bei sehr hohem Wasserdruck (Abb. 2, 3). Mit luftgefüllten Schwimmblasen könnten sie unter diesen Bedingungen nicht leben. Tiefseefische haben Schwimmblasen, die mit Fett gefüllt sind. In der absolut dunklen Umgebung der Tiefsee gibt es keine Pflanzen. Die Fische leben deshalb räuberisch oder von totem Material, das aus den oberen Wasserschichten herabsinkt. Manche steigen bei Nacht zum Fressen in höhere Wasserschichten auf. Der Nahrungsmangel in der Tiefsee hat zur Folge, dass dort nur wenige Fische leben. Außerdem sind die Fische klein. Leuchtorgane, die die Fische an- und abschalten können, dienen der Verständigung unter Artgenossen oder zum Anlocken von Beute.

3 *Anglerfisch mit zwei Männchen*

4 *Tiefseefische:*
a Tiefseekreuzbarsch mit gefressener Beute
b Pelikanaal
c Maulstachler

1 Fische in der Tiefsee. Tiefseefische sind klein; nur wenige Arten sind größer als 25 cm. Dafür besitzen viele besondere Einrichtungen zum Überleben.
a) Schreibe auf, was dir an den Tiefseefischen besonders auffällt (Abb. 2, 3, 4). Setze diese Merkmale in Bezug zum Lebensraum der Tiere.
b) Eine Besonderheit vieler Anglerfische ist in folgendem Text beschrieben (Abb. 3):
„… Nur die Weibchen besitzen eine ‚Angel' zum Anlocken der Beute. Die Männchen sind sehr klein, meist nur wenige Millimeter groß. Sie durchstreifen die Tiefsee auf der Suche nach Weibchen, die sie über große Entfernungen wittern können. Haben sie ein Weibchen gefunden, verbeißen sie sich in den Körper des Tieres. Augen und Verdauungsorgane des Männchens werden zurückgebildet und der Blutkreislauf verwächst mit dem des Weibchens. Anschließend wachsen die Geschlechtsorgane, die die Spermien bilden…"
Überlege, inwiefern die geschilderten Besonderheiten Anpassungen an den Lebensraum sind.

2 Luft oder Fett in der Schwimmblase. Fülle einen Luftballon mit Speiseöl, knote ihn zu und lege ihn in ein Gefäß mit Wasser. Tauche den Ballon unter. Versuche, den Ballon zusammenzudrücken.
a) Schreibe deine Beobachtungen auf.
b) Erläutere die Vorteile einer fettgefüllten Schwimmblase gegenüber einer luftgefüllten Schwimmblase bei Fischen, die in der Tiefsee leben. Werte dazu auch den Text in Abschnitt 9.4 aus.

3 Gefrierpunkte.
a) Löse 4 g Kochsalz in 100 ml Wasser. Gib diese Flüssigkeit in ein Gefäß und friere sie in einer Tiefkühltruhe ein. Verfahre genauso mit 100 ml Wasser ohne Zusatz. Bestimme beim langsamen Auftauen die Temperatur der entstehenden Flüssigkeit. Beschreibe und erkläre das Ergebnis.
b) Vergleiche die Gefrierpunkte in Abbildung 5 und finde Gründe für die unterschiedlichen Werte.
c) Bei Experimenten mit dem Blut des Polarbarsches erhielt man die in Abbildung 6 dargestellten Werte. Vergleiche die Werte mit denen in Abbildung 5. Mache Angaben über die Zusammensetzung des Blutes beim Polarbarsch und stelle Vermutungen an, warum es eine solche besondere Zusammensetzung aufweist.

Flüssigkeit	Gefrierpunkt
Süßwasser	0 °C
Meerwasser	-1,86 °C
Blut des Goldfisches	-0,60 °C
Blut des Aals	-0,62 °C
Blut des nordatlantischen Dorsches	-0,76 °C
Blut des Polarbarsches	-2,20 °C

5 *Gefrierpunkte von Flüssigkeiten*

Flüssigkeit	Gefrierpunkt
Blut des Polarbarsches ohne Glykoprotein	-1,00 °C
Blut des Polarbarsches ohne gelöste Salze	-1,20 °C

6 *Blutuntersuchung beim Polarbarsch*

9 Wirbeltiere systematisch

9.1 Vergleichender Überblick: Die Klassen der Wirbeltiere

Kennzeichen der Wirbeltiere ist ein innen liegendes Skelett mit einer knöchernen **Wirbelsäule.** Dieses Merkmal unterscheidet Wirbellose von Wirbeltieren. Darüber hinaus lässt sich der Körper der meisten Wirbeltiere in Kopf, Rumpf und Gliedmaßen einteilen. Die Wirbeltiere werden in fünf Klassen eingeteilt: Fische, Lurche (Amphibien), Kriechtiere (Reptilien), Vögel und Säugetiere.

Fische haben alle Lebensräume im Wasser erobert, von der dunklen Tiefsee bis zu schäumenden Gebirgsbächen. Sie bewegen sich mithilfe ihrer Flossen im Wasser. Fische atmen mit Kiemen. Durch regelmäßiges Öffnen und Schließen des Mauls strömt sauerstoffhaltiges Wasser in die Mundhöhle und von dort an den gut durchbluteten Kiemen vorbei. Die Kiemen nehmen den Sauerstoff auf und das Wasser strömt unter den Kiemendeckeln wieder nach außen. Die Körpertemperatur eines Fisches hängt von der Umgebungstemperatur ab. Wenn sich die Temperatur des umgebenden Wassers ändert, gleicht sich die Körpertemperatur der Fische an. Fische sind wechselwarm. Die schleimbedeckte obere Hautschicht besteht aus Schuppen, die ähnlich wie Dachziegel übereinanderliegen. Bei der Fortpflanzung geben die Weibchen die Eier, die Männchen die Spermazellen in das Wasser ab. Die Befruchtung erfolgt außerhalb des Körpers. Man spricht von äußerer Befruchtung. Die Entwicklung der Fischlarven zu Jungfischen erfolgt im Wasser.

Amphibien waren in der Geschichte der Wirbeltiere die Ersten, die nicht nur im Wasser, sondern auch längere Zeit auf dem Land leben konnten. Die Fortpflanzung findet im Wasser statt. Nach der äußeren Befruchtung entwickeln sich zunächst Larven, die Kaulquappen. Sie atmen mit Kiemen und bewegen sich mit ihrem Ruderschwanz. Aus einer Kaulquappe entwickelt sich ein ausgewachsenes Amphib. Amphibien haben vier Gliedmaßen. Sie atmen mit Lungen, manche zusätzlich mit der Haut. Amphibien haben eine schleimbedeckte, feuchte Haut. In trockenen Lebensräumen kommen Amphibien nicht vor.

Reptilien haben eine trockene, von Hornschuppen bedeckte Haut. Diese wechselwarmen, mit Lungen atmenden Wirbeltiere leben in der Regel an Land. Die meisten Reptilien bewegen sich mit vier Gliedmaßen kriechend fort. Bei Schlangen sind die Gliedmaßen zurückgebildet. Nach innerer Befruchtung werden die Eier im Boden vergraben und nicht bebrütet. Einige Arten von Reptilien gebären lebende Junge.

Vögel sind diejenigen Wirbeltiere, die die Luft als Lebensraum erobert haben. Mithilfe ihrer Vordergliedmaßen, den Flügeln, können sie fliegen, mit den beiden hinteren Gliedmaßen auf dem Boden laufen. Ein typisches Merkmal der Vögel ist ihre Körperbedeckung mit Federn. Vögel sind gleichwarm, das heißt, ihre Körpertemperatur ist von der Umgebungstemperatur unabhängig. Vögel legen Eier, die im Inneren des Körpers befruchtet werden. Vögel atmen mit Lungen, die durch Luftsäcke besonders vergrößert sind.

Säugetiere atmen wie Vögel mit Lungen und sind gleichwarm. Ihre Körpertemperatur bleibt konstant, auch wenn sich die Umgebungstemperatur ändert. Mit vier Gliedmaßen können Säugetiere hüpfen, springen und laufen. Bei den meisten Säugetieren ist die Haut von Haaren bedeckt. Die gesamte Entwicklung von der Befruchtung bis zur Geburt findet im Inneren des weiblichen Körpers statt. Nach der Geburt werden die Jungtiere eine Zeit lang mit Muttermilch gesäugt.

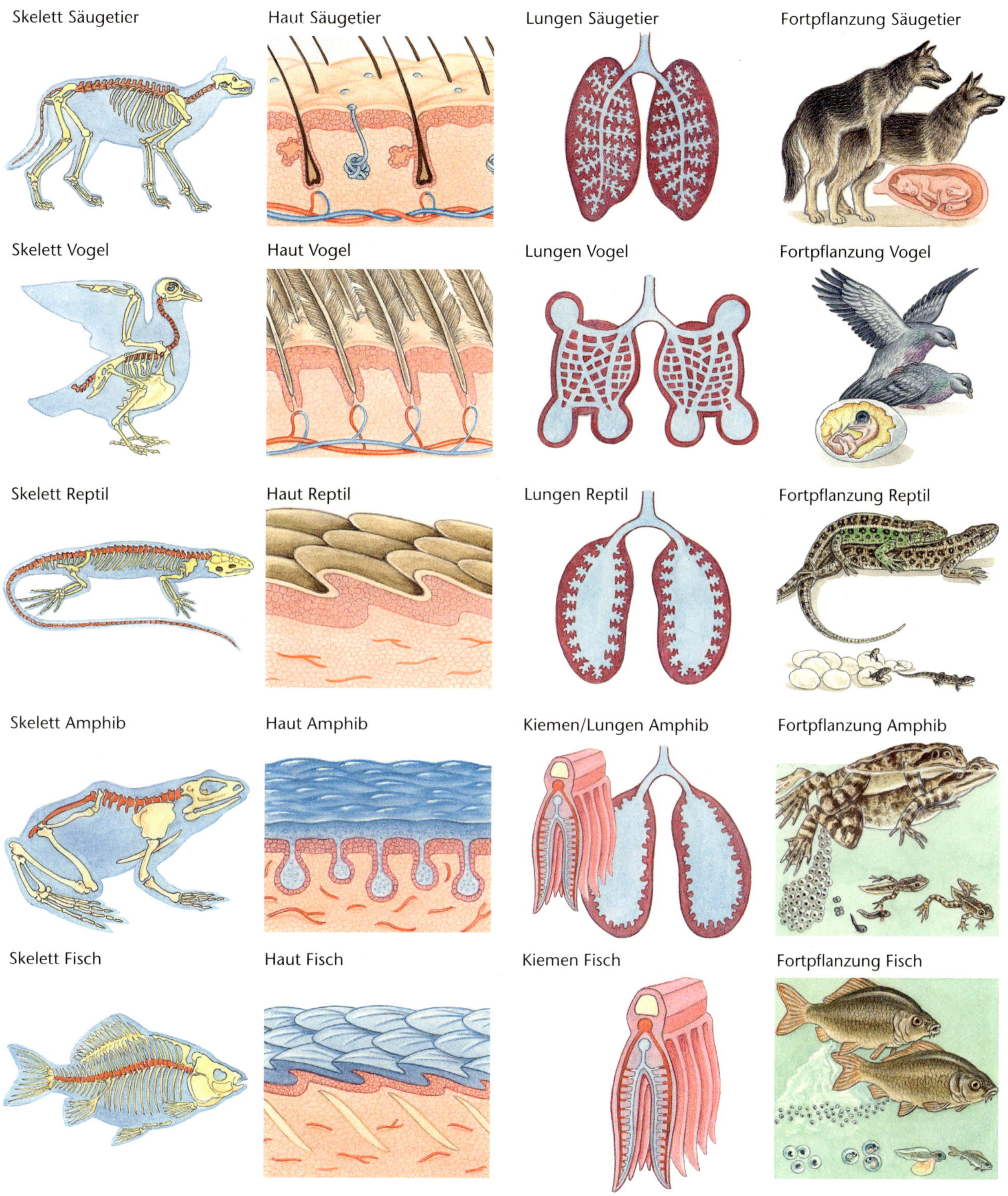

1 *Merkmale der Wirbeltiere*

1 Vergleichende Übersicht der Wirbeltiere. Fertige für die fünf Wirbeltierklassen auf einer ganzen Seite in deinem Heft eine Tabelle an. Trage die Merkmale der jeweiligen Klasse in Hinblick auf Fortbewegung, Körperbedeckung, Körpertemperatur, Atmung, Fortpflanzung und Entwicklung in die Tabelle ein.

9.2 Der Stammbaum der Wirbeltiere

1 *Versteinertes Urpferdchen, etwa so groß wie ein Fuchs*

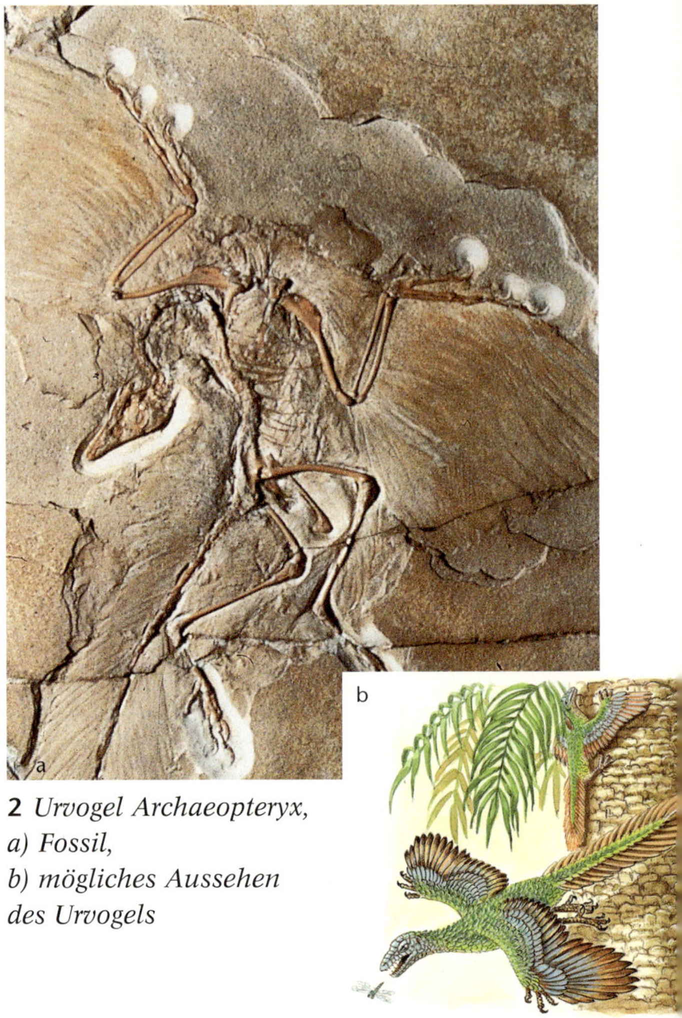

2 *Urvogel Archaeopteryx,*
a) Fossil,
b) mögliches Aussehen des Urvogels

Versteinerungen sind Spuren und Reste von Lebewesen aus vergangenen Erdzeitaltern. Versteinerungen nennt man auch **Fossilien.** Abbildung 1 zeigt ein fossiles Urpferdchen, das vor etwa 50 Millionen Jahren lebte. Der Urvogel Archaeopteryx lebte vor etwa 150 Millionen Jahren (Abb. 2).

Wissenschaftler können das Alter von Fossilien mit chemischen und physikalischen Methoden bestimmen. Verschieden alte Fossilien werden untereinander und mit heutigen Lebewesen verglichen. Dabei findet man Gemeinsamkeiten und Unterschiede, zum Beispiel im Körperbau. Fossilien geben wichtige Anhaltspunkte zur Geschichte der Lebewesen auf der Erde.

Die Lebewesen der Erde haben sich im Laufe langer Zeiträume verändert. Manche Arten sind ausgestorben, neue hinzugekommen. Mit Fossilfunden kann man belegen, dass alle Arten von Lebewesen im Laufe vieler Millionen Jahre allmählich aus anderen Formen von Lebewesen hervorgegangen sind und sich dabei verändert haben. Man bezeichnet die Entwicklung von Arten aus anderen Formen als **Evolution** oder **Stammesgeschichte.**

Wenn Lebewesen in vielen Merkmalen übereinstimmen, ist das in der Regel auf gemeinsame Stammesgeschichte zurückzuführen. Man sagt, solche Lebewesen sind stammesgeschichtlich miteinander verwandt.

Durch Vergleichen von Wirbeltierfossilien untereinander und mit heute lebenden Wirbeltieren konnte die über 500 Millionen Jahre währende Stammesgeschichte der Wirbeltiere nachvollzogen werden. In einem **Stammbaum** wird die Stammesgeschichte der Wirbeltiere anschaulich (Abb. 3).

Der Mensch hat besonders viele Merkmale mit den Säugetieren gemeinsam.

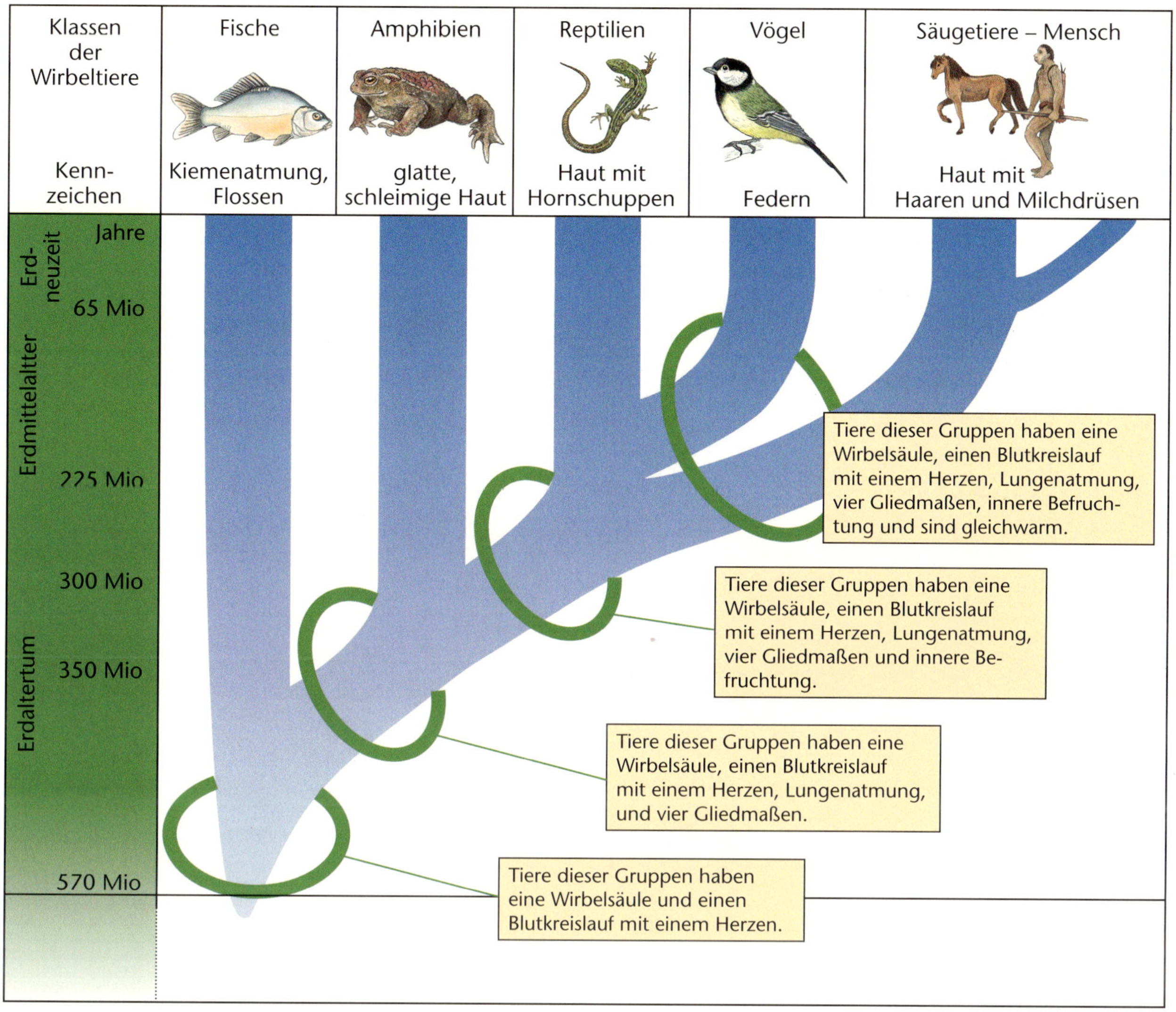

3 *Stammbaum der Wirbeltiere*

1 Richtig oder falsch? Aussagen zum Stammbaum der Wirbeltiere. Prüfe, welche der folgenden Aussagen zum Stammbaum der Wirbeltiere richtig oder falsch ist (Abb. 3). Begründe deine Angaben.

A – Der Mensch ist stammesgeschichtlich näher mit den Säugetieren als mit den Reptilien verwandt.

B – Säugetiere und Fische haben keine Gemeinsamkeiten und sind daher stammesgeschichtlich nicht miteinander verwandt.

C – Die Vögel stammen von den Reptilien ab.

D – Die letzten gemeinsamen Vorfahren der Fische und aller anderen Wirbeltiere lebten vor mehr als 350 Millionen Jahren.

E – Vögel sind im Grunde genommen fliegende Reptilien.

F – Die Verzweigungsstellen des Stammbaums bedeuten, dass zu dieser Zeit Übergangsformen lebten. Übergangsformen sind Wirbeltiere, die gleichzeitig Eigenschaften von zwei Klassen der Wirbeltiere haben, zum Beispiel Eigenschaften von Fischen und Amphibien oder von Amphibien und Reptilien.

G – Die ersten Säugetiere gab es auf der Erde vor 570 Millionen Jahren.

2 Fragen an eine Fossilien-Forscherin. Stelle dir vor, du könntest mit einer Fossilien-Forscherin ein Gespräch über die Fossilien in Abbildung 1 und 2 führen. Nenne zu jeder Abbildung fünf Fragen, die du der Forscherin stellen würdest.

Biologische Prinzipien zum Thema „Reptilien, Amphibien, Fische"

Die nachfolgenden Sachverhalte stammen aus den Kapiteln „Reptilien, Amphibien, Fische" und „Wirbeltiere systematisch".

Auf der rechten Seite sind noch einmal die biologischen Prinzipien aufgeführt.

1 Aufgabe: Ordne jedem Sachverhalt auf dieser Seite ein biologisches Prinzip oder mehrere biologische Prinzipien zu.

1. Kennzeichen der Wirbeltiere ist ein innenliegendes Skelett mit einer knöchernen Wirbelsäule. Fische, Amphibien, Reptilien, Vögel und Säugetiere heißen die fünf Klassen der Wirbeltiere. Gemeinsamkeiten der Wirbeltiere sind Hinweise auf stammesgeschichtliche Verwandtschaft.

2. Fische atmen mit Kiemen. Die Kiemen sind so gebaut, dass sie Sauerstoff für die Atmung aus dem Wasser aufnehmen können. Kiemen haben eine sehr große Oberfläche. Säugetiere, Vögel, Reptilien und Amphibien atmen mit Lungen, die ebenfalls eine große Oberfläche haben.

3. Bei den Fischen und bei den Amphibien erfolgt die Befruchtung der weiblichen Geschlechtszellen (Eier) durch männliche Geschlechtszellen (Spermien) außerhalb des Körpers im Wasser. Das nennt man äußere Befruchtung. Reptilien, Vögel und Säugetiere haben dagegen eine innere Befruchtung, die im Körper stattfindet.

4. Grasfrösche gehören zu den Amphibien. Aus den befruchteten Eiern schlüpfen nach etwa zwei Wochen Larven, die man Kaulquappen nennt. Sie atmen mit Kiemen. Später wandeln sich die Kaulquappen zu kleinen Grasfröschen um, die mit Lungen atmen. Die Umwandlung von der Kaulquappe zum Frosch heißt Metamorphose.

5. In der Stammesgeschichte der Wirbeltiere waren auf dem Land lebende Amphibien die Vorfahren der Reptilien. Saurier gehören zu den Reptilien. Saurier waren an Land, im Wasser und in der Luft vertreten und zeigten Angepasstheiten an die Fortbewegung in ihrem jeweiligen Lebensraum. Flugsaurier besaßen Flughäute und leichte Knochen. Im Wasser lebende Saurier besaßen einen stromlinienförmigen Körper, der die Fortbewegung im Wasser erleichterte.

6. Alle Amphibien sind unter Schutz gestellt, weil viele von ihnen bereits selten geworden oder vom Aussterben bedroht sind. Der beste Schutz für Amphibien bgesteht darin, die Lebensräume der Tiere zu erhalten und neue Lebensräume für Amphibien zu schaffen.

7. Bei Fröschen spielt neben der Atmung durch Lungen die Hautatmung eine Rolle. Dazu muss die Haut ständig feucht sein. Trocknet die Haut aus, kann das Tier sterben. Die Haut enthält viele Schleimdrüsen, die die Haut feucht halten.

Biologische Prinzipien

Struktur und Funktion

Unter Struktur versteht man den Bau von Lebewesen. Mit ihrem Bau sind sie an bestimmte Aufgaben (Funktionen) angepasst, zum Beispiel sich zu bewegen oder zu ernähren.

Fortpflanzung

Lebewesen vermehren sich. Durch Fortpflanzung wird der Fortbestand der Art gesichert. Die meisten Lebewesen entwickeln sich im Laufe ihres Lebens und verändern sich dabei.

Wechselwirkungen zwischen Lebewesen

Jedes Lebewesen hat Wirkungen auf seine Umwelt und die Umwelt wirkt auf das Lebewesen. Ein Lebewesen kann Wirkungen auf andere Lebewesen haben und umgekehrt.

Vielfalt

Auf der Erde gibt es vielfältige Lebensräume und eine große Vielfalt von Tier- und Pflanzenarten. Die Nachkommen von zwei Eltern zeigen neben Gemeinsamkeiten auch Unterschiede in den Merkmalen.

Die Geschichte der Lebewesen und ihre Entwicklung im Laufe langer Zeiträume bezeichnet man als Stammesgeschichte. Wenn Lebewesen in vielen Merkmalen übereinstimmen, ist das meistens auf gemeinsame Stammesgeschichte zurückzuführen. Man sagt dann, dass die Lebewesen, die sich in ihrem Körperbau ähneln, stammesgeschichtlich miteinander verwandt sind.

Information und Verständigung

Lebewesen nehmen mit ihren Sinnesorganen Informationen aus ihrem Körper und aus ihrer Umwelt auf. Die Informationen werden verarbeitet und können Einfluss darauf haben, was ein Lebewesen tut und wie es sich verhält. Lebewesen können sich untereinander verständigen.

Angepasstheit

Lebewesen besitzen Eigenschaften, mit denen sie an ihre Umwelt angepasst sind. Solche Eigenschaften nennt man Angepasstheiten. Sie sind für das Überleben eines Lebewesens in seiner Umwelt vorteilhaft.

Wirbellose Tiere

10 Insekten

10.1 Insekten und andere Gliederfüßer

1 *Bau der Biene*

Die Insekten gehören zur Tiergruppe der **Gliederfüßer**. Ihre Beine sind in einzelne Abschnitte gegliedert (Abb. 1). Der gleichen Tiergruppe werden auch die Spinnen, Krebse und Tausendfüßer zugeordnet. Der Körper der **Insekten** ist in drei Abschnitte gegliedert: Kopf, Brust und Hinterleib. Der Hinterleib ist noch weiter in einzelne ringförmige Abschnitte, die Segmente, unterteilt.

Der gesamte Körper der Insekten ist von einem harten Chitinpanzer umgeben. Wenn ein junges Insekt noch wächst, wird er rasch zu eng. Dann streift das Insekt den zu engen Chitinpanzer ab. Darunter befindet sich ein neuer größerer Chitinpanzer. Der Chitinpanzer schützt das Innere des Insekts vor Verletzungen, aber auch vor dem Austrocknen und dem Eindringen von Krankheitserregern. Diese harte äußere Chitinhülle verleiht dem Insektenkörper große Stabilität und Festigkeit. Aus diesem Grunde bezeichnet man den Chitinpanzer auch als **Außenskelett**. Insekten besitzen anders als Wirbeltiere kein im Körper liegendes Skelett aus Knochen. Da Insekten auch keine Wirbelsäule aufweisen, werden sie der großen Gruppe der wirbellosen Tiere zugeordnet.

Zur Fortbewegung in der Luft besitzen viele Insekten zwei Paar Flügel. Die Flügel setzen am oberen Teil der Brust an. Die Fortbewegung am Boden wird durch drei Beinpaare, die auch an der Brust ansetzen, ermöglicht. Die Körperteile der Insekten werden durch Muskeln bewegt. Während die Muskeln und Sehnen bei Wirbeltieren an den Knochen des Skelettes ansetzen, sind sie bei den Insekten mit der Innenseite des Chitinpanzers verwachsen. Am Kopf befinden sich vor den Augen die Fühler. Auf der Unterseite des Kopfes liegt der Mund. Er besteht aus Unter- und Oberlippe sowie Ober- und Unterkiefer, die zusammen als Mundwerkzeuge bezeichnet werden. Je nach Art der Nahrung können sie sehr unterschiedlich geformt sein. Um dies deutlich zu machen, sagt man auch, die Mundwerkzeuge sind an die Art der Ernährung angepasst. Die Gesamtheit dieser typischen Merkmale des Körperbaus der Insekten wird **Bauplan** genannt. Manche Insektenarten weisen als Angepasstheit an ihre Lebensbedingungen Abweichungen von diesem Bauplan auf.

Die Insekten sind mit einer geschätzten Zahl von über einer Million Tierarten die artenreichste Gruppe der Tiere. Sie kommen auf allen Kontinenten vor und sind an das Leben in verschiedensten Lebensräumen wie Gletscher, Wald oder Wüste angepasst. Ihr Bauplan hat sich äußerlich seit Millionen von Jahren kaum verändert.

A etwa 1-5 cm große Tiere, in den Tropen auch bis 20 cm groß; 2 Flügelpaare, die oft mit farbigen Schuppen bedeckt sind; Mundwerkzeuge in Form eines langen, eingerollten Rüssels

B etwa 2-3 cm große Tiere; grünlich mit großen dünnen Flügeln

C große Augen; nur zwei durchsichtige Flügel; gute Flieger; können manchmal Krankheiten übertragen

D große Tiere, auch einheimische Arten bis 8 cm Länge; große Augen; 4 einzelne, durchsichtige Flügel; sehr gute Flieger; jagen Beute im Flug

E leben auf der Wasseroberfläche; sehr leicht; abgespreizte, lange Beine; Stechrüssel; spüren sehr feine Erschütterungen

F flacher, länglicher Körper; Flügel unter kleinen Flügeldecken gefaltet; Allesfresser; Anhänge des Hinterleibes zu Zangen umgebildet

1 Fliege

2 *Bauplan eines Insektes*

7 Florfliege

1 Alles Insekten?

a) Ordne die Steckbriefe A–F den Bildern 1–7 zu und begründe deine Zuordnung.

b) Welches Tier ist kein Insekt? Begründe.

c) Notiere die Namen weiterer Insekten und beschreibe, wo du sie gesehen hast.

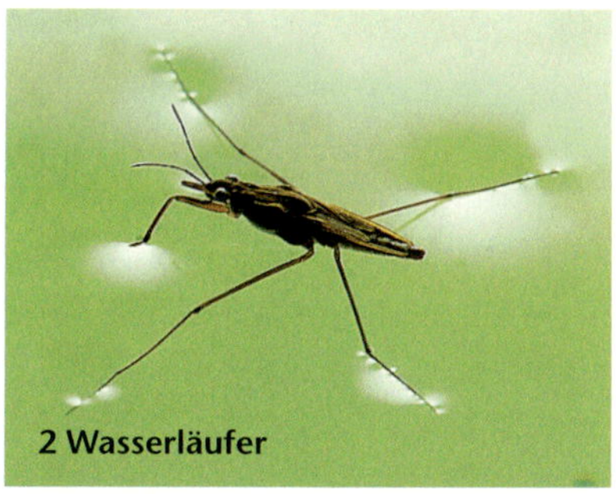

2 Wasserläufer

6 Ohrenkneifer

3 Spinne

4 Libelle

5 Schmetterling

10.2 Ein Jahr im Bienenstaat

1 *Bienenwabe*

2 *Eier in den Zellen einer Wabe*

3 *Larven*

Das bekannteste Beispiel für einen heimischen Insektenstaat ist der Staat der Honigbiene. Sie lebt in einem Bienenstock, der aus vielen aus Wachs gebauten Waben besteht (Abb. 1). Im Staat der Honigbienen gibt es eine Königin, viele Arbeiterinnen sowie zu manchen Zeiten männliche Bienen, die **Drohnen.** Die drei Formen unterscheiden sich im Körperbau (Abb. 7).

Im Frühling beginnt die **Königin** mit der Eiablage in die kleinen sechseckigen Zellen einer Wabe (Abb. 2). Aus den Eiern schlüpfen zunächst kleine Larven, die von Arbeiterinnen mit Honig und Pollen ernährt werden (Abb. 3). Nach knapp einer Woche verpuppt sich die Larve und entwickelt sich in der mit einem Deckel verschlossenen Zelle zum ausgewachsenen Insekt. Aus diesen Eiern schlüpfen nur unfruchtbare Weibchen, die **Arbeiterinnen** (Abb. 4). Die Entwicklung dauert insgesamt etwa drei Wochen.

4 *Schlüpfende Arbeiterin*

Wenn eine Arbeiterin schlüpft, beteiligt sie sich sofort an den Arbeiten im Bienenstock. Die Arbeiterin übernimmt dabei nacheinander verschiedene Aufgaben (Abb. 5). Die zeitliche Reihenfolge ihrer Tätigkeiten ist genau festgelegt und wird durch Hormone gesteuert.

Das Bienenvolk wird durch den Nachwuchs immer größer. Ab einer bestimmten Individuenzahl beginnt die Königin, unbefruchtete Eier zu legen, aus denen Drohnen entstehen. Gleichzeitig legen die Arbeiterinnen große Weiselzellen an, in denen weibliche Bienenlarven mit einem besonderen Futtersaft gefüttert werden. Diese Larven wachsen zu Königinnen heran. Es hängt also von der Ernährung der Larven ab, ob sich aus einem befruchteten Ei eine Arbeiterin oder eine Königin entwickelt. Die „alte" Königin verlässt kurz vor dem Schlüpfen der jungen Königinnen mit einem Teil der Arbeiterinnen den Bienenstock, um einen neuen Bienenstaat zu gründen. Die erste schlüpfende Königin tötet die anderen Larven in den Weiselzellen. Auf ihrem ersten Flug, dem Hochzeitsflug, wird sie von Drohnen begattet und beginnt dann selbst mit der Eiablage.

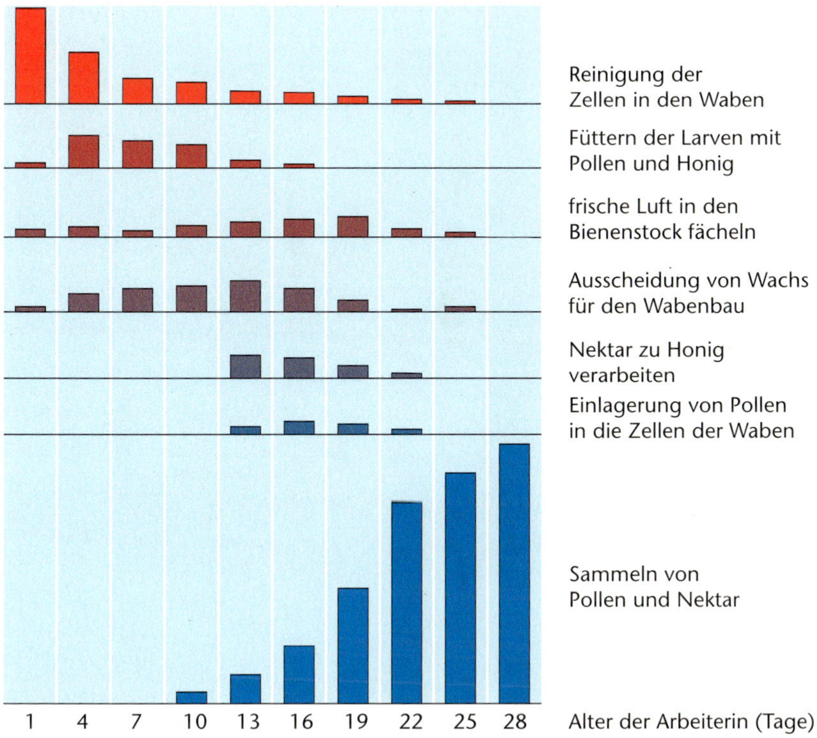

5 *Tätigkeiten einer Arbeiterin*

1 Tätigkeiten einer Arbeiterin. Nenne die Haupttätigkeiten einer Arbeiterin (Abb. 5). Erstelle einen Zahlenstrahl von 0–28 Tagen in deinem Heft. Beschrifte den Zahlenstrahl mit den jeweiligen Haupttätigkeiten der Arbeiterin.

2 Größe des Bienenstocks. Vergleiche die angegebene Anzahl der Bienen im Verlauf eines Jahres (Abb. 6). Begründe die auftretenden Änderungen.

3 Merkmale der Bienen. Die Abbildung 7 zeigt die verschiedenen Bienen eines Bienenstaats. Nenne Merkmale, an denen man sie unterscheiden kann. Erstelle dazu eine Tabelle in deinem Heft.

6 *Anzahl der Bienen in einem Stock*

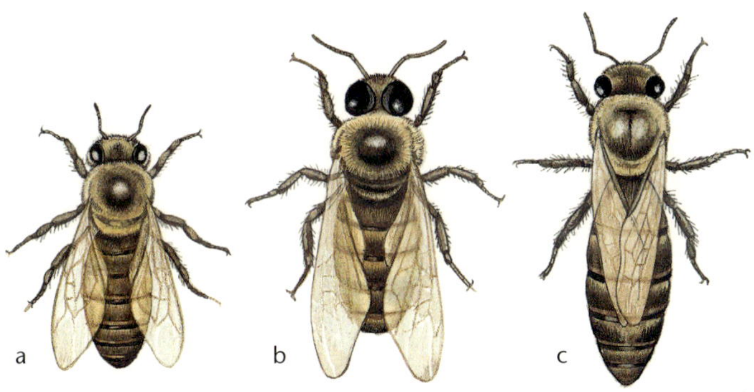

7 *a) Arbeiterin, b) Drohne, c) Königin*

4 Temperatur im Bienenstock. Die Temperatur im Bienenstock wird geregelt. Die Arbeiterinnen tragen bei zu großer Hitze Wasser in den Stock ein. Durch Fächeln mit den Flügeln verdunstet Wasser und es wird kühler. Wird es im Stock zu kalt, erwärmen die Bienen ihn durch Zittern der Flugmuskeln. Beschreibe, was in Abbildung 8 dargestellt wird. Begründe den Verlauf der Kurven.

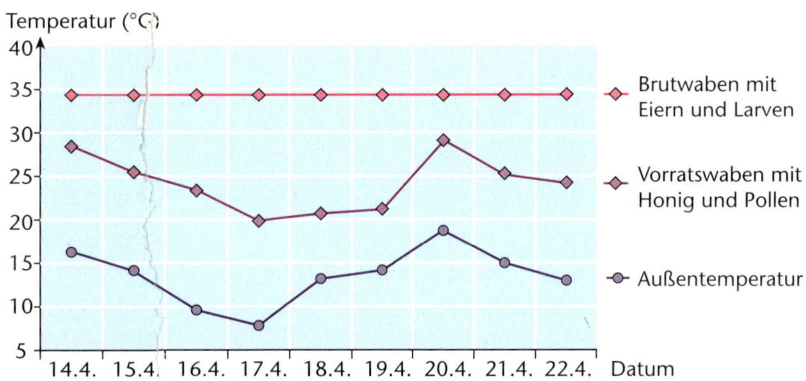

8 *Temperaturen innerhalb und außerhalb eines Bienenstocks*

10.3 Verständigung bei den Bienen

Der Biologe KARL VON FRISCH entdeckte, dass Bienen Informationen über ertragreiche Futterstellen für Nektar und Pollen an andere Arbeiterinnen weitergeben. Liegt die Futterquelle bis etwa 100 m vom Bienenstock entfernt, vollführt die Arbeiterin einen Rundtanz (Abb. 1). Die Lage von weiter ent-

1 *Rundtanz*

2 *Schwänzeltanz*

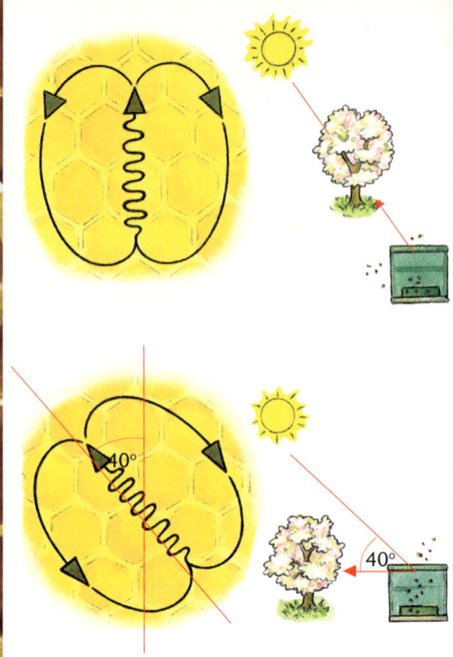

3 *Der Schwänzeltanz zeigt die Richtung der Futterquelle*

fernten Futterquellen wird durch den Schwänzeltanz weitergegeben (Abb. 2). Dabei weicht die Schwänzelstrecke im gleichen Winkel von der Senkrechten auf der Wabe ab, den die Futterquelle zur Sonne beschreibt (Abb. 3). Die Bienen können den Sonnenstand auch bei bedecktem Himmel erkennen. Je langsamer eine Biene tanzt, umso weiter ist die Futterquelle entfernt. Je häufiger und länger die Biene tanzt, desto ergiebiger ist der Fund. Die anderen Arbeiterinnen verfolgen die Biene beim Tanz. Kleine Geschmacksproben und anhaftende Duftstoffe liefern ihnen weitere Informationen über die Futterquelle. Da es im Stock dunkel ist, können die Bienen den Tanz nicht sehen. Die tanzende Biene erzeugt mit ihren Flugmuskeln eine Vibration der Wabe, die die anderen Bienen wahrnehmen können.

Der gute Geruchssinn leitet die Biene in der Blüte zum Nektar und ermöglicht das Erkennen von Eindringlingen in den Bienenstock. Auch die Königin signalisiert ihre Anwesenheit durch einen Duftstoff. Sinkt dessen Konzentration, so beginnen Arbeiterinnen mit dem Bau von neuen Weiselzellen, in denen dann neue Königinnen heranwachsen.

„An den Blüten meines Kirschbaumes habe ich zuerst nur eine einzelne Biene beobachtet, nach kurzer Zeit waren es Hunderte. Wie ist das zu erklären? Meine Beobachtungen lassen nur einen Schluss zu.
Wenn eine Biene eine lohnende Futterquelle entdeckt hat, teilt sie das den anderen Bienen im Bienenstock mit. Wie macht sie das nur?
Meine Untersuchungen haben Erstaunliches zu Tage gebracht: Eine in den Bienenstock zurückgekehrte Biene gibt die nötigen Informationen durch ganz bestimmte Bewegungen weiter. Ich nenne diese Bewegungen einen Tanz.
Liegt die Futterquelle innerhalb eines Umkreises von etwa 100 m vom Stock entfernt, führt sie einen Rundtanz aus (Abb. 1). Liegt die Futterquelle weiter weg, bewegt sie sich im Schwänzeltanz (Abb. 2). Ich nenne ihn so, weil die Biene bei diesem Tanz auf einer geraden Laufstrecke ihren Hinterleib hin- und herbewegt. Nun vollführt die Biene diesen Schwänzeltanz aber auf der senkrecht stehenden Fläche einer Wabe. Läuft sie die Schwänzelstrecke senkrecht nach oben, zeigt das Folgendes an: Die Futterquelle liegt genau in Sonnenrichtung (Abb. 3). Führt die Schwänzelstrecke senkrecht nach unten, liegt die Futterquelle genau entgegengesetzt zur Sonnenrichtung. Um den Tanz der Biene genau mitzubekommen, laufen andere Bienen eine Zeit lang dicht hinter der heimgekehrten Biene her und betasten ihr Hinterteil mit ihren Fühlern. So nehmen sie die Bewegungsrichtung wahr. Dabei riechen sie auch den Duft, der von der Futterquelle stammt. Sie erhalten also auch Informationen über die Blütensorte, die sie anfliegen sollen."

4 *Die Beobachtung des Biologen KARL VON FRISCH*

1 Erforschung des Bienentanzes.
a) Fasse die wesentlichen Aussagen von KARL VON FRISCH schriftlich zusammen (Abb. 4).
b) Übersetze die Schwänzeltänze in Abbildung 3 in eine Fluganweisung für eine Arbeiterin: „Fliege aus dem Stock und …"
c) KARL VON FRISCH begann seine Versuche, indem er unweit eines Bienenstocks ein Schälchen mit einer Zuckerlösung als Futterquelle aufstellte. Anfliegende Bienen markierte er mit einem Farbpunkt. Erläutere, wie du im Weiteren vorgehen müsstest, um seine Ergebnisse zu überprüfen. Beschreibe und begründe deinen Vorschlag für einen möglichen Versuchsablauf.

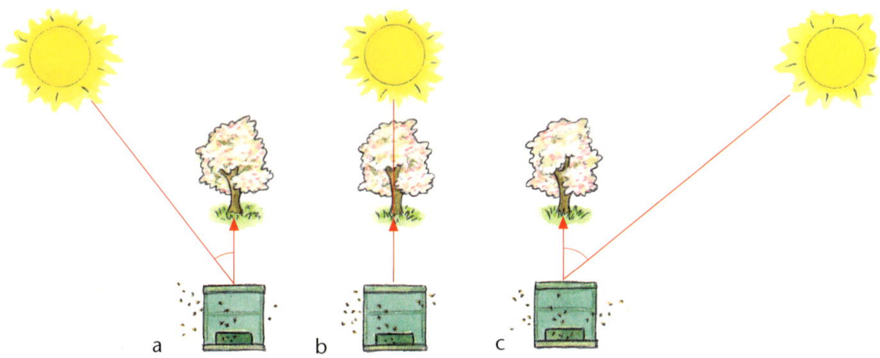

5 *Wie sieht der jeweilige Schwänzeltanz aus?*

2 Schwänzeltanz. Zeichne die Schwänzeltänze, die Bienen zeigen, wenn die Position der Futterquelle so wie in Abbildung 5 a–c ist.

3 Verschlüsselung der Entfernung. Aus der Abbildung 6 kann man entnehmen, wie die Entfernung zur Futterquelle im Schwänzeltanz verschlüsselt wird. Werte die Kurve aus und fasse die Ergebnisse zusammen.

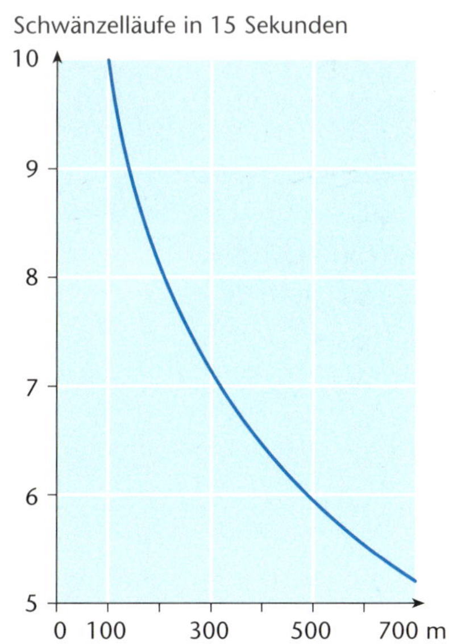

6 *Schwänzeltanz und Entfernung der Futterquelle*

Über das eigene Lernen nachdenken

Um in der Schule erfolgreich zu lernen, ist es wichtig, dass man über sein Lernverhalten nachdenkt. Das kann auf unterschiedliche Art und Weise erfolgen. So kannst du deinen Lernfortschritt überprüfen, indem du ein Lerntagebuch führst, einen Selbstbeobachtungsbogen bearbeitest oder zu einem bestimmten Thema ein Begriffsnetz anfertigst.

Das Lerntagebuch

Das Lerntagebuch ist ein DIN-A4-Heft, in dem du regelmäßig Eintragungen zu deinem Lernprozess vornimmst. Dort kannst du sowohl das eintragen, was du zu einem bestimmten Thema gelernt hast, aber auch deine Fragen und Probleme. Du kannst deine Eintragungen am Ende der Unterrichtsstunde oder zu Hause vornehmen. Durch das Anfertigen eines Lerntagebuches wird es dir gelingen, deinen Lernprozess genauer zu beobachten und zu durchschauen, sodass du langfristig dein Lernen selbstständig steuern kannst.

Folgende Fragen können dir helfen, ein Lerntagebuch zu erstellen:

* Was war das Thema der heutigen Stunde?
* Was habe ich heute gelernt?
* Was wusste ich bereits über das Thema?
* Was habe ich nicht verstanden?
  Formuliere dazu eine Frage an deine Mitschüler oder an deinen Lehrer.
* Was möchte ich noch über das Thema erfahren?

Fach: **Datum:**

Wovon handelte die heutige Stunde?

Was habe ich heute gelernt?	Was habe ich nicht verstanden? Wer beantwortet mir meine Fragen?
Was hat mir gefallen?	Was hat mir nicht gefallen?
Das merke ich mir für die nächste Klassenarbeit:	Was möchte ich noch über das Thema erfahren?

Sonstiges: ______

1 *Beispiel für ein Lerntagebuch*

Der Selbstbeobachtungsbogen

Ein Selbstbeobachtungsbogen stellt eine Möglichkeit dar, einen bestimmten Aspekt deines Lernverhaltens zu verbessern.

Um einen Selbstbeobachtungsbogen zu erstellen, formuliere ein Ziel, das du erreichen möchtest, und trage es auf deinem Bogen ein.

Tipp: Verwende für das Erstellen eines Selbstbeobachtungsbogen einen Computer.

* Schreibe alle Punkte, die wichtig sind, um dein Ziel zu erreichen, auf deinen Selbstbeobachtungsbogen.
* Fülle nach jeder Stunde bzw. noch am gleichen Tag zu Hause deinen Selbstbeobachtungsbogen aus.
* Sammle deine Selbstbeobachtungsbögen in einer Mappe. So kannst du deine Fortschritte feststellen.
* Wenn du dein Ziel nicht erreichen solltest, überlege dir, woran es liegt und was du ändern könntest.
* Zusätzlich kannst du einen Mitschüler oder deinen Lehrer bitten, deinen Selbstbeobachtungsbogen auszufüllen, um weitere Rückmeldungen zu bekommen.

Selbstbeobachtungsbogen

Ziel: Ich will stets meine Hausarbeiten in Biologie vollständig anfertigen und immer dabei haben.

Zeitraum: Mai 2009 bis Schuljahresende — Fach: Biologie

Woche vom: ______

		Selbst
1	Ich schreibe meine Hausarbeiten in mein Hausaufgabenheft.	
2	Ich frage noch in der Stunde meinen Lehrer, wenn ich die Hausaufgaben nicht verstanden habe.	
3	Ich fertige Hausaufgaben noch an dem Tag an, an dem ich sie aufbekommen habe.	
4	Ich packe am Abend vor der nächsten Biologiestunde alle benötigten Materialien in meine Schultasche.	

Bewertung: 4 – immer, 3 – häufig, 2 – selten, 1 – nie

2 *Beispiel für einen Selbstbeobachtungsbogen*

Das Begriffsnetz

Mithilfe des Begriffsnetzes kannst du überprüfen, ob du die Zusammenhänge innerhalb eines Themas, die biologischen Prinzipien, verstanden hast. Um ein Begriffsnetz zu erstellen, schreibe auf ein DIN-A4-Blatt sechs bis zwölf Begriffe, die zu einem Thema gehören.

Verbinde Begriffe, die miteinander zu tun haben, mit einem Pfeil und ordne sie einem biologischen Prinzip zu.
Schreibe an jeden Pfeil, in welcher Beziehung die Begriffe zueinander stehen.

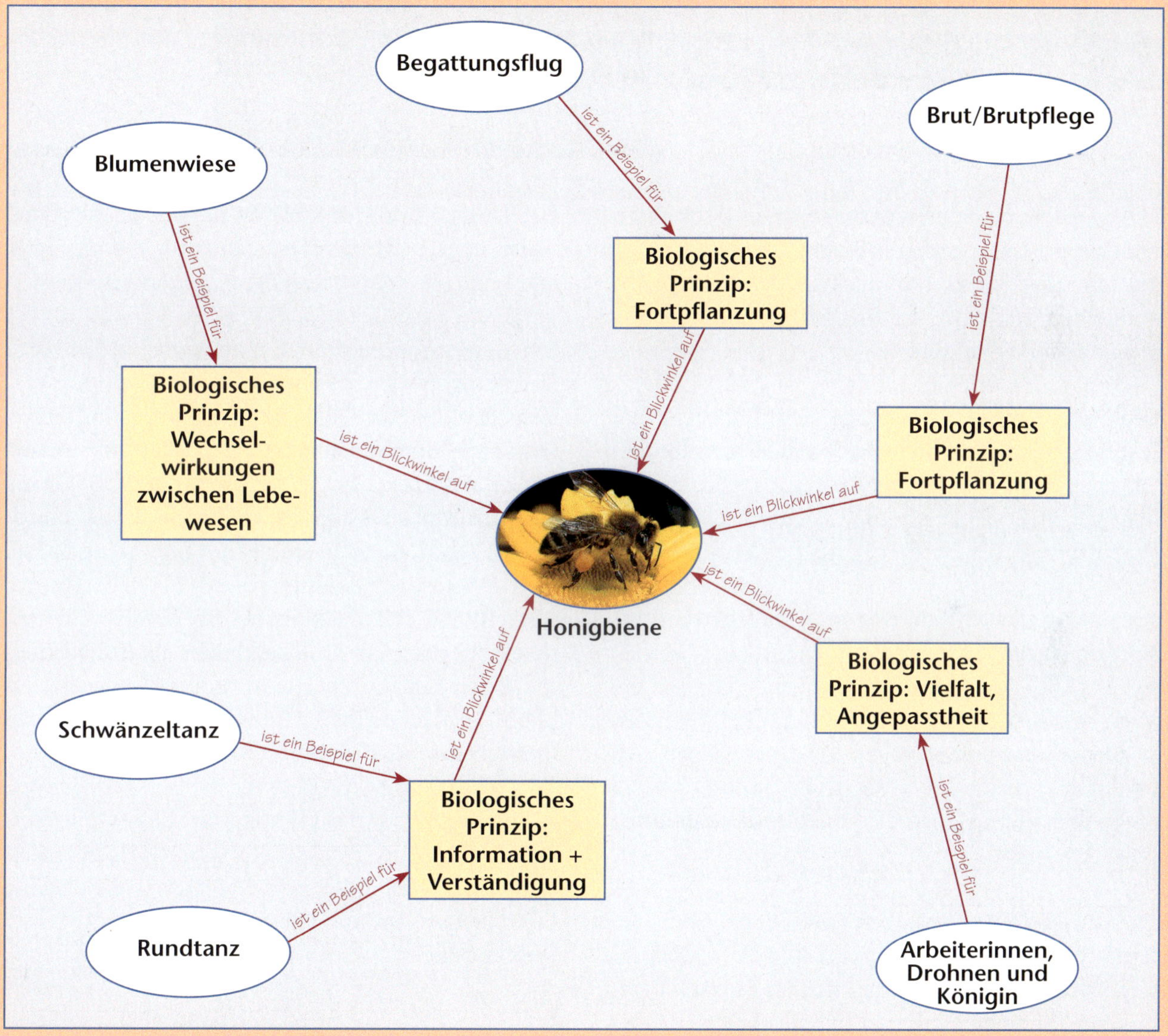

3 *Beispiel für ein Begriffsnetz*

10.4 Fortbewegung von Insekten

3 *Gelbrandkäfer*

1 *Hornisse im Flug*

2 *Heuschrecke mit Sprungbeinen*

Die meisten Insekten können fliegen. Hornissen haben ein ausgezeichnetes Flugvermögen (Abb. 1). Manche Insekten sind in der Lage, im Flug stehen zu bleiben, ruckartig die Richtung zu ändern und schnell zu beschleunigen.

Die Flugmuskeln setzen bei den Insekten in der Regel nicht direkt am Flügel, sondern innen am Chitinskelett der Brust an (Abb. 5). Das Insekt benötigt zwei Muskelgruppen, die so genannten Gegenspieler, für die Bewegung der Flügel: Senkrecht in der Brust verlaufende Muskeln flachen den Körper bei der Kontraktion ab. Dadurch wird die Rückenplatte nach unten gezogen, drückt von oben auf die Enden der Flügel und bewirkt dadurch ein Anheben der Flügel. Wenn die längs verlaufenden Muskeln zusammengezogen werden, verkürzt sich der Körper. Dadurch wird die Brustplatte wieder nach oben gedrückt, so dass die Flügel nach unten bewegt werden.

Nicht alle Insekten haben vier Flügel. Bei den Zweiflüglern, z. B. den Fliegen und den Mücken, sind die hinteren Flügel nur noch als Stummel vorhanden. Manche Gruppen haben gar keine oder wie die Ameisen nur zu bestimmten Zeiten Flügel.

Insekten laufen mit ihren drei Beinpaaren. Die Beine können sehr verschieden aussehen, lassen sich aber alle von einem Grundtyp ableiten (Abb. 4). Auf die Hüfte folgt der Schenkelring, der Schenkel, die Schiene und der Fuß. Wegen des gegliederten Aufbaus bezeichnet man es auch als **Gliederbein.** Die Insekten gehören zu den Gliederfüßern.

Bei den Insekten findet man verschiedene Abwandlungen dieses Beinaufbaus. Bei den Laufkäfern sind die Beine beispielsweise lang und dünn. Die verdickten Schenkel der Heuschrecken weisen starke Muskeln zum Springen auf (Abb. 2). Flöhe besitzen dazu im hintersten Beinpaar ein elastisches Eiweiß, das wie eine Feder Spannung halten kann. Wird die Spannung dieses Eiweißes gelöst, schnellt das Tier nach vorne. Bei schwimmenden Insekten, wie dem Gelbrandkäfer, sind die hinteren Beinpaare durch Haare ruderartig verbreitert (Abb. 3). Die vorderen Beinpaare dienen bei den räuberisch lebenden Tieren zum Ergreifen der Beute. Libellenlarven leben unter Wasser, schwimmen jedoch nicht, sondern laufen über den Gewässergrund. Manche Wasserinsekten leben auf oder unter der obersten Wasserschicht und benutzen die Oberflächenspannung des Wassers, um sich darauf fortzubewegen.

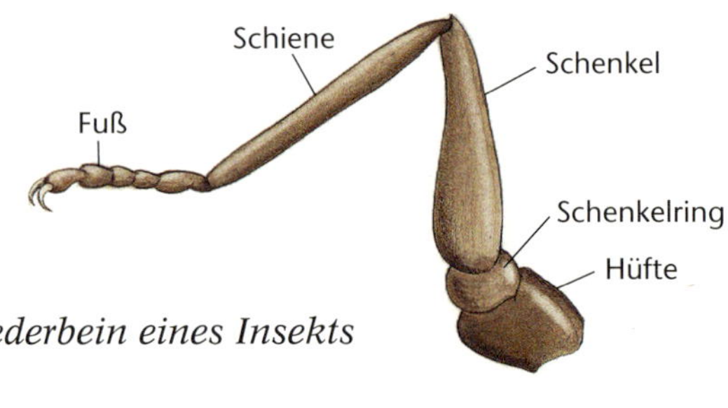

4 *Gliederbein eines Insekts*

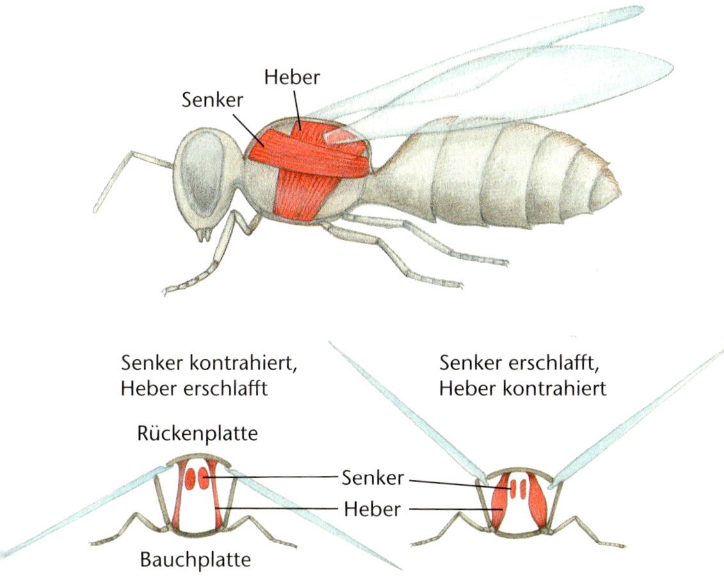

5 *Funktion der Muskeln beim Insektenflug*

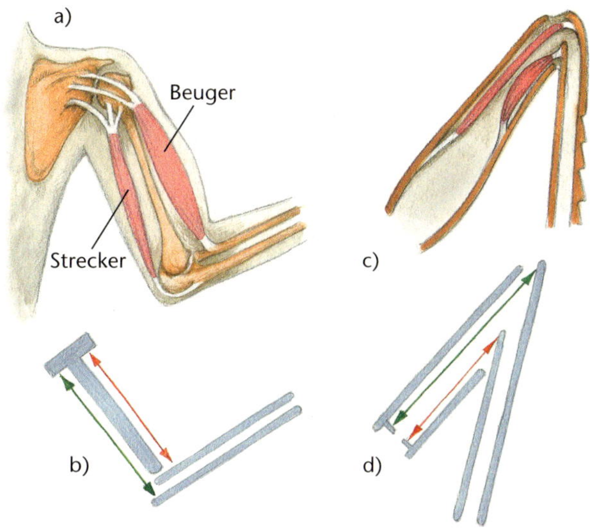

7 *Bewegungen der Gliedmaßen bei Mensch und Insekt*

6 *Modellversuch*

1 Bewegung der Insektenflügel.
a) Beschreibe anhand von Abbildung 5 die Funktion der Muskulatur beim Flug der Insekten.
b) Heber und Senker werden auch als Gegenspieler bezeichnet. Erkläre diese Bezeichnung.

2 Modellversuch Insektenflug. Nimm einen Topf und einen Deckel, der für den Topf zu klein ist. Stecke links und rechts jeweils einen Kochlöffel hinein und bewege den Deckel auf und ab (Abb. 6). Beobachte und beschreibe das Ergebnis. Welche Teile des Versuchsaufbaus entsprechen den Körperteilen bei dem Insekt?

3 Bewegung der Gliedmaßen bei Mensch und Insekt. Beschreibe die Tätigkeit der Muskeln bei einer Auf- und Abwärtsbewegung des menschlichen Oberarmes und vergleiche mit der Bewegung eines Insektenbeines (Abb. 7). Stelle Unterschiede und Gemeinsamkeiten übersichtlich zusammen.

4 Angepasstheit von Insektenbeinen. Die Abbildung 8 zeigt verschiedene Angepasstheiten bei Gliederbeinen von Insekten.
a) Beschreibe, inwiefern die Beine vom Grundtyp ausgehend abgewandelt sind.
b) Ordne in einer Tabelle die richtige Bezeichnung zu: Fangbein, Grabbein, Sprungbein, Klammerbein, Putzbein für die Fühler. Begründe deine Zuordnung.
c) Überlege, welche der unten genannten Insekten solche angepassten Beine besitzen. Ordne sie in deiner Tabelle zu: Heuschrecken, Kopflaus, Biene, Gottesanbeterin (räuberisch lebend), Maulwurfsgrille.

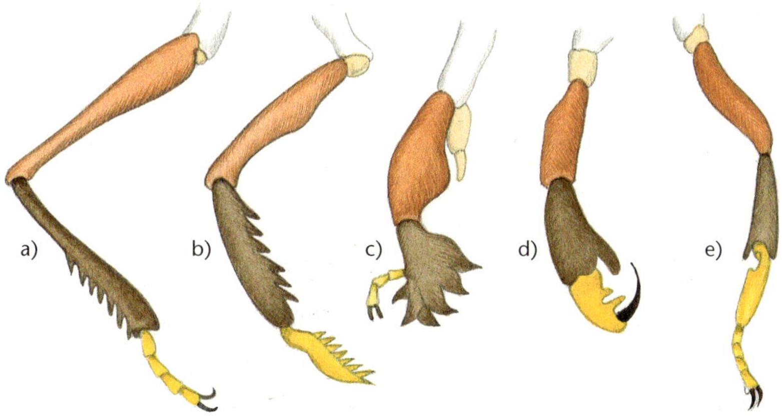

8 *Angepasstheit von Insektenbeinen*

10.5 Entwicklung von Insekten

1 *Vollkommene Verwandlung beim Tagpfauenauge*

Beim Tagpfauenauge legt das Weibchen im Frühjahr nach der Paarung 100–400 Eier, aus denen kleine Raupen schlüpfen. Die Raupen nennt man auch Larven. Die **Raupe** wächst sehr schnell heran und kann schon nach kurzer Zeit das 10000fache des Eigewichts erreichen. Der Chitinpanzer, der die Raupe umhüllt, wächst nicht mit und wird regelmäßig abgestreift. Die Raupe häutet sich. Wenn die Raupe ihre endgültige Größe erreicht hat, häutet sich das Tier nicht mehr, sondern spinnt sich in ein Geflecht aus selbst erzeugten Fäden, den Kokon, ein. Dieser Abschnitt in der Entwicklung des Schmetterlings wird **Puppenstadium** genannt. Geschützt im Kokon findet die Umgestaltung des Körpers zum erwachsenen Tier, dem **Imago,** statt. Die Puppe nimmt keine Nahrung auf, bewegt sich nur wenig und reagiert kaum auf Reize von außen. Nach vollendeter Entwicklung schlüpft der Schmetterling aus dem Kokon. Diese vollständige Umwandlung des Körpers heißt **Metamorphose.** Man nennt sie auch **vollkommene Verwandlung,** da sich Larve und erwachsenes Insekt kaum ähnlich sehen (Abb. 1). Häutungen und Metamorphose werden von einem komplizierten Wechselspiel von **Hormonen** gesteuert. Hormone sind Botenstoffe, die das Tier in Drüsen bildet und die mit dem Blut im Körper verteilt werden. Die Entwicklung von Insekten hängt auch von der **Umgebungstemperatur** ab. Kälte verlangsamt die Entwicklung.

Bei den Heuschrecken sind die aus den Eiern schlüpfenden Larven den erwachsenen Tieren äußerlich bereits sehr ähnlich. Beim Heranwachsen häuten sich auch die Heuschreckenlarven. Die Larven wachsen zwischen den Häutungen, ändern aber ihre Gestalt kaum. Sie bilden kein Puppenstadium aus. Nur einige Organe wie die Flügel und die Geschlechtsorgane werden erst bei der letzten Häutung vollendet. Man nennt die Entwicklung ohne Puppenstadium **unvollkommene Verwandlung** (Abb. 2).

2 *Unvollkommene Verwandlung bei der Heuschrecke*

1 Metamorphose.
Beschreibe in einem zusammenhängenden Text die Metamorphose von Tagpfauenauge und Heuschrecke. Mache in dem Text die Gemeinsamkeiten und die Unterschiede deutlich.

2 Puppenstadium.
a) Die Aktivität der Puppe wird häufig mit dem Begriff der „Puppenruhe" beschrieben.
Ist dieser Begriff sinnvoll? Sammle dazu Argumente, die dafür oder dagegen sprechen.
b) Welche Vor- und Nachteile hat das Puppenstadium für das einzelne Insekt?

3 Entwicklung der Stechmücke. Die Abbildung 5 zeigt die Entwicklung einer Stechmücke. Die Entwicklung der Stechmücke findet im Wasser statt. Beschreibe die einzelnen Stadien. Handelt es sich um eine vollkommene oder eine unvollkommene Verwandlung?

3 *Entwicklung des Mehlkäfers*

4 Versuch: Entwicklung von Mehlkäfern. Besorgt euch im Zoogeschäft Mehlkäferlarven. Haltet sie in einem geschlossenen Gefäß mit Luftlöchern. Beobachtet die Tiere über einen längeren Zeitraum.
a) Füttert die Tiere mit Mehl, Kleie und Karottenscheiben und dokumentiert die Entwicklung. Erstelle dazu eine Tabelle, in die du jeden Tag die auftretenden Veränderungen einträgst.
b) Beschreibe anhand der Abbildung 3 die Entwicklung der Mehlkäfer. Um welchen Verwandlungstyp handelt es sich?
c) Warum ist die übliche Bezeichnung „Mehlwürmer" für Mehlkäferlarven nicht zutreffend?
d) Plant ein Experiment, mit dem ihr den Einfluss der Umgebungstemperatur auf die Entwicklung der Mehlkäfer erforschen könntet.

4 *Stechmücke*

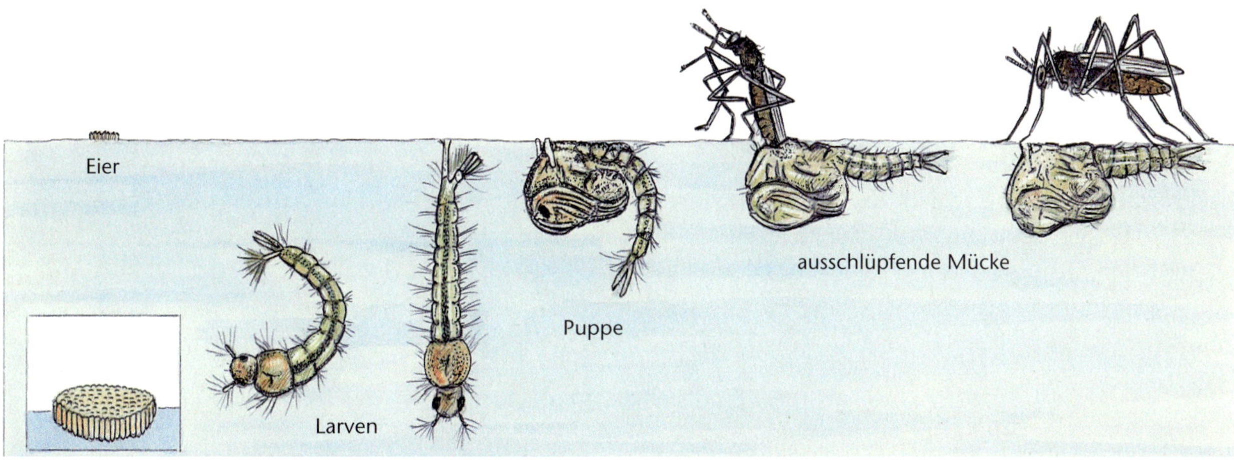

5 *Entwicklung der Stechmücke*

10.6 Insekten sind Ernährungsspezialisten

1 *Beißendes Mundwerkzeug der Roten Waldameise*

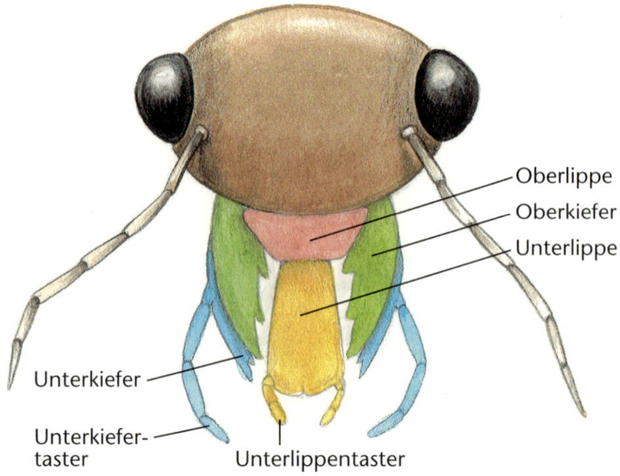

2 *Schema des beißenden Mundwerkzeuges*

Insekten fressen ihre Nahrung mit so genannten **Mundwerkzeugen.** Sie befinden sich an der Unterseite des Kopfes vor der Mundöffnung. Viele Insekten besitzen Mundwerkzeuge, die besonders zum Beißen und Kauen von pflanzlicher und tierischer Nahrung geeignet sind (Abb. 1, 2). Sie bestehen aus vier Teilen: dem Oberkiefer, dem Unterkiefer, der Oberlippe und der Unterlippe. Der Unterkiefer trägt noch kleine Anhänge, die Unterkiefertaster, die als Sinnesorgane der Prüfung der Nahrung dienen. Hinter den Mundwerkzeugen befindet sich die Zunge, an deren Mündung sich die Speicheldrüsen befinden. Auf der Unterlippe befinden sich die Unterlippentaster. Sie tragen Geschmacks- und Geruchssinnesorgane. Ähnliche Mundwerkzeuge wiesen bereits Insekten auf, die vor Jahrmillionen lebten. Im Laufe der Evolution kam es zu Veränderungen des Baus der Mundwerkzeuge. Dadurch konnten Insektenarten neue Nahrungsquellen erschließen, während sie andere nicht mehr nutzen konnten. Insekten sind auf eine bestimmte Nahrung spezialisiert und ihre Mundwerkzeuge sind an diese Nahrung angepasst. Die Vielfalt der Mundwerkzeuge macht die verschiedenen Insektenarten zu ausgeprägten Ernährungsspezialisten.

Die heute lebenden Insekten besitzen viele verschiedene Typen von Mundwerkzeugen (Abb. 3). Heuschrecken und manche Käfer benötigen zum Verzehren ihrer Beute kräftige beißende Mundwerkzeuge, die sehr gut zur Zerkleinerung von harter Nahrung geeignet sind. Blut saugende Insekten wie Mücken besitzen ein stechendes Mundwerkzeug. Manche Insekten, wie z.B. die Fliege, sind auf die Aufnahme von Nahrungsresten spezialisiert. Die Mundwerkzeuge sind nicht zur Zerkleinerung fester Nahrung geeignet (Abb. 6, 7). Die Fliege gibt aus den Speicheldrüsen Verdauungssekrete ab, mit deren Hilfe die Nahrung außerhalb des Körpers vorverdaut wird. Mit einem staubsaugerartigen Rüssel wird die verflüssigte Nahrung aufgesaugt.

Die Mundwerkzeuge der Biene bilden einen Saugrüssel, mit dem sie den Nektar, der am Boden der Blüten ausgeschieden wird, aufnimmt. Im Saugrüssel bewegt sich die behaarte Zunge. Sie besitzt am Ende ein Löffelchen, das die Nahrung aufleckt. Die Biene besitzt ein leckend-saugendes Mundwerkzeug. Einen sehr viel längeren Saugrüssel weisen die Schmetterlinge auf. Der zusammengerollte Saugrüssel befindet sich zwischen den Unterlippentastern. Wenn Schmetterlinge in der Blüte Nektar aufnehmen, wird er mithilfe von Muskeln ausgestreckt. Schmetterlinge besitzen ein saugendes Mundwerkzeug.

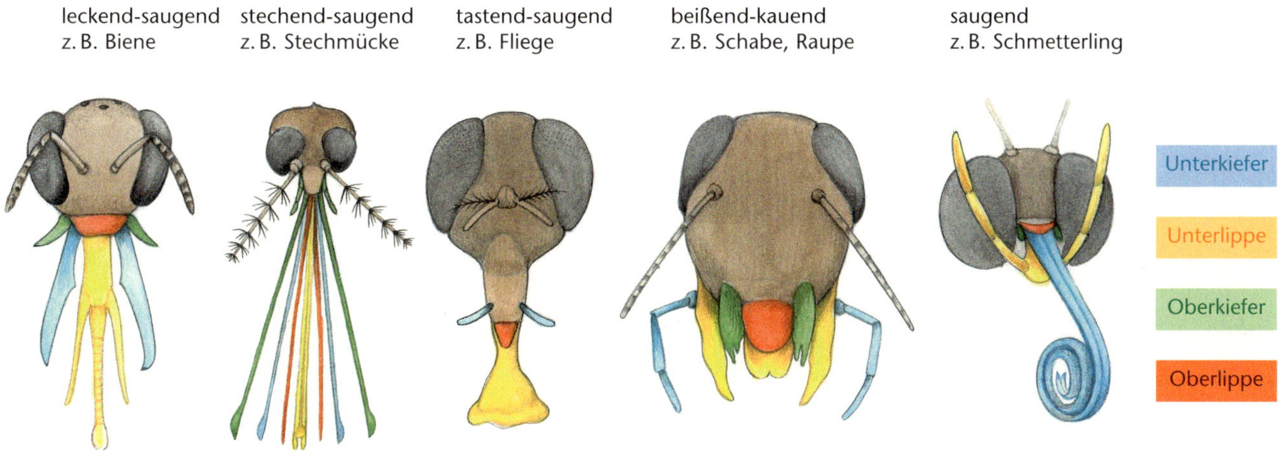

3 *Mundwerkzeuge von Insekten*

1 Spezialisierung der Mundwerkzeuge. Vergleiche den Bau der Mundwerkzeuge in Abbildung 3 in Form einer Tabelle.

2 Angepasstheit der Mundwerkzeuge an die Nahrung. Ordne die Nahrung den passenden Mundwerkzeugen in Abbildung 3 zu: Blätter, Blüten, Blut, Nektar, Pollen, Samen, Stängel, Milch, Saft, Haut, Wurzeln, Insekten, Holz, Pflanzensaft.

3 Nahrung in verschiedenen Lebensphasen. Schmetterlinge und ihre Larven nehmen unterschiedliche Nahrung auf (Abb. 4, 5). Beschreibe unter Verwendung von Abbildung 3 den Zusammenhang zwischen Nahrung und Bau der Mundwerkzeuge.

4 Nahrungsaufnahme der Stubenfliege. Beschreibe den Bau des Tupfrüssels der Stubenfliege (Abb. 3, 6, 7). Verfasse einen zusammenhängenden Text über die Nahrungsaufnahme der Stubenfliege.

4 *Schmetterlingsraupe bei der Nahrungsaufnahme*

5 *Schmetterling bei der Nahrungsaufnahme*

6 *Kopf mit Rüssel der Stubenfliege*

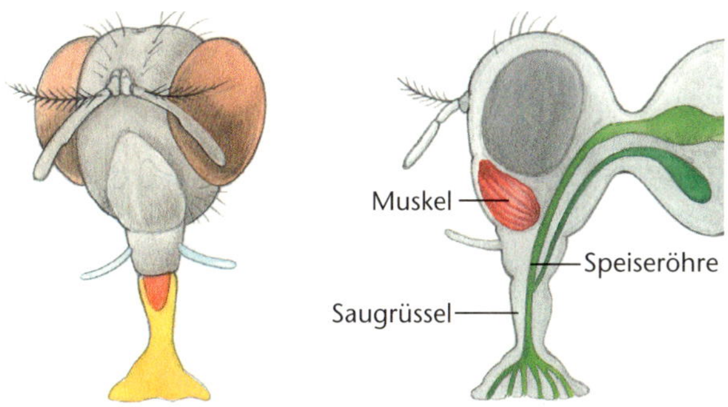

7 *Kopf mit Rüssel der Stubenfliege*

10.7 Äußerer und innerer Bau von Insekten

1 *Wespe mit erbeuteter Fliege*

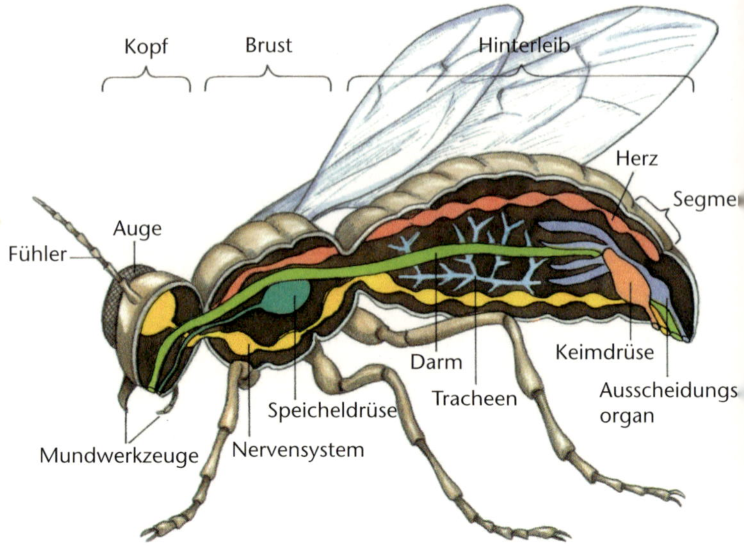

2 *Körperbau und innere Organe der Wespe*

Der Körper der Wespe ist in drei Abschnitte gegliedert. Er besteht aus Kopf, Brust und dem Hinterleib. Der Hinterleib ist in einzelne Segmente unterteilt (Abb. 1, 2). Auch die Beine sind in einzelne Abschnitte gegliedert. Die Wespe besitzt einen harten Panzer aus Chitin, der vor Austrocknung, Krankheitserregern und Verletzungen schützt. Er ist auch für die Stabilität des Körpers verantwortlich. Man spricht daher von einem **Außenskelett.** An der Innenseite des Chitinpanzers setzen die Muskeln an, die Flügel und Beine bewegen. Wespen besitzen zwei Paar Flügel, die ebenso wie die drei Beinpaare an der Brust ansetzen. Am Kopf befinden sich neben den Augen auch die Fühler, die für verschiedene Sinnesleistungen zuständig sein können. Auf der Unterseite liegen die Mundwerkzeuge, die der Ernährung dienen.

Diese Baumerkmale des Wespenkörpers sind typisch für die große Gruppe der Insekten. Man spricht daher auch vom Grundbauplan der Insekten. Die Insekten sind mit einer geschätzten Artenzahl von über einer Million die artenreichste Gruppe der Tiere. Insekten gibt es bereits seit über 300 Millionen Jahren auf der Erde.

Wenn eine Wespe Nahrung zu sich nimmt, so gelangt diese nach Zerkleinerung durch die Mundwerkzeuge über Schlund und Speiseröhre in den Darm, der den gesamten Körper durchzieht (Abb. 2). Die im hinteren Körperteil liegenden Ausscheidungsorgane des Insekts münden mit dem Darm nach außen.

Das schlauchförmige Herz liegt im oberen Teil und pumpt die Körperflüssigkeit durch rhythmische Kontraktionen von hinten nach vorne, von wo sie durch die Beine und um die Organe herum wieder zurückfließt. Da das Herz an mehreren Stellen offen ist und keine Blutgefäße vorhanden sind, spricht man von einem **offenen Blutkreislauf.**

Die Körperflüssigkeit transportiert kaum Atemgase. Der notwendige Sauerstoff wird über fein verzweigte Chitinröhren, die Tracheen, direkt zu den Organen und Geweben geleitet. Dort findet der Gasaustausch statt. Die Tracheen enden seitlich am Körper in kleinen Körperöffnungen, den Stigmen. Durch sie wird die Luft aufgenommen. Die Luft in den Tracheen wird durch die Bewegungen des Körpers und der Flügel transportiert.

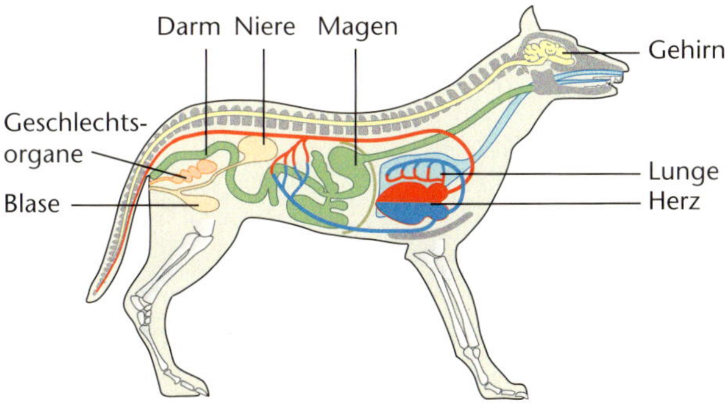

3 *Körperbau und innere Organe des Hundes*

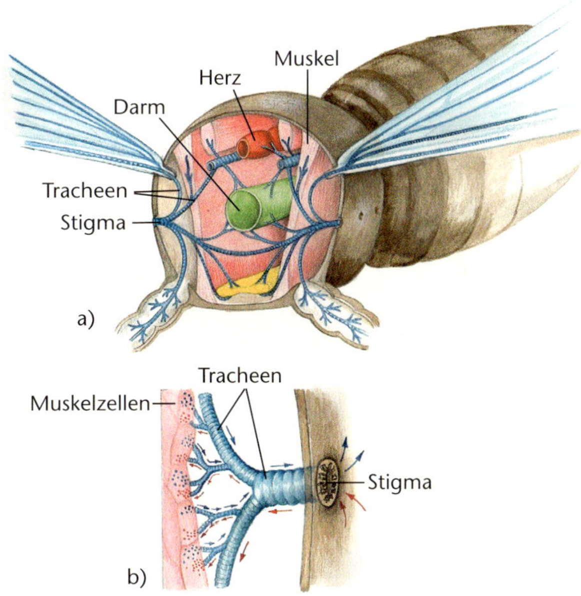

5 *a) innere Organe und Atemorgane des Insekts*
b) Ausschnittvergrößerung

	Hund	Wespe
Atmungsorgane		
Verdauungsorgane		
...		

4 *Vergleich von Hund und Wespe*

1 Vergleich des Körperbaus von Insekten und Wirbeltieren. Vergleiche den Körperbau und die inneren Organe von Wespe und Hund (Abb. 2, 3). Stelle den Vergleich in Form einer Tabelle wie in Abbildung 4 dar.

2 Bau und Funktion der Atemorgane.
a) Beschreibe den Verlauf der Tracheen im Insektenkörper. Was fällt dir auf? Nenne Gründe für die vielfältige Verzweigung der Tracheen (Abb. 5).
b) Beschreibe den Bau einer Trachee genau und vergleiche ihn mit dem Bau von Luftröhre und Bronchien beim Menschen (Abb. 5, 6).
c) Welche Bedeutung haben die Verstärkungsringe eines Staubsaugerschlauches? Ein Modellversuch kann dir helfen: Nimm einen Strohhalm mit dünnen Wänden und kneife ihn bis auf eine kleine Öffnung zu. Nun sauge mit dem Mund die Luft heraus. Übertrage dein Ergebnis auf den Bau von Luftröhre, Bronchien und Tracheen.

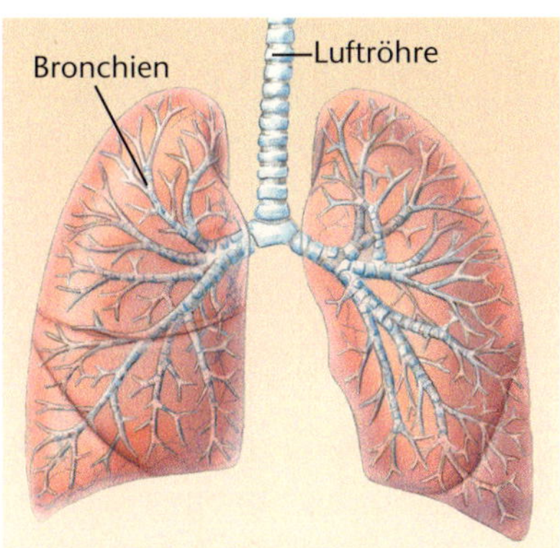

6 *Luftröhre und Bronchien des Menschen*

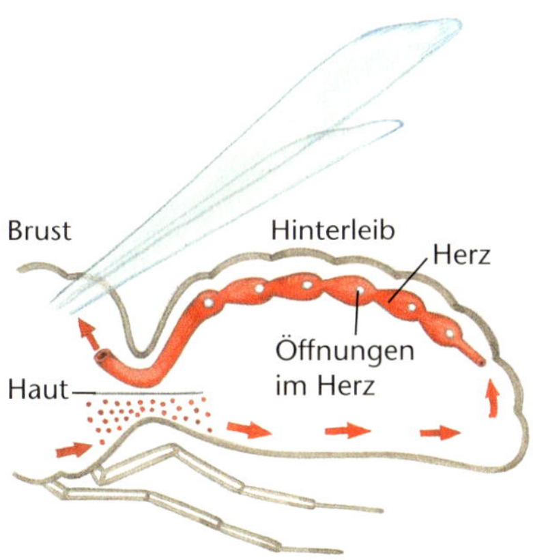

7 *Wärmeregulation der Hummel*

3 Wärmeregulation. Um fliegen zu können, müssen die Flugmuskeln der Hummel eine Temperatur von mindestens 30 °C aufweisen. Zum Aufwärmen zittert die Hummel mit der Flugmuskulatur. Das Herz pumpt kaltes Blut aus dem Hinterleib in die Brust. Zwischen Brust und Hinterleib befindet sich im unteren Bereich eine dünne Haut. Unter ihr kann das Blut aus der Brust wieder in den Hinterleib zurückströmen und ins Herz eintreten. Erläutere anhand von Abbildung 7, wie die Hummel es schafft, auch bei kalten Außentemperaturen ihren Körper auf konstant 30 °C aufzuheizen.

10.8 Ameisen leben in Staaten

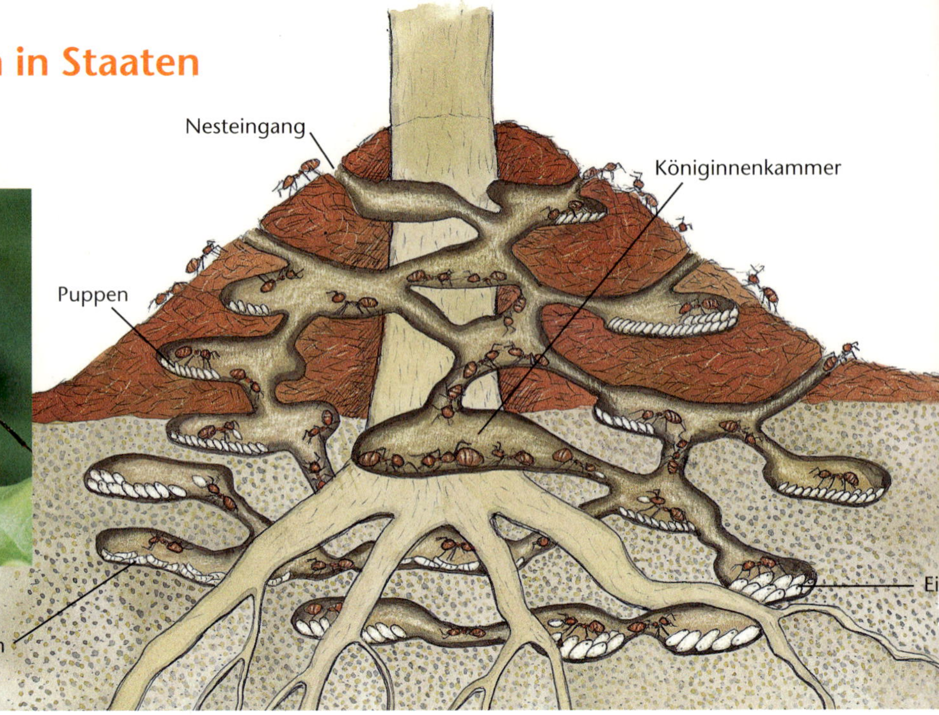

1 *Schnitt durch einen Ameisenbau und Ameisen bei der Nahrungsbeschaffung*

Ameisen sind wie Bienen **staatenbildende Insekten.** Die Kleine Rote Waldameise lebt in Kolonien mit bis zu 5000 Königinnen, die im Ameisenbau verteilt sind (Abb. 1). Dem Volk können bis 1 000 000 Arbeiterinnen angehören. Da die Königinnen, die bis 20 Jahre alt werden können, nach und nach ersetzt werden, ist das Volk potenziell unsterblich.

An warmen Frühlingstagen schwärmen die geflügelten jungen Weibchen und Männchen aus. Die Weibchen werden von mehreren Männchen begattet. Bald darauf sterben die Männchen. Die jungen Weibchen, die Königinnen, kehren meist in den Ameisenbau zurück und beginnen dort mit der Eiablage, ihrer einzigen Aufgabe. Ameisen machen in ihrer Entwicklung eine **vollkommene Metamorphose** durch. Aus den befruchteten Eiern werden bei hohen Temperaturen des Ameisenbaus Arbeiterinnen mit verkümmerten Geschlechtsorganen. Bei niedrigeren Temperaturen im Frühjahr entstehen Königinnenlarven. Diese werden besonders gefüttert. Im Frühling werden außerdem unbefruchtete Eier gelegt, aus denen Männchen entstehen.

Um die richtige Temperatur für die Entwicklung der Larven und Puppen zu halten, werden viele Brutkammern in unterschiedlichen Regionen angelegt. Larven und Puppen werden entsprechend der Temperatur häufig umgesetzt, manchmal auch außerhalb des Baus gesonnt. Bei schlechtem Wetter werden die Gänge an der Oberfläche des Ameisenbaus geschlossen.

Die Verständigung der Ameisen erfolgt über eine Vielzahl von Duftstoffen und durch das Betrillern der Artgenossen mit den Fühlern. Das Geruchsorgan befindet sich an den Fühlern. Jedes Volk besitzt seinen eigenen charakteristischen Geruch, der sich durch ständiges gegenseitiges Füttern einstellt. Brutpflege, Verteidigung und Nahrungsbeschaffung erfolgen ausschließlich durch Arbeiterinnen, wobei die notwendigen Tätigkeiten über eine jeweilige Mischung von Duftstoffen von den Tieren erkannt und ausgeführt werden. Die jungen Arbeiterinnen sind dabei für die Arbeiten im Nest zuständig, die älteren sorgen für die Nahrung.

Die Waldameisen ernähren sich bis zu 70 Prozent von Honigtau, den süßen Ausscheidungen der Blattläuse (Abb. 1). Ihren Proteinbedarf decken Ameisen hauptsächlich aus tierischer Kost. Sie verzehren dabei Aas und greifen Insekten und deren Larven an.

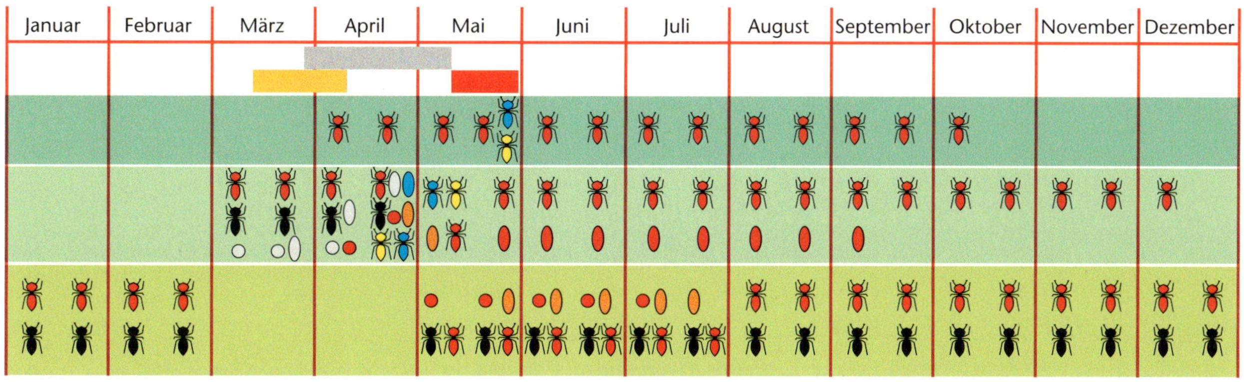

○ Eier, aus denen Weibchen und Männchen schlüpfen
● Eier, aus denen Arbeiterinnen schlüpfen
Larven von Weibchen und Männchen
Larven von Arbeiterinnen
Puppen von Weibchen und Männchen
Puppen von Arbeiterinnen

Männchen
junge Weibchen
Königinnen
Arbeiterinnen

Lesebeispiel:
Arbeiterinnen und Königinnen während des ganzen Monats

Arbeiterinnen, Königinnen und Eier in der 1. Monatshälfte
Arbeiterinnen, Königinnen, Eier und Larven in der 2. Monatshälfte

Sonnung der Larven und Puppen von Männchen und Weibchen
Heranreifen der jungen Männchen und Weibchen
Schwärmen
Nestumgebung
Nestbereich über dem Boden
Nestbereich im Boden

2 *Das Jahr der Kleinen Roten Waldameisen im Schema*

1 Das Jahr im Ameisenstaat. Beschreibe das Leben und die Aktivitäten im Laufe des Jahres von Königinnen, Arbeiterinnen und Männchen der Kleinen Roten Waldameise im Laufe des Jahres (Abb. 2). Setze sie in Bezug zu den entsprechenden klimatischen Bedingungen und sozialen Anforderungen im Staat.

2 Kommunikation
a) Fasse die Inhalte des Textes in Abbildung 3 in eigene Worte und diskutiere ihre Bedeutung für das Funktionieren des Ameisenstaates.
b) Überlege, wie sich Ameisen gegenüber Käfern verhalten, die in Nester eindringen und dabei Pheromone von Ameisenlarven ausscheiden. Begründe deine Ansicht.

Ameisen besitzen das aufwändigste und komplizierteste chemische Kommunikationssystem der Erde. Die Fühler sind die Hauptsinnesorgane, über die unzählige Informationen in Form von Duftstoffen, den Pheromonen, aufgenommen werden. Diese Pheromone sind Hormone, die im Körper der einzelnen Ameise entstehen und bestimmte Verhaltensweisen hervorrufen. Sie werden auch über Drüsen ausgeschieden und wirken in den Körpern ihrer Schwestern auf die gleiche Art und Weise. Wird also eine einzelne Ameise gereizt und dadurch aggressiv, werden die umstehenden Nestgenossinnen unweigerlich ebenfalls aggressiv. Die Pheromone dienen auch als Markierungsflüssigkeit für Nahrungsquellen, gefährliche Orte und vor allem zum Markieren der berühmten Ameisenstraßen. Mit einem Viertel Tröpfchen dieser Pheromonflüssigkeit könnte man um die gesamte Erde eine Ameisenstraße verlegen. Auch die Körpersprache spielt bei diesen Insekten eine wichtige Rolle. So kann man beobachten, dass Ameisen sich immer zumindest kurz mit den Fühlern „betrillern", wenn sie sich begegnen. Oft tauschen sie auch Futter aus, das sie aus ihrem zweiten Magen, dem Sozialmagen, hervorwürgen. Dieses Phänomen dient nicht nur der Fütterung entkräfteter oder im „Außendienst" arbeitender Ameisen. Versuche mit radioaktiv markiertem Futter haben ergeben, dass ein in der Nahrung enthaltener Stoff nach spätestens 30 Stunden in den Sozialmägen aller Ameisen eines Nestes enthalten ist. So wissen alle Ameisen ständig genau, wie es um die Nahrungsressourcen der Kolonie bestellt ist und können sich entsprechend verhalten.

3 *Kommunikation bei Ameisen*

Ein Lernplakat erstellen

Du kannst mit einem Plakat deinen Mitschülerinnen und Mitschülern die Ergebnisse einer Gruppenarbeit oder eines Referats präsentieren.

Ein Lernplakat entsteht in folgenden Arbeitsschritten:

1. Vorbereitung
Für das Erstellen eines Plakats benötigst du eine Tapetenrolle oder einen großen Fotokarton, Klebstoff, eine Schere, Stifte in verschiedenen Farben und verschiedener Dicke und Reißzwecken.

2. Sammeln der Materialien
Suche in Zeitschriften, Büchern oder im Internet nach passenden Materialien für dein Plakat.

3. Bilder und Zeichnungen
Mithilfe von Bildern kannst du dein Thema anschaulicher gestalten. Du kannst auch selbst Zeichnungen anfertigen. Tipp: Verwende aber nicht zu viele Bilder, sonst wird dein Plakat zu unübersichtlich.

4. Gestaltung der Texte
Schreibe kurze Texte, mit denen du die Abbildungen erklärst. Beschränke deine Texte auf das Notwendigste. Verwende kurze Sätze, weil sie sich dem Betrachter besser einprägen. Die Schrift muss groß und gut lesbar sein.

5. Anordnung festlegen
Gib deinem Plakat eine Struktur, indem du dir überlegst, wie du die Bilder und Texte anordnen willst.

6. Überschrift
Schreibe die Überschrift groß und in Druckbuchstaben auf dein Plakat, damit der Betrachter auf einen Blick das Thema erkennt.

7. Zwischenüberschriften
Mithilfe von Zwischenüberschriften kannst du dein Thema sinnvoll gliedern.

8. Aufkleben
Klebe deine Materialien nicht sofort auf, sondern lege sie erst zur Probe auf das Plakat. So kannst du noch mögliche Veränderungen oder Verschiebungen durchführen.

9. Klasse statt Masse
Denke daran, dass nicht die Anzahl deiner Materialien entscheidend ist, sondern die Qualität.

Ameisen

Ameisenbau

Die Rote Waldameise baut ihre Hügel in Nadelwäldern über hohen Baumstümpfen. Ameisenbaue können bis zu einem Meter hoch werden und bis zu eineinhalb Meter in die Tiefe reichen.

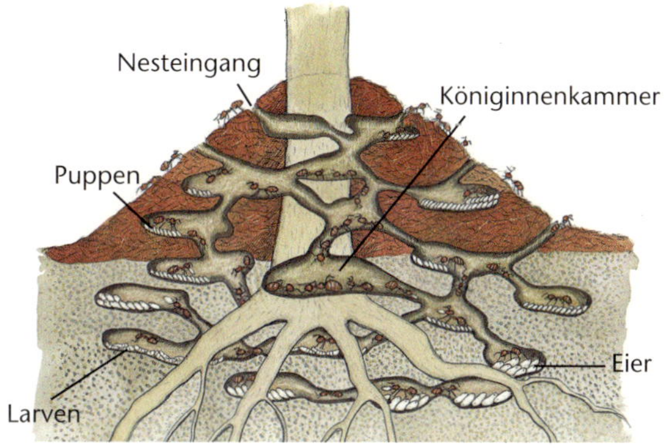

Ameisenstaat

In einem Ameisenstaat der Roten Waldameise leben zwischen 800 000 und 2 Millionen Tiere.

Die Arbeiterinnen

Die meisten Ameisen sind Arbeiterinnen. Das sind unfruchtbare weibliche Tiere. Sie erstellen den Ameisenbau, bessern Schäden aus, sammeln Nahrung und versorgen Eier und Larven.

Die Königinnen

Die Königinnen sind fruchtbare weibliche Tiere. Ihre einzige Aufgabe besteht darin, Eier zu legen.

Die Männchen

Die Männchen entwickeln sich aus unbefruchteten Eiern. Sie begatten die Königinnen.

Transport

Beim Transport von Nahrung oder Baumaterial können die Ameisen Lasten transportieren, die bis zu zwanzigmal so schwer sind wie sie selbst. Für den Transport der Nahrung benutzen die Ameisen bestimmte Transportwege, die so genannten Ameisenstraßen.

Ernährung

Ameisen ernähren sich sowohl von lebenden und toten Insekten als auch von den zuckerhaltigen Ausscheidungen der Blattläuse, dem Honigtau.

10.9 Vergleich von Wirbeltieren und Insekten

	Insekten	
Wie erfolgt der Schutz vor äußeren Verletzungen und Krankheitserregern?	Der Chitinpanzer schützt vor Krankheitserregern und Verletzungen.	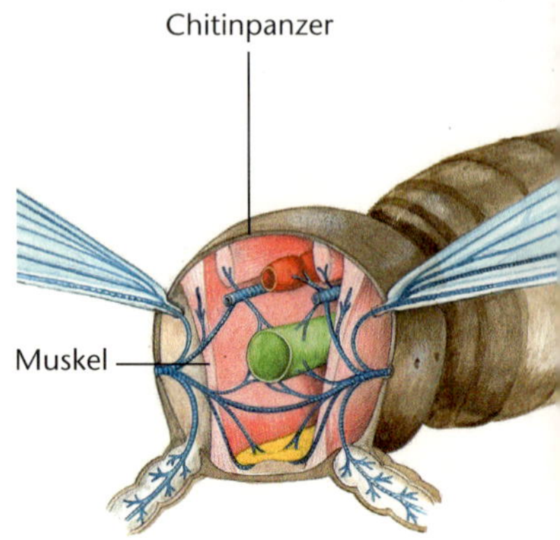
Wie ist die Stabilität des Körpers bei gleichzeitiger Beweglichkeit gewährleistet?	Insekten besitzen ein Außenskelett aus Chitin, an dem innen die Muskeln befestigt sind. Es verleiht dem Körper Stabilität. An den Übergängen von Kopf, Brust, Hinterleib und den Gelenken sind die dicken Chitinpanzerteile durch dünne bewegliche Chitinhäute verbunden.	
Wie erfolgt das Wachstum?	Wachstum findet durch Häutung statt, da ausgehärtetes Chitin nicht wachsen kann. Der alte, zu kleine Chitinpanzer wird abgestreift und darunter liegt ein zuerst noch weicher, größerer Chitinpanzer.	
Wie erfolgt die Atmung?	Insekten atmen mit Tracheen. Der Sauerstoff gelangt durch die röhrenartigen Tracheen direkt zu den Organen. Das Blut ist am Sauerstofftransport nicht beteiligt.	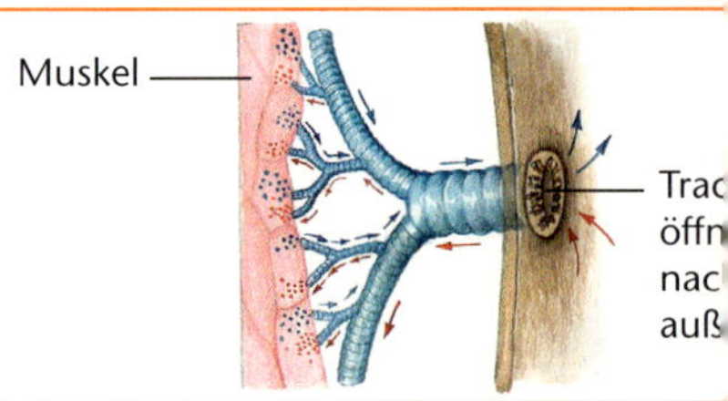
Wie sieht das Blutgefäßsystem aus?	Das Blut transportiert Nährstoffe zu den einzelnen Organen, die vom Blut umspült werden. Insekten besitzen ein schlauchartiges Herz mit seitlichen Öffnungen, durch die das Blut in das Herz strömt. Sie haben einen offenen Blutkreislauf.	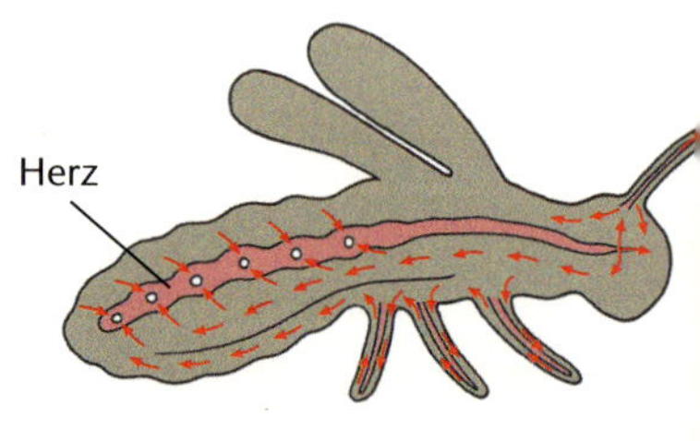
Wie sieht das Nervensystem aus?	Insekten besitzen ein Nervensystem im Kopf und auf der Bauchseite. Es arbeitet ähnlich wie das Nervensystem der Wirbeltiere.	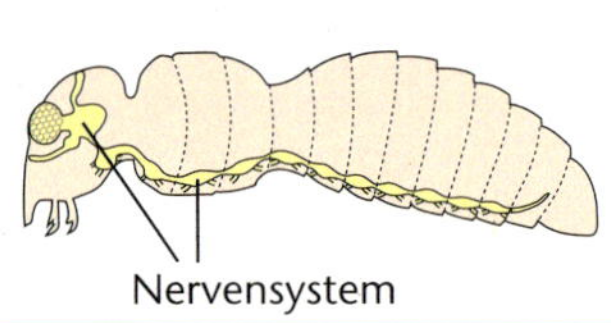
Wie sehen die Tiere?	Insekten haben Komplexaugen, die ganz anders aufgebaut sind als Wirbeltieraugen. Mit Komplexaugen lassen sich bewegte Bilder besser wahrnehmen, dafür ist das Scharfsehen schlechter möglich.	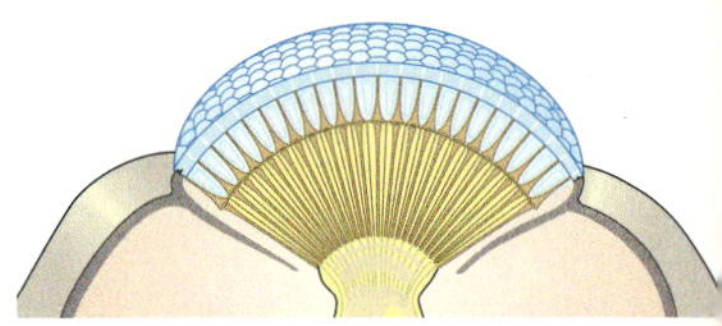

<table>
<tr><th></th><th>Wirbeltiere</th><th></th></tr>
<tr><td>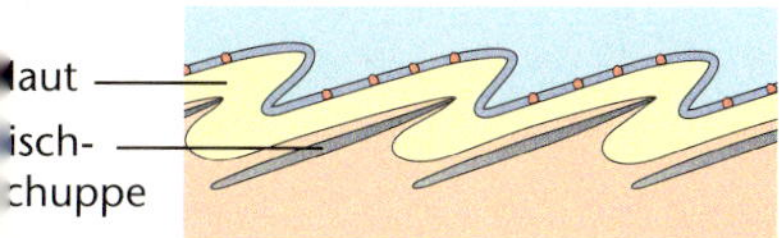
</td><td>Wirbeltiere haben eine elastische Haut. In sie können, wie bei den Fischen oder Reptilien, Schuppen eingelagert sein.</td><td>Wie erfolgt der Schutz vor äußeren Verletzungen und Krankheitserregern?</td></tr>
<tr><td rowspan="2">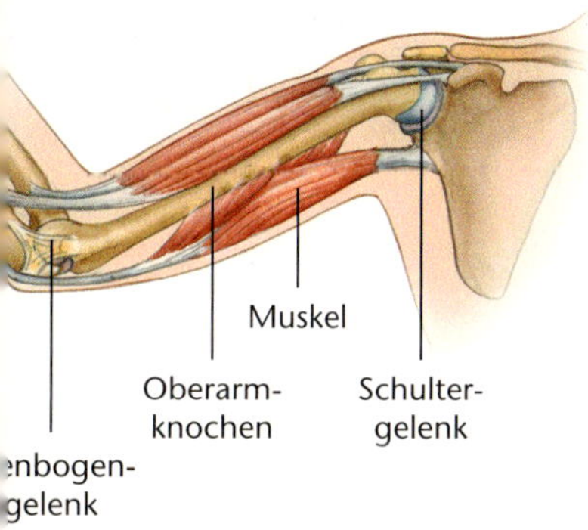
</td><td>Wirbeltiere besitzen ein Innenskelett aus Knochen und Gelenken. Muskeln, die sich zusammenziehen können, bewegen den Körper.</td><td>Wie ist die Stabilität des Körpers bei gleichzeitiger Beweglichkeit gewährleistet?</td></tr>
<tr><td>Der Körper wächst langsam und fortlaufend bis zu seiner Endgröße.</td><td>Wie erfolgt das Wachstum?</td></tr>
<tr><td>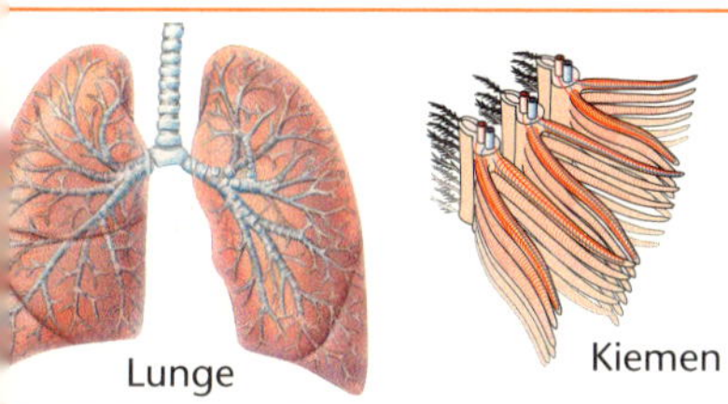
</td><td>Wirbeltiere atmen mit Lungen oder Kiemen. Der Sauerstoff wird vom Blut zu den Organen transportiert.</td><td>Wie erfolgt die Atmung?</td></tr>
<tr><td>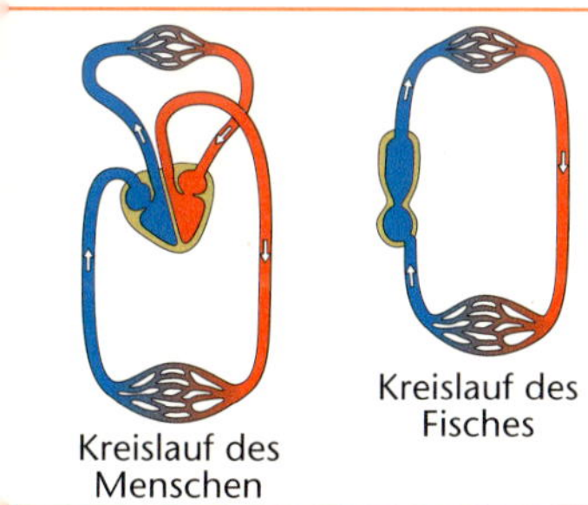
</td><td>Die Nährstoffe werden vom Blut im Körper verteilt. Das Blut fließt in den Blutgefäßen, die zu jedem Organ führen. Wirbeltiere haben einen geschlossenen Blutkreislauf. Das Herz pumpt das Blut durch den Blutkreislauf.</td><td>Wie sieht das Blutgefäßsystem aus?</td></tr>
<tr><td>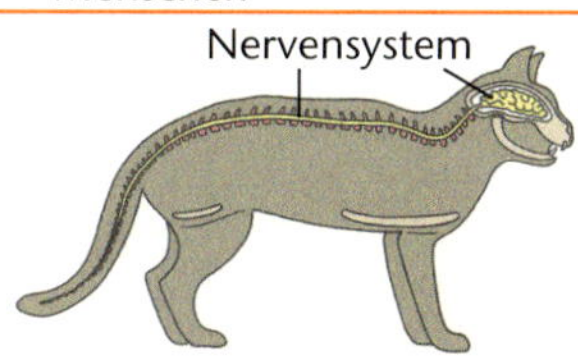
</td><td>Das Nervensystem der Wirbeltiere besteht aus Gehirn und Rückenmark und liegt an der Rückenseite des Körpers. Es ist durch die Schädelknochen und die Wirbelsäule gut geschützt.</td><td>Wie sieht das Nervensystem aus?</td></tr>
<tr><td>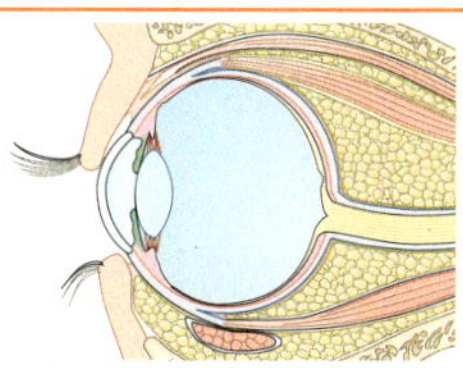</td><td>Wirbeltiere besitzen Linsenaugen. Damit ist schärferes Sehen als mit Komplexaugen möglich. Bewegungen können aber nicht so gut wahrgenommen werden wie mit Komplexaugen.</td><td>Wie sehen die Tiere?</td></tr>
</table>

10.10 Die Stämme der Wirbellosen

Heute leben auf der Erde mehrere Millionen Tierarten. Man ordnet sie in zwei große Gruppen, die wirbellosen Tiere und die Wirbeltiere. Alle Tiere ohne Wirbelsäule gehören zur Gruppe der **wirbellosen Tiere.**

Stamm Schwämme	Stamm Hohltiere	Stamm Plattwürmer	Stamm Ringelwürr
	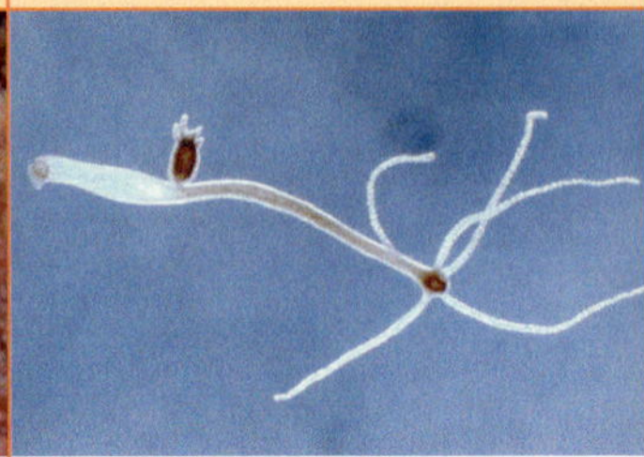	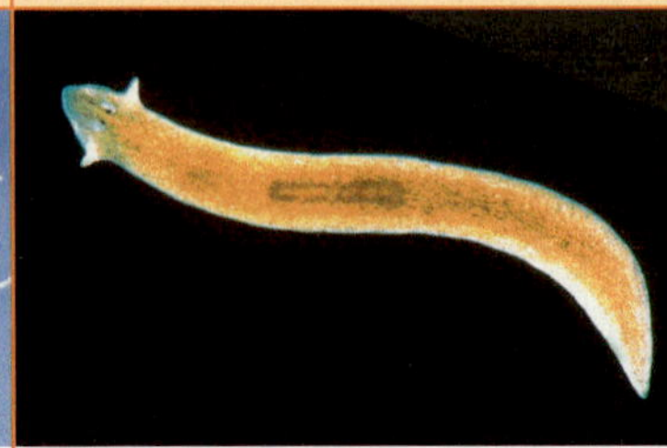	
• Kalkschwämme • Kieselschwämme	• Hydratiere • Korallentiere • Quallen • Blumentiere	• Bandwürmer • Strudelwürmer	• Vielborster • Wenigborster • Egel
Sie sind fest sitzende Wasserlebewesen. Ihr Außenskelett besteht aus Kalk, Kieselnadeln oder Hornfasern.	Sie leben im Wasser. Ihr Körper besteht aus zwei Zellschichten, die durch eine Stützlamelle getrennt sind.	Bei den parasitischen Würmern kann der Darm ganz fehlen, die Nahrungsaufnahme und Ausscheidung erfolgt über die Haut.	Sie bewegen sich mit Hi eines Hautmuskelschlau der mit Borsten besetzt fort.
Körper ungegliedert	Körper ungegliedert	Körper ungegliedert	regelmäßig gegliedert
Atmung über die gesamte Körperoberfläche	Atmung über die gesamte Körperoberfläche	Atmung durch die Haut	Atmung durch die Haut manche Arten durch Ki
ohne Blutgefäßsystem	ohne Blutgefäßsystem	ohne Blutgefäßsystem	geschlossener einfache Blutkreislauf 
Körper wechselwarm	Körper wechselwarm	Körper wechselwarm	Körper wechselwarm
kein zentrales Verdauungssystem, strudelt Wasser in Körperöffnungen, dabei werden Nahrungsteilchen aufgenommen	Verdauung in einem Hohlraum im Inneren des Körpers 	blind endender verzweigter Darm 	gegliederter Darm mit zwei Körperöffnung 
kein Nervensystem	netzförmiges Nervensystem 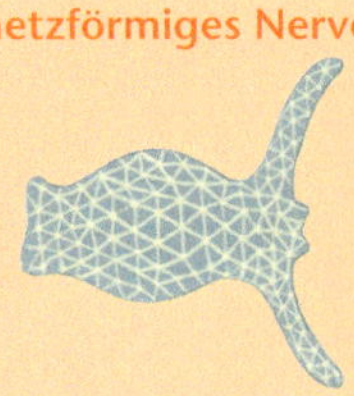	strangförmiges Nervensystem 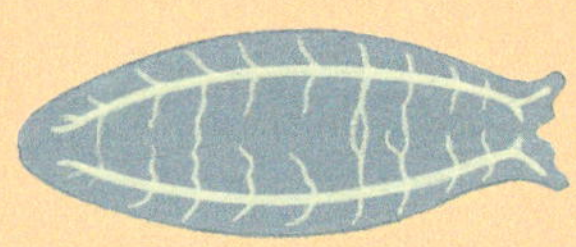	Strickleiternervensyster mit Gehirn 
meist ungeschlechtliche Fortpflanzung durch Knospung	meist ungeschlechtliche Fortpflanzung	geschlechtliche Fortpflanzung, Zwitter	geschlechtliche Fortpfla meist Zwitter

95 Prozent der auf der Erde bekannten Tierarten sind Wirbellose. Zu ihnen gehören die tierischen Einzeller und die hier aufgeführten Stämme. Sie stellen eine Auswahl dar. Die heutige Vorstellung von der Evolution der Tiere aus einfachen Formen bis zur gegenwärtigen Vielfalt der Tiergruppen zeigt Abbildung 1.

tamm Gliederfüßer	Stamm Weichtiere

ɔinnentiere ˑebstiere ˌusendfüßer sekten	• Schnecken • Muscheln • Kopffüßer • Kahnfüßer
ˌbschnitte gegliederte ˑdmaßen, Außenskelett Chitin	Körper gegliedert in Kopf, Fuß, Eingeweidesack und Mantel
egelmäßig gegliedert	unregelmäßig gegliedert
ˌung durch Tracheen r Kiemen	Atmung durch Kiemen oder Lungen
nes Blutgefäßsystem Herz 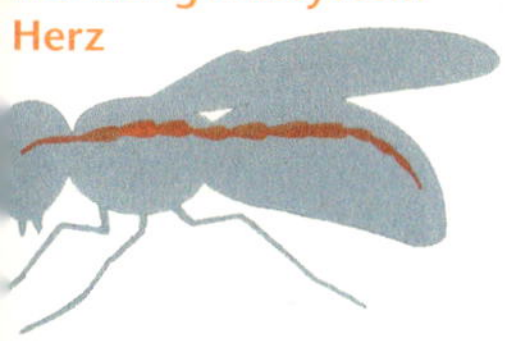	offenes Blutgefäßsystem mit Herz 
ɔer wechselwarm	Körper wechselwarm
liederter Darm mit zwei ɔeröffnungen 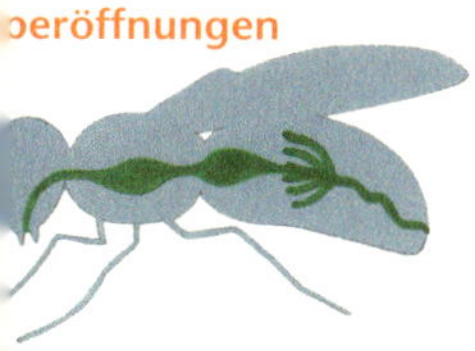	gegliederter Darm mit zwei Körperöffnungen 
:kleiternervensystem Gehirn 	zentrales Nervensystem mit Gehirn 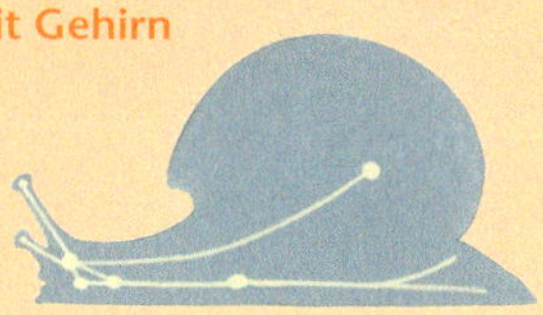
:hlechtliche Fortpflanzung	geschlechtliche Fortpflanzung

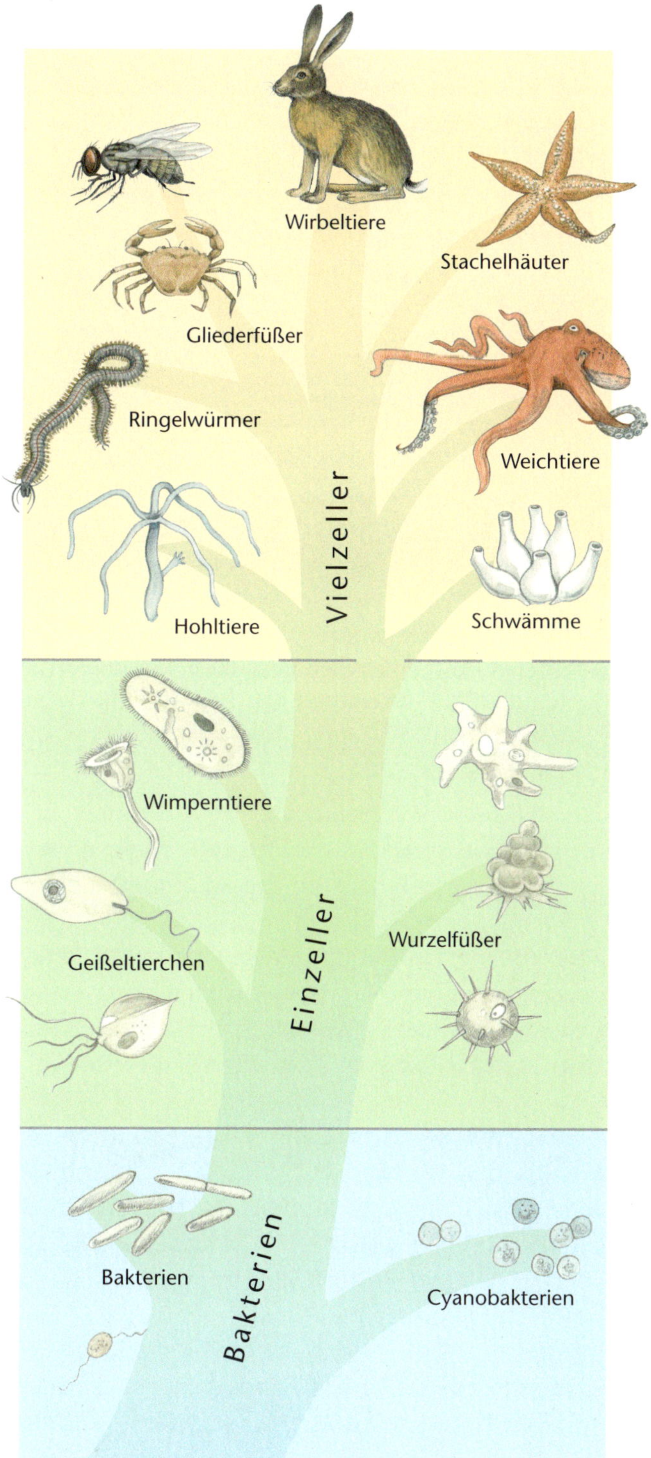

1 *Vereinfachter Stammbaum der Tiere*

10.11 Der Stamm der Gliederfüßer

1 *Artenvielfalt der Gliederfüßer*

Um die Vielfalt der Tierarten ordnen zu können, haben Wissenschaftler ein Ordnungssystem der Tiere entwickelt, in das alle Arten eingeordnet werden. Die Tierarten werden dabei nach ihrem Körperbau in Gruppen zusammengefasst. Die abgestuften Ähnlichkeiten im Körperbau werden dabei als Grad der Verwandtschaft untereinander angesehen. Innerhalb des **Reiches** der Tiere werden verschiedene **Stämme** unterschieden. Ein Tierstamm besteht aus mehreren **Klassen,** und die Klassen weisen häufig mehrere **Ordnungen** auf. Innerhalb der Ordnungen werden **Familien** unterschieden, die wiederum in **Gattungen** aufgeteilt werden. Gattungen fassen eine Gruppe von mehreren **Arten** zusammen. Auf diese Weise lässt sich z. B. der Maikäfer in das System der Tiere einordnen (Abb. 2).

Der Stamm der **Gliederfüßer** ist vermutlich im Kambrium vor etwa 500 Millionen Jahren zum ersten Mal aufgetreten. Zu den heutigen Vorfahren der Gliederfüßer gehören die Trilobiten (Abb. 1). Sie sind heute ausgestorben, werden aber noch in zahlreichen Formen als Fossilien gefunden. Heute sind fast eine Million Tierarten bei den Gliederfüßern bekannt. Das sind rund 80 Prozent aller bekannten heutigen Tierarten. Zu den Gliederfüßern gehören so unterschiedliche Klassen wie Insekten, Tausendfüßer, Krebse und Spinnen (Abb. 1). Gliederfüßern ist es im Verlauf der Evolution gelungen, vielfältigste Lebensräume zu besiedeln. Tausendfüßer leben im und auf dem Boden. Krebse finden sich vor allem im Wasser, aber auch an Land. Spinnen finden ihre Beute auf dem Boden, aber auch in der Luft; einige, wie die Wasserspinne, können aber auch unter Wasser leben. Insekten haben nahezu alle Lebensräume besiedelt. Es gibt Arten, die im Wasser leben oder auf der Wasseroberfläche. Viele Insekten leben auf dem Boden, andere fangen ihre Beute im Fluge. Auch im Boden finden sich zahlreiche Insekten. Die Gliederfüßer sind an die Bedingungen ihrer jeweiligen Lebensräume angepasst. Die Besetzung vielfältigster Lebensräume führte zur Entwicklung einer ungeheuren Artenvielfalt.

Reich	Tiere
Stamm	Arthropoda (Gliederfüßer)
Klasse	Insecta (Insekten)
Ordnung	Coleoptera (Käfer)
Familie	Scarabaeidae (Mist- und Laubkäfer)
Gattung	Melolonthus (Maikäfer)
Art	Melolontha melolontha (Feldmaikäfer)

2 *Einordnung des Maikäfers in das System der Tiere*

Alle Gliederfüßer besitzen ein durch Chitin versteiftes Außenskelett, das beim Wachstum durch Häutung erneuert wird. Ihr Körper ist in Segmente gegliedert. Die Gliederfüßer besitzen im oberen Teil des Körpers ein Herz und haben einen offenen Blutkreislauf. Auf der Bauchseite liegt ein Strickleiternervensystem mit einem Nervenknoten, dem Ganglion, in jedem Segment. Die meisten Gliederfüßer vermehren sich geschlechtlich und entwickeln sich direkt oder über Larven.

In ihrem Körperbau ähneln die Gliederfüßer den Ringelwürmern, die einen gleichmäßig gegliederten Körper besitzen. Die ersten Arten der Gliederfüßer im Kambrium besaßen an allen Segmenten ein Paar Gliedmaßen, die als Beine genutzt wurden. Im Lauf der Evolution verschmolzen einige der vorderen Segmente zum Kopf. Dabei wurden Gliedmaßenpaare zu Kiefern und Fühlern umgebildet.

Diesen Vorfahren sehr ähnlich sind die heute noch lebenden **Tausendfüßer** (Abb. 3). Ihr Kopf beherbergt ein aus mehreren Ganglien verwachsenes Gehirn. Die Tausendfüßer tragen ein Paar Fühler und Mundwerkzeuge am Kopf. Ihr Rumpf besteht aus Segmenten, die jeweils ein Laufbeinpaar aufweisen. Nur an den letzten Segmenten befinden sich keine Beine.

In der Evolution der **Insekten** ist es zu einer weiteren Verschmelzung von Segmenten gekommen. Die auf den Kopf folgenden drei Segmente sind bei ihnen zur Brust verschmolzen. Die drei Gliedmaßenpaare dieser Segmente sind im Lauf der Evolution erhalten geblieben, während die Segmente am Hinterleib keine Gliedmaßen mehr aufweisen (Abb. 4). Bei **Spinnen** hat sich während der Evolution im Bereich der Brust eine Verschmelzung aus vier Segmenten entwickelt, sodass sie vier Gliedmaßen, also acht Beine, aufweisen (Abb. 5).

Bei den wasserlebenden **Krebstieren** sind die Gliedmaßenpaare oft noch an jedem Segment vorhanden (Abb. 6). Nur die hintersten Segmente sind häufig verwachsen und besitzen keine Gliedmaßen mehr wie der Ruderschwanz der Krebse.

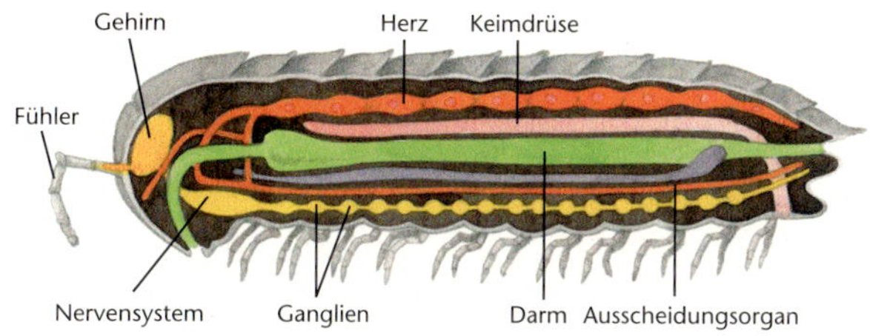

3 *Körperbau eines Tausendfüßers*

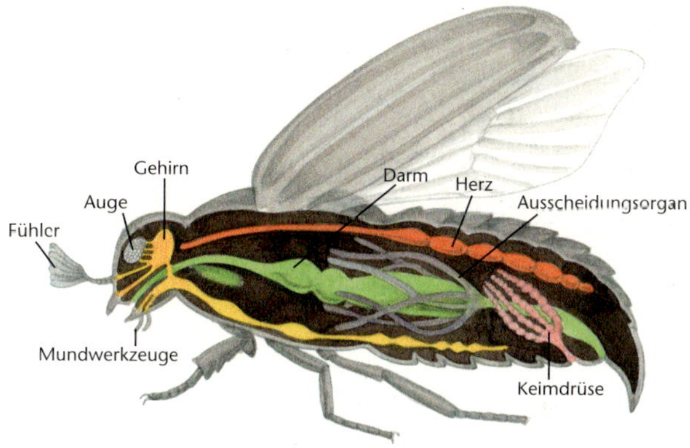

4 *Körperbau eines Insekts*

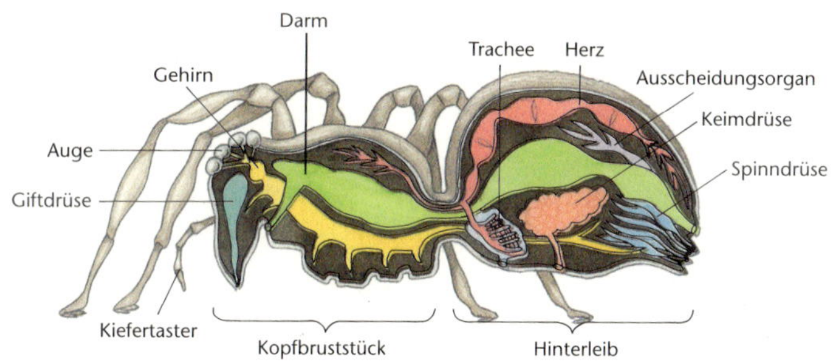

5 *Körperbau einer Spinne*

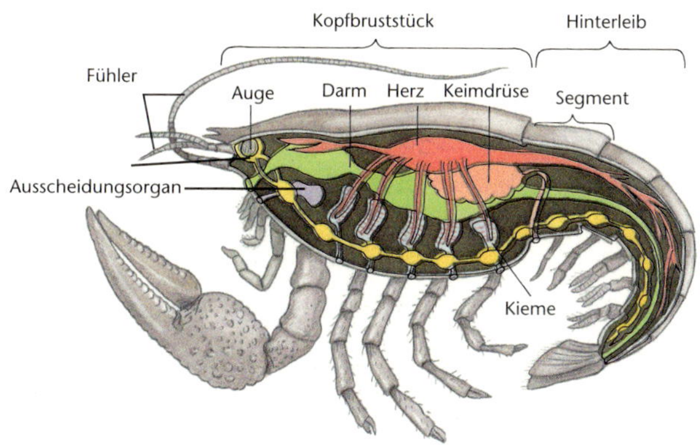

6 *Körperbau eines Krebstieres*

10.12 Fangstrategien von Spinnen

1 *Kreuzspinne*

2 *Springspinne*

3 *Krabbenspinne*

Das Netz der Kreuzspinne ist vertikal angelegt (Abb. 1). Wenn fliegende Insekten gegen das Netz stoßen, berühren sie die Fäden und kleben an ihnen fest. Die Kreuzspinne lauert am Rande des Netzes. Sie ist ein **Lauerjäger**. Kleine Tiere werden sofort durch einen Biss gelähmt. Größere Insekten werden zunächst wehrlos gemacht, indem die Spinne diese innerhalb weniger Sekunden einspinnt und dann tötet.

Krabbenspinnen haben die Fähigkeit, wie eine Krabbe seitwärts- oder rückwärtslaufen zu können. Auch Krabbenspinnen sind Lauerjäger. Sie bauen jedoch kein Netz, sondern wählen ein Versteck in Blüten, die von Insekten angeflogen werden (Abb. 3). Die Krabbenspinne streckt die langen vorderen Beinpaare zum Fangen der Beute zu beiden Seiten aus und verharrt so reglos. Wenn eine Biene auf der Blüte landet, wird sie mit den kräftigen Vorderbeinen gepackt. Die Krabbenspinne beißt in den nur schwach gepanzerten Rücken hinein und hält die Biene fest, bis sie durch das Gift gelähmt ist. Nun kann die Spinne mit dem Aussaugen ihrer Beute beginnen. Eine Krabbenspinne verändert je nach aufgenommener Nahrung ihre Farbe von Dottergelb über Zartgrün bis Weiß. Je nach ihrer Körperfarbe sucht sie auch entsprechend gefärbte Blüten auf. Durch dieses Verhalten ist sie immer gut getarnt.

Springspinnen können im Vergleich zu anderen Spinnen recht gut sehen (Abb. 2). Ihre Beute sind auf dem Boden lebende Insekten. Hat die Springspinne ein Insekt ausgemacht, schleicht sie das Beutetier langsam an. Wegen dieser Methode des Beutefangs bezeichnet man sie auch als **Pirschjäger**. Während des Anschleichens heftet sie einen Sicherheitsfaden auf den Untergrund. In einer Entfernung von fünf Zentimetern vor dem Beutetier kauert sich die Spinne nieder und springt die Beute dann zielsicher an. Dabei spult sie den Sicherheitsfaden hinter sich ab. Beim Sprung streckt die Springspinne die beiden vorderen Beinpaare nach vorn und ergreift damit die Beute. Mit einem giftigen Biss lähmt sie ihre Beute und saugt sie dann aus. Die Springspinne kann Tiere überwältigen, die wesentlich größer sind als sie selbst.

Durch ihre unterschiedlichen Fangstrategien erbeuten bestimmte Spinnenarten nur bestimmte Insektenarten. Dadurch wird das große Insektenangebot besser genutzt und Konkurrenz um Nahrung vermieden.

4 *Beutefang von Spinnen*

Das Netz der **Baldachinspinne** wölbt sich kuppelförmig nach oben. Über dem Netz ist ein dichtes Fadengewirr gespannt. Wenn sich ein fliegendes Insekt darin verfängt, stürzt es auf das Netz und wird zur Beute der Spinne.

Vom Netz der **Haubennetzspinne** gehen stark klebrige Fäden aus, die auf dem Boden befestigt sind. Berührt ein Insekt einen Faden, so bleibt das Tier an ihm haften und wird mit dem Faden nach oben ins Netz katapultiert.

Wolfsspinnen bauen keine Netze, sondern schleichen sich an die Beutetiere heran. Das überraschte Tier wird dann im Sprung überwältigt.

5 *Verschiedene Spinnenarten*

1 Fangstrategien von Spinnen. Welche Spinnen kannst du in Abbildung 4 erkennen? Beschreibe, wo sie auf Beutejagd gehen. Wie fangen sie ihre Beute? Lies dazu die Angaben in Abbildung 5. Fertige eine Tabelle an: Ordne die Spinnenarten dieses Abschnittes in die Tabelle ein.

2 Verdauung der Spinnen. Die Verdauung der Spinnen wird „äußere Verdauung" genannt (Abb. 6). Vergleiche diese Form der Verdauung mit der „inneren Verdauung" des Menschen. Lege dazu eine Tabelle an.

Die Mundöffnung der Spinnen ist sehr klein. Sie können ihre Nahrung nicht zerkleinern. Spinnen sondern Verdauungssaft in das Beutetier ab. Es wird dadurch langsam aufgelöst. Das Innere des Beutetiers wird zu einem Nahrungsbrei, der von der Spinne aufgesaugt wird. Sie besitzen hierfür einen kräftigen Saugmagen.

6 *Äußere Verdauung der Spinnen*

11 Der Stamm der Weichtiere

11.1 Der Regenwurm – ein Ringelwurm

1 *Paarung von Regenwürmern*

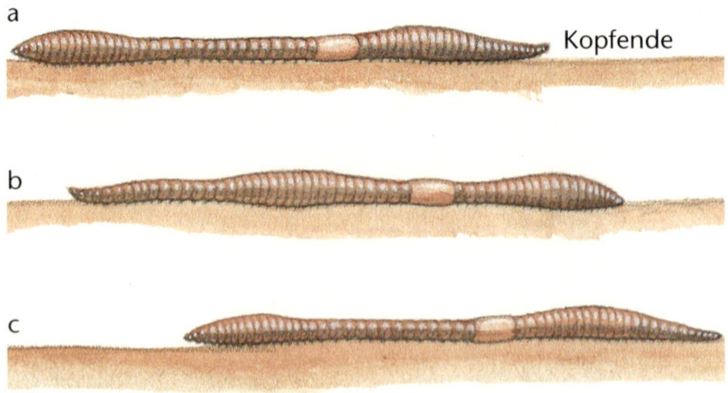

2 *Fortbewegung des Regenwurms*

Ein Regenwurm besitzt keine Gliedmaßen. Sein Körper besteht aus circa 150 Körperringen, die man auch Segmente nennt (Abb. 1, 3). Jedes Segment weist den gleichen Aufbau auf. An der Spitze befindet sich ein lappig vorgezogenes Segment, das die Mundöffnung überdeckt. Der Regenwurm gehört zur Gruppe der **Ringelwürmer.**

Sein Körper besteht aus verschiedenen röhrenartigen Schichten. Die außen liegende Deckschicht, die Kutikula, wird durch Schleimdrüsen feucht gehalten und bewahrt den Regenwurm vor dem Austrocknen. Darunter liegen die Ring- und Längsmuskulatur. Der Regenwurm kann sich fortbewegen, indem sich die Längsmuskelschicht teilweise zusammenzieht. Dabei verkürzt er sich (Abb. 2). Werden anschließend Teile der Ringmuskelschicht zusammengezogen, wird er lang und dünn. Bei diesen Bewegungen verankern die acht Chitinborsten eines jeden Segmentes das Tier im Boden und verhindern somit das Zurückrutschen des Wurmes.

Im Inneren durchzieht der Magen-Darm-Kanal den Körper des Regenwurms (Abb. 3). Das Blut fließt in zwei großen Blutgefäßen, dem Rücken- und Bauchgefäß durch den Körper. Ringgefäße verbinden die beiden Hauptgefäße. Der Regenwurm besitzt einen **geschlossenen Blutkreislauf.** Die Ringgefäße in den ersten fünf Segmenten können sich verengen und pumpen das Blut wie ein Herz durch den Körper. Zur Ausscheidung dienen kleine Kanälchen, die Abfallstoffe nach außen leiten.

Der Regenwurm kann Temperaturunterschiede, Licht und Berührung wahrnehmen. Diese Wahrnehmungen sind durch ein Nervensystem möglich, das aufgrund seiner Bauform auch Strickleiternervensystem genannt wird. Ein besonderer Bereich im ersten Segment, das Oberschlundganglion, übernimmt ähnliche Funktionen wie ein Gehirn. Jeder Regenwurm ist ein **Zwitter.** Er bildet sowohl Ei- als auch Spermazellen. Bei der Paarung liegen zwei Tiere nebeneinander und tauschen ihre Spermien aus (Abb. 1). Im vorderen Drittel des Regenwurms ist eine hell gefärbte Verdickung, der Gürtel. Dieser sondert eine Schleimmanschette ab, in die Eier abgegeben werden. Wenn diese Manschette abgestreift wird, befruchten die gespeicherten Spermien die Eizellen. Die abgestreifte Manschette erhärtet an der Luft, und nach wenigen Wochen schlüpfen aus diesem Kokon die etwa einen Zentimeter langen jungen Regenwürmer.

Regenwürmer ernähren sich von humusreicher Erde und vor allem von Pflanzenresten, die nachts in die Gänge gezogen werden und dort vermodern (Abb. 4). Der Kot enthält viele Mineralsalze, die das Pflanzenwachstum fördern. Die durch das Graben entstandenen Röhren lockern den Boden auf und durchlüften ihn so.

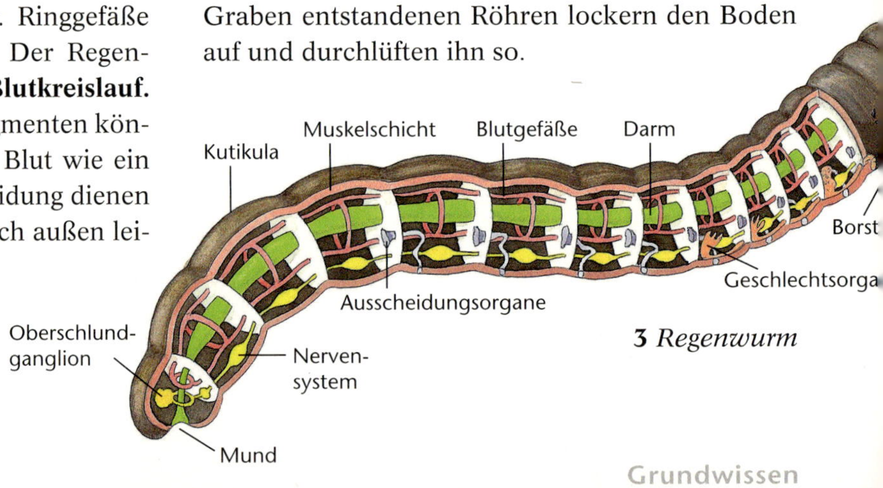

3 *Regenwurm*

4 *Lebenstätigkeit von Regenwürmern im Jahresverlauf*

1 Bau des Regenwurmes. Lege eine Tabelle an. Notiere in der ersten Spalte die Zahlen der Abbildung 5 und nenne in den folgenden Spalten mithilfe von Abbildung 3 die Namen der Organe sowie deren Aufgaben.

2 Regeneration des Regenwurmes. Der Regenwurm ist zur Regeneration fähig, das heißt, er kann kleinere verloren gegangene oder verletzte Körperteile erneuern. Wenn der Wurm geteilt wird, lebt der vordere Teil weiter. Formuliere Vermutungen, warum nur der vordere Teil zur Regeneration fähig ist.

3 Aussagen über den Regenwurm. Nimm Stellung zu den folgenden Aussagen:
- ARISTOTELES (384–322 v. Chr.) bezeichnete die Regenwürmer als „Eingeweide der Erde".
- In Ägypten wurden die Tiere so hoch geschätzt, dass sie heilig gesprochen wurden und KLEOPATRA (69–30 v. Chr.) ein Verbot erließ, Regenwürmer außer Landes zu bringen.
- Im 17. Jahrhundert sprach man von „reger Wurm". Von dieser regen Tätigkeit ist wohl auch der Name der Tiere abgeleitet.
- Der englische Landpfarrer GILBERT WHITE behauptete im 18. Jahrhundert: Ohne Regenwürmer würde die Erde bald kalt, hart und fast ohne jede Lebewesen und Fruchtbarkeit sein.
- Ebenfalls im 18. Jahrhundert war in einem Gartenbuch zu lesen, dass Regenwürmer zu töten seien, wo man sie findet, da sie die lebenden Pflanzenwurzeln auffräßen.

4 Das Jahr des Regenwurmes. Beschreibe die Lebensweise des Regenwurmes in den verschiedenen Jahreszeiten (Abb. 4). Benutze dazu auch die Grundwissenseite. Stelle Vermutungen über seine Überwinterungsstrategie an. Begründe deine Aussagen.

5 Fortbewegung des Regenwurmes. Beschreibe die Fortbewegung des Regenwurmes anhand von Abbildung 2. Stelle auch die Vorgänge in den Muskelschichten des Körpers dar. Verwende dazu die Grundwissenseite.

6 DARWINs Untersuchungen über den Regenwurm. Übersetze den folgendenText von DARWIN (1809–1882) ins Deutsche. Vergleiche die Aussagen mit denen auf der Grundwissenseite.
„… The circulatory system is well developed. Worms breathe by their skin, as they do not possess any special respiratory organs. The two sexes are united in the same individual, but two individuals pair together. The nervous system is fairly well developed; and the two almost confluent cerebral ganglia are situated very near to the anterior end of the body.
Worms are destitute of eyes, and at first I thought that they were quite insensible to light; for those kept in confinement were repeatedly observed by the aid of a candle and others out of doors by the aid of a lantern, yet they were rarely alarmed although extremely timid animals. Other persons have found no difficulty in observing worms at night by the same means…"

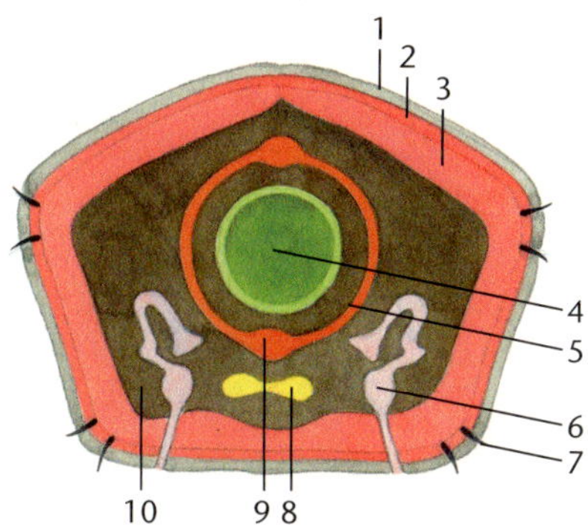

5 *Querschnitt durch den Regenwurm*

11.2 Die Weinbergschnecke – ein Weichtier

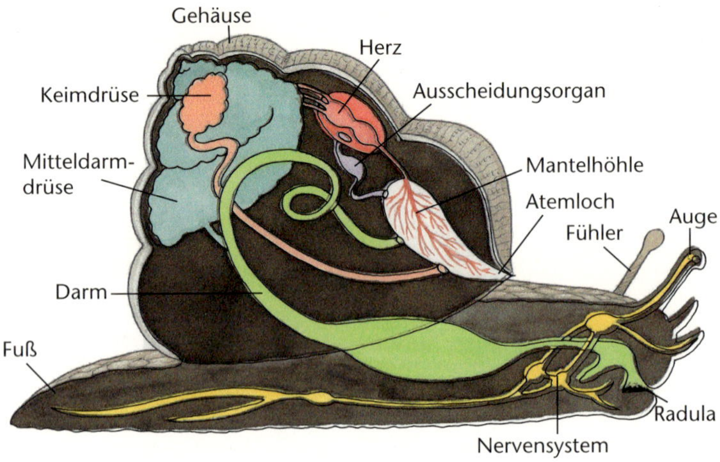

1 *Innerer Bau der Weinbergschnecke*

2 *Weinbergschnecken bei der Paarung*

Schnecken gehören wie die Muscheln und Kopffüßer zu den **Weichtieren.** Eine Weinbergschnecke besteht aus dem Kalkgehäuse und einem weichen Körper. Dieser ist gegliedert in Kopf, Fuß und den Eingeweidesack, der im Gehäuse liegt (Abb. 1). Die Aufnahme der Atemluft erfolgt durch ein deutlich sichtbares Atemloch, das in die Mantelhöhle führt. Die Wand der Mantelhöhle weist zahlreiche Blutgefäße auf, die den Sauerstoff der Luft aufnehmen. Der Eingeweidesack enthält die inneren Organe. Schnecken haben einen **offenen Blutkreislauf.** Das Herz saugt das sauerstoffreiche Blut von der Mantelhöhle her an und pumpt es in die Körperhohlräume. Dort umspült das Blut alle Organe und gibt den Sauerstoff ab. Der muskulöse Fuß besitzt eine Kriechsohle, die immer feucht und schleimig ist. Beim Kriechen hinterlässt die Weinbergschnecke eine Schleimspur auf dem Untergrund.

Die Weinbergschnecke besitzt zwei Paar Fühler. Die längeren haben je ein Auge, die kürzeren sind Tast- und Geruchsorgane. Wenn die Fühler ein Hindernis berühren, werden sie schnell zurückgezogen. Bei Gefahr zieht sich die Schnecke in ihr Schneckenhaus zurück.

Weinbergschnecken sind Pflanzenfresser. Die Schnecke drückt das Blatt mit den Lippen oder der Zunge gegen die hornigen Oberkiefer und schneidet dadurch ein Blattstückchen ab. Auf der Zunge befindet sich eine dunkle Reibeplatte, die Radula. Damit raspelt sie kleine Stücke aus dem Blatt und schluckt sie herunter.

Weinbergschnecken sind **Zwitter,** sie haben Spermien und Eier in ihren Geschlechtsorganen. Im Mai und Juni ist die Paarungszeit. Die Tiere stellen die vorderen Teile ihrer Kriechsohlen senkrecht gegeneinander (Abb. 2). Dann tritt an der rechten Kopfseite das weißliche Begattungsteil hervor. Damit übergeben die Schnecken dem anderen Partner die Spermien in dessen Geschlechtsöffnung, die sich ebenfalls an der rechten Kopfseite befindet. Erst danach reifen Eizellen heran. Nach vier Wochen befruchten die Spermien die inzwischen gereiften Eizellen. Die Schnecke gräbt dann eine Erdhöhle und beginnt mit der Ablage von 30–60 Eiern. Die jungen Schnecken, die noch ein unvollständig entwickeltes Gehäuse besitzen, schlüpfen etwa 30 Tage später.

Im Herbst graben die Schnecken sich in die Erde ein. Der Eingang zum Gehäuse wird mit einem Kalkdeckel verschlossen; so sind sie gegen Feinde geschützt. Dann fallen die Weinbergschnecken in eine Kältestarre.

Wenn es im Frühjahr wieder wärmer wird, stößt die Schnecke den Kalkdeckel ab und kommt wieder zum Vorschein.

3 *Fuß der Weinbergschnecke*

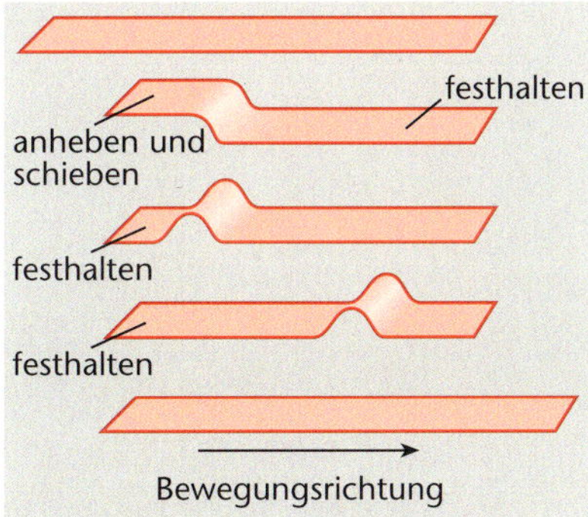

4 *Versuch zur Fortbewegung*

5 *Schneckenruhe*

1 Fortbewegung. Wenn man die Fortbewegung einer Schnecke von unten beobachtet, erkennt man im Fuß linienartige dunkle Strukturen (Abb. 3). Beschreibe die Vorgänge im Fuß anhand des Modellversuches in Abbildung 4.

2 Angepasstheit an Trockenheit. Bei starker Trockenheit im Sommer ziehen sich Schnecken in das Gehäuse zurück und verschließen den Eingang mit einem Kalkdeckel (Abb. 5). Finde Begründungen für diese Angepasstheit.

3 Weichtiere. Zu den Weichtieren gehören auch Muscheln und Kopffüßer (Abb. 6–9). Vergleiche in einer Tabelle den Körperbau und die inneren Organe dieser Tiergruppen mit der Weinbergschnecke.

4 Fortpflanzung – eine Frage der Geschwindigkeit? Kopffüßer pflanzen sich ebenso wie Schnecken ausschließlich geschlechtlich fort. Schnecken sind Zwitter, Kopffüßer aber nicht. Manche Wissenschaftler bezeichnen diese Eigenschaft der Schnecken als Angepasstheit an die langsame Fortbewegung. Erläutere diese Hypothese.

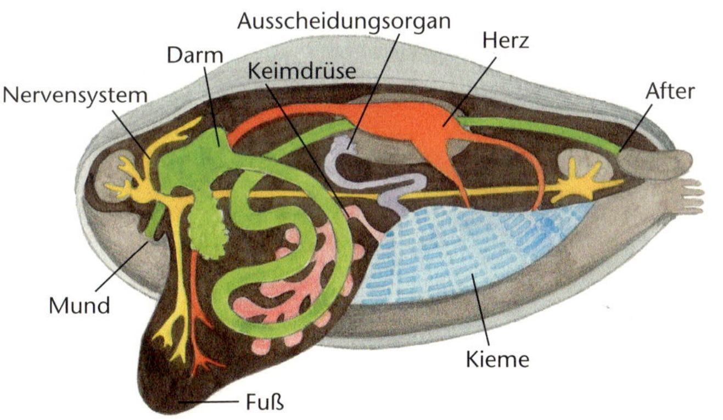

6 *Innerer Bau einer Muschel*

7 *Muschel*

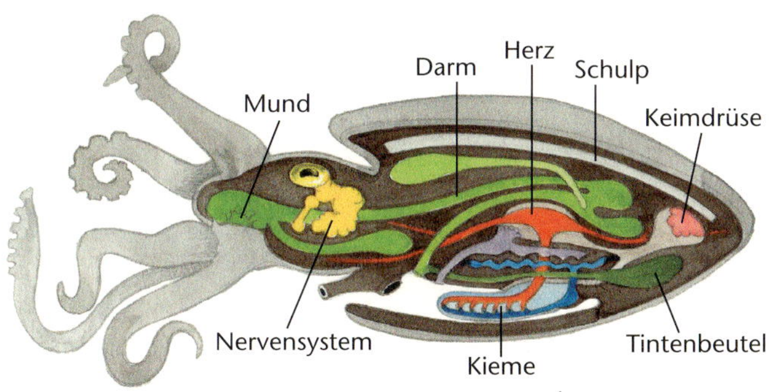

8 *Innerer Bau eines Kopffüßers*

9 *Kopffüßer*

Biologische Prinzipien beim Thema „Wirbellose Tiere“

Die nachfolgenden Sachverhalte stammen aus den Kapiteln „Insekten“ und „Der Stamm der Weichtiere“.

Auf der rechten Seite sind noch einmal die biologischen Prinzipien aufgeführt.

1 Aufgabe: Ordne jedem Sachverhalt auf dieser Seite ein biologisches Prinzip oder mehrere biologische Prinzipien zu.

1. Insekten haben Gemeinsamkeiten in ihrem Körperbau. Sie besitzen ein Außenskelett und keine innen liegende Wirbelsäule. Insekten gehören zur großen Gruppe der wirbellosen Tiere. Innerhalb der wirbellosen Tiere sind die Insekten die artenreichste Gruppe.

2. Bei Bienen erfolgt die Verständigung über ertragreiche Futterstellen für Nektar und Pollen hauptsächlich durch den Rundtanz und durch den Schwänzeltanz. Dabei werden Informationen über Entfernung, Richtung und Ergiebigkeit der Futterquelle übermittelt.

3. Insekten gehören zu den Gliederfüßern. Jedes Bein der drei Beinpaare eines Insekts hat einen gegliederten Aufbau. Der Bau der Beine zeigt bei manchen Insekten Abwandlungen, mit denen sie an ihre Fortbewegungsweise oder Ernährungsweise angepasst sind.

4. Insekten fressen ihre Nahrung mit Mundwerkzeugen, die sich an der Unterseite des Kopfes vor der Mundöffnung befinden. Die Mundwerkzeuge aller Insekten haben einen gemeinsamen Bauplan: Sie bestehen aus Unter- und Oberkiefer sowie Unterlippe und Oberlippe. Viele Insekten sind auf eine bestimmte Nahrung spezialisiert. Ihre Mundwerkzeuge sind abgewandelt. Solche Abwandlungen im Bauplan der Mundwerkzeuge sind Angepasstheiten, je nachdem, ob sich ein Insekt durch Beißen und Kauen oder durch Saugen, Lecken oder Stechen ernährt.

5. Zu den Gliederfüßern gehören unter anderem Spinnen, Krebse, Tausendfüßer und Insekten. Alle Gliederfüßer besitzen Ähnlichkeiten im Körperbau, zum Beispiel gegliederte Beine und ein Außenskelett aus Chitin.

6. Regenwürmer ernähren sich vor allem von Pflanzenresten. Der Kot enthält viele Mineralsalze, die das Pflanzenwachstum fördern. Durch das Graben wird der Boden aufgelockert und durchlüftet. Die Tätigkeit der Regenwürmer fördert das Wachstum von Pflanzen.

7. Weinbergschnecken gehören wie andere Schnecken und Muscheln zu den Weichtieren. Weinbergschnecken sind Zwitter. Jedes Tier bildet Spermien und Eier in seinen Geschlechtsorganen. Bei der Paarung überträgt jeder Partner seine Spermien auf den anderen Partner. Die befruchteten Eier werden in Erdhöhlen abgelegt.

Biologische Prinzipien

Struktur und Funktion

Unter Struktur versteht man den Bau von Lebewesen. Mit ihrem Bau sind sie an bestimmte Aufgaben (Funktionen) angepasst, zum Beispiel sich zu bewegen oder zu ernähren.

Fortpflanzung

Lebewesen vermehren sich. Durch Fortpflanzung wird der Fortbestand der Art gesichert. Die meisten Lebewesen entwickeln sich im Laufe ihres Lebens und verändern sich dabei.

Wechselwirkungen zwischen Lebewesen

Jedes Lebewesen hat Wirkungen auf seine Umwelt und die Umwelt wirkt auf das Lebewesen. Ein Lebewesen kann Wirkungen auf andere Lebewesen haben und umgekehrt.

Vielfalt

Auf der Erde gibt es vielfältige Lebensräume und eine große Vielfalt von Tier- und Pflanzenarten. Die Nachkommen von zwei Eltern zeigen neben Gemeinsamkeiten auch Unterschiede in den Merkmalen.
Die Geschichte der Lebewesen und ihre Entwicklung im Laufe langer Zeiträume bezeichnet man als Stammesgeschichte. Wenn Lebewesen in vielen Merkmalen übereinstimmen, ist das meistens auf gemeinsame Stammesgeschichte zurückzuführen. Man sagt dann, dass die Lebewesen, die sich in ihrem Körperbau ähneln, stammesgeschichtlich miteinander verwandt sind.

Information und Verständigung

Lebewesen nehmen mit ihren Sinnesorganen Informationen aus ihrem Körper und aus ihrer Umwelt auf. Die Informationen werden verarbeitet und können Einfluss darauf haben, was ein Lebewesen tut und wie es sich verhält. Lebewesen können sich untereinander verständigen.

Angepasstheit

Lebewesen besitzen Eigenschaften, mit denen sie an ihre Umwelt angepasst sind. Solche Eigenschaften nennt man Angepasstheiten. Sie sind für das Überleben eines Lebewesens in seiner Umwelt vorteilhaft.

Blütenpflanzen

12 Blütenpflanzen

12.1 Der Bau von Blütenpflanzen

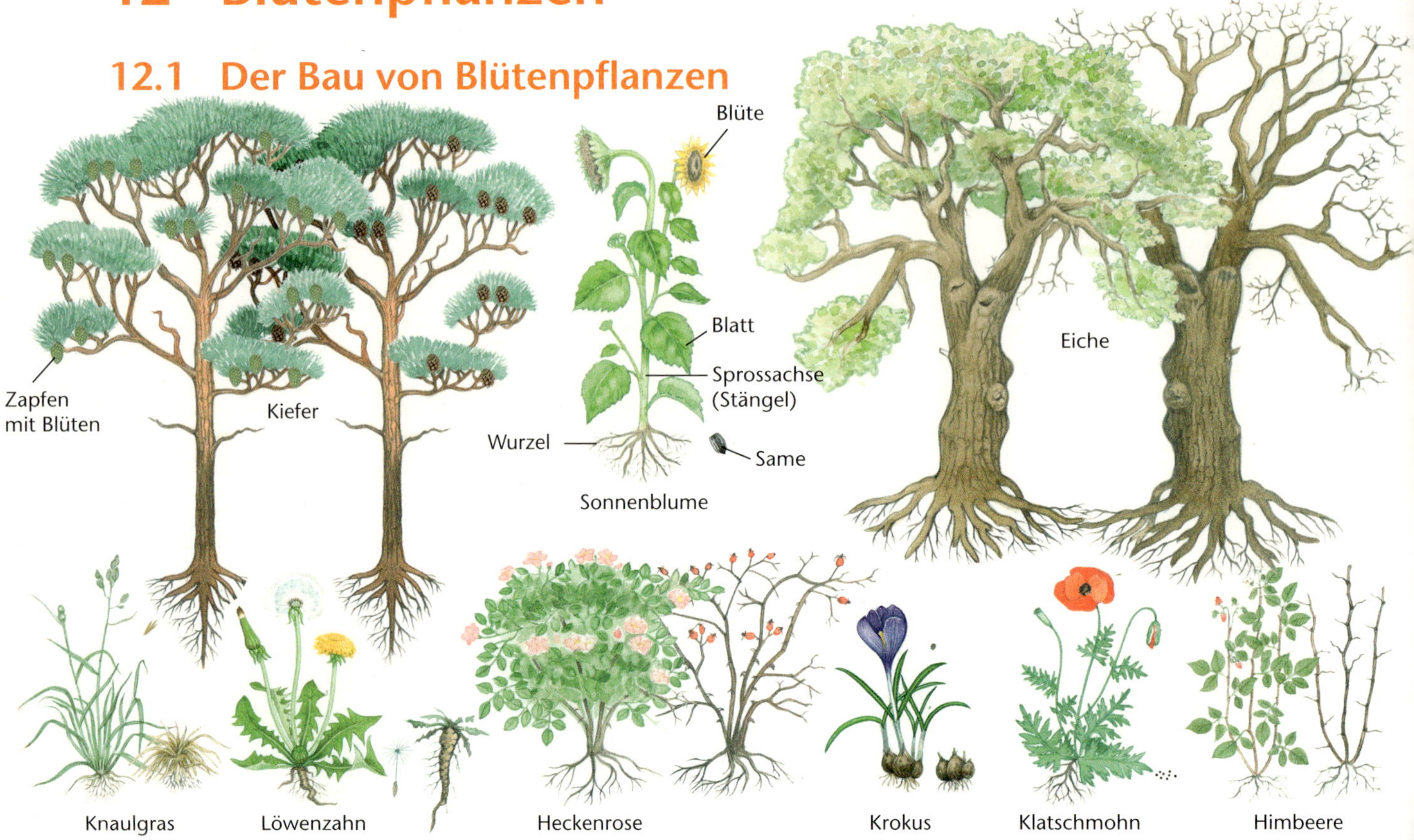

1 *Blütenpflanzen im Frühjahr/Sommer (links) und im Winter (rechts)*

Blütenpflanzen gibt es in großer Vielfalt. Dabei weisen alle Blütenpflanzen Gemeinsamkeiten auf. Blütenpflanzen lassen sich in Wurzel, Sprossachse, Laubblätter und Blüte unterteilen. Das sind die Organe einer Blütenpflanze (Abb. 1).

Die **Wurzeln** verankern die Pflanze im Boden. Mit den Wurzeln werden Wasser und darin gelöste Mineralsalze aus dem Boden aufgenommen. Die feste **Sprossachse** wird bei Kräutern und Stauden auch Stängel genannt (Abb. 1).

Im Inneren des Stängels befinden sich Leitungsbahnen, in denen das Wasser nach oben in alle Teile der Pflanze gelangt. Am Stängel befinden sich Laubblätter und Blüten. **Laubblätter** sind meistens grün. Sie nehmen Licht auf. Mithilfe des Lichtes können Blütenpflanzen in ihren Laubblättern Traubenzucker für ihre Ernährung und Wachstum herstellen. Die **Blüten** dienen der geschlechtlichen Fortpflanzung. Aus Blüten gehen Früchte hervor. In ihrem Inneren befinden sich Samen. Mit Früchten und Samen vermehrt und verbreitet sich eine Blütenpflanze.

Bei Bäumen ist die Sprossachse ein dicker Stamm der sich oben in Äste verzweigt, die eine Baumkrone bilden. Sträucher verzweigen sich über dem Boden. Stamm und Äste sind verholzt. Bäume und Sträucher sind **Holzpflanzen.** Holzpflanzen können sehr alt werden.

Manche Pflanzen leben nur von Frühjahr bis Herbst. Man bezeichnet sie als einjährige Pflanzen oder **Kräuter.** Ihre Samen keimen im nächsten Frühjahr aus. Pflanzen, die mithilfe unterirdischer Speicherorgane überwintern und zwei oder mehr Jahre alt werden können, heißen **Stauden**. Kräuter und Stauden sind nicht verholzt.

1 Organe einer Blütenpflanze. Gib in Form einer tabellarischen Übersicht die Organe einer Blütenpflanze und deren Aufgaben an.

2 Überwinterung von Blütenpflanzen.
a) Ordne die Blütenpflanzen, die in Abbildung 1 dargestellt sind, in Kräuter, Stauden und Holzpflanzen. Begründe deine Zuordnung.
b) Erstelle eine Tabelle, in der du beschreibst, wie die Pflanzen der Abbildung 1 überwintern. Ergänze die Tabelle durch fünf weitere dir bekannte Blütenpflanzen.

Arbeiten mit Lupe und Binokular

Mithilfe einer Lupe oder eines Binokulars kann man ein scharfes, vergrößertes Bild sehen. Beim Binokular wird das Bild für jedes Auge gesondert vergrößert. Es entsteht ein räumliches Bild.

3 Unter die Lupe genommen.
a) Betrachte Millimeterpapier mit einer Handlupe (Abb. 2). Beschreibe, wie du die Lupe halten musst, damit du ein scharfes, vergrößertes Bild siehst.
b) Lege einen Abschnitt eines Stängels oder andere Pflanzenteile einer krautigen Pflanze auf Millimeterpapier und betrachte sie mit der Lupe. Beschreibe deine Beobachtungen und ergänze sie durch Größenangaben (zum Beispiel Breite des Stängels).
c) Untersuche verschiedene Gegenstände und Materialien wie Federn, Zeitungspapier, Stofffetzen und Haare mit der Lupe. Beschreibe diese Beobachtungen.

4 Arbeiten mit dem Binokular.
a) Betrachte die unter 3b und c angegebenen Materialien auf Millimeterpapier durch ein Binokular. Beachte dabei die Angaben in der Abbildung 3. Beschreibe an einem selbst gewählten Beispiel Unterschiede zum Bild, das du mit der Handlupe gewonnen hast.
b) Zeichne mit dem Bleistift Pflanzenteile, die du mit dem Binokular betrachtest. Benutze für deine Zeichnung ein DIN-A4-Blatt. Präsentiere deine Zeichnung deinen Mitschülern. Diskutiert darüber, was an der Zeichnung gut und was nicht so gelungen ist.

2 *Handlupe*

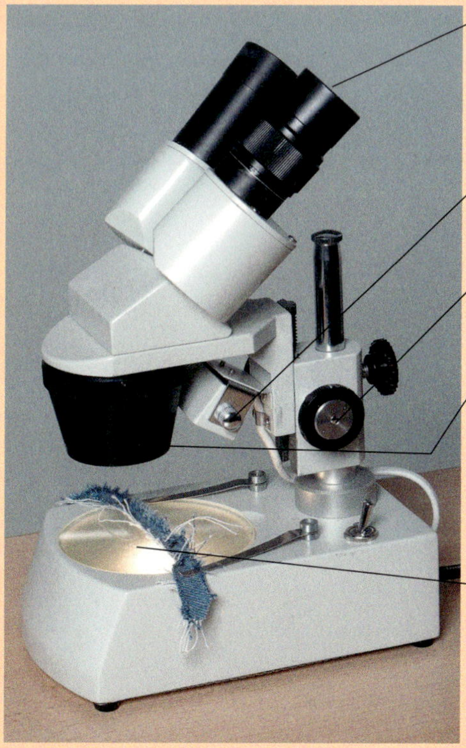

3 *Binokular*

12.2 Die Wurzel

Ein Organ von Blütenpflanzen ist die Wurzel, mit der die Pflanze im Boden verankert ist. Außerdem nehmen die Wurzeln Wasser und darin gelöste Mineralsalze aus dem Boden auf.

Nach der Keimung eines Samens krümmt sich die Wurzel nach unten und wächst in die Erde. Hinter der Wurzelspitze findet sich ein Abschnitt vieler winziger Ausstülpungen. Diese werden **Wurzelhaare** genannt (Abb. 1). Die feinen Wurzelhaare dringen in die Hohlräume zwischen die Bodenteilchen. In den Hohlräumen befindet sich Wasser, in dem Mineralsalze gelöst sind. Die Wurzelhaare nehmen das Wasser und die darin gelösten Mineralsalze auf. Von den Wurzelhaaren gelangen Wasser und Mineralsalze in das Innere der Wurzel. Dort befinden sich Leitungsbahnen, die lang gestreckten Röhren ähneln. In Leitungsbahnen gelangen Wasser und Mineralsalze in den Stängel und von dort bis in die Blätter und Blüten.

Die vielen Wurzelhaare bilden eine **große Oberfläche**. Bei einer einzigen Roggenpflanze zum Beispiel entspricht die gesamte Oberfläche der Wurzelhaare ungefähr der Fläche von fünf bis sechs großen Klassenräumen. Durch die große Oberfläche wird die Aufnahme von Wasser und darin gelösten Mineralsalzen begünstigt.

Wenn starker Wind den Pflanzenkörper biegt, wirken auf die Wurzeln vor allem Zugkräfte. Durch Seitenwurzeln wird die Verankerung im Boden verbessert. So wird die Pflanze auch bei starkem Wind nicht umgeworfen. Manche Arten wurzeln flach und breit gefächert, andere Arten bilden tiefe Pfahlwurzeln (Abb. 4).

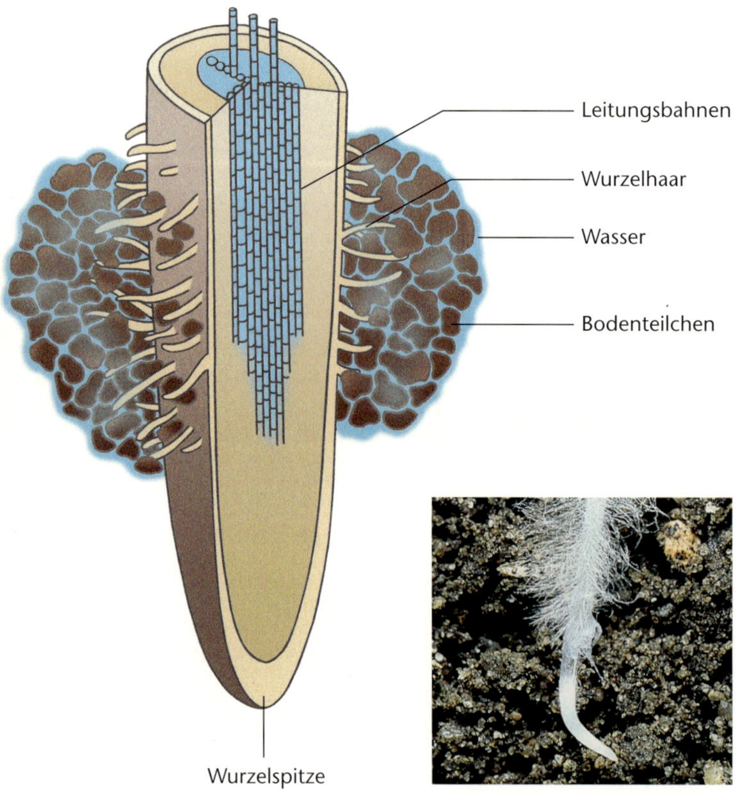

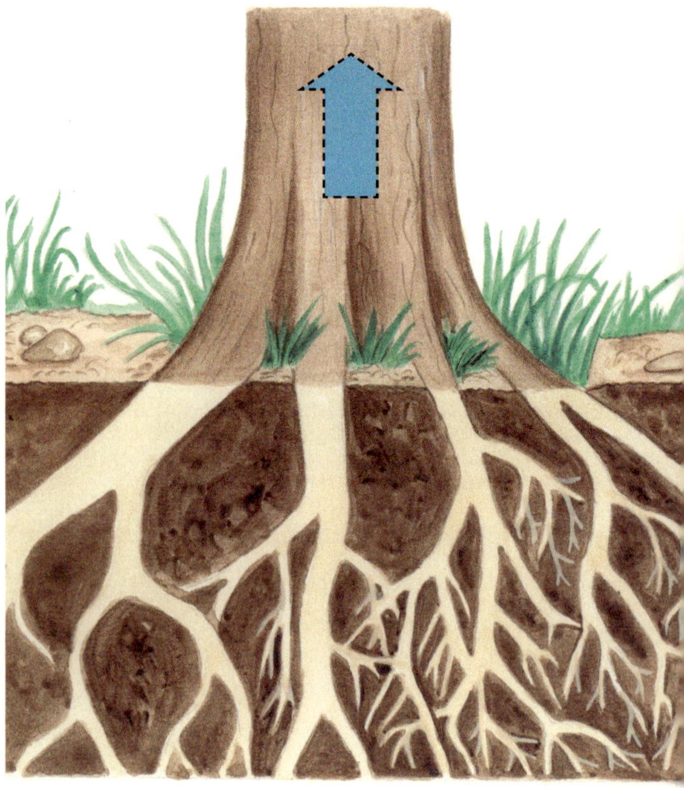

1 *Bau der Wurzel und Wasserleitung*

1 Modell zur Oberflächenvergrößerung.
a) Berechne die Oberfläche der verschiedenen Körper in Abbildung 2 und vergleiche sie.
b) Erläutere Zusammenhänge zwischen dem Ausmaß der Verzweigung eines Körpers und seiner Oberfläche.
c) Erläutere die Entsprechungen vom Modell in der Abbildung 2 b sowie Bau und Funktion der Wurzel.

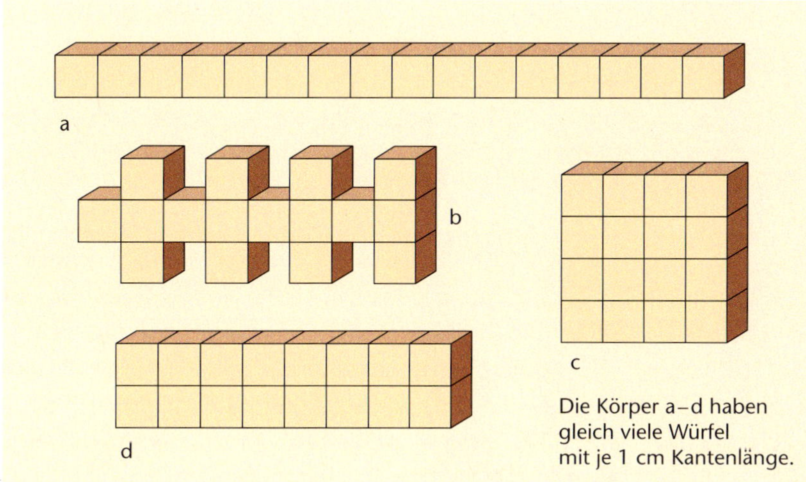

2 *Modell zur Oberflächengröße*

3 *Versuch mit Kressekeimlingen*

4 Versuch: Wurzelhaare der Gartenkresse. Nimm einen Objektträger und umwickle ihn mit Filterpapier. Lege wie in Abbildung 3 Kressesamen auf das angefeuchtete Filterpapier. Drücke die Samen leicht an. Stelle dann den Objektträger schräg in ein kleines Becherglas. Das Glas soll immer so viel Wasser enthalten, dass der untere Rand des Filterpapiers vom Wasser benetzt wird. Das Becherglas wird abgedeckt.
a) Beobachte und protokolliere die Entwicklung in den nächsten anderthalb bis zwei Wochen. Achte dabei besonders auf das Wachstum der Wurzeln.
b) Betrachte Wurzelhaare mit einer Lupe oder einem Binokular. Zeichne und beschreibe deine Beobachtungen.

2 Orientierung der Wurzel. Entwickle eine Vermutung, nach welchen äußeren Einflüssen sich Wurzeln beim Wachstum richten könnten. Plane einen Versuch, mit dem du deine Vermutung überprüfen kannst. Führe diesen Versuch mit Kressesamen durch.

3 Verankerung im Boden.
a) Beschreibe die Wurzeln von Kiefer und Fichte in Abbildung 4.
b) Nach einem Sturm findet man gebrochene Kiefernstämme, die Fichten hat es mit dem gesamten Wurzelwerk aus dem Boden gerissen. Erkläre diese Unterschiede.

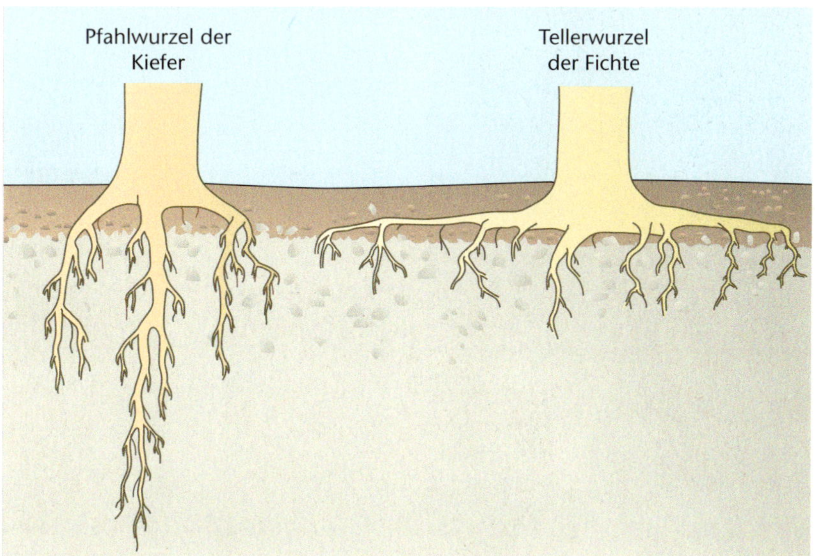

4 *Wurzeln von Kiefer und Fichte*

1 *Mammutbäume werden 100 m hoch*

12.3 Die Sprossachse

Die **Sprossachse** ist der Teil der Pflanze, der die Blätter und Blüten trägt. Die Sprossachse ist fest gebaut. Diese Stabilität ist notwendig, damit die Pflanze dem Druck des eigenen Gewichtes standhalten kann und bei Wind nicht gleich umknickt. Bei den meisten Pflanzen wächst die Sprossachse aufrecht, so dass die Blätter zum Licht emporgehoben werden. Manchmal ist die Sprossachse einer Blütenpflanze nicht ohne weiteres zu erkennen. Wenn man einen Rotkohlkopf oder Weißkohlkopf halbiert, sieht man die kurze Sprossachse, an der die vielen Blätter ansetzen. Auch bei einer Küchenzwiebel ist die Sprossachse sehr kurz und die Zwiebelschuppen, die wir als Zwiebel essen, sind die Blätter der Zwiebel.

In der Sprossachse werden Wasser und Mineralsalze von der Wurzel zu den Blättern geleitet. Dort wird Wasser an die Umgebung abgegeben. In den Blättern wird Traubenzucker gebildet. Dieser wird durch die Sprossachse in andere Pflanzenteile abtransportiert.

Bei Kräutern und Stauden ist die Sprossachse nicht verholzt. Bei diesen Pflanzen nennt man die Sprossachse auch **Stängel**. Sträucher und Bäume haben verholzte Sprossachsen, die man auch **Stamm** nennt. Bei hohen Bäumen muss die Wasserleitung von der Wurzel bis zu den Blättern über große Strecken erfolgen. Manche Bäume können über hundert Meter hoch werden (Abb. 1).

An der Schnittstelle eines gefällten Baumstammes erkennt man Ringe, die sich jedes Jahr bilden (Abb. 4). An den **Jahresringen** kann man das Alter eines Baumes ablesen. Außerdem gibt die Breite der Jahresringe Auskunft darüber, ob die Lebensbedingungen günstig oder ungünstig waren. Bei günstigen Lebensbedingungen sind die Jahresringe breiter als bei ungünstigen Bedingungen.

2 *Versuch zur Wasserleitung in der Sprossachse des Fleißigen Lieschens. Das Wasser ist mit roter Tinte gefärbt.*

1 Versuch zur Wasserleitung in einer Pflanze. Beschreibe und begründe, wie du vorgehen musst, um die Wasserleitungsgeschwindigkeit im Stängel von Fleißigen Lieschen zu bestimmen. Führe den Versuch durch und protolliere ihn (Abb. 2).

2 Festigkeit der Sprossachse.
a) Beschreibe anhand der Abbildung 3, was man unter Zug, Druck, Biegung und Scherung versteht. Die Pfeile geben die Richtung der Krafteinwirkung an.
b) Untersuche die Stängel verschiedener Pflanzen (z.B. Weiße Taubnessel, Grashalm) und Äste von Sträuchern (z.B. Weide, Hasel) daraufhin, wie gut sie Zug und Biegung vertragen.

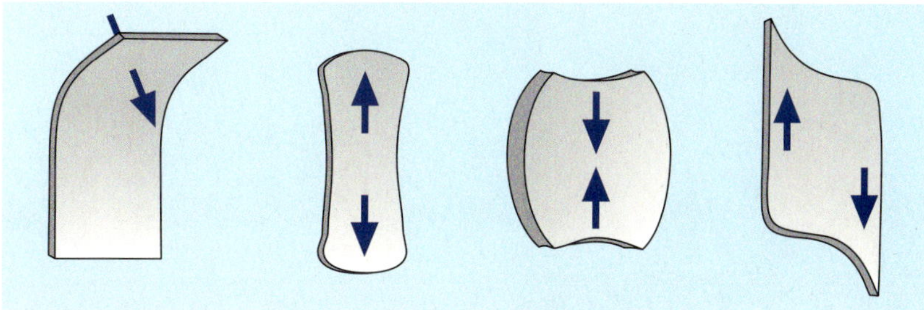

3 *Kräfte, die auf einen Pflanzenstängel wirken*

3 Lebenslauf einer Fichte. Bestimme das Alter der Fichte, die in Abbildung 4 dargestellt ist. Nenne die Lebensjahre, in denen die Lebensbedingungen der Fichte günstig und in denen sie ungünstig waren.

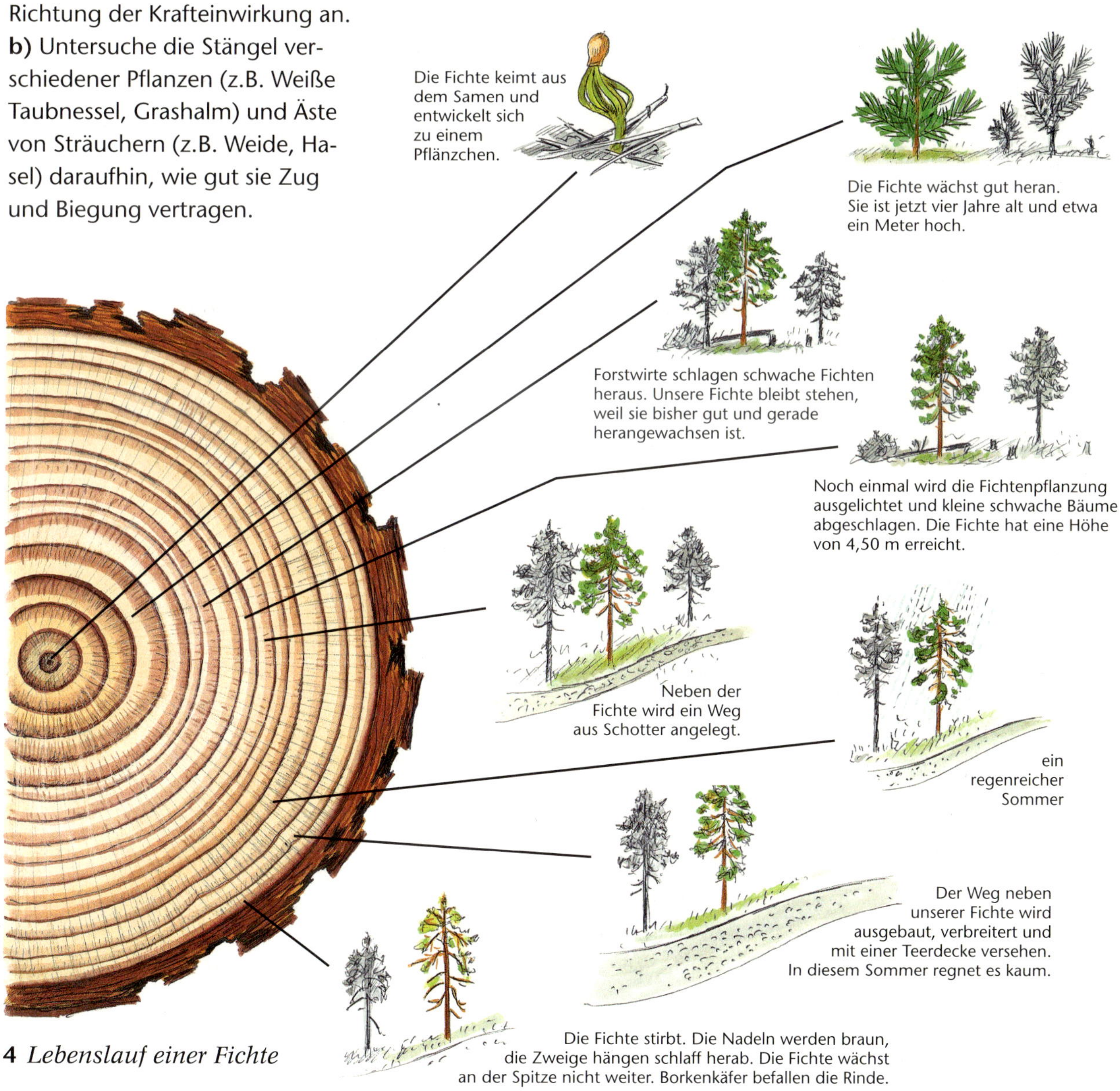

4 *Lebenslauf einer Fichte*

12.4 Das Laubblatt

1 *Buchenblätter und Zuckerrüben*

In einem Laubblatt kann man viele, sich verzweigende feine Linien erkennen (Abb. 1). Das sind die **Blattadern.** In den Blattadern verlaufen die Wasserleitungsbahnen der Blätter. Sie sind durch den Blattstiel mit den Wasserleitungsbahnen in den Ästen und im Baumstamm verbunden. Das von der Wurzel aufgenommene Wasser wird zusammen mit den Mineralsalzen durch die Leitungsbahnen in das Innere des Blattes geleitet.

Grüne Blätter besitzen einen bestimmten Farbstoff, der Blattgrün oder **Chlorophyll** genannt wird. Mit diesem Farbstoff nimmt eine Pflanze Licht auf. Blätter sind meistens sehr dünn, haben jedoch eine große Oberfläche. Dieser Bau von Blättern begünstigt es, Licht einzufangen. Mithilfe des Lichts kann eine Pflanze energiereiche Nährstoffe wie Traubenzucker herstellen. Der Traubenzucker, der in den grünen Blättern erzeugt wird, gelangt über Leitungsbahnen in alle anderen Pflanzenteile. Eine Rotbuche von 25 Metern Höhe und einem Kronendurchmesser von 15 Metern hat ungefähr 800 000 Blätter mit insgesamt 1600 Quadratmetern Fläche. Diese Blätter fangen an einem sonnigen Tag so viel Licht ein, dass der Baum an diesem Tag mithilfe des Lichts zwölf Kilogramm Traubenzucker herstellen kann. Drei Zuckerrüben haben zusammen Blätter mit ungefähr einem Quadratmeter Blattoberfläche. In diesen Blättern wird mithilfe von Licht in einer Stunde ein Gramm Traubenzucker erzeugt (Abb. 1).

Die Blatthaut schützt das Blattinnere vor Verletzungen und verhindert die Austrocknung des Blattes. In der unteren Blatthaut befinden sich viele spaltförmige Öffnungen (Abb. 2). Diese **Spaltöffnungen** können von der Pflanze aktiv geöffnet oder geschlossen werden. Wenn die Spaltöffnungen geöffnet sind, kann Wasser als Wasserdampf aus dem Blatt nach außen entweichen. Durch Öffnen und Schließen der Spaltöffnungen wird die Menge des austretenden Wasserdampfes reguliert. Diese geregelte Wasserdampfabgabe über die Spaltöffnungen bezeichnet man als **Transpiration**. Durch die Spaltöffnungen kann auch Luft von außen in das Blattinnere eintreten. Aus dem Blatt wiederum treten Gase aus, die bei den Lebensvorgängen der Pflanze entstanden sind.

1 **Blattadern zeichnen.** Nimm ein möglichst großes Blatt der Weißen Taubnessel und zeichne den Umriss ab. Halte es gegen das Licht, um den Verlauf der Blattadern zu erkennen (Abb. 3). Übertrage ihren Verlauf in deine Zeichnung.

2 **Blattadern untersuchen.** Die Blätter von Spitzwegerich und Breitwegerich eignen sich gut zur Untersuchung von Blattadern. Wenn man den Stiel eines Blattes langsam vom grünen Blattteil abreißt, werden die Leitungsbahnen als fadenförmige Stränge sichtbar.
a) Die Blattadern kann man in vielen Fällen sichtbar machen, indem man ein Stück Papier über das Blatt legt und dann vorsichtig mit einem dicken Buntstift darübermalt.
b) Wenn dir ein Scanner zur Verfügung steht, kannst du ausprobieren, ob die Blattadern damit sichtbar gemacht werden können. Probiere mit verschiedenen Blättern und mit verschiedenen Auflösungen zu scannen. Überlege, wie du die so gewonnenen digitalen Bilder deinen Mitschülerinnen und Mitschülern präsentieren kannst.

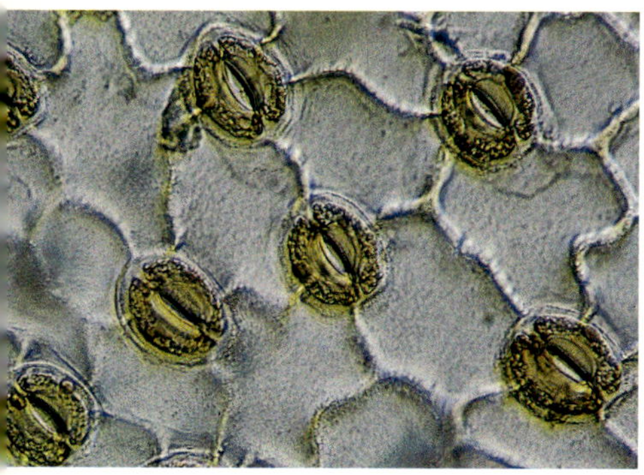

2 *Blattunterseite mit Spaltöffnungen*

3 *Blatt der Weißen Taubnessel*

3 **Grüne Blätter sind Lichtfänger.**
a) Zwischen dem Bau von Blättern und ihrer Funktion, Licht einzufangen, gibt es Zusammenhänge. Erläutere dies mithilfe des Grundwissentextes und der Abbildung 1.
b) Die vielen hunderttausend Blätter einer alten Buche vergrößern die Oberfläche des Baumes um ein Vielfaches. Begründe, dass diese Eigenschaft ein Vorteil für die Pflanze ist.
c) Pflanzen wachsen zum Licht. Zeige dies an selbst gewählten Beispielen aus deiner (Schul-)Umgebung.

4 **Versuch: Abgabe von Wasserdampf.** Fülle drei Glaszylinder mit der gleichen Menge Wasser. Stelle in ein Gefäß einen belaubten Zweig, in ein zweites einen unbelaubten Zweig (Abb. 4). Überschichte das Wasser in den drei Glaszylindern mit einer dünnen Ölschicht und markiere mit einem Filzstift den Wasserstand. Stelle die Gefäße einige Tage an einen hellen, warmen Ort. Protokolliere den Versuch. Dazu gehört auch, dass du vor der Versuchsdurchführung deine Vermutungen (Hypothesen) über das Versuchsergebnis formulierst.

4 *Versuch zur Transpiration*

12.5 Das Zusammenwirken der Organe bei der Pflanze

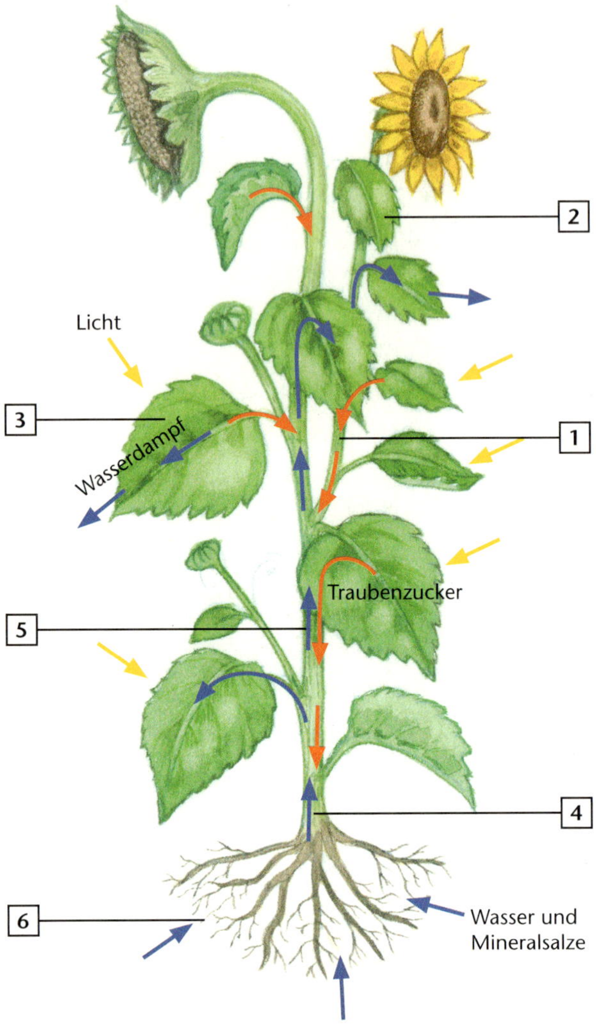

Y In den Blättern wird mithilfe des Sonnenlichtes Traubenzucker aufgebaut.	**E** Die Leitungsbahnen in der Sprossachse leiten das Wasser mit den Mineralsalzen zu den Blättern.
S In den Blättern erzeugter Traubenzucker wird durch die Leitungsbahnen der Sprossachse in alle Teile der Pflanze geleitet.	**T** Das aufgenommene Wasser wird durch Leitungsbahnen in der Wurzel nach oben geleitet.
S Durch die Spaltöffnung findet die Wasserdampfabgabe statt.	**M** Die Wurzelhaare nehmen Wasser mit den darin gelösten Mineralsalzen aus dem Boden auf.

1 *Die Organe einer Sonnenblume arbeiten als ein System zusammen*

Für die Lebensvorgänge von Pflanzen haben Wasser, Mineralsalze und Licht große Bedeutung.

Mit den Wurzelhaaren werden Wasser und Mineralsalze in die Wurzel aufgenommen und über Leitungsbahnen bis in die Blätter und Blüten geleitet. Die Wurzelhaare bilden insgesamt eine sehr große Oberfläche, dadurch wird die Aufnahme von Wasser und Mineralsalzen begünstigt. Über die Blätter wird Wasser in Form von Wasserdampf an die Umwelt abgegeben. Das abgegebene Wasser wird durch Wasser ersetzt, das von der Wurzel über die Sprossachse in die Blätter gelangt. Die Sprossachse gibt der Pflanze Stabilität und trägt die Blätter zum Licht. In der Sprossachse verlaufen die Leitungsbahnen zwischen Wurzel und Blättern.

Eine wichtige Aufgabe der Blätter ist es, Licht einzufangen. Mithilfe von Licht stellt eine Pflanze energiereiche Nährstoffe wie Traubenzucker her. Die im Blatt gebildeten Nährstoffe werden ebenfalls über Leitungsbahnen in alle anderen Pflanzenteile transportiert.

Sowohl bei der Aufnahme, Leitung und Abgabe von Wasser als auch bei der Bildung von Traubenzucker und seiner Verteilung wirken Wurzel, Sprossachse und Blätter einer Pflanze arbeitsteilig zusammen (Abb. 1). Die Organe einer Pflanze wirken in einem System zusammen (Abb. 2).

Ein System besteht aus mehreren Teilen. Zwischen den Teilen eines Systems gibt es Beziehungen und Wechselwirkungen. Meistens arbeiten die Teile eines Systems arbeitsteilig zusammen.

Biologische Systeme können unterschiedlich groß sein: Die ganze Erde, ein bestimmter Lebensraum, ein Lebewesen mit seinen Organen oder ein einzelnes Organ.

2 *Worterklärung „System"*

1 Zusammenwirken der Organe einer Pflanze.

a) Beschreibe das Zusammenwirken der Organe einer Pflanze
- bei der Aufnahme, Leitung und Abgabe von Wasser;
- bei der Bildung von Traubenzucker und seiner Verteilung in der Pflanze.

b) Beschreibe für Wurzel und Blatt, wie diese Organe mit ihrem Bau an ihre Aufgabe angepasst sind.

c) Ordne die Textblöcke in Abbildung 1 den Ziffern zu. Wie heißt das Lösungswort?

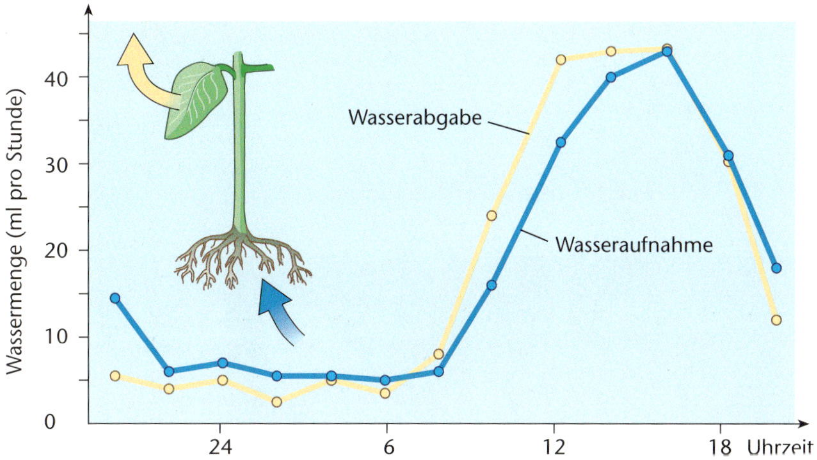

3 *Wasseraufnahme und Wasserabgabe bei einer Sonnenblume*

2 Wasseraufnahme und Wasserabgabe bei einer Sonnenblume an einem Sommertag.

a) Werte die Abbildung 3 aus. Begründe dass Wasseraufnahme und Wasserabgabe der Sonnenblume ausgeglichen sind.

b) Diskutiert darüber, wie sich die Kurven in Abbildung 3 vermutlich ändern,
- wenn der Boden trocken ist;
- wenn es sehr heiß ist.

Beschreibe die Probleme, die sich aus diesen beiden Situationen für die Pflanze ergeben.

3 Eine Pflanze ist ein „System". Begründe unter Verwendung der Abbildung 2, dass man eine Pflanze als „System" bezeichnen kann.

4 Angepasstheiten der Pflanzen an Trockenheit und Nässe. Erläutere die Angepasstheiten der Organe bei der Besenheide an Trockenheit und bei der Pestwurz an Nässe (Abb. 4).

Besenheide wächst auf sandigen, trockenen Böden. Dort steht ihr nur wenig Wasser zur Verfügung. Die Blätter sind am Rand ein wenig eingerollt, haben eine kleine Oberfläche und eine feste, derbe Haut, durch die nur wenig Wasser austreten kann. Die Besenheide hat lange, weit verzweigte Wurzeln.

Pestwurz wächst an Ufern von Bächen und anderen feuchten Standorten. Ihre riesigen Blätter haben eine große Oberfläche. Die Wurzeln sind nur kurz und nicht weit verzweigt.

4 *Angepasstheiten der Organe bei Besenheide und Pestwurz*

13 Fortpflanzung und Entwicklung der Blütenpflanzen

13.1 Blüten und ihr Aufbau

1 *Kirschblüte im Längsschnitt*

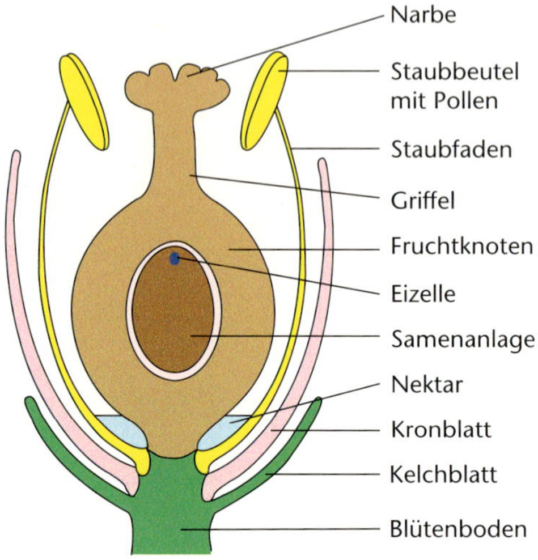

2 *Schema einer Kirschblüte*

Am Beispiel einer längs durchgeschnittenen Kirschblüte kann der Aufbau einer Blüte verdeutlicht werden: Der Blütenstiel trägt die Blüte (Abb. 1, 2). Der Blütenboden bildet die Unterlage für die Blütenteile. Vor dem Aufblühen werden die inneren Blütenteile von den grünen Kelchblättern geschützt. Die Kronblätter sind bei vielen Blütenpflanzen die auffälligsten Blütenteile. Weiße oder farbige Kronblätter locken Insekten an. Manche Blüten enthalten Nektardrüsen. In ihnen wird flüssiger, zuckerhaltiger Nektar gebildet. Bienen stellen aus Nektar Honig her.

Auf die Kronblätter folgen nach innen die Staubblätter. Jedes Staubblatt besteht aus Staubfaden und Staubbeutel. Er enthält den feinen Blütenstaub, die Pollenkörner. Wenn die Staubbeutel bei warmem Wetter aufplatzen, werden die Pollenkörner frei. In der Mitte der Blüte befindet sich das Fruchtblatt. Wegen seiner Ähnlichkeit mit einem umgekehrten Stempel wird das Fruchtblatt auch Stempel genannt. Der Stempel besteht aus drei Abschnitten: Fruchtknoten, länglicher Griffel und klebrige Narbe. Der Fruchtknoten enthält bei der Kirsche eine von Hüllen umgebene Samenanlage. Darin befindet sich eine mikroskopisch kleine Eizelle. Aus der Samenanlage entwickelt sich nach der Befruchtung der Eizelle der Samen. Häufig sind die Samen von Blütenpflanzen Bestandteil einer Frucht, wie z. B. Kirschkern und Kirsche. Die Früchte entstehen oft aus dem Fruchtknoten.

Die Bildung von Samen ist typisch für Blütenpflanzen. Deshalb werden sie auch **Samenpflanzen** genannt. Wenn Nachkommen durch Geschlechter erzeugt werden, spricht man von geschlechtlicher oder sexueller Fortpflanzung. Blüten dienen der **geschlechtlichen Fortpflanzung** der Blütenpflanzen.

Blütenpflanzen unterscheiden sich in Form, Anordnung, Größe, Farbe und Anzahl der Blütenteile. So entsteht die große Vielfalt von Blüten. Die weit überwiegende Zahl der Blütenpflanzen enthält Blüten, in denen männliche und weibliche Blütenteile wie bei der Kirschblüte vereint sind. In diesem Fall spricht man von **zwittrigen Blüten.** Es gibt jedoch auch Blüten, die nur männliche oder nur weibliche Blütenteile enthalten.

3 *Aufbau verschiedener Blüten*

1 Blüten-Zeichnung. Zeichne die Kirschblüte aus Abbildung 1 in dein Heft. Beschrifte deine Zeichnung mithilfe der Abbildung 2.

2 Aufgaben der Blütenteile. Lies den Text auf der Grundwissenseite und gib dann in Form einer Tabelle die Aufgabe(n) folgender Blütenteile an: Blütenstiel, Blütenboden, Kelchblätter, Kronblätter, Nektardrüsen, Staubblätter, Fruchtblätter (Stempel), Samenanlage.

3 Vergleich verschiedener Blüten. Abbildung 3 zeigt verschiedene Blüten. Vergleiche diese Blüten in Form einer Tabelle. Überlege vorab, nach welchen Gesichtspunkten du den Vergleich durchführen und wie du die Tabelle gestalten willst.

4 Verteilung männlicher und weiblicher Blüten. Die meisten Blütenpflanzen haben zwittrige Blüten. Daneben gibt es auch noch andere Verteilungen von Staubblättern und Fruchtblättern. Beschreibe anhand der Abbildung 4 die verschiedenen Verteilungen von männlichen und weiblichen Blütenteilen.

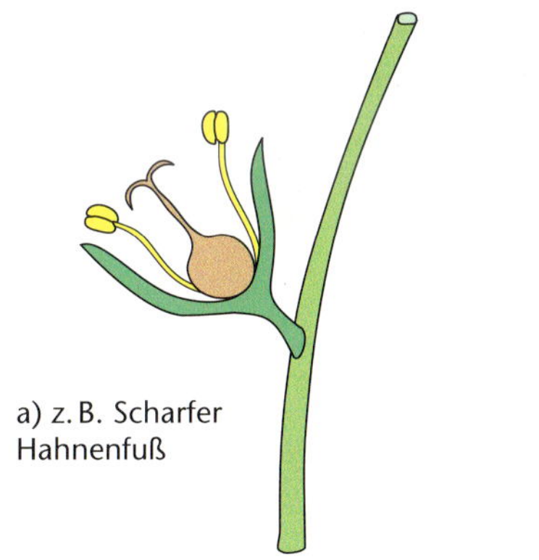

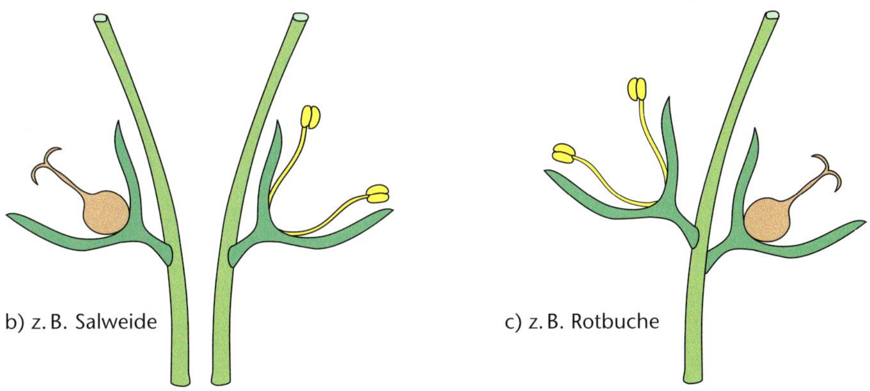

4 *Verteilung von männlichen und weiblichen Blütenteilen*

13.2 Bestäubung, Befruchtung, Samenbildung

1 *Bestäubung und Befruchtung*

Man spricht von **Bestäubung**, wenn Pollenkörner einer Blüte auf die Narbe einer anderen Blüte transportiert werden (Abb. 1). Bei manchen Pflanzen, z.B. Gräsern, werden die Pollen vom Wind übertragen. Man nennt solche Pflanzen **windblütig.** Bei Kirschen und vielen anderen Pflanzen geschieht der Pollentransport durch Insekten, zum Beispiel durch Bienen. Diese Pflanzen nennt man **insektenblütig**. Auf der Suche nach Nektar gelangen viele Pollenkörner in den Haarpelz der Insekten und werden so von Blüte zu Blüte übertragen.

Nach der Herkunft des Pollens unterscheidet man Selbstbestäubung und Fremdbestäubung. Bei der **Selbstbestäubung** stammt der Pollen von derselben Pflanze, die auch die bestäubte Blüte trägt. Bei der Süßkirsche und den meisten Blütenpflanzen ist **Fremdbestäubung** notwendig. Sie liegt dann vor, wenn der Pollen von einer anderen Pflanze der gleichen Art stammt.

Wenn durch Bestäubung ein Pollenkorn auf die Narbe eines Fruchtblatts gelangt, keimt das Pollenkorn dort aus. Mit einem Pollenschlauch wächst es durch den Griffel zur Samenanlage im Fruchtknoten. Mit dem Pollenschlauch werden einige männliche Geschlechtszellen, die Spermazellen, zur weiblichen Geschlechtszelle, der Eizelle, herangeführt. Wenn eine Spermazelle mit der Eizelle verschmilzt, nennt man das **Befruchtung**. Bei allen Lebewesen mit geschlechtlicher Fortpflanzung ist die Befruchtung der Beginn eines neuen Lebewesens.

In der Samenanlage im Inneren des Fruchtknotens wächst der Samen heran. Bei der Kirsche ist es das Innere des Kirschkerns (Abb. 2). Im Inneren des Samens entwickelt sich ein kleines Pflänzchen, der Embryo. Im reifen Samen besitzt der Embryo eine Keimwurzel, Keimblätter und einen winzigen Stängel.

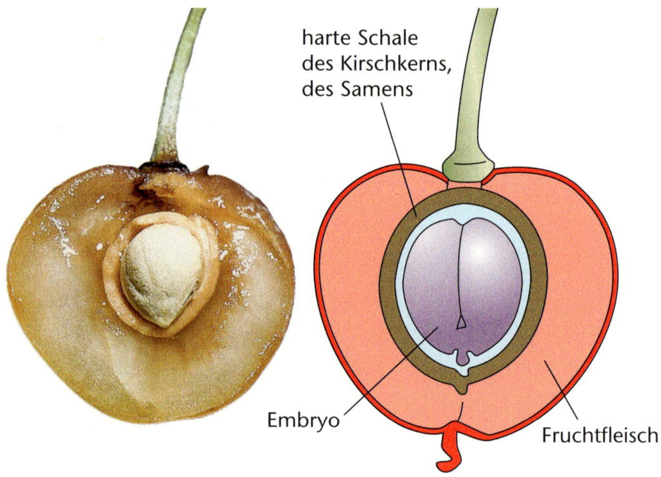

2 *Kirsche im Längsschnitt*

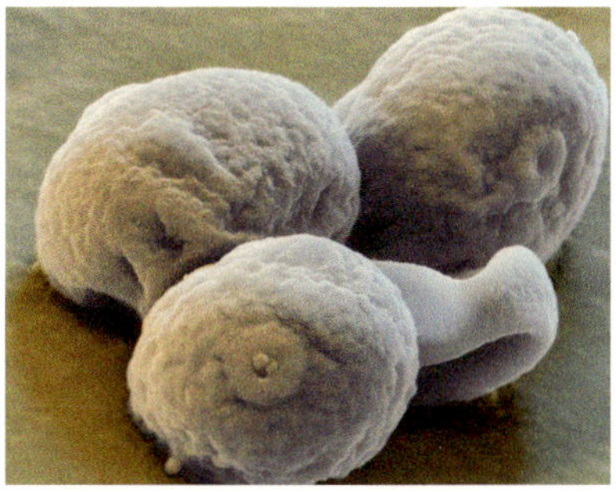

3 *a) Pollen des Roggens; etwa 1000fach vergrößert*

b) Pollen der Sonnenblume; etwa 1000fach vergrößert

Windblütige Pflanzen
Blütenpflanzen mit Windbestäubung haben meist unscheinbare, nicht farbige Blüten ohne Nektardrüsen. Oft sind die Blüten nicht zwittrig, sondern in männliche und weibliche Blüten getrennt. Die reifen Staubblätter und die Narben der Fruchtblätter sind dem Wind ausgesetzt. Die Oberfläche der Narben ist sehr groß. Der Pollen ist nicht klebrig und hat meistens eine glatte Oberfläche. Windblütige Pflanzen produzieren Millionen von Pollen pro Blüte. Zu den windblütigen Pflanzen gehören z. B. Getreidepflanzen und andere Gräser, Nadelbäume, Birke, Hainbuche, Brennnessel und Beifuß. Bei vielen Laubbäumen wie Hainbuche, Pappel, Esche und Hasel erfolgt die Pollenausbreitung und Bestäubung vor dem Laubaustrieb.

Insektenblütige Pflanzen
Bienen, Hummeln, Tag- und Nachtfalter, Fliegen und Käfer sind die wichtigsten Bestäuber dieser Pflanzen. Die meisten dieser Insekten können Farben sehen und Düfte unterscheiden. Die meist zwittrigen Blüten sind daher auffällig in der Farbe, in der Musterung und im Duft. Nektar und Pollen dienen Bestäubern als Nahrung. Der Pollen der Insektenblütler ist klebrig. Insektenblütige Pflanzen brauchen im Durchschnitt nur etwa 6000 Pollenkörner, damit eines davon zufällig auf eine Narbe einer anderen Blüte gelangt.

4 *Einige Bedingungen für ein Kirschernte*

1 Von der Blüte zur Frucht. Erstelle ein Ablaufdiagramm, in dem du die einzelnen Schritte vom Aufblühen der Kirschblüte bis zur Bildung der Kirschfrucht hintereinanderfügst.

2 Vergleich: Wind- und insektenblütige Pflanzen. Erstelle anhand der Abbildung 3 und der zugehörigen Texte einen tabellarischen Vergleich zwischen typischen Eigenschaften von wind- und insektenblütigen Pflanzen. Überlege vorab, nach welchen Gesichtspunkten du den Vergleich durchführen willst.

3 Bedeutung der Bienen für eine erfolgreiche Obsternte.
a) Erstelle anhand der Angaben in Abbildung 4 einen Text.
b) Erläutere die Bedeutung von Bienen und anderen Bestäubern für Obst- und Gartenbau.

13.3 Blüte und Insekt

1 *Honigbiene mit Pollen*

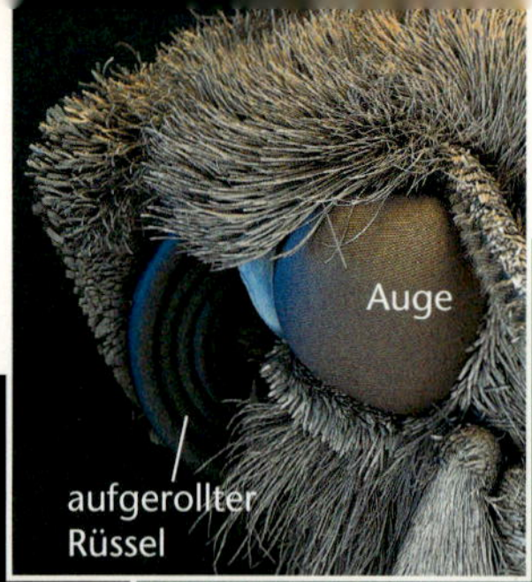

2 *Mikroskopische Aufnahme eines Schmetterlingskopfes*

3 *Kleiner Fuchs nimmt mit seinem Rüssel Nektar auf*

Viele Insekten werden von Pflanzenblüten durch Farbe und Duft angelockt. Sie ernähren sich vom Nektar, der am Grund der Blüten abgesondert wird. Insekten erreichen ihn mit besonders gestalteten **Mundwerkzeugen**.

Die Honigbiene besitzt einen Rüssel (Abb. 1, 4). Im Rüssel kann sich die lange, behaarte Unterlippe, die so genannte Zunge, vorwärts und rückwärts bewegen. Ihr Ende besitzt die Form eines Löffelchens. Mit diesem Löffelchen wird der Nektar aufgeleckt und dann in den Rüssel gesaugt. Dieses Organ der Biene wird als leckend-saugendes Mundwerkzeug bezeichnet. Der Kleine Fuchs, ein Falter, ernährt sich ebenfalls von Nektar (Abb. 3). Er besitzt einen fast zwei Zentimeter langen Saugrüssel (Abb. 2, 5). Diesen nennt man auch ein saugendes Mundwerkzeug.

Jede Insektenart besucht die Blüten bestimmter Pflanzenarten. Die Blüte der Rundblättrigen Glockenblume ermöglicht Bienen auf den Kronblättern eine leichte Landung (Abb. 7). Der Zugang zum Nektar im Inneren der Blüte ist aber sehr eng. Nur schwere Insekten wie Bienen können sich hineinzwängen und an ihn gelangen. Der Nektar der Rundblättrigen Glockenblume kann daher nur von Bienen gewonnen werden. Der Kleine Fuchs besucht häufig die Rote Lichtnelke (Abb. 8). Die Blüte der Roten Lichtnelke ist lang und im unteren Bereich sehr eng. Mithilfe seines langen Saugrüssels kann der Kleine Fuchs tief in die enge Blüte eindringen und an den Nektar gelangen.

Honigbiene und Kleiner Fuchs sind an den Blütenbau der von ihnen besuchten Pflanzenarten angepasst. Durch ihre unterschiedlichen Mundwerkzeuge sind Biene und Kleiner Fuchs auf bestimmte Blüten spezialisiert. Daher nehmen sie sich nicht gegenseitig den Nektar weg. Man sagt auch: Sie treten nicht in Konkurrenz um den Nektar.

Die Insekten kommen beim Blütenbesuch mit Pollen in Berührung, der sich auf ihrem Körper festsetzt (Abb. 1). In den Blüten finden die Insekten nur wenig Nektar. Schon nach kurzer Zeit fliegen sie zur nächsten Blüte weiter. Die Honigbiene zum Beispiel besucht auf einem Sammelflug meistens nur Blüten derselben Pflanzenart. Mit dem Pollen der einen Glockenblume bestäubt sie andere Glockenblumen. Auf diese Weise ist die Bestäubung der Blüten gesichert. Blütenpflanzen und Blütenbesucher haben Vorteile voneinander. Man spricht von **Symbiose**, wenn die Wechselwirkungen zwischen verschiedenartigen Lebewesen für beide Partner vorteilhaft sind.

1 Vergleich von Mundwerkzeugen. Vergleiche die Mundwerkzeuge von Honigbiene und Kleinem Fuchs (Abb. 4, 5). Lege dazu eine Tabelle an (Abb. 6). Erläutere, warum beide Mundwerkzeuge gut für die Aufnahme von Nektar geeignet sind.

2 Nektaraufnahme. Vergleiche die Nektaraufnahme von Honigbiene und Kleinem Fuchs in einem ausführlichen Text mithilfe der Abbildungen 4–8. Begründe, ob man auch bei den Blüten von Roter Lichtnelke und Glockenblume von einer Spezialisierung sprechen kann.

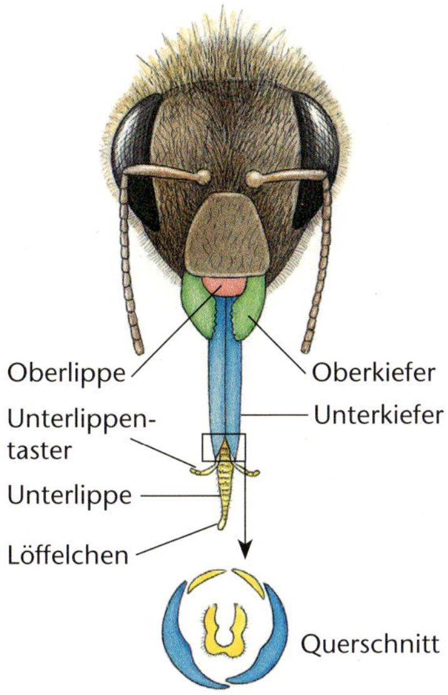

4 *Rüssel der Honigbiene*

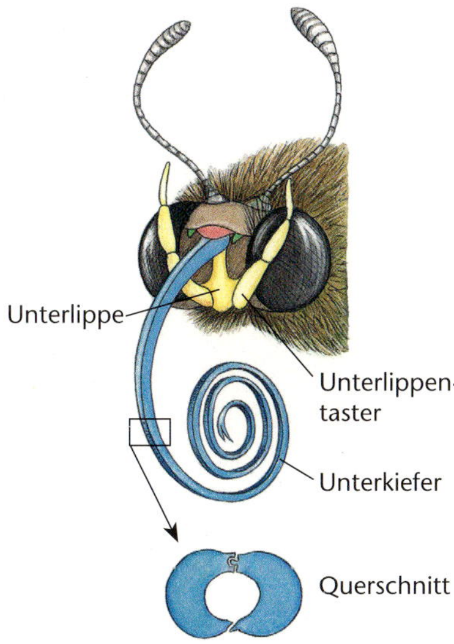

5 *Rüssel des Kleinen Fuchses*

Mundwerkzeug	Honigbiene	Kleiner Fuchs
Oberlippe		

6 *Vergleich der Mundwerkzeuge*

7 *Honigbiene in Glockenblume*

8 *Kleiner Fuchs in Lichtnelke*

3 Bestäubung bei Orchideen. Die Ragwurz ist eine einheimische Orchideenart.

a) Beschreibe den Bau einer Ragwurzblüte und ihre Bestäubung (Abb. 9, 10).

b) Begründe, ob man bei der Beziehung zwischen Orchideen und Insekten auch von einer Symbiose sprechen kann.

9 *Ragwurzblüte*

Viele Orchideen können nur von ganz bestimmten Insekten bestäubt werden. Nektar erzeugen die Blüten nicht. Sie locken Insekten an, indem Teile der Blüte oder die ganze Blüte das Aussehen eines Insektenweibchens nachahmen. Oft geht die Nachahmung sogar so weit, dass sie auch den Duft von Weibchen dieser Insektenart ausströmen. Beim Versuch eines Männchens, das vermeintliche Weibchen zu begatten, belädt es sich mit Pollen, den es beim nächsten Fehlversuch auf der Narbe der nächsten Blüte abstreift. Das gilt z. B. auch für unsere heimischen Ragwurzarten.

10 *Bestäubung bei der Ragwurz*

13.4 Von der Blüte zur Frucht

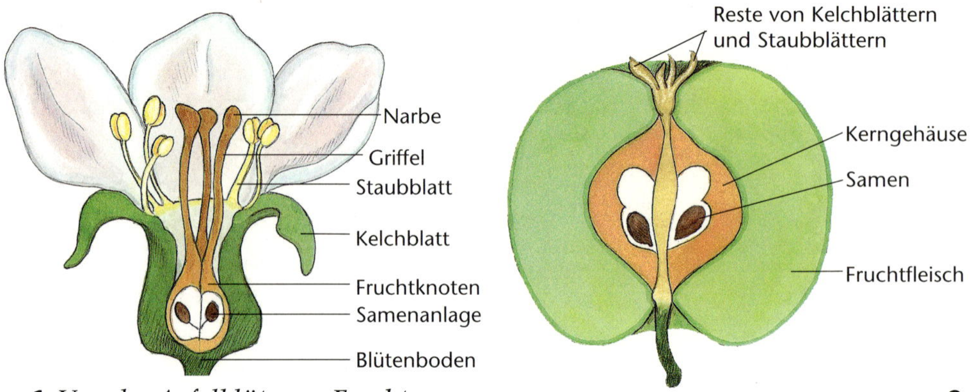

1 *Von der Apfelblüte zur Frucht*

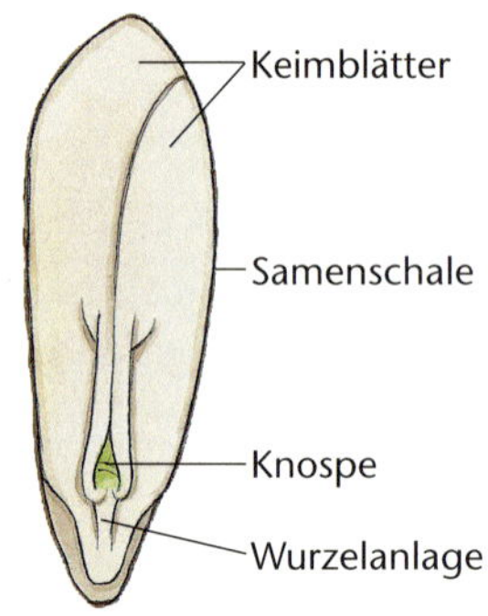

2 *Bau des Samens*

In den Samenanlagen der Blüte bilden sich nach der Befruchtung der Samen (Abb. 1). Jeder Samen enthält einen Embryo: ein kleines Pflänzchen mit Wurzel, Stängel und ein oder zwei Blättern. Während der Samen heranreift, entwickeln sich die Blütenteile zur Frucht. Reife Samen enthalten wenig Wasser. Sie befinden sich im Zustand der Samenruhe und können lange Zeit überdauern.

An der Ausbildung der Früchte sind die Fruchtknoten beteiligt, bei manchen Früchten darüber hinaus andere Blütenteile. Während bei der Kirsche der Fruchtknoten das saftige Fruchtfleisch bildet, geht es beim Apfel aus dem Blütenboden hervor (Abb. 1). Im Inneren eines Apfels liegt das Kerngehäuse, das aus den Fruchtblättern entsteht. Die Apfelkerne sind die Samen der Apfelfrucht. Umgeben von der dunklen Samenschale beherbergt jeder Same einen Embryo (Abb. 2).

Bei der Erbse geht aus der Wand des Fruchtknotens die Erbsenhülse hervor (Abb. 3). In ihrem Inneren sitzen an der Mittelrippe aufgereiht mehrere Erbsen, die Samen. Jede Erbse besteht aus zwei grünen Hälften, den nährstoffreichen Keimblättern. Zwischen ihnen liegen Wurzel, Stängel und Knospe des Embryos.

Von großer Bedeutung für die Ernährung des Menschen sind die Früchte der Getreidepflanzen, zum Beispiel des Weizens (Abb. 4). Sie enthalten viele Nährstoffe. Diese Nährstoffe versorgen den Embryo in den ersten Tagen der Keimung und des Heranwachsens.

3 *a) Erbsenblüte, Fruchtknoten aufgeschnitten b) Frucht*

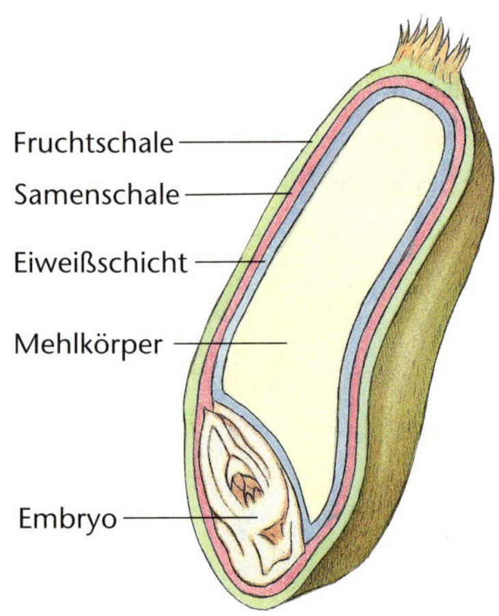

4 *Aufbau einer Weizenfrucht*

Sammel-Nussfrucht (a): Die einzelnen Früchte werden bei der Reife zu kleinen Nüssen. Die Nüsse sitzen auf dem fleischig saftigen Blütenboden.
Nuss (b): Die gesamte Fruchtschale ist trocken und hart; ein Samen.
Beere (c): Die Fruchtschale ist weich und fleischig; ein bis viele Samen.
Steinfrucht (d): Der äußere Teil der Fruchtschale ist fleischig und saftig, der innere Teil ist verholzt und steinhart; ein Same.
Sammel-Steinfrucht (e): Die einzelnen Früchte werden bei der Reife zu kleinen Steinfrüchten. Sie sitzen auf dem Blütenboden.

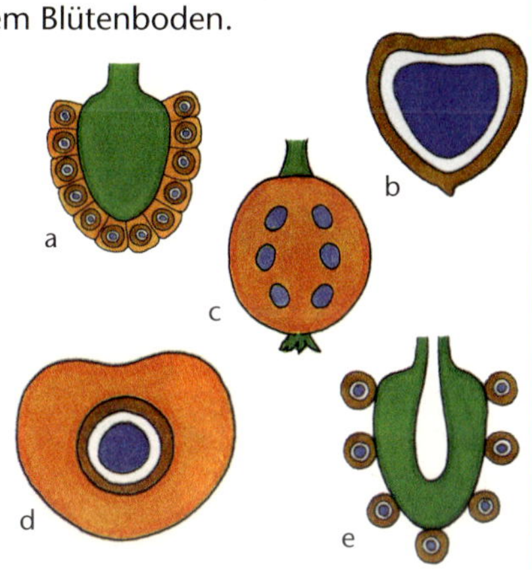

5 *Verschiedene Früchte und Fruchtformen*

1 Apfel im Querschnitt. Schneide einen Apfel etwa in der Mitte quer durch. Zeichne und beschrifte den Querschnitt.

2 Früchte und Samen zur Ernährung des Menschen. Nenne mindestens zehn verschiedene Pflanzen, deren Früchte oder Samen bei unserer Ernährung eine Rolle spielen.

3 Früchte zuordnen.
a) Benenne die in Abbildung 5 dargestellten Früchte. Ordne diese Früchte dann begründet den in Abbildung 5 genannten und gezeichneten Fruchtformen zu.
b) Ordne jeder der nachfolgend genannten Früchte eine der in Abbildung 5 beschriebenen Fruchtformen zu: Gurke, Pflaume, Eichel, Brombeere, Hagebutte, Buchecker, Banane, Kiwi.
c) Die Walnuss gehört biologisch zu den Steinfrüchten, nicht zu den Nüssen. Versuche, dafür eine Erklärung zu geben.

4 Ein Vergleich: Verpackung in der Natur – Verpackung in der Technik. Vergleiche die natürliche Verpackung einer Banane mit technischen Verpackungen, zum Beispiel der Verpackung einer Pralinenschachtel (Abb. 6).

Nimmt man eine Banane in die Hand, merkt man, wie stabil sie ist. Sie ist nicht rund, sondern hat abgerundete Kanten. Im Querschnitt wird deutlich, dass die Schale durch Fasern gegen Biegung verstärkt und dadurch auch elastisch ist. Es gelingt kaum, sie mit den Fingernägeln aufzureißen. Sowohl die Banane als auch die Bananenschale sind für sich genommen weich und unstabil. Zusammen aber sind beide kompakt und fest. Wer sich allerdings mit Bananen auskennt, weiß, dass man sie leicht öffnen kann. Die Bananenschale enthält – wie viele andere Früchte auch – Sollbruchstellen. Das sind vorgezeichnete Bruchlinien, an denen sich die Schale leicht öffnen lässt. Als mechanischer und chemischer Schutz dient die Schale gegen das Eindringen von fruchtfressenden Tieren. Als unreife Frucht ist die Banane mit ihrer grünen Farbe perfekt im Blattwerk der Bananenpflanze getarnt. Ihre gelbe Farbe dient der Anziehung Samen verbreitender Fruchtfresser. Die Bananenschale kann vollständig biologisch abgebaut werden – und es bleiben keine Reste zurück.

6 *Die natürliche Verpackung der Bananen-Frucht*

Bewerten am Beispiel verschiedener Apfelsorten

Apfelsorte	Braeburn	Boskop	Cox Orange

Preis (Euro pro kg)	1,55	0,98	1,30
Herkunft	Italien	Deutschland, aus der Region	Deutschland
Pestizideinsatz beim Anbau	nein	nein	ja
Aussehen	glatte, goldgelbe bis scharlachrote Schale	raue, grün-gelblich bis karminrote Schale	etwas raue, hellrote bis braunrote Schale
Geschmack / Duft	süßlich, aromatisch	süßsäuerlich, aromatisch	süßsäuerlich, zimtartig
Gehalt an Vitamin C (Milligramm pro 100 Gramm)	24	14	12
Entscheidung	?	?	?

1 *Bewertungstabelle mit Bewertungskriterien für den Kauf von Äpfeln*

Äpfel sind das Lieblingsobst der Deutschen

Ungefähr 17 Kilogramm Äpfel isst jeder Einwohner Deutschlands durchschnittlich im Jahr. Dieser Bedarf kann nicht allein durch Äpfel aus Deutschland gedeckt werden. Etwa die Hälfte der in Deutschland verkauften Äpfel stammt aus anderen Ländern. Besonders im Frühjahr werden Äpfel aus Argentinien, Chile, Südafrika und Neuseeland angeboten. Der weite Transport der Äpfel kostet Energie. Bei der Verbrennung von Treibstoffen in Flugzeugen wird das Treibhausgas Kohlenstoffdioxid frei. Trotz des langen, energieaufwändigen Transportes sind Äpfel aus dem Ausland keineswegs immer teurer als Äpfel aus Deutschland.

Äpfel enthalten unter anderem Vitamin C und andere Stoffe, die helfen können, die Gesundheit zu erhalten. Ein mittelgroßer Apfel enthält durchschnittlich 210 Kilojoule (kJ) nutzbarer Energie.

Der Anbau und die Pflege von Apfelbäumen können unterschiedlich sein. Manche Obstbauern verzichten auf Pestizide. Das sind chemische Stoffe, die zur Bekämpfung von Schädlingen eingesetzt werden. Die meisten Pestizide werden biologisch abgebaut. Der Einsatz von Pestiziden ist daher nicht gleichbedeutend damit, dass sich später bei den gekauften Äpfeln Pestizid-Rückstände in ungesetzlichen Mengen finden.

Nach der Ernte wird ein großer Teil der Äpfel in speziellen Lagerhäusern bei Dunkelheit, niedrigen Temperaturen und wenig Sauerstoff aufbewahrt. Unter diesen Bedingungen verlieren die Äpfel nur wenig Vitamin C und bleiben frisch. Die typischen Duftstoffe gehen bei langer Lagerung jedoch weitgehend verloren.

Die verschiedenen Apfelsorten unterscheiden sich unter anderem im Aussehen, im Geschmack, im Duft und im Preis. In Deutschland gibt es etwa hundert Apfelsorten. Davon sind jedoch nur etwa zwanzig von größerer Bedeutung für den Markt.

2 *Sachinformation Äpfel*

Elstar	Jonagold	Granny Smith	Apfelsorte

1,70	1,40	1,15	**Preis (Euro pro kg)**
Deutschland, aus der Region	Deutschland	Neuseeland	**Herkunft**
nein	ja	ja	**Pestizideinsatz beim Anbau**
überwiegend rote Schale	goldgelbe bis leuchtend rote Schale	glatte, grasgrüne Schale	**Aussehen**
feinsäuerlich, aromatisch	süßlich, aromatisch	schwach säuerlich, wenig Aroma	**Geschmack / Duft**
8	26	8	**Gehalt an Vitamin C (Milligramm pro 100 Gramm)**
?	?	?	**Entscheidung**

Stelle dir vor, du bist Mitglied der Arbeitsgemeinschaft „Schulkiosk“ an deiner Schule. Es geht darum herauszufinden, welche drei Apfelsorten am Schulkiosk verkauft werden sollen. Um die **Entscheidung vorzubereiten,** ist es sinnvoll, sich zunächst **sachkundig** zu machen (Abb. 2). Sachkundig zu sein ist eine notwendige Voraussetzung für die Bewertung. Im nächsten Schritt wird eine **Bewertungstabelle** aufgestellt (Abb. 1). Solch eine Übersicht enthält die **Bewertungskriterien,** die von euch als wichtig ausgewählt wurden. Bewertungskriterien sind bedeutsame Kennzeichen und Merkmale, die zur Vorbereitung der Entscheidung herangezogen werden. In diesem Fall sind Preis, Herkunft, Anbau mit oder ohne Pestizide, Aussehen, Geschmack und Duft sowie Vitamin-C-Gehalt die Bewertungskriterien. Auskünfte von Fachleuten aus dem Obsthandel, das Nachschlagen in Büchern und die Suche mithilfe des Internets haben dazu beigetragen, die Tabelle mit Informationen zu füllen. Das Aufstellen einer Bewertungstabelle hat den Vorteil, dass die **Bewertung nachvollziehbar** wird und nicht allein vom Gefühl abhängt. Mithilfe der Informationen in der ausgefüllten Bewertungstabelle soll nun eine Entscheidung getroffen werden.

1 Bewerten und Entscheiden: Drei Apfelsorten für den Schulkiosk.

a) Bewerte die Sachinformationen in Abbildung 1 und entscheide dich für drei Apfelsorten, die im Schulkiosk zum Verkauf angeboten werden sollen. Begründe deine Entscheidung.

b) Fasst zusammen, wie oft sich die Schülerinnen und Schüler eurer Klasse für eine der sechs Möglichkeiten entschieden haben.

c) Beschreibe Probleme und Schwierigkeiten, die du bei der Bewertung und der Entscheidung hattest. Diskutiert Möglichkeiten, diese Probleme zu beheben.

13.5 Die Ausbreitung von Samen und Früchten

1 *a Große Klette, b Früchte*

Mit Früchten und Samen können sich Pflanzen ausbreiten und in neue Lebensräume gelangen. Man unterscheidet verschiedene Formen der Ausbreitung:

Ausbreitung durch Wind: Früchte oder Samen, die durch Wind ausgebreitet werden, haben meistens ein geringes Gewicht und besitzen Flugeinrichtungen. Dazu zählen Haare, Federn, Schirme oder Flügel. Sie vergrößern den Luftwiderstand oder mindern die Sinkgeschwindigkeit beim Herunterfallen. Die Fallschirmfrüchte des Löwenzahns und die Propellerfrüchte des Ahorns sind Beispiele für die Verbreitung durch Wind (Abb. 3, 4).

Ausbreitung durch Wasser: Pflanzen, deren Samen oder Früchte hauptsächlich durch Wasser ausgebreitet werden, können auf dem Wasser schwimmen. Manche enthalten luftgefüllte Hohlräume. Kokosnüsse können auf dem Wasser schwimmen. Bei uns ist der Froschlöffel ein Beispiel für die Verbreitung von Früchten durch Wasser (Abb. 5).

Ausbreitung durch Tiere und Menschen: Eine Reihe von Früchten lockt mit auffälliger, meist roter oder schwarzer Färbung und mit süßen, fleischigen Teilen Tiere an. Tiere fressen die Früchte. Die unverdaulichen Samen werden mit dem Kot ausgeschieden. Früchte und Samen anderer Pflanzenarten besitzen Haft-, Kleb- oder Kletteinrichtungen, mit denen sie sich als „blinder Passagier" an das Fell vorbeilaufender Tiere oder an die Kleidung des Menschen heften. Die hakenförmig gebogenen Spitzen der Großen Klette waren Vorbild für Klettverschlüsse an unserer Kleidung (Abb. 1, 2).

Selbstausbreitung: Manche Pflanzen besitzen Einrichtungen, die sich blitzschnell zusammenziehen oder aufrollen können. Durch diese Bewegungen werden Früchte oder Samen von der Pflanze weggeschleudert. Ginster, Lupinen und das Springkraut breiten ihre Samen auf diese Weise aus.

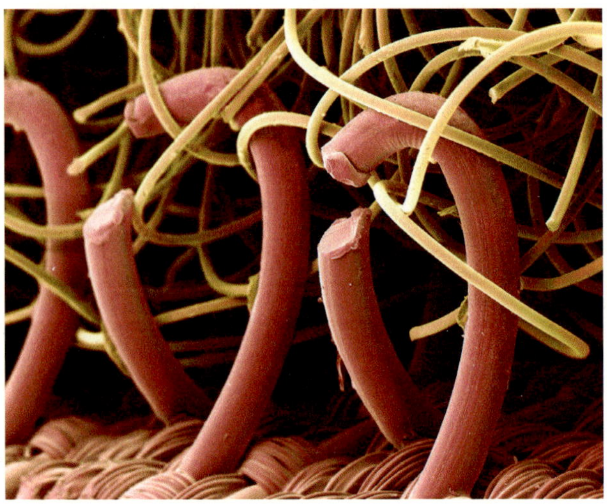

2 *Klettverschluss (80fache Vergrößerung)*

1 Angepasstheiten an Wind-, Wasser- und Tierverbreitung.
a) Fertige eine Übersicht an, in der dargestellt ist, wie die Früchte von Großer Klette (Abb. 1), Ahorn (Abb. 3, 4) und Froschlöffel (Abb. 5) an ihre Verbreitungsform angepasst sind.
b) Styropor schwimmt auf dem Wasser. Vergleiche den Aufbau von Styropor mit der Frucht des Froschlöffels.

2 Berechnungen zum Propellerflug des Bergahorns. Berechne anhand der Abbildung 4, wie häufig sich der Propeller durchschnittlich in einer Sekunde dreht. Von a–e erfolgt eine Umdrehung.

3 Ein Vergleich: Ahornfrucht und Modell. Erstelle nach den Angaben in Abbildung 3 ein Modell der Ahornfrucht. Führe mit dem Modell Flugversuche unter verschiedenen Bedingungen durch. Vergleiche die Ahornfrucht und das Modell in allen Einzelheiten (Abb. 3).

4 Samenausbreitung mit den Schuhen? Überlege einen Versuch, mit dem du die Vermutung überprüfen kannst, dass der Schmutz auf der Unterseite der Schuhsohlen Samen von Pflanzen enthalten könnte.

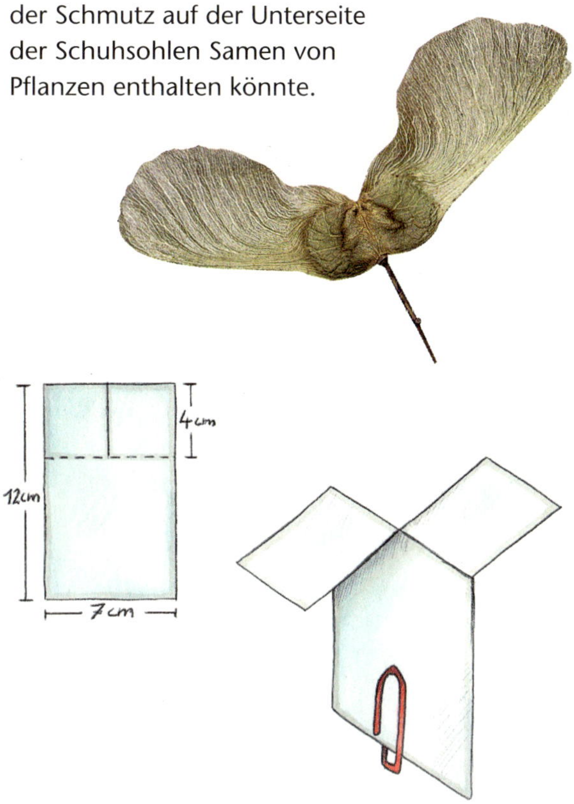

3 *Ahornfrucht und flugfähiges Modell*

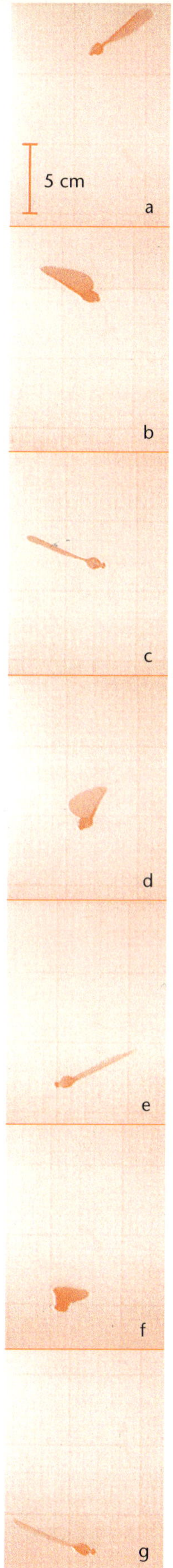

4 *Flug einer Frucht des Bergahorns in windstiller Luft. Die Einzelbilder wurden hintereinander jeweils im Abstand von 1/50-Sekunde aufgenommen.*

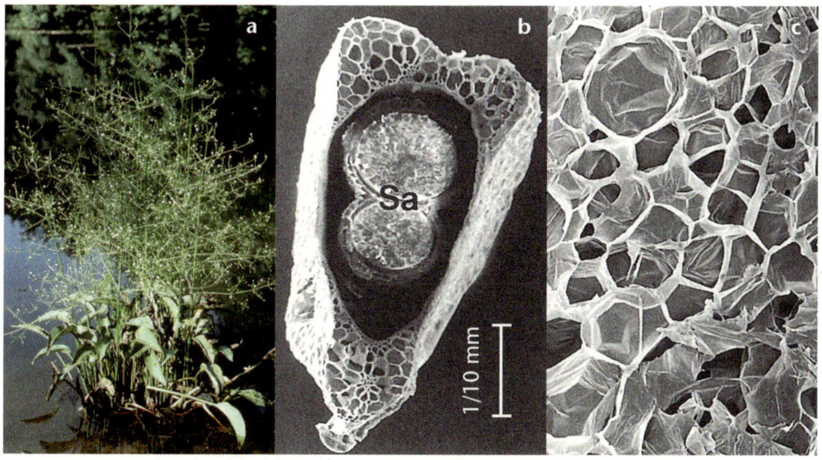

5 *a) Der Froschlöffel wächst im Uferbereich langsam fließender oder stehender Gewässer. b) Frucht des Froschlöffels mit Luftgewebe (Sa = Samen). c) Zum Vergleich: Styropor im mikroskopischen Bild.*

13.6 Keimung und Wachstum

Samen enthalten wenig Wasser. Der Embryo im Samen ruht und entwickelt sich nicht weiter. Man spricht von **Samenruhe**. In diesem Zustand können Samen ungünstige Bedingungen, zum Beispiel die Kälte im Winter oder lange Trockenheit, überdauern. Erst wenn bestimmte Bedingungen vorhanden sind, keimen die Samen aus. Als **Keimung** bezeichnet man den Vorgang, bei dem aus einem Samen ein Keimling mit den ersten grünen Blättern heranwächst.

Eine Voraussetzung für die Beendigung der Samenruhe ist die Aufnahme von Wasser. Der Samen nimmt dabei an Länge und Volumen zu. Wenn der Samen durch Wasseraufnahme an Volumen gewinnt, spricht man von **Quellung**. Dieser Vorgang bewirkt, dass die Nährstoffe im Samen für den Keimling nutzbar gemacht werden und der Keimling wachsen kann.

Als Erstes bricht die Keimwurzel aus dem gequollenen Samen heraus (Abb. 1, 2). Sie wächst in Richtung der Schwerkraft, verzweigt sich und bildet Wurzelhaare aus. So wird der Keimling im Boden verankert und die Aufnahme von Wasser und Mineralsalzen gewährleistet. Der Keimstängel mit der Knospe wächst entgegen der Schwerkraft aus dem Boden. Wenn der Stängel die ersten Laubblätter an das Licht gebracht hat, werden sie grün.

1 *Keimung beim Mais*

Die grünen Blätter einer Pflanze nehmen Licht auf. Mithilfe der Energie des Sonnenlichtes können Pflanzen in den Blättern energiereiche Nährstoffe herstellen. Sie werden für die Aufrechterhaltung der Lebensvorgänge und für das Wachstum der Pflanzen benötigt.

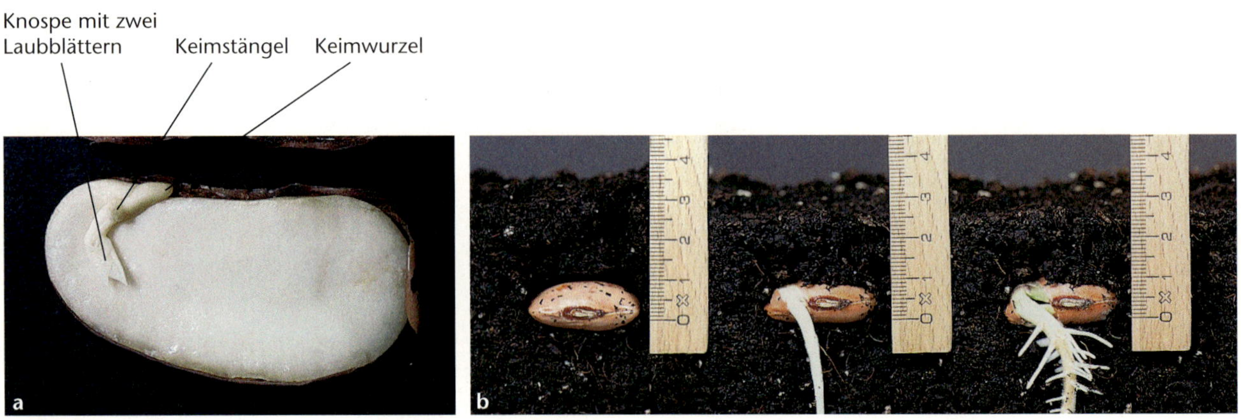

2 *Keimung der Gartenbohne a) Aufbau eines Bohnensamens, b) Keimung der Bohne*

1 Versuch zur Quellung von Bohnen. Gib in einen Plastikbecher Bohnen bis einen Zentimeter unter den Rand. Stelle den Plastikbecher dann in ein größeres Gefäß. Fülle den Plastikbecher so mit Wasser, dass die Bohnen gut bedeckt sind. Spanne mit Gummi ein Stück Haushaltsfolie über die Öffnung des Bechers. Beschreibe das Ergebnis nach einem Tag. Begründe das Ergebnis.

2 Versuch zur Keimung der Feuerbohne. Fülle ein durchsichtiges Glasgefäß mit Gartenerde. Drücke in regelmäßigen Abständen vier Feuerbohnen am Rand des Glases etwa 3 cm tief in die Erde, so dass die Bohnen von außen gut sichtbar sind. Stelle das Gefäß an einen warmen und hellen Ort. Halte die Erde feucht. Protokolliere die Keimung und die weitere Entwicklung im Abstand von jeweils zwei Tagen.

3 Keimung bei der Gartenbohne und beim Mais. Vergleiche die Keimung bei der Gartenbohne und beim Mais (Abb. 1, 2 b).

4 Auswirkung verschiedener Bodentemperaturen auf die Keimung. Werte die Abbildung 3 aus. Fasse die Ergebnisse der Auswertung in wenigen Merksätzen zusammen.

	Mindestkeimtemperatur	Dauer (in Tagen) von der Aussaat bis zur erfolgten Keimung bei folgenden Bodentemperaturen (in °C)				
		5	7	10	15	20
Feldsalat	0,0	32	23	16	11	8
Gartenkresse	1,0	16	11	7	5	3
Zuckererbse	3,2	48	23	23	13	8
Tomate	8,7	–	–	68	14	8

3 *Mindestkeimtemperatur und Dauer bis zur Keimung bei verschiedenen Bodentemperaturen*

Versuche durchführen

Biologen, Physiker und Chemiker sowie andere Naturwissenschaftler versuchen, die Gesetzmäßigkeiten der Natur zu erforschen und zu verstehen. Ein Weg, um Erkenntnisse über die Natur zu gewinnen, sind **Versuche** (Experimente).

Versuche werden nach einem bestimmten Ablauf durchgeführt (Abb. 1). Hier geht es um die Frage, welche Umwelteinflüsse Kressesamen zur Keimung brauchen.

Um die Ergebnisse von Versuchen zu dokumentieren, werden **Versuchsprotokolle** geschrieben. Darin werden die Schritte des Versuchs beschrieben (Abb. 1). Ein sorgfältiges Versuchsprotokoll ermöglicht es Personen, die Ergebnisse nachzuvollziehen und zu überprüfen.

Beobachtung	Kressesamen keimen im Blumentopf, aber nicht in der Samentüte
Problemfrage	Was brauchen Kressesamen zur Keimung?
Vermutungen (Hypothesen)	1: Kressesamen brauchen nur Licht und Erde zum Keimen. 2: Kressesamen brauchen Wasser, Luft und Wärme zur Keimung. 3: Kressesamen brauchen Licht, Wärme, Wasser, Erde und Luft für die Keimung. … weitere …
Versuch: Planung und Durchführung	
Ergebnis	Aus dem Versuchsergebnis in Abbildung 2 kann man schließen, dass Wasser, Luft und Wärme für die Keimung erforderlich sind.
Ergebnis-Auswertung in Bezug auf die Vermutungen	In diesem Versuch wurde Vermutung 2 bestätigt; Vermutung 1 wurde nicht bestätigt; Vermutung 3 ist nur zum Teil zutreffend
Fehlerdiskussion	Welche Fehler könnten das Ergebnis beeinflusst haben? Zum Beispiel: Kressesamen waren zu alt und daher nicht mehr so gut keimungsfähig, bei Schale 5 war das Licht nicht immer an …
Übertragung	Es wird geprüft, ob das Ergebnis auf ähnliche Sachverhalte übertragen werden kann, zum Beispiel auf die Keimung von Bohnensamen oder Apfelkernen. Unter Umständen ergeben sich neue Problemfragen, die weitere Versuche erfordern.

Versuchsdurchführung:
In **Schale 1** wurde feuchte Erde gefüllt und Kressesamen hineingestreut. Die Schale wurde an einen hellen, warmen Ort gestellt und regelmäßig gegossen.

In **Schale 2** fehlte im Vergleich zu Schale 1 Wasser. Es wurde getrocknete Gartenerde verwendet und nicht gegossen.

Schale 3 wurde unter einen Karton gestellt. Hier fehlte im Vergleich zu Schale 1 Licht.

Schale 4 wurde in einen Folienbeutel getan. Dann wurde die Luft abgesaugt und der Beutel fest verschlossen. Die übrigen Bedingungen waren wie in Schale 1.

Schale 5 wurde in einen Kühlschrank gestellt, der vorher so verändert wurde, dass das Licht auch bei geschlossener Kühlschranktür an blieb. Die anderen Bedingungen waren wie in Schale 1.

Bei **Schale 6** wurde statt Erde Watte verwendet. Die übrigen Bedingungen waren wie in Schale 1.

Die Vorgänge in den Schalen wurden zwei Wochen lang jeden Schultag protokolliert.

1 *Durchführung eines Versuchs*

2 *Keimung der Kresse bei verschiedenen Umwelteinflüssen*

1 Auswertung des Versuchs zur Kressekeimung.

a) Erstelle anhand der Angaben zur Versuchsdurchführung in Abbildung 1 eine Tabelle (Abb. 3). Trage mit + oder – ein, ob der jeweilige Umwelteinfluss vorhanden war oder nicht. In die unterste Zeile trägst du für jede Schale ein, ob Keimung stattfand oder nicht (Abb. 2). Werte den Versuch aus. Begründe das Ergebnis.

b) Entwickle Vermutungen über Unterschiede im Wachstum, wenn die Schalen 1, 3 und 6 weitere Wochen unter den angegebenen Bedingungen gehalten werden.

Umwelteinfluss	**Schale 1**	**2**	**3**	**4**	**5**	**6**
Wasser	+	–				
Licht	+	+				
Luft	+					
Wärme	+					
Erde	+					
Keimung	+					

3 *Tabelle zur Auswertung des Kressekeimungs-Versuchs*

14 Lebewesen im Jahreslauf

14.1 Jahreszeiten, Licht und Wärme

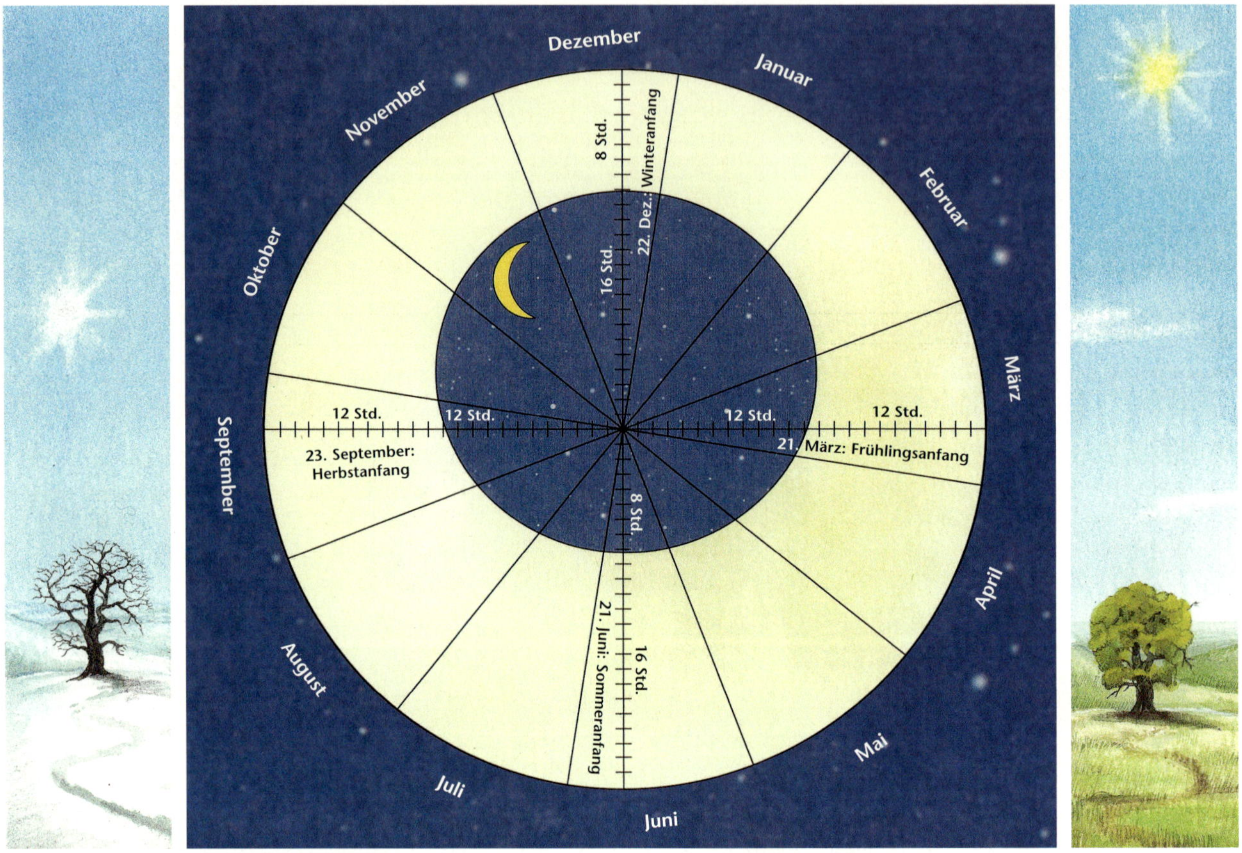

1 *Jahreszeitenuhr zum Ablesen der Tageslänge (Mitte). Im Winter steht die Sonne niedrig am Himmel, im Sommer hoch am Himmel.*

In 150 Millionen Kilometern Entfernung von der Erde befindet sich die Sonne. Sie sendet unablässig Lichtstrahlen in den Weltraum. Ein Teil der Lichtstrahlen gelangt zur Erde. Lichtstrahlen brauchen etwa acht Minuten von der Sonne bis zur Erde. Sie durchdringen die Erdatmosphäre und treffen auf die Erdoberfläche. Dort wird ein Teil der Lichtstrahlen in Wärme umgewandelt. Je mehr Lichtstrahlen ein Stück Erdoberfläche erreichen, desto wärmer wird es dort.

Bei uns ist die Strahlung der Sonne nicht gleichmäßig über das Jahr verteilt, sondern ändert sich im Jahreslauf. Wenn bei uns Sommer ist, erhält die nördliche Erdhälfte mehr Licht als im Winter. Die Sonne steht dann hoch über dem Horizont. Die Tage sind länger als im Winter. Im Winter steht bei uns die Sonne niedrig am Himmel. Die Tage sind kurz. Weil im Winter bei uns weniger Licht auf die Erdoberfläche gelangt, ist es in dieser Jahreszeit meistens ziemlich kalt.

Man unterscheidet vier Jahreszeiten im Kalender. Der Frühling beginnt am 21. März, der Sommer am 21. Juni, der Herbst am 23. September und der Winter am 22. Dezember (Abb. 1). Im Verlauf der Jahreszeiten nimmt die Tageslänge zu oder ab. Unter Tageslänge versteht man die Zeit zwischen Sonnenaufgang und Sonnenuntergang.

1 Tageslänge im Jahreslauf.
a) Bestimme anhand von Abbildung 1 die Tageslänge in den vier Jahreszeiten. Gib an, wann der längste und wann der kürzeste Tag ist. Beschreibe die Veränderung der Tageslänge im Jahreslauf.
b) Welche Zusammenhänge bestehen zwischen Tageslänge, Lichteinstrahlung und Temperatur?

2 Tiere und Pflanzen im Jahreslauf. Fertige auf einer ganzen Seite in deinem Heft eine Tabelle an wie in Abbildung 2. Erläutere die Zeichnungen in den Kästchen schriftlich.

2 *Einige Tiere und Pflanzen in den Jahreszeiten*

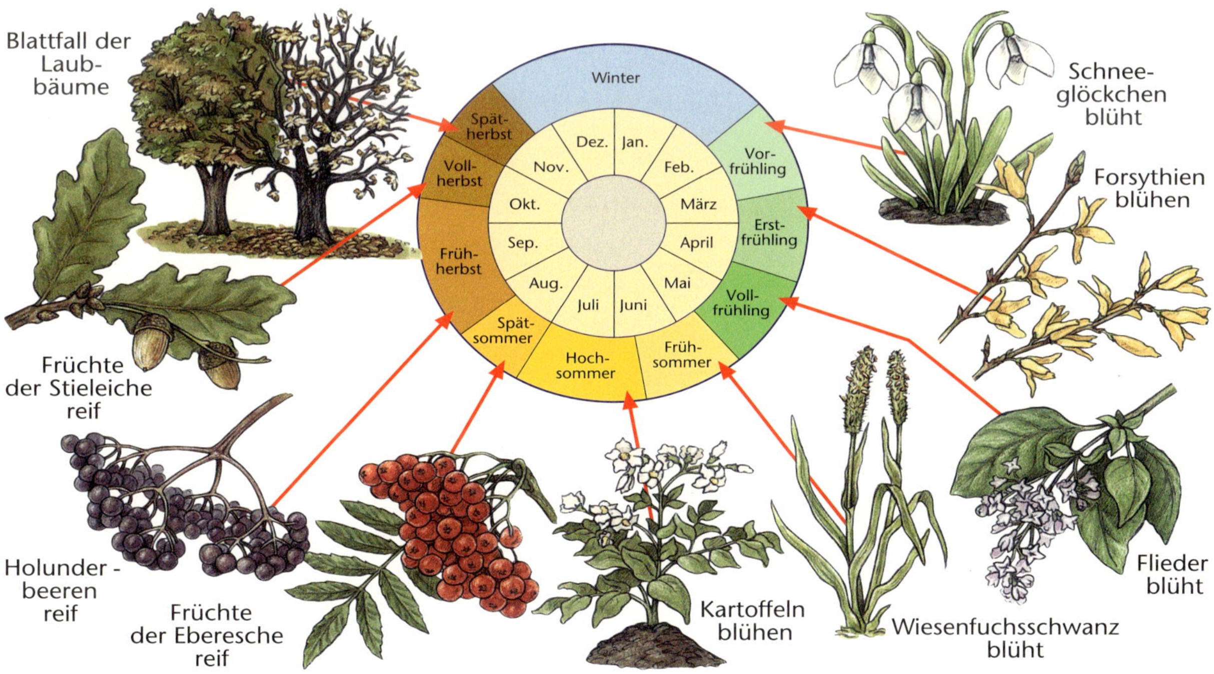

3 Der Kalender der Natur. Der Kalender der Natur ist nicht überall gleich, sondern kann von Region zu Region verschieden sein. Erstelle nach Abbildung 3 einen Kalender der Natur für deine Heimatregion. Besprich mit deiner Lehrerin oder deinem Lehrer, welchen Zeitraum du beobachten und protokollieren willst.

3 *Der Kalender der Natur*

14.2 Lebensräume im Verlauf der Jahreszeiten

1 *Veränderungen einer Landschaft im Verlauf der Jahreszeiten*

Licht, Wärme und Kälte sowie die Tageslänge im Jahreslauf haben Auswirkungen auf Tiere und Pflanzen.

Wenn die Tage zum Ende des Winters und im Frühjahr länger werden, beginnen viele Vögel mit ihrem morgendlichen Gesang. Das **Frühjahr** ist die Zeit, in der sich viele einheimische Tiere paaren und fortpflanzen.

Die meisten Pflanzen bei uns wachsen und blühen im Frühjahr und **Sommer**.

Im **Herbst**, wenn die Tage kürzer werden und erste Fröste auftreten, werfen viele Bäume ihre Blätter ab.

Im **Winter** können Pflanzen bei gefrorenem Boden nur schlecht Wasser und Mineralsalze aufnehmen.

Für eine ganze Reihe von Tieren wird das Nahrungsangebot im Winter knapp. Manche überdauern die kalte Jahreszeit als Winterschläfer, andere in Winterruhe und manche in Winterstarre. Zugvögel ziehen im Herbst, wenn die Tage länger werden, in den Süden. Im Winter finden sie bei uns kaum Nahrung.

1 Lebensräume im Jahreslauf.
a) Die Abbildungen auf diesen Seiten zeigen dieselbe Landschaft zu verschiedenen Zeiten im Jahr. Welche Lebensräume erkennst du in Abbildung 1a? Benenne sie.
b) Bringe die Abbildungen 1a bis 1i in die richtige Reihenfolge. Beginne mit 1c (Winter). Begründe die von dir gewählte Reihenfolge. Beachte dabei bestimmte Einzelheiten in den Abbildungen.

2 Lebensräume in der Umgebung der Schule im Jahreslauf. Wähle aus den Lebensräumen in der Umgebung der Schule einen aus. Beschreibe die Veränderungen dieses Lebensraumes im Jahreslauf.

14.3 Frühblüher – schnelles Wachstum im Frühjahr

1 *Schneeglöckchen, Maiglöckchen und Krokusse*

Weit bevor die Bäume ihr Laub austreiben, ist der Boden mancher Parks und Wälder dicht mit Frühblühern bedeckt. Diese Pflanzen besitzen besondere Speicherorgane, die es ihnen ermöglichen, sehr zeitig im Jahr Blätter und Blüten zu bilden (Abb. 1).

Beim Krokus sind unterirdisch wachsende Teile der Pflanze knollenartig verdickt (Abb. 2). In diesen **Knollen** speichert der Krokus Nährstoffe, die er im letzten Frühjahr gebildet hat. Mit der Energie, die in den Nährstoffen enthalten ist, kann der Krokus früher als andere Pflanzen austreiben. Schon Mitte April sterben die oberirdischen Teile ab und der Krokus überdauert als Knolle bis zum nächsten Frühjahr.

Schneeglöckchen blühen schon, wenn noch der letzte Schnee liegt. Im Sommer, Herbst und Winter leben sie in einem Ruhezustand unter der Erde.

2 *Speicherorgane von Frühblühern*

Wenn der Winter zu Ende geht, haben sie genug Nährstoffe in ihren Zwiebeln, um schon sehr früh Blätter und Blüten zu treiben. Die **Zwiebel** kann man sich als eine Pflanze vorstellen, deren Stängel wie eine Teleskopantenne zusammengeschoben wurde. Der Stängel bildet eine verdickte Scheibe am unteren Ende der Zwiebel (Abb. 5). Dort sitzen auch die Wurzeln. Seitlich an der Scheibe befinden sich dicke, fleischige Schalen, die Zwiebelschuppen. Die Zwiebelschuppen sind Blätter, die unter der Erde wachsen. Sie enthalten viele Nährstoffe. Da sie kein Sonnenlicht bekommen, bleiben sie weiß. Im Frühjahr wachsen aus der Zwiebel heraus Stängel, Blätter und Blüten. Nach dem Austrieb der Laubblätter werden mithilfe des Sonnenlichtes neue Nährstoffe erzeugt, die in der Zwiebel für das nächste Jahr gespeichert werden.

Maiglöckchen besitzen einen mehrere Zentimeter langen, verdickten Stängel, der unterirdisch wächst (Abb. 1). Man nennt solche Stängel **Erdsprosse**. Jedes Frühjahr treibt er aus Knospen neue Blätter und Blüten, die das Erdreich durchbrechen. Die Blätter nutzen das Sonnenlicht, um Nährstoffe herzustellen. Die Nährstoffe werden im Erdspross gespeichert (Abb. 2). Die oberirdischen Teile des Maiglöckchens verwelken zum Ende des Frühjahres rasch. Der Erdspross überdauert die folgenden Jahreszeiten in der schützenden Erde. Er verlängert sich in dieser Zeit um einige Zentimeter.

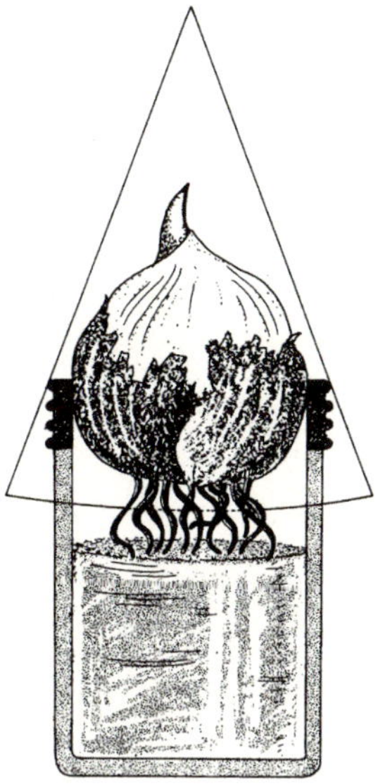

3 *Versuchsaufbau*

Datum	Beobachtung
8. Januar	Zwiebel hat eine grüne Spitze
11. Januar	Spitze etwa 1 cm lang

4 *Tabelle mit Beobachtungen*

1 Beobachtungen an der Hyazinthenzwiebel. Setze den Versuch wie in der Abbildung 3 an. Die Wurzeln sollten gerade in das Wasser reichen. Beobachte alle Veränderungen und notiere sie mit Datum. Die Tabelle kann so aussehen wie in Abbildung 4. Welche Aufgabe hat das über die Zwiebel gestülpte Papphütchen? Wann kann es abgenommen werden?

2 Knolle und Zwiebel. Notiere Unterschiede und Gemeinsamkeiten zwischen Knolle und Zwiebel. Beschreibe die Zwiebel genauer. Berücksichtige dabei die Aussage eines Botanikers: „Die Zwiebel ist nichts anderes als ein gestauchter Spross (Sprossachse und Blätter)."

3 Nachweis von Stärke in der Knolle. Den in der Knolle gespeicherten Nährstoff Stärke kannst du mithilfe der Lugol'schen Lösung nachweisen.

a) Schneide dazu eine Knolle, z. B. des Krokus, durch und gib einen bis zwei Tropfen auf die Schnittfläche. Was beobachtest du?

b) Erkläre, warum die Frühblüher schon so früh im Jahr Blüten und Blätter austreiben können.

4 Angepasstheit an spezielle Lebensbedingungen. Viele Gartenpflanzen, die schon sehr früh im Jahr blühen, besitzen unterirdische Speicherorgane wie z. B. Knollen und Zwiebeln. Schon zum Ende des Frühjahrs sterben die oberirdischen Teile ab. Am Lichtmangel kann es bei diesen Pflanzen nicht liegen. Versuche anhand der Angaben über die Heimat dieser Pflanzen begründete Vermutungen zu notieren (Abb. 7). Beschaffe dir aus dem Atlas zusätzliche Informationen (z. B. Klimadiagramme).

5 *Querschnitt einer Zwiebel*

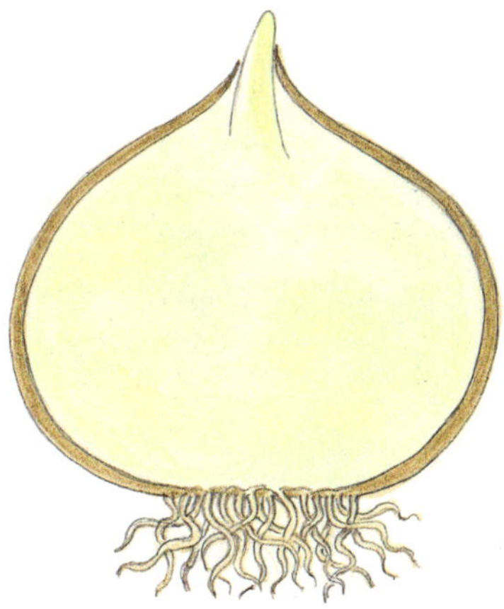

6 *Querschnitt einer Knolle*

Pflanze	Heimat
Gartentulpe	Steppen Asiens
Krokus	trockene Standorte im Mittelmeergebiet bis zum Iran
Osterglocke	Steppen Asiens
Traubenhyazinthe	Steppen Vorder- und Zentralasiens

7 *Frühblüher und ihre Herkunft*

14.4 Bäume und Sträucher im Herbst

1 *Mischwald im Herbst*

Im Herbst verfärben sich die Blätter der Bäume und Sträucher und fallen schließlich zu Boden (Abb. 1). Ausgelöst wird die Verfärbung der Blätter durch die abnehmende Tageslänge im Herbst. Je niedriger die Temperaturen, desto schneller schreitet der Prozess voran. Der in den Blättern enthaltene grüne Farbstoff Chlorophyll wird chemisch abgebaut. Ohne das Chlorophyll werden rote und gelbe Farbstoffe sichtbar. Sie befanden sich vorher schon im Blatt, wurden aber von der Farbe des Blattgrüns überdeckt. Einige Blätter werden sogar strahlend rot, zum Beispiel beim Ahorn (Abb. 2). Nach der Blattverfärbung bildet sich eine Korkschicht am Ende des Blattstiels, die die Wasserversorgung allmählich unterbindet. Das Blatt vertrocknet und stirbt dann vollständig ab. Jetzt genügt ein kleiner Windstoß und es fällt zu Boden. Die beim Blattfall entstehende Blattnarbe verholzt, so dass keine Krankheitserreger und Schädlinge in den Baum eindringen können (Abb. 5).

2 *Verfärbung der Ahornblätter*

Der herbstliche **Laubfall** ist eine Angepasstheit unserer Laubbäume an die Lebensbedingungen des Winters. Blätter geben das mit der Wurzel aufgenommene Wasser in die umgebende Luft ab. Während langer Kälteperioden friert das Wasser im Boden. Es kann nicht mehr durch die Wurzeln aufgenommen werden. Auch in den dünnen Blättern könnte das Wasser gefrieren. Der Laubfall sichert das Überleben der Bäume während der kalten Jahreszeit: Da keine Blätter mehr vorhanden sind, verdunstet der Baum auch fast kein Wasser mehr.

Die Blätter der Nadelbäume, die Nadeln, bleiben meist mehrere Jahre am Baum und fallen auch im Herbst und Winter nicht ab. Die einzige Ausnahme ist bei uns die Lärche, deren Nadeln sich wie bei den Laubbäumen im Herbst umfärben und herabfallen.

Herbar anlegen

Sammle im Frühherbst Laubblätter und bestimme sie mithilfe eines Bestimmungsbuches. Trockne sie danach in einer Pflanzenpresse, die du einfach aus zwei dicken Sperrholzplatten und einem Gürtel oder strammen Gummibändern herstellen kannst (Abb. 3). Die Blätter werden dazu auf saugfähiges Zeitungspapier gelegt, auf das anschließend beidseitig dicke Lagen von weiterem Zeitungspapier gebracht werden. Anschließend wird das Ganze in die Pflanzenpresse gelegt, die dann fest verschnürt wird. Durch einige dicke Bücher kannst du den Druck der Pflanzenpresse erhöhen. Die unmittelbar auf den Laubblättern liegenden Zeitungsblätter müssen nach ein bis zwei Tagen ausgewechselt werden. Die Pressdauer richtet sich nach Dicke, Wassergehalt und Größe der Blätter. Die völlig getrockneten Laubblätter werden mit Klebestreifen auf ein weißes Blatt Pappe geklebt und beschriftet (Abb. 4). Auf die gleiche Weise kannst du im Sommer auch Kräuter herbarisieren. Die gepressten Pflanzen werden in einem Ordner abgeheftet und systematisch angeordnet. Das Deckblatt enthält den Namen des Sammlers und die Überschrift „Herbarium". Danach folgt ein Inhaltsverzeichnis mit Seitenzahlen.

3 *Pflanzenpresse*

deutscher Name:	Stieleiche
wissenschaftlicher Name:	Quercus robur
Fundort:	Wald bei Quernheim
Standort:	Mischwald
Beschreibung:	breit gelapptes Blatt

4 *Beschriftungsbeispiel*

1 Blattnarben. Beschreibe die Blattnarbe genau (Abb. 5). Was kannst du erkennen? Beschreibe die Lage der Seitenknospen. Erläutere die Bedeutung der Knospen für die Pflanze.

2 Bedeutung des Laubfalls. Verschiedene Wissenschaftler haben Gründe für den herbstlichen Laubfall gefunden (Abb. 6). Stelle ihre Aussagen in einer Tabelle zusammen. Als Spaltenüberschrift wählst du die Namen der Wissenschaftler.

3 Ablauf der Verfärbung

a) Sammle im Herbst im Abstand von drei Tagen Blätter eines Baumes und presse sie. Beschreibe den Ablauf der Blattverfärbung.

b) Ordne die Blätter von Abbildung 2 in eine zeitliche Abfolge. Begründe.

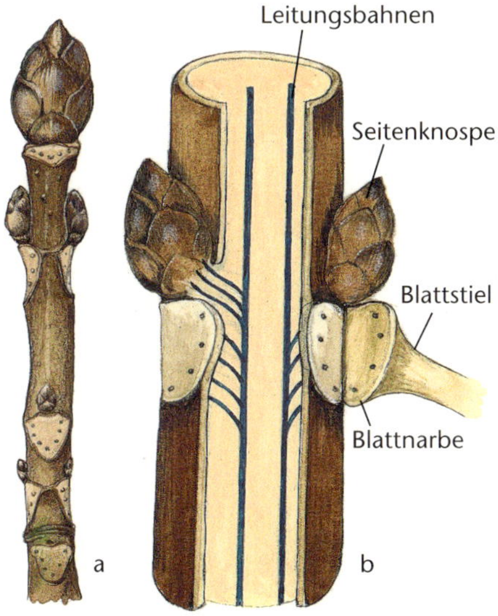

5 *Zweig der Rosskastanie mit Blattnarben und Knospen*

SCHIMPER meint, dass der Blattfall ein Schutzmittel gegen Wasserverlust darstellt. Im Herbst, wenn die Herabsetzung der Temperatur des Bodens die Tätigkeit der Wurzeln so beschränkt, dass der Wasserverlust, den die Blätter durch die Verdunstung erleiden, nicht mehr ersetzt werden kann, verwelken und vertrocknen die Blätter und fallen ab. Dass die Erkaltung des Bodens einen nachteiligen Einfluss auf die Wasseraufnahme ausübt, sei ja längst bekannt. BARANETZKY fand heraus, dass die Menge des ausfließenden Wasser aus abgeschnittenen Wurzeln direkt von der Temperatur des Bodens abhängig war. Schon lange vorher hatte SACHS durch Experimente nachgewiesen, dass das Absterben und Verwelken verschiedener Pflanzen bei Temperaturen nahe über null in vielen Fällen darauf zurückgeführt werden kann, dass die durch die Abkühlung des Bodens verlangsamte Wasseraufnahme durch die Wurzeln nicht mehr den Wasserverlust durch die Blätter zu decken vermochte.

6 *Wissenschaftliche Aussagen zum Laubfall*

15 Pflanzen kann man ordnen

15.1 Vielfalt der Pflanzen

1 *Einige einheimische Blütenpflanzen*

Man schätzt, dass es weltweit mehr als 400 000 verschiedene Pflanzenarten gibt. Diese Vielfalt der Pflanzen hat sich in Millionen von Jahren entwickelt. Die kleinste Ordnungseinheit ist die **Art.** Darunter versteht man alle Pflanzen, die sich sehr ähnlich sehen und sich untereinander fortpflanzen können. Jede Art hat eine Summe bestimmter Merkmale, durch die sie sich von anderen Arten unterscheidet. So sieht die Pflanzenart „Stängelloser Enzian" ganz anders aus als die Art „Klatschmohn" (Abb. 1).

Wissenschaftler kennen viele Merkmale der einzelnen Arten. Einige Merkmale sind Zeichen der Verwandtschaft der Pflanzen miteinander. Arten, die sich in diesen Merkmalen ähneln, sind näher verwandt als solche, die sich in diesen Merkmalen unterscheiden. Verwandte Arten werden zu Gruppen zusammengefasst: Gattungen, Pflanzenfamilien, Ordnungen und Klassen (Abb. 4).

Jede Art hat einen **wissenschaftlichen Namen.** Im Jahr 1735 wurde durch den schwedischen Botaniker CARL VON LINNÉ der lateinische Doppelname eingeführt. Seitdem besteht jeder Artname aus zwei Teilen, dem Gattungsnamen und der spezifischen Kennung der Art: „Gentiana acaulis" ist der international übliche, wissenschaftliche Name für „Stängelloser Enzian". Die Gattung heißt Gentiana. Sie umfasst über 400 Enzianarten. Für die Bestimmung einer Pflanzenart sind die Merkmale von Blüte, Frucht und Blatt wichtig. Eine Methode, die Baueigentümlichkeiten einer Blüte zu untersuchen, ist das Erstellen eines **Blütendiagramms.** Hierzu erstellt man zunächst mithilfe der konkreten Blüte ein Legebild und vereinfacht dieses dann zu einem Blütendiagramm (Abb. 2). Vergleicht man die Blütendiagramme verschiedener Pflanzen, so werden Übereinstimmungen und Unterschiede deutlich. Pflanzenfamilien haben einen charakteristischen Blütenbau.

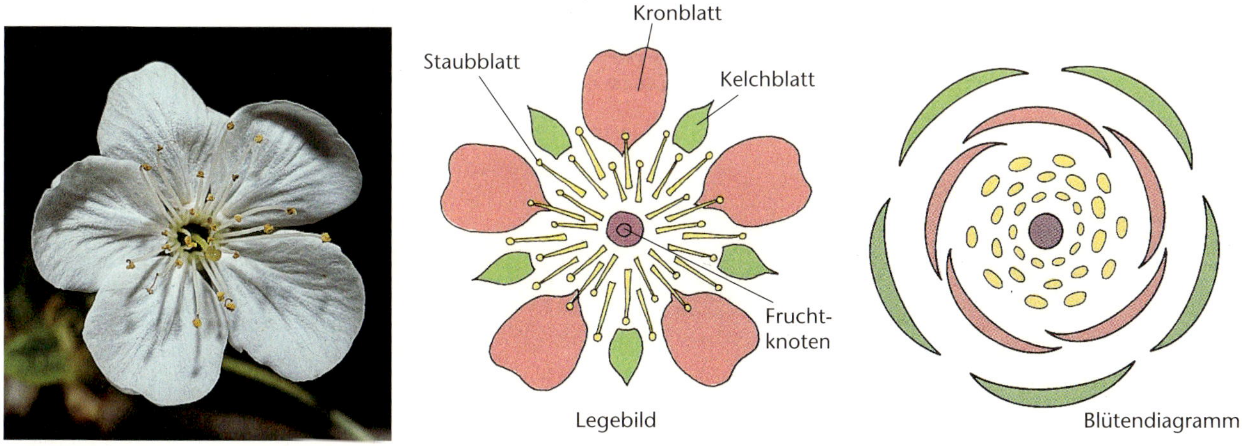

2 *Von der Blüte zum Blütendiagramm (Beispiel Kirschblüte)*

1 Pflanzen ordnen. Die Pflanzen in Abbildung 1 unterscheiden sich in verschiedenen Merkmalen. Gruppiere die Pflanzen nach Merkmalen. Ordne die Gruppen so an, dass du jede Pflanze fehlerfrei wiederfinden kannst.

2 Verwandtschaftsgruppen.
a) Stelle an zwei Beispielen aus Abbildung 4 die Verwandtschaftsgruppen in einer Zeichnung dar, z. B. durch Kreise. Beginne bei der Gattung.

b) Schreibe für die Pflanzenart Stängelloser Enzian die Verwandtschaftsverhältnisse so auf, wie sie in Abbildung 4 für den Klatschmohn angegeben sind.

3 Blütendiagramm. Die Große Sternmiere gehört zur Familie der Nelkengewächse. Ihr Blütendiagramm ist typisch für diese Familie. Zeichne es anhand des Fotos in Abbildung 3. Benutze für die verschiedenen Blütenteile dieselben Farben wie in Abbildung 2.

3 *Die Blüte der Großen Sternmiere*

4 *Verwandtschaftsgruppen im Pflanzenreich*

Ordnen mit dem Bestimmungsschlüssel

1 *Menschen aus vier Familien*

Bestimmungsschlüssel der Familien	
1a Füße groß	2
1b Füße klein	3
2a Kopf länglich	Familie Meier
2b Kopf rund	Familie Henkel
3a Hals lang	Familie Grosser
3b Hals kurz	Familie Seele

Die Menschen in Abbildung 1 gehören vier verschiedenen Familien an und unterscheiden sich in vielen Merkmalen. Diese Merkmale haben unterschiedliche Bedeutung für die Verwandtschaft. So sind die Form des Kopfes und die Größe der Füße wichtig, nicht die Länge der Haare. Durch die Bestimmung der Merkmale kann man die Personen ihren Familien zuordnen.

Bei einem Bestimmungsschlüssel wird unter einer Nummer ein Merkmalspaar betrachtet. Die erste Entscheidung im Bestimmungsschlüssel der Familien ist die Frage: „Große Füße oder kleine Füße?" Bei großen Füßen geht es mit der Nummer 2 weiter, bei kleinen mit der Nummer 3. Es ist wichtig, immer beide Beschreibungen zu lesen.

Bei der Bestimmung von Pflanzen können alle Merkmale wichtig sein. Besonders häufig aber wird in Bestimmungsbüchern nach den Merkmalen von Blüten und Blättern gefragt. Bei den Blättern gibt es fünf Merkmalsbereiche, die die Unterschiede zwischen den Arten erkennen lassen: die Stellung der Blätter am Stängel, der Ansatz am Stängel, die Form des Blattes, die Ausprägung des Blattrandes und die Blattäderung (Abb. 2).

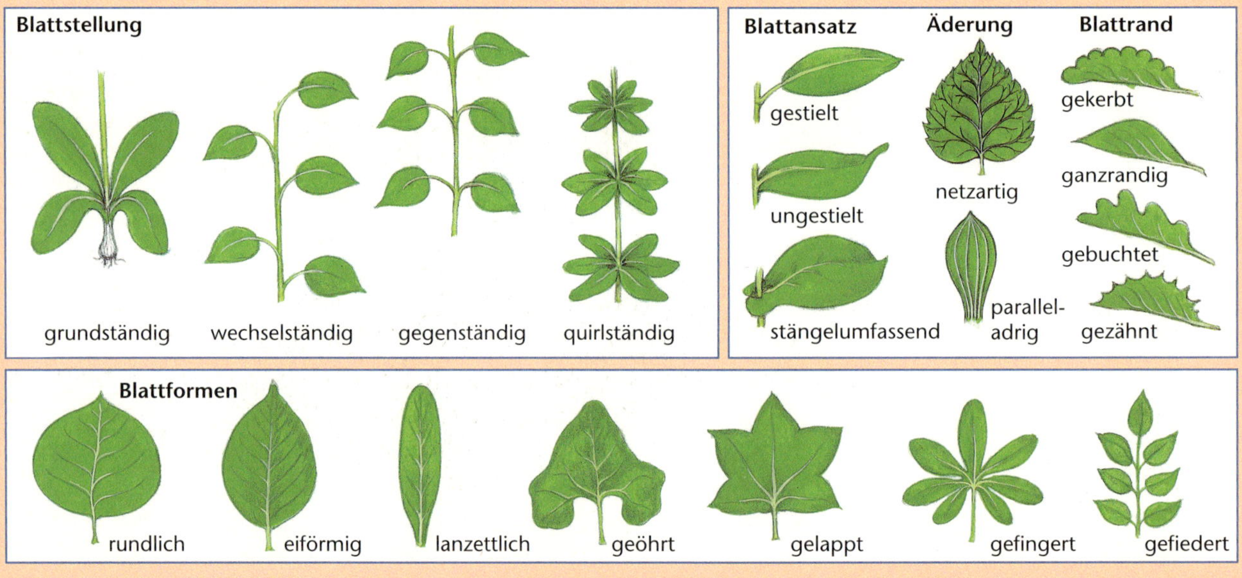

2 *Blattmerkmale für die Bestimmung*

Bestimmungsschlüssel der Familie Meier	
1a weiblich	Meier Grete
1b männlich	2
2a kurzer Hals	Meier Siggi
2b langer Hals	Meier Jupp

1 Personen bestimmen.
a) Bestimme mithilfe des Bestimmungsschlüssels der Familien die Familienzugehörigkeit für alle zwölf Personen.
b) Für Familie Meier gibt es einen eigenen Bestimmungsschlüssel. Bestimme für diese Familie die Namen der Personen.
c) Stelle einen entsprechenden Bestimmungsschlüssel für die Familie Grosser auf. Die Vornamen kannst du dir ausdenken.

3 *Gemeiner Gilbweiderich*

2 Blattmerkmale. In Abbildung 3 ist der Gemeine Gilbweiderich zu sehen. Beschreibe die Merkmale der Blätter. Verwende die Begriffe aus Abbildung 2.

3 Bestimmen anhand von Blattmerkmalen. Die Abbildung 4 zeigt die Blätter von acht verschiedenen Blütenpflanzen.
Bestimme die Namen der Pflanzen mithilfe des Bestimmungsschlüssels. Die verwendeten Fachbegriffe sind in Abbildung 2 verdeutlicht.

1a	Blätter ungeteilt	2
1b	Blätter geteilt	6
2a	Blätter ungestielt, paralleladrig	Spitzwegerich
2b	Blätter gestielt, netzadrig	3
3a	Blätter ganzrandig, eiförmig, mit Spitze	Rotbuche
3b	Blätter anders	4
4a	Blätter gebuchtet	Stieleiche
4b	Blätter gesägt oder gezähnt	5
5a	Blätter rundlich, ohne deutliche Spitze, schwach gesägt	Schwarzerle
5b	Blätter gelappt, buchtig gezähnt, mit deutlicher Spitze	Spitzahorn
6a	Blätter gefingert	Rosskastanie
6b	Blätter gefiedert	7
7a	Rand der Fiedern glatt, Endfieder zur Ranke umgebildet	Saaterbse
7b	Rand der Fiedern gesägt, am Stielansatz mit Nebenblättern	Heckenrose

4 *Blätter von verschiedenen Blütenpflanzen*

15.2 Kreuzblütler und Rosengewächse

1 *Kreuzblütler mit Blüten- und Fruchtaufbau*

2 *Rosengewächse: Heckenrose und Erdbeere*

Die **Kreuzblütler** besitzen strahlige Blüten (Abb. 1). Die Blüte besteht aus vier Kelchblättern und vier Kronblättern, die kreuzförmig angeordnet sind. Außerdem besitzen alle Kreuzblütler sechs Staubblätter, vier lange und zwei kürzere. Charakteristisch für die Familie der Kreuzblütler ist außerdem ihre Frucht, die Schote genannt wird (Abb. 1). Bei Fruchtreife fallen zwei große Klappen ab, die Schote öffnet sich. Die Samen bleiben zunächst an einem Rahmen hängen und werden schließlich durch den Wind ausgestreut.

Die **Rosengewächse** haben ebenfalls strahlige Blüten (Abb. 2). Besonders auffallend an diesen Blüten sind die vielen Staubblätter. Viele besitzen fünf Kronblätter und fünf Kelchblätter. Auch die Blattgestalt der Rosengewächse ist charakteristisch. Fast immer sind die Blätter gefiedert und besitzen am Blattgrund Nebenblätter. Die Blätter sind wechselständig.

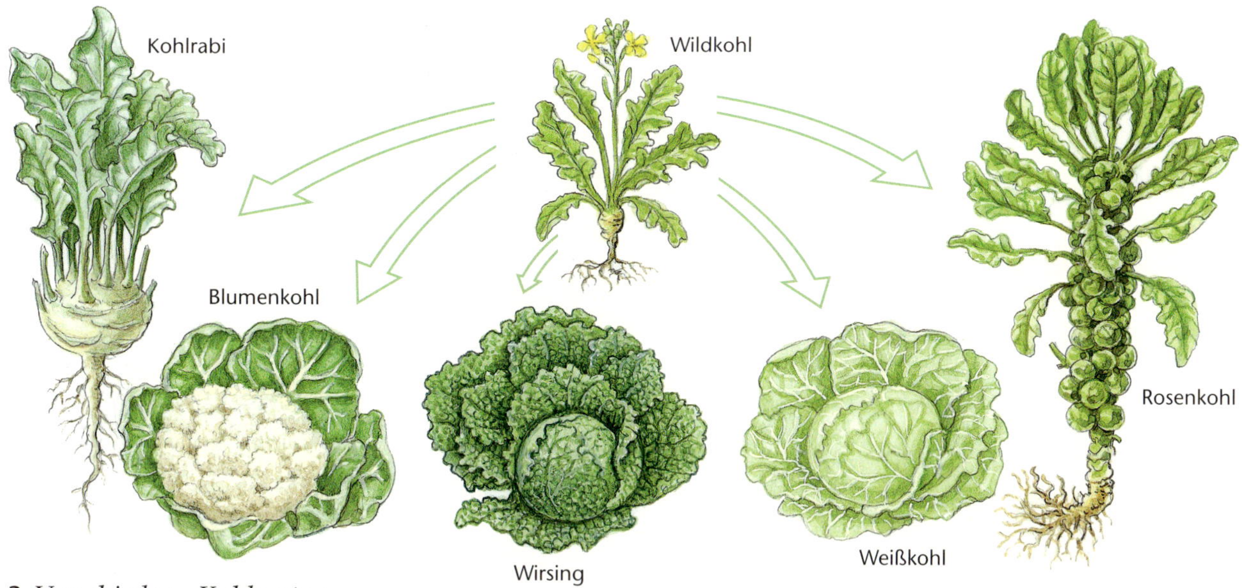

3 *Verschiedene Kohlsorten*

1 Kohlsorten. Kohl gehört zur Familie der Kreuzblütler (Abb. 3). Die verschiedenen Sorten wurden alle aus der Art „Wildkohl" gezüchtet. Bei den Kohlsorten werden unterschiedliche Teile als Nahrung für den Menschen genutzt.

a) Lege eine Liste mit den Kohlsorten von Abbildung 3 an. Benenne die jeweils genutzten Organe.

b) Ergänze weitere Kohlsorten.

c) Gib eine Erklärung, warum man von „Züchtungssorten" spricht und nicht von „gezüchteten Arten".

2 Rosengewächse. Gartenerdbeere und Heckenrose gehören zu den Rosengewächsen (Abb. 2).

a) Fertige eine Tabelle an, in die du die folgenden Merkmale beider Arten einträgst:
Wuchs, Merkmale des Blattes, Merkmale der Blüte.

b) Begründe, warum beide Arten zu den Rosengewächsen gehören.

4 *Sumpfdotterblume*

5 *Blutwurz*

3 Rosengewächs oder nicht? Die beiden Arten in den Abbildungen 4 und 5 haben strahlige Blüten mit vielen Staubblättern, dennoch gehört eine der beiden Arten nicht zu den Rosengewächsen, sondern ist Mitglied der Familie der Hahnenfußgewächse.

a) Vergleiche die Merkmale des Blattes und die Merkmale der Blüten beider Arten.

b) Zeichne von beiden Pflanzen ein Blütendiagramm.

c) Welche Pflanze ist ein Rosengewächs? Aufgrund welcher Merkmale hast du den Vertreter der Rosengewächse zugeordnet?

15.3 Korbblütler

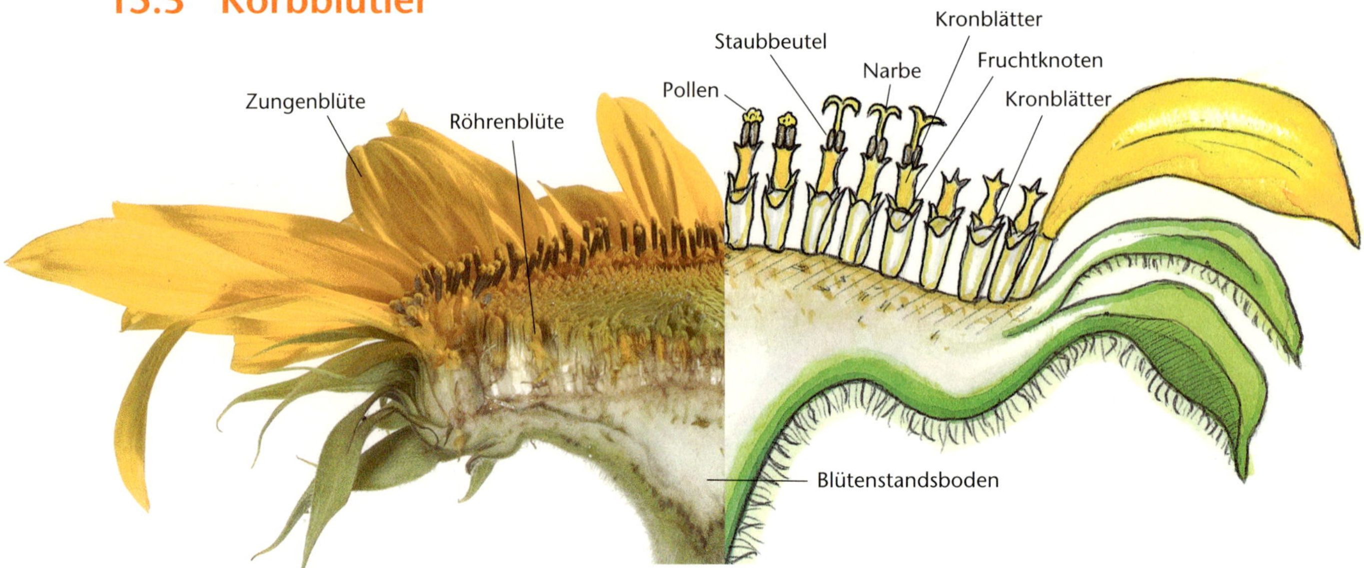

1 *Blütenstand der Sonnenblume*

Bei manchen Pflanzenarten stehen die Blüten nicht einzeln, sondern sind zu einem **Blütenstand** zusammengefasst (Abb. 2). Eine Ähre ist gekennzeichnet durch ungestielte Blüten, die entlang der Sprossachse angeordnet sind. Sie ist typisch für die Familie der Süßgräser. Die Dolde weist lang gestielte Blüten auf, wobei alle Blütenstiele aus einem Punkt entspringen. Möhre und Petersilie sind typische Vertreter der Familie der Doldengewächse. Das Köpfchen der Korbblütler enthält viele Einzelblüten, die auf einem breiten Blütenstandsboden sitzen.

Ein typischer **Korbblütler** ist die Sonnenblume (Abb. 1). Ihre Einzelblüten sind sehr klein und erst bei genauer Betrachtung erkennbar. Sie stehen zu einem Köpfchen vereinigt in großer Zahl auf dem Blütenstandsboden. Oberhalb des Fruchtknotens dieser winzigen Einzelblüten befinden sich die Kronblätter. Sie sind miteinander verwachsen und bilden eine Röhre. Diese Einzelblüten heißen daher auch **Röhrenblüten.**

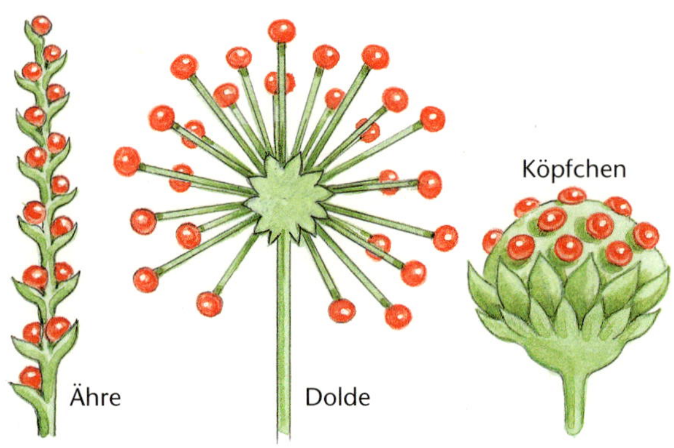

2 *Blütenstände*

Bei den Einzelblüten am Außenrand des Blütenstandes bilden die Kronblätter eine große nach außen gewölbte, strahlend gelbe Zunge. Diese Einzelblüten werden **Zungenblüten** genannt. Die Zungenblüten bilden den auffälligen Rand des Blütenstandes. Die Insekten fliegen die Blüten an und suchen dort nach Nektar. Die Insekten nehmen bei ihrem Blütenbesuch Pollen mit und übertragen diesen auf die Narben anderer Blüten. Um zu verhindern, dass Pollen einer Blüte auf die Narbe derselben Blüte gelangt, haben die Blüten in einem Blütenstand eine bestimmte Aufblühfolge. In jeder Einzelblüte reifen dabei zuerst die Pollen, später entwickeln sich die Narben. Dadurch ist sehr wahrscheinlich, dass die Einzelblüten mit dem Pollen anderer Blüten bestäubt werden.

Am einheitlichen Bau des Blütenstandes kann man die verwandtschaftliche Zugehörigkeit der vielen verschiedenen Arten der Korbblütler erkennen.

1 Aufblühfolge. Suche blühende Korbblütler in deiner Umgebung, z. B. Gänseblümchen oder Löwenzahn.

a) Präpariere aus dem Köpfchen die Einzelblüten heraus. Lege die Blüten so in eine Reihe, dass die Aufblühfolge der Abbildung 1 wiedergegeben wird. Klebe deine Blütenreihe mit einem durchsichtigen Streifen Klebeband auf ein Blatt Papier.

b) Zeichne mehrere Einzelblüten und beschrifte die Blütenteile.

2 Bestimmung. Abbildung 3 zeigt sieben Vertreter der Korbblütler.

a) Fertige eine Tabelle an, in die du für diese Arten folgende Merkmale notierst: Merkmale der Blüte, Merkmale des Blattes.

b) Bestimme die Arten mithilfe des Bestimmungsschlüssels. Lies zu jeder Nummer die beiden Beschreibungen a und b, ehe du dich entscheidest.

Bestimmungsschlüssel für Korbblütler		
1a	Körbchen mit Zungenblüten	2
1b	Körbchen ohne Zungenblüten	6
2a	nur ein Körbchen pro Stängel	3
2b	mehrere Körbchen pro Stängel	5
3a	weiße Zungenblüten, gelbe Röhrenblüten	4
3b	alle Einzelblüten gelb, grundständige Blätter als Rosette, gegenständige Beblätterung	Arnika
4a	weiße Zungenblüten mit rosa Rand, Blätter grundständig als Rosette	Gänseblümchen
4b	reinweiße Zungenblüten, Blätter wechselständig	Margerite
5a	grundständige Blätter gestielt, Stängel mit mindestens einem Stängelblatt	Waldhabichtskraut
5b	große gezähnte Blätter mit stacheligen Spitzen, stängelumfassend	Gänsedistel
6a	Körbchen flach, leuchtend gelb	Rainfarn
6b	Körbchen gewölbt, grünlich gelb	Strahlenlose Kamille

3 *Vertreter der Korbblütler*

15.4 Lippenblütler und Schmetterlingsblütler

1 *Einige Lippenblütler und Schmetterlingsblütler*

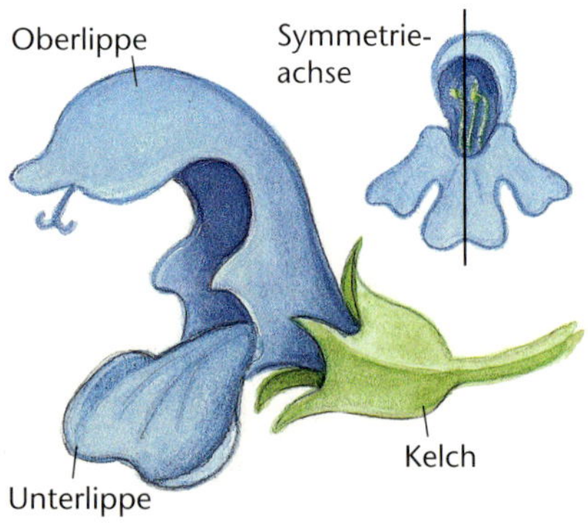

2 *Lippenblüte*

3 *Schmetterlingsblüte*

Die Blüten mancher Pflanzenarten sind zweiseitig symmetrisch. Bei ihnen stehen die beiden Längshälften wie Bild und Spiegelbild zueinander. Bekannte Familien mit zweiseitig symmetrischen Blüten sind die Lippenblütler und die Schmetterlingsblütler (Abb. 1). Am Bau der Blüte können die beiden Pflanzenfamilien unterschieden werden.

Die Mitglieder der Familie der **Lippenblütler** sind leicht zu erkennen. Ihre Blüten sind in Oberlippe und Unterlippe unterteilt (Abb. 2). Ihre Blätter stehen gegenständig am vierkantigen Stängel. Viele Arten der Lippenblütler sind als Gewürzpflanzen bekannt, z. B. Pfefferminze und Salbei.

Bei den Vertretern der **Schmetterlingsblütler** gliedert sich die Blüte in eine Fahne, ein Schiffchen und zwei Flügel (Abb. 3). Die Schmetterlingsblütler haben oft gefiederte Blätter. Dabei sitzen an einem Blattstiel viele kleine Blätter. Besonders charakteristisch sind ihre Früchte, die sich bei Reife entlang einer Naht öffnen und als Hülsen bezeichnet werden (Abb. 5). Derartige Hülsen sind uns von Erbsen, Bohnen und Linsen bekannt.

1 Ordnen nach Merkmalen. Die Arten in Abbildung 1 sind geordnet. Diese Ordnung erfolgt aufgrund verschiedener Merkmale. Bei jeder Verzweigung ist ein Merkmal entscheidend. Dieses Merkmal hat zwei Ausprägungen. So ist bei der ersten Verzweigung die Alternative: Pflanzen mit Lippenblüten oder Schmetterlingsblüten.

a) Formuliere für die übrigen Verzweigungen das jeweils entscheidende Merkmal mit seinen zwei Ausprägungen.

b) Erstelle aus diesen Angaben einen Bestimmungsschlüssel für alle Pflanzen der Abbildung 1.

2 Gewürze. Zu den Lippenblütlern gehören viele Pflanzen, die wir als Gewürze nutzen.

a) Finde mithilfe eines Lexikons heraus, welche Gewürze zu den Lippenblütlern gehören.

b) Fülle kleine Proben der Gewürze in Filmdöschen. Kann dein Sitznachbar die Gewürze am Geruch erkennen?

3 Das Leinkraut ist ein Rachenblütler. Auch die Rachenblütler haben zweiseitig symmetrische Blüten. Dennoch sind die Arten dieser Familie recht gut von den Schmetterlingsblütlern zu unterscheiden. Die Abbildung 4 zeigt das Leinkraut im Vergleich mit dem Wundklee. Erstelle eine Liste mit den unterschiedlichen Merkmalen.

4 *Leinkraut (Rachenblütler) und Wundklee (Schmetterlingsblütler)*

5 *Hülsen der Erbse*

4 Erbsen, Bohnen, Linsen. Die essbaren Samen von Erbsen, Bohnen und Linsen befinden sich in Hülsen. Abbildung 5 zeigt die Hülsen der Erbse. Erläutere den Bau der Hülse und beschreibe, wie sie sich öffnet.

15.5 Gefährdung und Schutz von Arten

Ausgestorben (Moorsteinbrech)

Stark gefährdet (Behaarte Fetthenne)

Gefährdet (Blauer Tarant)

Sehr selten (Felsenblümchen)

1 *Vier Gefährdungsstufen im Artenschutz*

Manche Pflanzenarten wie das Gänseblümchen findet man fast überall, andere Arten sind so selten, dass sie geschützt werden. Geschützt werden auch Arten, deren Bestand abnimmt. Man unterscheidet hierbei drei Kategorien: sehr selten, gefährdet, stark gefährdet (Abb. 1). Seit 1950 sind in Deutschland 22 Pflanzenarten ausgestorben.

Grund für diesen Artenschwund war vor allem der Rückgang der natürlichen Lebensräume der Pflanzen. Durch Baumaßnahmen und durch den Abbau von Rohstoffen wurden viele Lebensräume zerstört. Im Zuge der intensiven landwirtschaftlichen Nutzung wurden Feuchtgebiete trockengelegt sowie Äcker und Weiden zu großen Flächen ohne Hecken zusammengefasst. Schließlich vernichtete der große Einsatz von Unkrautvernichtungs- und Düngemitteln viele Wildkräuter auf Äckern und in Weinbergen.

Pflanzenarten sind an bestimmte Lebensräume, auch **Biotope** genannt, angepasst. Viele Arten sind empfindlich gegenüber jeder Veränderung. Durch das Ausweisen von Naturschutzgebieten schützt man seltene Biotope und damit auch die darin lebenden Arten vor dem Aussterben: Biotopschutz ist Artenschutz.

Die bedrohten Arten werden in **Roten Listen** zusammengefasst, um ihre Gefährdung zu verdeutlichen. Der allgemeine Schutz wild lebender Pflanzen ist im Bundesnaturschutzgesetz formuliert. Aufgrund der verschärften Artenschutzbestimmungen sind in den letzten 20 Jahren lediglich zwei Pflanzenarten in Deutschland ausgestorben.

Artenschutz erhält uns die Vielfalt der Natur. Artenschutz liegt in der Verantwortung des Menschen. Die Regeln in Naturschutzgebieten müssen deshalb beachtet werden. Ein wichtiger Schritt ist es, Pflanzen seiner Umgebung bestimmen zu können. Denn nur was man kennt, kann man auch schützen.

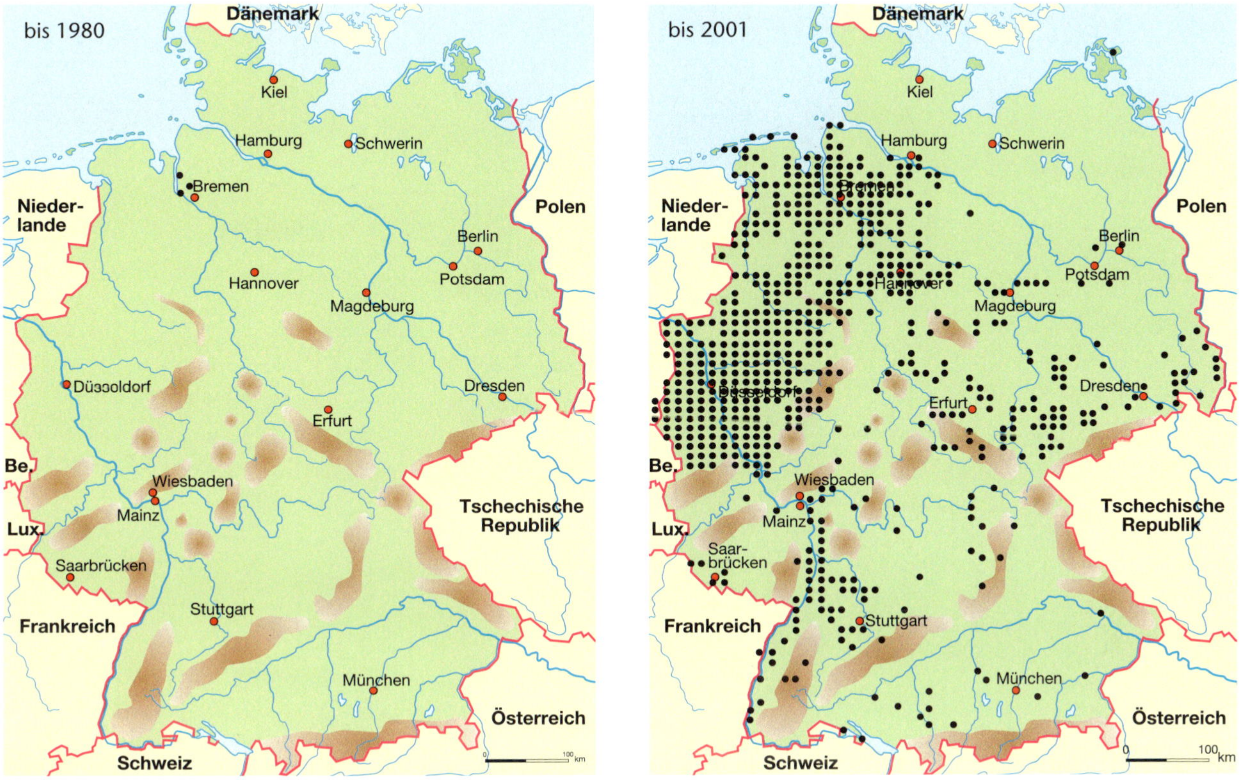

2 *Verbreitungskarte des Schmalblättrigen Greiskrauts*

1 Zuwanderung. Das Schmalblättrige Greiskraut, ein Korbblütler, ist ursprünglich in Südafrika beheimatet. In Deutschland wurde es vor etwa 100 Jahren erstmalig in Bremen gefunden. Seitdem breitet sich die Art in Deutschland aus. Abbildung 2 zeigt die aktuelle Verbreitung dieser Pflanze in Deutschland. Die Früchte des Greiskrautes werden durch den Wind ausgebreitet.

a) Welche Verbreitung ausgehend vom „Startpunkt“ Bremen würdest du erwarten?

b) Viele ehrenamtliche Helfer melden jedes Jahr Fundstellen von Pflanzenarten, die dann in die Verbreitungskarten eingetragen werden. Welche beiden Verbreitungstendenzen fallen dir auf?

c) Bei der Verbreitung haben offensichtlich neben dem Wind noch andere Hilfsmittel mitgewirkt. Beschreibe die Ausbreitung und überlege, welche Hilfsmittel eine weitere Rolle gespielt haben könnten.

2 Gefährdungskategorien. Man kann den Gefährdungsgrad der Arten in fünf Gruppen unterteilen. Das Kreisdiagramm in Abbildung 3 zeigt die aktuelle Gefährdungssituation der Pflanzen in Deutschland.

Fertige in deinem Heft eine Tabelle mit drei Spalten an. In die erste Spalte schreibst du die Gefährdungsstufen. In die zweite Spalte schreibst du die dazugehörigen Prozentzahlen. In die dritte Spalte trägst du die absoluten Artenzahlen für jede Gefährdungsstufe ein.

Diese absoluten Artenzahlen musst du so berechnen:

$$100\% \mathrel{\hat{=}} 13\,825 \text{ Arten}$$

$$1\% \mathrel{\hat{=}} \frac{13\,825}{100} \text{ Arten}$$

$$4\% \mathrel{\hat{=}} \frac{13\,825 \times 4}{100} \text{ Arten.}$$

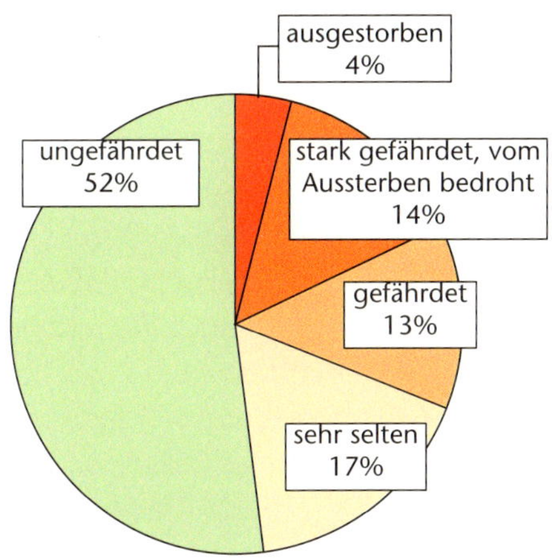

3 *Gefährdungssituation von Pflanzenarten in Deutschland*

16 Bedeutung der Pflanzen für den Menschen

16.1 Getreide – wichtige Nutzpflanzen

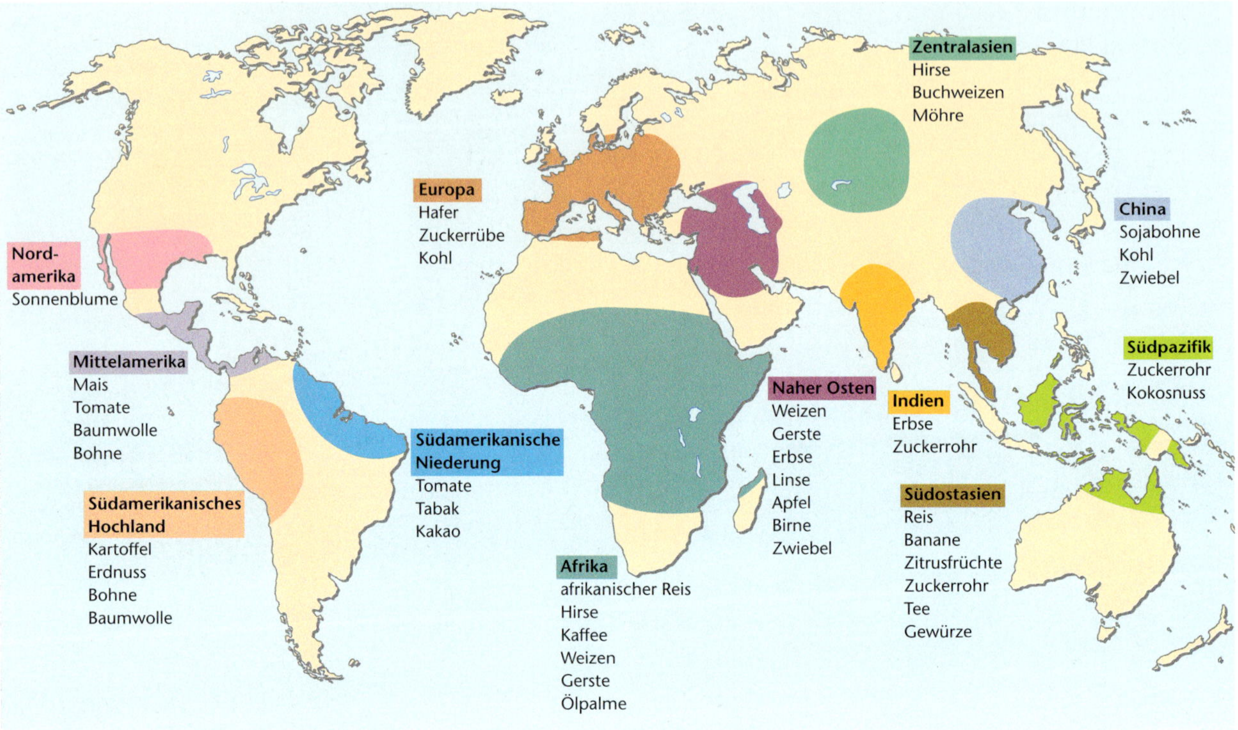

1 *Herkunft wichtiger Nutzpflanzen*

Die Menschen der Altsteinzeit waren Jäger und Sammler. Sie lebten vor mehr als 10 000 Jahren von dem, was sie in der Natur fanden. In Resten jungsteinzeitlicher Siedlungen wurden Getreidekörner gefunden. Diese Körner waren größer als die Samen von Wildgräsern. Daher weiß man, dass die Menschen der Jungsteinzeit bereits Getreidepflanzen anbauten. Man nimmt an, dass sie diese aus Wildgräsern mit besonders dicken Körnern gezüchtet haben. Neben dem Ackerbau begannen die Menschen, Vieh zu halten. Allmählich fand ein Übergang zu einer sesshaften Lebensweise statt. Auch die Vorratshaltung wurde verbessert. Die Nahrungsversorgung war dadurch auch im Winter sicherer. Wegen der tief greifenden Veränderungen der Lebensweise der Menschen wird diese Phase der Vorgeschichte als Ackerbaurevolution bezeichnet. In dieser Zeit entstanden die ersten Hochkulturen und großen Städte.

Wenn man die Ursprungsgebiete der Kulturpflanzen untersucht, stellt man fest, dass sie häufig in Regionen früherer Hochkulturen liegen (Abb.1).

Getreide ist heute die wichtigste und unverzichtbare Grundlage der menschlichen Ernährung. Getreidepflanzen erwiesen sich weltweit als geeignete Nahrungspflanzen, da sie anspruchslos sind und auch in trockenen und warmen Gebieten gute Erträge liefern. Zu den bedeutendsten **Getreidearten** gehören Reis, Mais, Weizen, Gerste und Hirse. Nicht nur Getreide und Getreideprodukte selbst werden verzehrt, ohne Getreide als Viehfutter wäre auch die Fleischproduktion in heutigem Ausmaß nicht möglich. Weitere Nahrungspflanzen mit großer Bedeutung sind Kartoffel, Zuckerrohr, Zuckerrübe und Sojabohne.

1 Kulturpflanzen und ihre Herkunft.

a) Liste unter Verwendung von Abbildung 1 die Herkunftsgebiete der dort genannten Kulturpflanzen auf. Ordne in einer Tabelle Getreide und Nicht-Getreide.

b) Vergleiche mithilfe einer Atlaskarte die Ursprungsgebiete von Reis, Weizen, Mais und Hirse mit den heutigen Anbaugebieten. Was stellst du dabei fest?

2 Bevölkerungsentwicklung und Ernährungssituation.

a) Stelle die Daten zur Bevölkerungsentwicklung von Christi Geburt bis heute in geeigneter Weise grafisch dar.

b) Analysiere die Daten der Abbildung 2 zur Bevölkerungsentwicklung anhand von zwei Fragestellungen: Wie verlief die Entwicklung der Bevölkerung? Welche Ursachen könnte der Verlauf der Bevölkerungsentwicklung haben?

Bevölkerung in Millionen Menschen	
2020 n. Chr.	?
1999 n. Chr.	6-000
1985 n. Chr.	4-800
1950 n. Chr.	2-400
1900 n. Chr.	1-610
1800 n. Chr.	906
1750 n. Chr.	728
1650 n. Chr.	545
Chr. Geb.	133
6 000 v. Chr. Geb.	86,5
10 000 v. Chr. Geb.	5,32
25 000 v. Chr. Geb.	3,34
300 000 v. Chr. Geb.	1
1000 000 v. Chr. Geb.	0,125

2 *Bevölkerungsentwicklung*

Kreisdiagramme

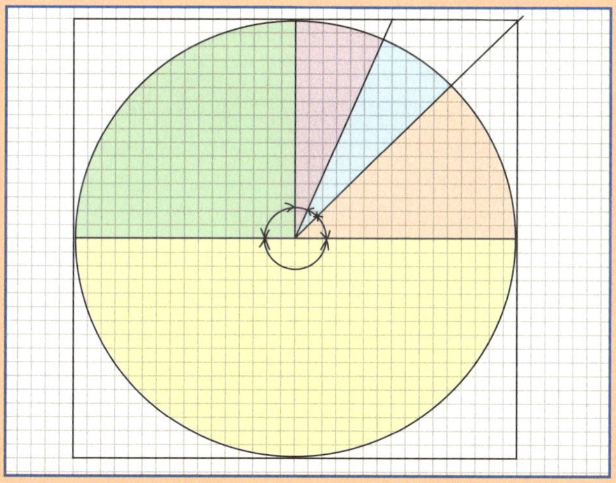

3 *Konstruktion eines Kreisdiagramms*

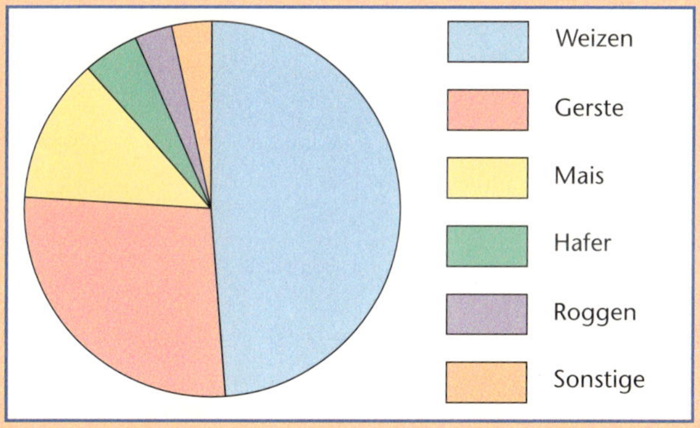

4 *Anteile von Getreideanbauflächen; weltweit*

3 Wie zeichnet man ein Kreisdiagramm?

Daten lassen sich anschaulich in Diagrammen darstellen. Die Anteile kann man zum Beispiel als unterschiedlich große Kreisausschnitte verdeutlichen. Ein solches Diagramm nennt man Kreisdiagramm. Die Winkelsumme in einem Kreis beträgt 360 °. Das entspricht 100 %. Für einen Halbkreis gilt ein Winkel von 180 ° (≙ 50 %) und für einen Viertelkreis ein Winkel von 90 ° (≙ 25 %). Abbildung 3 zeigt, wie man einen Kreis in Segmente aufteilen kann. Die Fläche der kleinen Segmente beträgt jeweils 6,25 % der gesamten Kreisfläche.

Wenn man die Größe eines Segmentes exakt bestimmen will, berechnet man den Winkel nach folgender Formel:

$$\text{Winkel} = \frac{\text{Anteil in \%} \cdot 360°}{100}$$

a) Stelle die Daten aus dem Kreisdiagramm in Abbildung 4 in einer Tabelle zusammen.

b) Weltweit wurde Getreide im Jahr 2000 in folgenden Anteilen geerntet: Weizen 30 %, Reis 27 %, Mais 25 %, Gerste 10 %, andere Getreidearten 8 %. Veranschauliche diese Daten mithilfe eines Kreisdiagramms.

16.2 Getreide sind Gräser

1 *Verschiedene Gräser*

2 *Getreide*

Getreidepflanzen weisen viele Ähnlichkeiten mit Gräsern auf. In ihren Blüten wachsen ebenso wie bei den Gräsern besondere Früchte, die Körner genannt werden, heran. Die Körner wachsen in Blütenständen, die als Ähre bezeichnet werden (Abb. 3). Der Stängel, der bei den Gräsern Halm genannt wird, ist durch Verdickungen, so genannte Knoten, in Abschnitte gegliedert. Bei uns häufige Getreidearten sind Hafer, Weizen, Roggen und Gerste. Aber auch in anderen Gegenden der Erde wird Getreide angebaut, zum Beispiel Hirse in Afrika und Reis in Südostasien. Heute wird bei uns auch Mais angepflanzt, der ursprünglich aus Amerika stammt. Wenn die Körner der Getreidepflanzen reif sind, werden sie geerntet und in Mühlen gemahlen. Aus dem Mehl wird unser Brot gebacken, es kann aber auch zu anderen Produkten oder Futtermitteln verarbeitet werden. Getreide stellt in vielen Gegenden der Erde das Hauptnahrungsmittel dar. Es besitzt einen hohen Nährwert und kann lange gelagert werden, ohne zu verderben.

Die Getreidearten sind schon seit Jahrtausenden das Hauptnahrungsmittel für Menschen. Wildgräser, die besonders viele und möglichst große Körner besaßen, wählte der Steinzeitmensch immer wieder zur Vermehrung aus. Dieses Vorgehen nennt man **Züchtung.** Auf diese Weise entstanden die ältesten Getreidearten Einkorn, Emmer und Gerste. Sie wurden schon in der Steinzeit angebaut. Durch Ackerbau und Viehzucht wurden aus den ursprünglichen Sammlern und Jägern sesshafte Menschen.

Auch heute findet noch Getreidezüchtung statt. Man versucht zum Beispiel Pflanzen zur Vermehrung auszuwählen, die einen besonders stabilen, aber kurzen Halm aufweisen.

3 *Getreidepflanze*

1 Weizen
- benötigt mildes Klima und fruchtbaren Boden
- sehr ertragreich
- wichtigstes Brotgetreide, ergibt weißes Mehl
- kurze Halme
- keine Grannen
- dicke Körner
- Einzelblüten in Ähren

2 Roggen
- gedeiht auch auf wenig fruchtbarem Boden und bei rauem Klima
- Brotgetreide, ergibt dunkles Mehl
- lange, dünne Halme
- lange Grannen
- dunkle Körner
- Einzelblüten in Ähren

3 Hafer
- gedeiht bei feuchtem, kühlem Klima
- Verwendung als Haferflocken und Kindernahrung, da leicht verdaulich
- auch Verwendung als Viehfutter
- keine oder sehr kurze Grannen
- längliche Körner
- keine Ähren

4 Gerste
- älteste bekannte Getreide
- klimatisch anspruchslos, erträgt Frost
- Verwendung als Viehfutter und für die Bierherstellung
- meist lange, dünne Halme
- sehr lange Grannen
- längliche Körner
- Einzelblüten in Ähren

4 *Getreidepflanzen und ihre Steckbriefe*

1 Kennübung: Getreide.
a) Ordne den Texten in Abbildung 4 die Getreidearten der Abbildung 2 zu.
b) Triticale ist eine häufig angebaute Pflanze, die aus Weizen und Roggen gezüchtet wurde. Erläutere Ziele, die Züchter mit dieser Kreuzung verfolgt haben.

2 Vom Korn zum Mehl. Der Abbildung 5 ist zu entnehmen, woraus unterschiedliche Mehltypen hergestellt werden. Beurteile mithilfe des Textes die Qualität der Mehle im Hinblick auf unsere Ernährung.

Getreidekörner enthalten fast alles, was wir zu unserer Ernährung benötigen: Kohlenhydrate in Form von Stärke, Eiweiß und nur wenig Fett. Vor allem in den äußeren Schichten des Getreidekorns befinden sich viele Vitamine, Mineralsalze und Ballaststoffe.
Für die Herstellung von Nahrungsmitteln werden die Getreidekörner häufig zu Mehl verarbeitet. Vollkornmehl enthält alle Bestandteile des Korns. Für die Herstellung von Weißmehl wird nur der Mehlkörper verwendet. Weißmehl hat die Type 405. Die Type gibt an, wie viel Milligramm Mineralsalze in 100 Gramm Mehl enthalten sind. Je höher die Typenzahl, desto mehr Mineralsalze sind im Mehl enthalten.

5 *Bau eines Getreidekorns und Mehltypen*

16.3 Der Grashalm als Vorbild: leicht, schlank, stabil

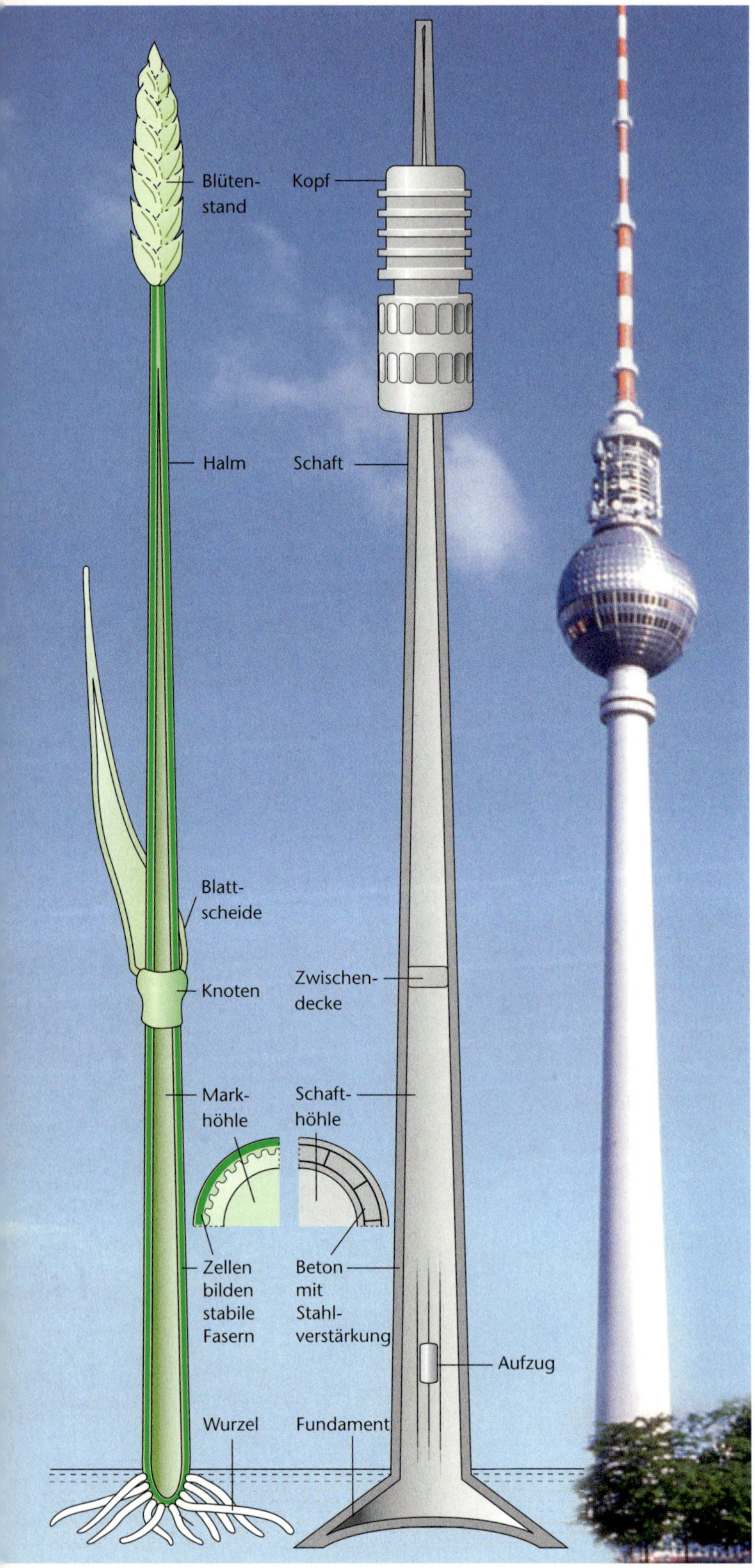

1 *Vergleich Grashalm – Fernsehturm*

Viele Bauwerke enthalten Elemente, die in ähnlicher Form in der Natur vorkommen (Abb. 1). Eine Graspflanze kann in Hinblick auf Stabilität und Materialeinsparung Anregungen für technische Lösungen bieten. Die Wissenschaft, die sich mit der technischen Umsetzung und der Anwendung von Strukturen aus der Biologie befasst, ist die **Bionik.** Der Name Bionik ist eine Kombination aus den Begriffen Biologie und Technik.

Seit langem interessieren sich Bioniker für Grashalme. Sie sehen in Gräsern natürliche Modelle für materialsparende Konstruktionen von Bauwerken, zum Beispiel von Hochhäusern und Fernsehtürmen. Wie ist es möglich, dass die leichten und dünnen Grashalme Wind und Wetter trotzen, obwohl sie schwere Ähren tragen?

Grashalme sind röhrenartig aufgebaut (Abb. 1). Innen sind sie hohl oder mit leichtem Mark gefüllt. Zellen mit stark verdickten Zellwänden bilden in Längsrichtung stabile Fasern. Diese Fasern bilden ringförmig angeordnete Festigungselemente. In den, Knoten genannten, Verdickungen des Grashalms befinden sich zwei miteinander verbundene Ringe aus festem Material, zwischen denen sich leichtes Füllmaterial befindet. In der Technik spricht man bei einer solchen Konstruktion von einer Sandwich-Bauweise, die zum Beispiel durch das Einziehen von Zwischendecken erreicht wird.

Stabilisierend wirkt sich bei einem Grashalm zudem aus, dass er durch die Knoten in Abschnitte untergliedert ist. Oberhalb der Knoten umhüllen die Blätter als Blattscheiden den Halm. Dies ist von großer Bedeutung, da sich an den Knoten weiches Material befindet, das durch die Blattscheiden geschützt wird. Vergleicht man den Aufbau eines Fernsehturms mit dem eines Grashalms, fallen viele Ähnlichkeiten auf (Abb. 1).

1 Ähnlichkeiten zwischen Graspflanze und Fernsehturm. Notiere in einer Tabelle, welche Übereinstimmungen du zwischen der technischen Konstruktion eines Fernsehturms und der natürlichen Struktur eines Grashalms feststellst.

	Höhe	Basisdurchmesser
Heinrich-Hertz-Turm in Hamburg	272 m	41 m
Fernsehturm in Berlin	368 m	32 m
Rheinturm in Düsseldorf	234 m	34 m
Fernsehturm in Stuttgart	217 m	10,8 m
Roggenpflanze	1,60 m	4 mm

2 *Höhe und Durchmesser verschiedener Objekte*

2 Schlankheitsgrade. Man bezeichnet den Quotienten aus Höhe und Basisdurchmesser als Schlankheitsgrad eines Objektes. Bei vielen Hochbauten werden möglichst hohe Werte angestrebt, da dies zu einer Materialeinsparung führt.

a) Berechne und vergleiche die Schlankheitsgrade der in Abbildung 2 genannten Objekte.

b) Ermittle für weitere Pflanzen, z. B. Blumen oder Bäume, durch eigene Messung die Schlankheitsgrade.

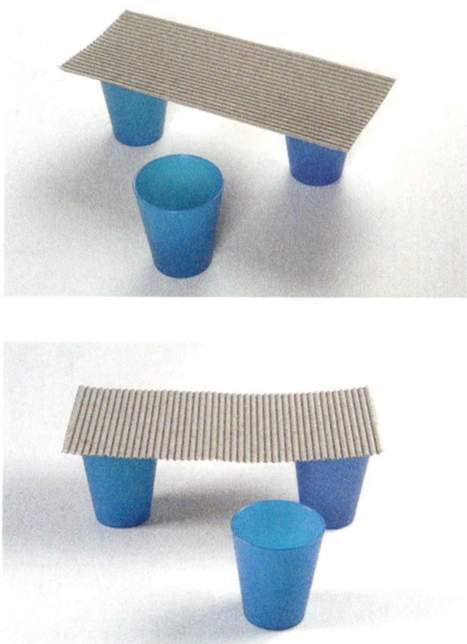

3 *Modellversuch zur Stabilität von Wellpappe*

3 Modellversuch zur Stabilität. Blätter, besonders wenn sie groß sind, sind stabil gebaut. Manchmal sind die Blattflächen gefaltet (Abb. 5). In den folgenden Versuchen soll der Einfluss von Faltungen auf die Stabilität untersucht werden.

a) Lege die Wellpappe wie abgebildet auf die Gläser (Abb. 3). Die Gläser sollen einen Abstand von 15 cm haben. Stelle auf die Pappen in die Mitte jeweils ein weiteres leeres Glas. Fülle in diese Gläser so lange Wasser, bis die Pappe einknickt. Welche Pappe hat eine höhere Traglast?

b) Falte stabiles Papier in 1 cm breite Streifen. Lege das Papier so auf zwei Gläser, dass die Falten in Längsrichtung verlaufen (Abb. 4). Ermittle wie in Versuch a die maximale Traglast.

c) Führe weitere Versuche mit Papier durch, bei denen du die Breite der Streifen variierst. Ermittle die optimale Streifenbreite.

d) Wo werden in der Technik Falt- und Wellenprofile verwendet?

e) Übertrage die Ergebnisse deines Modellversuchs auf Bau und Funktion des Grasblattes (Abb. 5).

4 *Modellversuch zur Stabilität von gefaltetem Papier*

5 *Grasblatt im Querschnitt mit gewellter Unterseite*

16.4 Kartoffeln – nahrhafte Knollen

1 *Kartoffelpflanze*

Die Kartoffel stammt aus Südamerika. Spanische Seefahrer brachten sie im 16. Jahrhundert nach Europa. Kartoffeln gehören zur Familie der Nachtschattengewächse. Alle grünen Pflanzenteile sind giftig. Auch in den Knollen befinden sich in geringer Konzentration giftige Alkaloide. Durch das Kochen werden diese zerstört. Die essbaren, unterirdisch wachsenden Knollen sind Speicherorgane. In Knollen speichern Pflanzen Nährstoffe, die sie bei der Fotosynthese in ihren Blättern produziert haben. Kartoffeln speichern in ihren Knollen hauptsächlich Stärke. **Pflanzenknollen** können aus Verdickungen des Sprosses oder der Wurzel entstehen. **Sprossknollen** werden grün, wenn sie im Hellen lagern, und bilden Blätter. Kartoffeln sind Sprossknollen, die unterirdisch wachsen.

Züchtungserfolge. Die ursprünglichen Kartoffeln bildeten nur kleine Knollen. Durch gezielte Züchtung entstanden daraus die heutigen Sorten. Unter einer **Sorte** versteht man Pflanzen einer Art, die sich in mindestens einem Merkmal von Pflanzen anderer Sorten unterscheiden. Für unterschiedliche Verwendungszwecke gibt es Kartoffelsorten mit besonders großen, fest kochenden Knollen und Sorten mit besonders hohem Stärkegehalt, die von der Industrie benötigt werden. Die in den Kartoffeln enthaltene Stärke ist ein bedeutender Rohstoff für die Industrie. Sie stellt daraus unter anderem Klebstoffe, Verpackungsmaterialien und Alkohol her.

Heute gehört die Kartoffel bei uns zu den bedeutendsten Nahrungspflanzen. Kartoffeln enthalten neben Stärke besonders wertvolles pflanzliches Eiweiß und viele Vitamine.

2 *Kartoffelpflanze: Blüten, Früchte und Kartoffelknollen*

3 *Stärkenachweis*

5 *Eine Folie herstellen*

1 Versuch: Stärkenachweis in Kartoffelknollen.
a) Schneide eine Kartoffel durch. Tropfe Iod-Kaliumiodid-Lösung auf die Schnittfläche (Abb. 3).
Hinweis: Iod-Kaliumiodid ist ein Nachweismittel für Stärke. Blaufärbung zeigt das Vorhandensein von Stärke an.
b) Wiederhole diesen Versuch mit den Speicherorganen anderer Pflanzen. Geeignet sind Möhren, Zwiebeln, Getreidekörner, Bohnen und andere.

2 Kartoffelanbau – Erntemengen, Anbauflächen und Erträge.
a) Berechne für die in Abbildung 4 genannten Länder die Hektarerträge (Ernte pro Hektar Anbaufläche) in den Jahren 1989 und 1999.
b) Entwickle mögliche Begründungen für die unterschiedlichen Hektarerträge in den angegebenen Ländern.

3 Versuch: Herstellung einer Folie aus Stärke.
Gib in ein Becherglas 10 g Kartoffelstärke, 12 ml Glycerin und 100 ml Wasser. Erwärme unter ständigem Rühren etwa 15 Minuten lang in einem kochenden Wasserbad, bis ein klares Gemisch entstanden ist. Gieße die noch heiße Masse auf eine Plexiglasscheibe (Abb. 5). Am nächsten Tag kannst du die Folie vom Rand her vorsichtig abziehen. Diese Stärkefolie ist biologisch abbaubar. Folien dieser Art werden für Verpackungen genutzt.

4 Versuch: Herstellung von Stärkekleister. Gib 10 g Kartoffelstärke und 50 ml destilliertes Wasser in ein Becherglas. Rühre mit einem Glasstab um und erwärme unter ständigem Rühren in einem Wasserbad. Wenn die zähflüssige Masse am Glasstab festzukleben beginnt, ist der Kleber gebrauchsfertig. Der Kleber lässt sich zum Papierkleben verwenden.

Land	Ernte in Millionen Tonnen 1999	Ernte in Millionen Tonnen 2009	Anbaufläche in Mio Hektar 1999	Anbaufläche in Mio Hektar 2009
China	65	69	4,2	4,8
Russland	31	31	3,3	2,2
Indien	23	34	1,3	1,8
USA	22	20	0,5	0,4
Polen	20	10	1,3	0,5
Deutschland	12	12	0,3	0,3

4 *Erntemenge und Anbaufläche von Kartoffeln in verschiedenen Ländern*

Biologische Prinzipien zum Thema „Blütenpflanzen"

Die nachfolgenden Sachverhalte stammen aus den Kapiteln „Blütenpflanzen", „Fortpflanzung und Entwicklung der Blütenpflanzen", „Lebewesen im Jahreslauf", „Pflanzen kann man ordnen" und „Bedeutung der Pflanzen für den Menschen".

Auf der rechten Seite sind noch einmal die biologischen Prinzipien aufgeführt.

1 Aufgabe: Ordne jedem Sachverhalt auf dieser Seite ein biologisches Prinzip oder mehrere biologische Prinzipien zu.

1. Wurzeln, Sprossachse und Blätter sind die Organe einer Blütenpflanze. Jedes dieser Organe erfüllt eine besondere Aufgabe.

2. Blütenpflanzen nehmen mit ihren Wurzeln Mineralsalze und Wasser aus dem Boden auf. Mit ihren grünen Blättern fangen Blütenpflanzen Licht von der Sonne auf. Mithilfe des Lichtes kann eine Pflanze Traubenzucker herstellen. Mineralsalze, Wasser und Licht sind für das Leben einer Pflanze notwendig.

3. Die vielen Wurzelhaare der Wurzel bilden eine große Oberfläche. Bei einer einzigen Roggenpflanze entspricht die gesamte Oberfläche der Wurzelhaare der Fläche von fünf bis sechs Klassenräumen. Die große Oberfläche der Wurzelhaare begünstigt die Aufnahme von Mineralsalzen und Wasser.

4. Die Sprossachse der meisten Blütenpflanzen ist stabil gebaut. Diesem stabilen Bau entspricht die Aufgabe, die Blätter und Blüten zu tragen und dem Wind standhalten zu können.

5. Wenn Nachkommen durch Geschlechter gezeugt werden, spricht man von geschlechtlicher oder sexueller Fortpflanzung. Blüten dienen der geschlechtlichen Fortpflanzung.

6. Man spricht von Bestäubung, wenn Pollenkörner einer Blüte auf die Narbe einer anderen Blüte transportiert werden. Die Bestäubung kann durch Wind oder Insekten erfolgen. Bei windblütigen Pflanzen zeigen die Blüten und der Pollen eine Reihe von Angepasstheiten, die für die Verbreitung des Pollens mit dem Wind von Vorteil sind.

7. Die Verbreitung von Samen und Früchten kann durch Wind, Wasser, Tiere und Menschen sowie durch Selbstausbreitung erfolgen. Die Samen und Früchte der verschiedenen Blütenpflanzen zeigen Angepasstheiten an die Form der Verbreitung. Zum Beispiel hat die Ahornfrucht Flügel, die für die Verbreitung mit dem Wind von Vorteil sind.

8. Die große Vielfalt der Blütenpflanzen hat sich in vielen Millionen Jahren entwickelt. Kreuzblütler, Rosengewächse, Korbblütler, Lippenblütler und Schmetterlingsblütler sind Beispiele für Pflanzenfamilien. Pflanzenarten innerhalb einer Pflanzenfamilie zeigen Ähnlichkeiten im Blütenbau. Das ist ein Zeichen für stammesgeschichtliche Verwandtschaft. Verschiedene Nutzpflanzen sind Grundlage der menschlichen Ernährung.

Biologische Prinzipien

Struktur und Funktion
Unter Struktur versteht man den Bau von Lebewesen. Mit ihrem Bau sind sie an bestimmte Aufgaben (Funktionen) angepasst, zum Beispiel sich zu bewegen oder zu ernähren.

Fortpflanzung
Lebewesen vermehren sich. Durch Fortpflanzung wird der Fortbestand der Art gesichert. Die meisten Lebewesen entwickeln sich im Laufe ihres Lebens und verändern sich dabei.

Wechselwirkungen zwischen Lebewesen
Jedes Lebewesen hat Wirkungen auf seine Umwelt und die Umwelt wirkt auf das Lebewesen. Ein Lebewesen kann Wirkungen auf andere Lebewesen haben und umgekehrt.

Vielfalt
Auf der Erde gibt es vielfältige Lebensräume und eine große Vielfalt von Tier- und Pflanzenarten. Die Nachkommen von zwei Eltern zeigen neben Gemeinsamkeiten auch Unterschiede in den Merkmalen.
Die Geschichte der Lebewesen und ihre Entwicklung im Laufe langer Zeiträume bezeichnet man als Stammesgeschichte. Wenn Lebewesen in vielen Merkmalen übereinstimmen, ist das meistens auf gemeinsame Stammesgeschichte zurückzuführen. Man sagt dann, dass die Lebewesen, die sich in ihrem Körperbau ähneln, stammesgeschichtlich miteinander verwandt sind.

Information und Verständigung
Lebewesen nehmen mit ihren Sinnesorganen Informationen aus ihrem Körper und aus ihrer Umwelt auf. Die Informationen werden verarbeitet und können Einfluss darauf haben, was ein Lebewesen tut und wie es sich verhält. Lebewesen können sich untereinander verständigen.

Angepasstheit
Lebewesen besitzen Eigenschaften, mit denen sie an ihre Umwelt angepasst sind. Solche Eigenschaften nennt man Angepasstheiten. Sie sind für das Überleben eines Lebewesens in seiner Umwelt vorteilhaft.

Fortpflanzung und Entwicklung des Menschen

17 Fortpflanzung und Entwicklung des Menschen

17.1 Jeder Mensch ist einmalig

1 *Neben vielen Gemeinsamkeiten sind Menschen auch unterschiedlich*

Auf der Erde leben über sechs Milliarden Menschen. Sie haben sehr viele Gemeinsamkeiten. Doch gleicht kein Mensch einem anderen vollständig. Zwischen allen Menschen gibt es Unterschiede. Jeder Mensch besitzt bestimmte Merkmale, Eigenschaften, Verhaltensweisen und Fähigkeiten. Als Ganzes genommen, machen sie jeden Menschen einmalig und einzigartig. Man spricht in diesem Zusammenhang von „Individuum" und „Individualität". Das Wort **Individuum** kommt aus dem Lateinischen und heißt wörtlich übersetzt „das Unteilbare". Die Eigenarten und Eigentümlichkeiten eines einzelnen Menschen machen seine **Individualität** aus. Die Merkmale, Eigenschaften, Verhaltensweisen und Fähigkeiten jedes Menschen werden von Veranlagungen und Umwelteinflüssen bestimmt.

Zwei Menschen können sich unter anderem in ihrem Geschlecht unterscheiden. Ob man ein Junge oder ein Mädchen, ein Mann oder eine Frau ist, hat für jeden Menschen große Bedeutung. Auch bei vielen anderen Lebewesen gibt es männlich und weiblich. Das spielt bei der Fortpflanzung eine wichtige Rolle. Wenn die Nachkommen durch Geschlechter gezeugt werden, spricht man von **geschlechtlicher Fortpflanzung.** Der Mensch und die meisten Tiere und Pflanzen erzeugen Nachkommen durch geschlechtliche Fortpflanzung.

Bei Tausenden von Lebewesen mit geschlechtlicher Fortpflanzung wurden die Eigenschaften der Nachkommen untersucht. Dabei stellte man immer wieder fest, dass die Nachkommen bei jeder Art von Lebewesen neben vielen Gemeinsamkeiten auch Unterschiede aufweisen. Bei Menschen fällt es uns leicht, Unterschiede zwischen den Individuen wahrzunehmen (Abb. 1). Auch bei Haustieren wie Katzen und Hunden können wir Unterschiede zwischen den einzelnen Lebewesen feststellen. Bei vielen anderen Arten von Lebewesen sieht man dagegen nicht sofort Unterschiede. Auch wenn uns auf den ersten Blick zum Beispiel alle kleinen Hunde, alle Stiefmütterchen oder alle Bänderschnecken gleich erscheinen, so weisen sie doch Unterschiede auf (Abb. 4). Nicht nur für den Menschen, sondern für alle Arten von Lebewesen mit geschlechtlicher Fortpflanzung gilt, dass kein Einzelwesen einem anderen Individuum der Art vollkommen gleicht.

1 Kleine und große Unterschiede. Beschreibe anhand der Abbildung 1 Gemeinsamkeiten und Unterschiede zwischen den Jugendlichen der Klasse. Suche auch bei den Lebewesen, die jeweils auf einem Foto der Abbildung 4 abgebildet sind, nach Gemeinsamkeiten und Unterschieden.

2 Du bist einmalig! Übertrage die Tabelle in Abbildung 3 in dein Heft und gib für die Merkmale 2 bis 19 an, ob das Merkmal zutrifft oder nicht. Hat jemand in der Klasse die gleiche Kombination von Merkmalen wie du?

Du bist ...

Du bist ein Kind
Du hast einen Namen
Du bist einmalig
Du bist verletzbar und unbesiegbar
Du bist fröhlich und traurig
Du bist zurückhaltend und aufgeschlossen
Du bist hungrig und satt

2 *Ein Gedicht*

3 Du bist ... . Setze das in Abbildung 2 angefangene Gedicht durch weitere Zeilen mit gegensätzlichen Adjektiven fort, so dass die Vielfalt der Eigenschaften von Menschen deutlich wird.

1. Körpergröße in cm
2. glatte Haare
3. gewellte / lockige Haare
4. krause Haare
5. Geschlecht männlich
6. Geschlecht weiblich
7. gerader Haaransatz an der Stirn
8. Haaransatz an der Stirn mit Spitze oder Bogen
9. Hautfarbe hell (im ungebräunten Zustand)
10. Hautfarbe leicht braun
11. Hautfarbe dunkel
12. Augenfarbe blau
13. Augenfarbe grün
14. Augenfarbe braun
15. Augenfarbe (fast) schwarz
16. Zungenrollen: Die Zunge kann zu einer „Tüte" gerollt werden
17. kein Zungenrollen
18. unteres Ohrläppchen frei
19. unteres Ohrläppchen angewachsen

3 *Einige Merkmale*

4 *Lebewesen haben Gemeinsamkeiten und Unterschiede*

17.2 Veränderungen in der Pubertät

1 *Aus Babys werden Jugendliche*

Entwicklung ist ein Kennzeichen aller Lebewesen. Auch der Mensch entwickelt sich: vor der Geburt im Körper der Mutter und nach der Geburt innerhalb seiner Familie. Beim Menschen geht die Entwicklung vom Embryo und Fetus über Säugling, Kind, Jugendlicher, Erwachsener und altem Menschen bis zum Tod.

Mit **Pubertät** bezeichnet man einen Entwicklungszeitraum von ungefähr vier bis sechs Jahren, in dem aus einem Mädchen eine junge Frau und aus einem Jungen ein junger Mann wird. Meistens beginnt die Pubertät zwischen neun und vierzehn Jahren. Die Pubertät ist eine Zeit allmählicher seelischer und **körperlicher Veränderungen.** Im Verlauf der Pubertät werden Jungen und Mädchen geschlechtsreif. Darunter versteht man, dass im Körper regelmäßig Geschlechtszellen gebildet werden. Im Hoden eines jungen Mannes werden männliche Geschlechtszellen, die Spermazellen, gebildet. In den Eierstöcken einer jungen Frau reifen regelmäßig weibliche Geschlechtszellen, die Eizellen, heran. Außerdem entwickeln sich äußerliche Merkmale, die typisch für einen Mann oder eine Frau sind. Zu diesen Geschlechtsmerkmalen gehören unter anderem der Bartwuchs bei Jungen und das Wachstum der Brust bei Mädchen. Beide Geschlechter zeigen in der Pubertät einen Wachstumsschub.

Mit **seelischen Veränderungen** während der Pubertät meint man Veränderungen im Fühlen, Denken und Verhalten. Betroffen davon sind viele Bereiche eines jungen Menschen. Es geht um seine Gefühle, seine Interessen, seine Selbstwahrnehmung, das Verhältnis zum anderen Geschlecht, das Leben mit Eltern und Geschwistern in der Familie, die Bedeutung der Gruppe oder der Clique und häufig auch der Schulklasse. Bei vielen Jugendlichen treten in der Pubertät starke Stimmungsschwankungen auf, von „himmelhoch jauchzend" bis „zu Tode betrübt". Auf dem Weg zu einer größeren Selbstständigkeit fühlen sich Jugendliche manchmal sehr unsicher und falsch verstanden. Im Elternhaus und in der Schule können Auseinandersetzungen, Verstimmungen, Streit und Konflikte häufiger auftreten. Das legt sich bei den meisten Jugendlichen im Laufe der Jahre. Die Jugendlichen werden selbstsicherer und ausgeglichener.

1 Hast du dich verändert?

a) Beschreibe die körperlichen Veränderungen der Personen in Abbildung 1.

b) Auch du hast eine Entwicklung hinter dir und vor dir. Wie hast du dich seit der Einschulung in die erste Klasse verändert?
Gliedere deine Antwort in
- deine Meinung über Schule;
- deine Ansichten über Mädchen/Jungen;
- deine Freizeitbeschäftigung.

2 Zeitlicher Verlauf der Entwicklung in der Pubertät.

Fertige auf einer ganzen Seite in deinem Heft ein Diagramm nach dem Muster von Abbildung 2 an. Trage dann die Angaben aus Abbildung 3 in das Diagramm ein.

3 Richtig streiten.

a) Elisabeth betritt das Zimmer von Ole und ist angesichts der Unordnung entsetzt (Abb. 4): „Wenn du dein Zimmer bis heute Abend nicht aufgeräumt hast, werfe ich dir alle Sachen vor die Tür!" – Setze das Streitgespräch zwischen Mutter und Sohn schriftlich fort. Berücksichtige dabei Abbildung 5.

b) Simuliere im Rollenspiel das faire Streiten zu einem von euch selbst gewählten Streitthema zum Beispiel „Laute Musik" oder „Spät nach Hause kommen". Beachte dabei die Angaben in Abbildung 5.

4 *Oles Zimmer*

Der zeitliche Verlauf der Entwicklung bei Mädchen:												
Alter (Jahre)	8	9	10	11	12	13	14	15	16	17	18	19
Wachstum von Scheide und Gebärmutter												
Beginn der Schambehaarung												
...												

2 *Diagramm als Vorlage*

bei Mädchen:
Beginn des Wachstums von Scheide und Gebärmutter: $8\frac{1}{2}$ bis $12\frac{1}{2}$ Jahre;
Beginn der Schambehaarung: $8\frac{1}{2}$ bis $12\frac{1}{2}$ Jahre;
Beginn der Brustentwicklung: 9 bis 14 Jahre;
erste Menstruation: 9 bis 16 Jahre;
Beginn des Wachstumsschubs (Körperlänge): 10 bis $14\frac{1}{2}$ Jahre

bei Jungen:
Beginn des Hodenwachstums: $9\frac{1}{2}$ bis $14\frac{1}{2}$ Jahre;
Beginn des Peniswachstums: $9\frac{1}{2}$ bis $15\frac{1}{2}$ Jahre;
Beginn der Geschlechtsbehaarung: $9\frac{1}{2}$ bis 15 Jahre;
erster Spermienerguss: 10 bis 15 Jahre;
Beginn des Wachstumsschubs (Körperlänge): 11 bis 16 Jahre;
Einsetzen des Stimmbruchs: 12 bis 17 Jahre;
Beginn des Bartwuchses: 13 bis 19 Jahre

3 *Körperliche Entwicklung in der Pubertät bei Jungen und Mädchen*

Bei Kindern und Jugendlichen in der Pubertät kann es häufiger als sonst zu Streit mit den Eltern kommen. Wenn man einige Gesichtspunkte beachtet, muss ein Streit nicht in gegenseitigen Vorwürfen, Beleidigungen und Ärger enden:
1 Vorwürfe, Anschuldigungen und Beleidigungen an den Streitpartner vermeiden,
2 die eigenen Gefühle und Wünsche dem Streitpartner mitteilen,
3 beim Streiten nicht vergessen, dass der Streitpartner auch gute Seiten hat,
4 versuchen, sich in den Streitpartner hineinzuversetzen und auch seine Sichtweise zu verstehen,
5 nicht versuchen, Maximalforderungen durchzusetzen, sondern nach Kompromissen suchen, die für beide Streitpartner annehmbar sind.

5 *Regeln für faires Streiten*

17.3 Die weiblichen Geschlechtsorgane

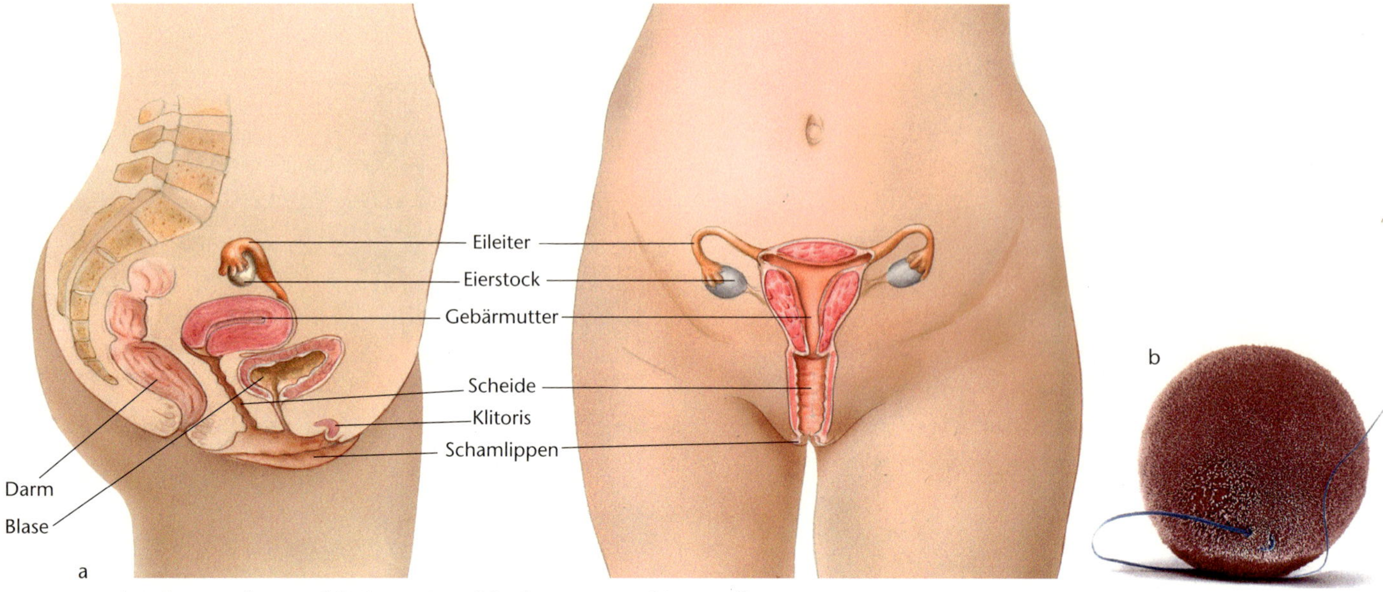

1 *a) Schema der weiblichen Geschlechtsorgane, b) Eizelle mit Spermium*

Während der Pubertät reifen die Geschlechtsorgane heran. In den beiden Eierstöcken einer Frau werden weibliche Geschlechtszellen, die **Eizellen,** gebildet. Sie gehören mit etwa 0,1 Millimeter Durchmesser zu den größten Zellen des Menschen. Durchschnittlich reift alle 28 Tage in einem der beiden Eierstöcke eine Eizelle in einem flüssigkeitsgefüllten Bläschen heran. Wenn dieses Bläschen platzt, wird die Eizelle aus dem Eierstock in den Eileiter freigesetzt. Man nennt diesen Vorgang **Eisprung.** Im Eileiter wird die Eizelle in einigen Tagen zur Gebärmutter transportiert. Dort stirbt sie ab, wenn sie nicht befruchtet wird.

Die Gebärmutter hat eine muskulöse Wand und ist innen von einer gut durchbluteten Schleimhaut ausgekleidet. Die Scheide wird auch Vagina genannt. Die Schamlippen umgeben den Scheideneingang und die Klitoris. Die Klitoris ist eine sehr empfindsame Stelle für sexuelle Erregung.

Für jedes Mädchen ist die erste **Menstruation** ein wichtiges und manchmal aufregendes Ereignis. Andere Begriffe für Menstruation sind unter anderem Regel, Periode oder „die Tage". Während der Menstruation gelangt etwa eine halbe Tasse (60–90 ml) blutige Flüssigkeit aus der Scheide. Die gut durchblutete Schleimhaut löst sich von der Wand der Gebärmutter und gelangt durch die Scheide nach außen. Die Menstruation dauert meistens zwischen drei und sieben Tagen. Sie ist Teil des natürlichen und normalen Lebens einer Frau und ein Zeichen dafür, dass sich der Körper auf die Möglichkeit einstellt, Kinder zu bekommen. Die Menstruation wiederholt sich durchschnittlich alle 28 Tage (Abb. 2). Dabei wird vom ersten Tag der Menstruation bis zum Beginn der nächsten Menstruation gezählt. Menstruationszyklen von drei bis fünf Wochen Dauer sind jedoch normal. Am Anfang der Pubertät sind die Menstruationszyklen bei den meisten Mädchen noch sehr unregelmäßig. Manchmal ist die Menstruation schmerzhaft. Gegen leichte Schmerzen hilft eine Wärmflasche. Bei starken Schmerzen sollte man einen Arzt oder eine Ärztin aufsuchen. Für die Menstruation gibt es Binden und Tampons. Während Binden die Menstruationsflüssigkeit vor der Scheide aufnehmen, saugen Tampons die Flüssigkeit in der Scheide auf. Zur Intimhygiene von Mädchen und Frauen gehört auch, sich immer von der Scheide in Richtung After zu waschen und nicht umgekehrt.

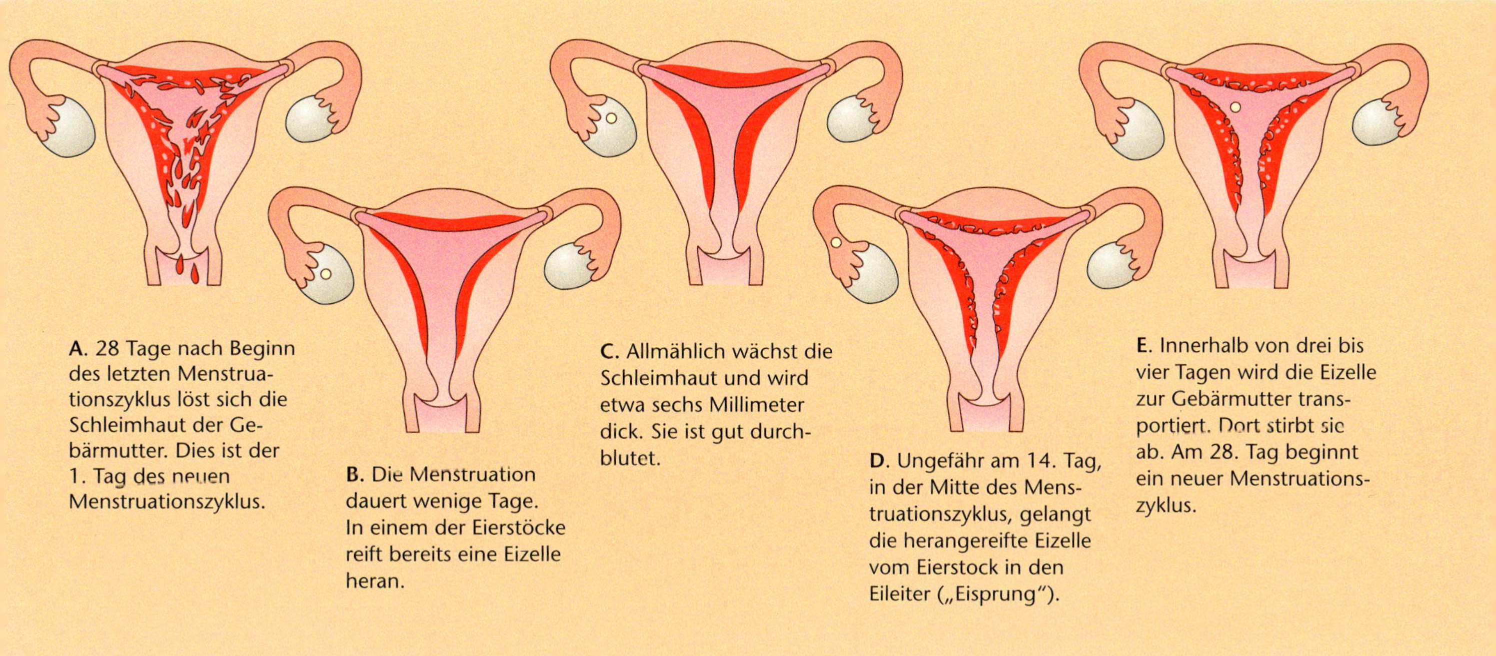

2 *Menstruationszyklus (A – E)*

Januar

Mo	Di	Mi	Do	Fr	Sa	So
		1	2	3	4	5
6	7	8	9	10	11	12
~~13~~	~~14~~	~~15~~	~~16~~	~~17~~	~~18~~	19
20	21	22	23	24	25	26
27	28	29	30	31		

Februar

Mo	Di	Mi	Do	Fr	Sa	So
					1	2
3	4	5	6	7	8	9
10	11	12	~~13~~	~~14~~	~~15~~	~~16~~
17	18	19	20	21	22	23
24	25	26	27	28		

März

Mo	Di	Mi	Do	Fr	Sa	So
					1	2
3	4	5	6	7	8	9
10	11	12	13	14	~~15~~	~~16~~
~~17~~	~~18~~	~~19~~	~~20~~	21	22	23
24	25	26	27	28	29	30
31						

April

Mo	Di	Mi	Do	Fr	Sa	So
	1	2	3	4	5	6
7	8	9	~~10~~	~~11~~	~~12~~	~~13~~
~~14~~	15	16	17	18	19	20
21	22	23	24	25	26	27
28	29	30				

Mai

Mo	Di	Mi	Do	Fr	Sa	So
			1	2	3	4
5	6	7	8	9	10	~~11~~
~~12~~	~~13~~	~~14~~	15	16	17	18
19	20	21	22	23	24	25
26	27	28	29	30	31	

Juni

Mo	Di	Mi	Do	Fr	Sa	So
						1
2	3	4	5	6	7	8
9	10	11	12	13	14	15
16	17	18	19	20	21	22
23	24	25	26	27	28	29
30						

3 *Kalender mit eingetragenen Menstruationen*

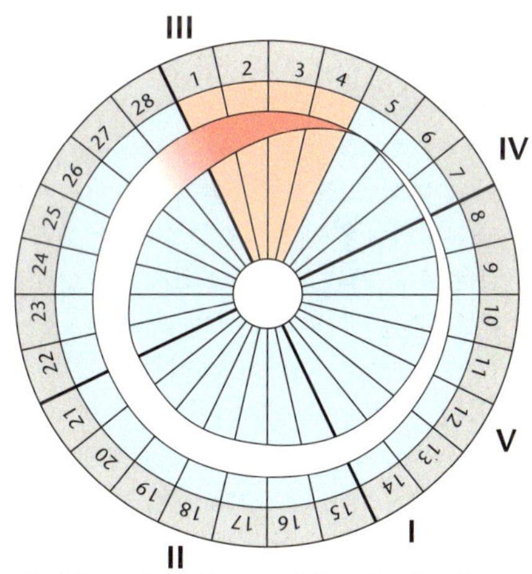

4 *Menstruationszyklus in Kreisdarstellung*

1 Bau der weiblichen Geschlechtsorgane. Beschreibe anhand der Abbildung 1 den Bau der weiblichen Geschlechtsorgane.

2 Menstruationszyklus. Ordne den Ziffern I bis V in Abbildung 4 die Abschnitte A bis E der Abbildung 2 zu und begründe deine Zuordnung.

3 Menstruationskalender. Frau G., 19 Jahre alt, hat die Tage der Menstruation mit Kreuzen in einen Kalender eingetragen (Abb. 3).

a) Berechne die durchschnittliche Dauer der Menstruationszyklen von Frau G. in dem angegebenen Zeitraum.

b) Gib für den dargestellten Zeitraum in Abbildung 3 die Tage an, an denen wahrscheinlich ein Eisprung stattfand.

c) Wann ist die nächste Menstruation zu erwarten, wann der nächste Eisprung? Begründe deine Antworten.

17.4 Die männlichen Geschlechtsorgane

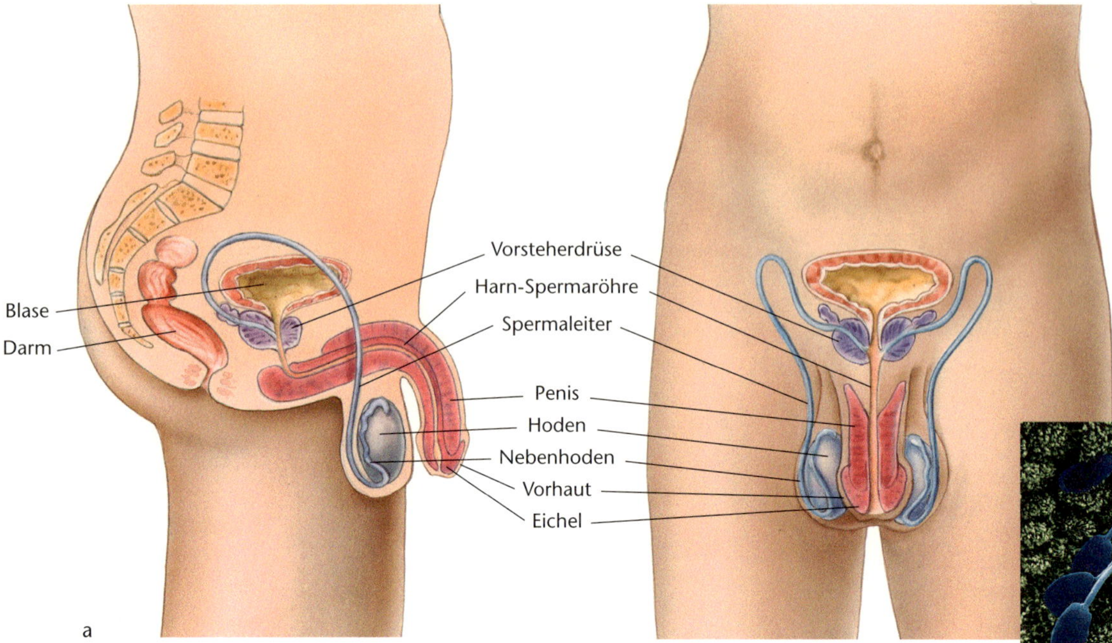

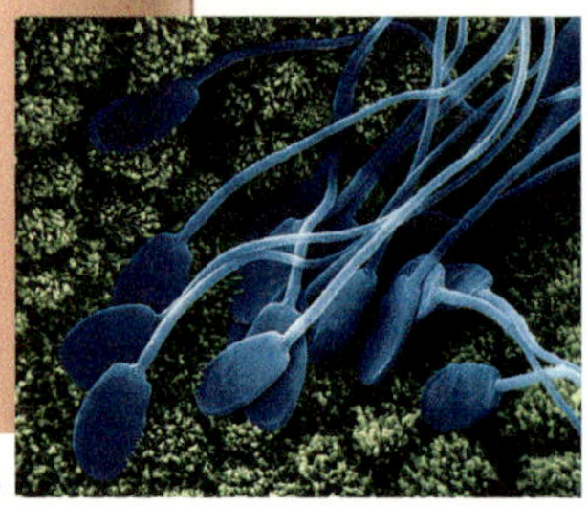

1 *a) Schema der männlichen Geschlechtsorgane, b) Spermazellen*

Während der Pubertät reifen auch beim Jungen die Geschlechtsorgane heran. Zu den männlichen Geschlechtsorganen gehören die beiden Hoden (Abb. 1). Sie sind meistens nicht gleich groß. Zusammen mit den Nebenhoden liegen sie in einem Hautbeutel, dem Hodensack. Die Vorsteherdrüse (Prostata) bildet eine Flüssigkeit. Der Penis wird auch Glied genannt. Sein vorderster Teil ist die so genannte Eichel. Die Eichel wird von der Vorhaut bedeckt. Sie kann zurückgezogen werden, so dass die Eichel freiliegt. Der Penis kann sich aufrichten und steif werden. Das nennt man eine Erektion. Mitunter findet sie im Schlaf statt.

In den Hoden eines Mannes werden ständig die männlichen Geschlechtszellen gebildet (Abb. 2). Sie heißen auch **Spermazellen** oder Spermien. Verbreitet ist auch der Begriff Samenzelle. Das ist jedoch eine unzutreffende Bezeichnung, weil in einem pflanzlichen Samen bereits ein winziges, vollständiges neues Lebewesen enthalten ist.

Im Vergleich zu Eizellen sind Spermazellen viel kleiner und sie können sich mit dem langen Schwanzfaden selbst vorwärts bewegen (Abb. 1). Männer bilden mit Beginn der Pubertät ein Leben lang Spermazellen. Bei Frauen hört die Bildung von Eizellen meistens im Alter von 45 bis 50 Jahren auf.

Mit dem Beginn der Pubertät reifen Spermazellen in den Hoden heran. Sie werden in den Nebenhoden gelagert. Wenn der Penis erigiert ist, kann es zu einem Spermienerguss kommen. Dann tritt Flüssigkeit aus Nebenhoden und Vorsteherdrüse mit vielen Millionen von Spermazellen darin durch den Spermaleiter und die Harnröhre nach außen. Die meisten Jungen haben zwischen 10 und 15 Jahren ihren ersten Spermienerguss.

Bei Jungen und Männern können sich unter der Vorhaut des Penis Bakterien und Pilze ansiedeln. Deshalb gehört es zur Intimhygiene von Jungen und Männern, dass die Vorhaut beim Reinigen ganz zurückgezogen wird. Unter Beschneidung versteht man die Entfernung der Vorhaut durch einen Arzt. Dafür werden neben medizinischen und hygienischen häufig auch religiöse Gründe angeführt.

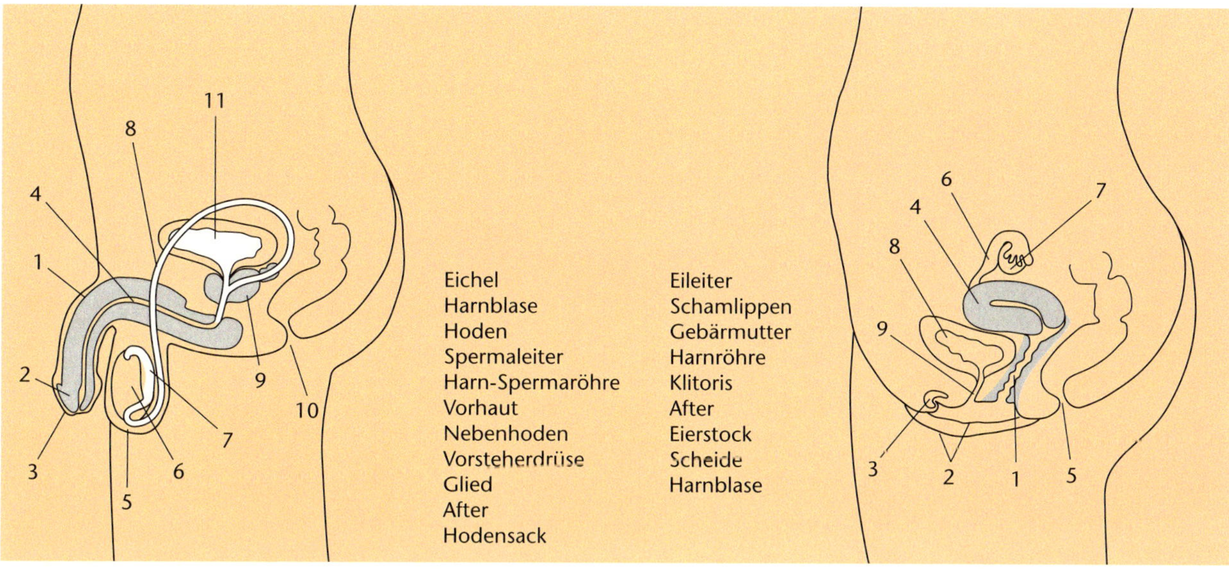

2 *Geschlechtsorgane von Mann und Frau*

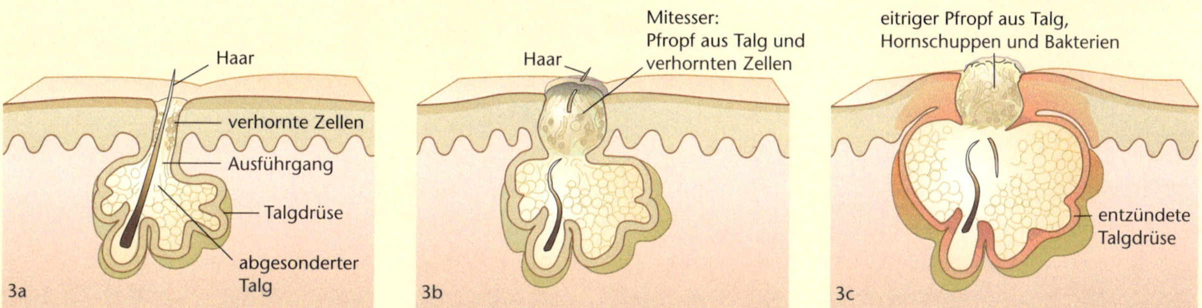

Vor allem Jugendliche in der Pubertät leiden unter Akne: Gerötete, große Pickel bilden sich im Gesicht, im Brust- und oberen Rückenbereich und an den Seiten der Oberarme. Diese Pickel entstehen durch eine Veränderung der Talgdrüsen (Abb. 3a). Normalerweise sondern die Talgdrüsen Talg ins Innere ab. Der Talg schwemmt verhornte Zellen durch den Ausführgang der Talgdrüse aus. Bei Akne kleben die verhornten Zellen zusammen und verstopfen den Ausführgang. Es entsteht ein sogenannter Mitesser – eine Ansammlung von Talg vermischt mit verhornten Zellen (Abb. 3b). Wenn in den Mitesser Bakterien einwandern, kann es zur Entzündung der Talgdrüse kommen. Es entstehen oberflächlich mit Eiter gefüllte Bläschen (Abb. 3c). In tieferen Hautschichten können sich sehr schmerzhafte Knoten bilden. Akne entsteht vor allem bei Menschen mit entsprechender erblicher Veranlagung. Werden dann in der Pubertät bei Jungen vermehrt männliche Geschlechtshormone gebildet, regen diese die Talgdrüsen zu einer vermehrten Talgbildung an. Mädchen haben seltener Akne. Kurz vor der Menstruation bilden sich jedoch auch bei ihnen vermehrt Pickel. Akne ist nicht ansteckend. Für die Betroffenen ist Akne oft eine große seelische Belastung. In den meisten Fällen kann der Hautarzt oder die Hautärztin helfen.

3 *Entstehung von Akne*

1 Männliche Geschlechtsorgane. Beschreibe Bau und Funktion der männlichen Geschlechtsorgane (Abb. 1).

2 Männliche und weibliche Geschlechtsorgane. Schreibe in deinem Heft zu den Ziffern in Abbildung 2 für Mann und Frau getrennt die richtigen Begriffe.

3 Akne. Fertige zur Entstehung von Akne ein Fließdiagramm. Erläutere das Fließdiagramm in einem Kurzreferat.

17.5 Befruchtung, Schwangerschaft und Geburt

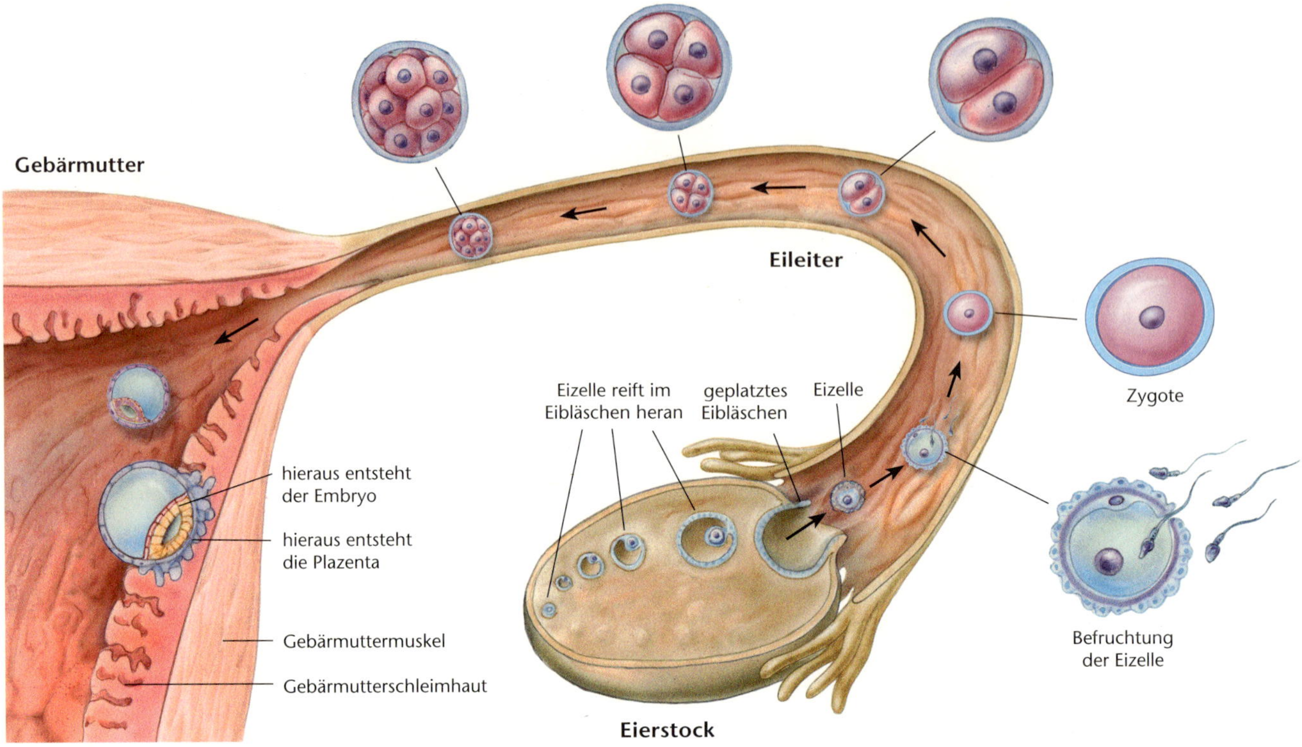

1 *Befruchtung und die ersten Lebenstage des Embryos*

Die Bindung zwischen zwei Menschen wird auch durch Zärtlichkeiten und durch sexuelle Partnerschaft gestärkt. Zur Verantwortung in einer Partnerschaft gehört auch, dass Geschlechtsverkehr zu einer Schwangerschaft führen kann. Nach dem Eisprung wird die Eizelle durch den Eileiter in Richtung Gebärmutter bewegt. Wenn beim Geschlechtsverkehr Spermazellen in die Scheide gelangt sind, wandern sie in Richtung Eileiter. Trifft dort eine Spermazelle auf eine Eizelle, kommt es zur **Befruchtung.** Aus der Verschmelzung von Eizelle und Spermazelle geht die befruchtete Eizelle, die **Zygote,** hervor. Damit beginnt die Entwicklung eines neuen Menschen.

Die befruchtete Eizelle teilt sich und wandert dabei im Eileiter zur Gebärmutter. Etwa sechs bis sieben Tage nach der Befruchtung nistet sich der **Embryo** in die Gebärmutterschleimhaut ein. Diese **Einnistung** ist der Beginn einer Schwangerschaft. Während der Schwangerschaft bleiben die Menstruationszyklen aus. Der Embryo entwickelt sich in der Fruchtblase. Das Fruchtwasser in der Fruchtblase sorgt für eine konstante Temperatur und schützt vor Stößen und Erschütterungen. Den drei Monate alten Embryo nennt man bis zur Geburt **Fetus.** Nach der Einnistung entwickelt sich ein Teil des Embryos zu einer schwammartigen, gut durchbluteten Schicht, die Mutterkuchen oder Plazenta genannt wird. In der Plazenta treten Sauerstoff und Nährstoffe aus dem Blutkreislauf der Mutter in den Blutkreislauf des Embryos über. Von dort werden sie über die Nabelschnur zum Embryo transportiert. Auch andere Stoffe wie Alkohol oder Medikamente gelangen über die Plazenta von der Mutter zum Fetus.

Durchschnittlich 266 Tage nach der Befruchtung wird das Baby geboren. Die Geburt kündigt sich durch das Zusammenziehen der muskulösen Gebärmutterwand an. Das nennt man Wehen. Dadurch wird das Kind mit dem Kopf voran durch die Scheide gepresst. Unmittelbar nach der Geburt beginnt es, selbstständig zu atmen.

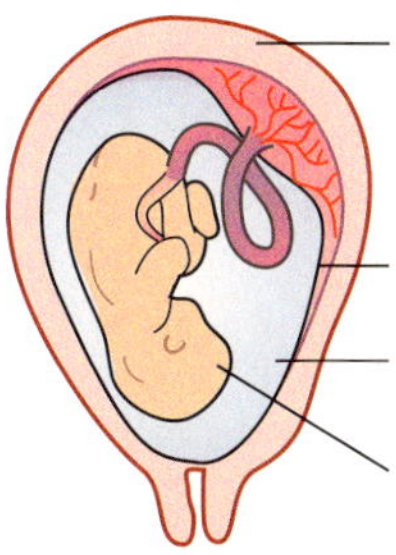

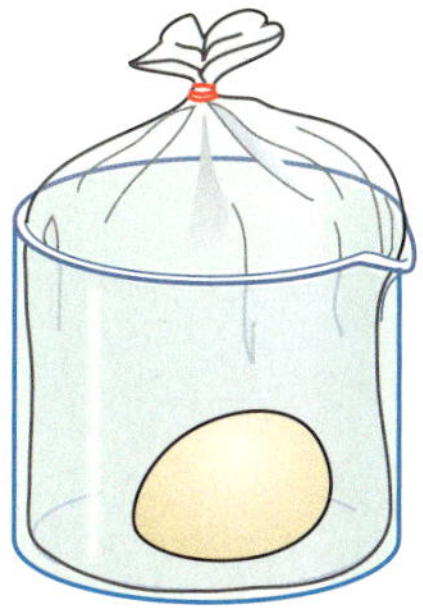

2 *Modellversuch zum Schutz des Fetus*

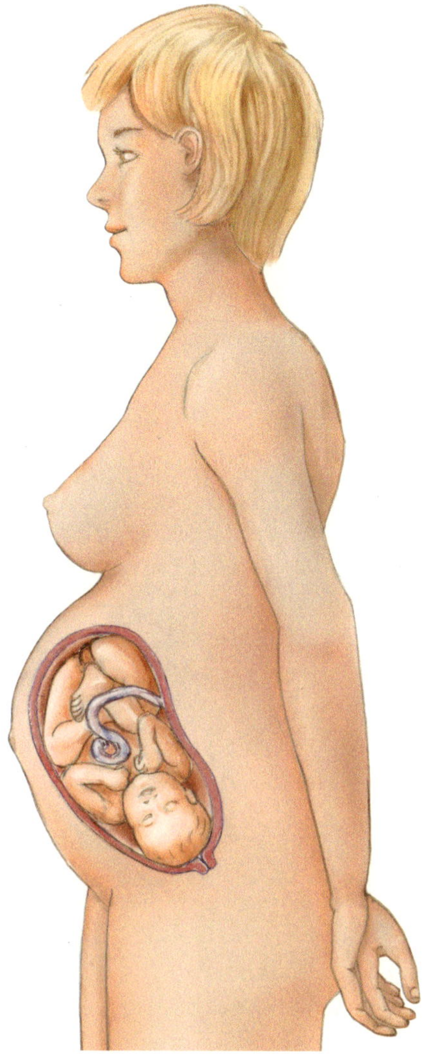

1 Entwicklung.
a) Beschreibe anhand von Abbildung 1 die Vorgänge vom Eisprung bis zur Einnistung.
b) Erläutere die Abbildung 4. Fertige für die Zeit ab der vierten Schwangerschaftswoche ein Säulendiagramm für die Körpergröße des Embryos/Fetus an.

2 Modellversuch zum Schutz des Fetus im Mutterleib. Lege ein rohes Ei in einen mit Wasser gefüllten Plastikbeutel. Gib den Beutel in ein Becherglas. Verschließe dann den Beutel fest mit einem Gummiband, so dass er prall gefüllt ist (Abb. 2). Schüttele das Becherglas kräftig. Beschreibe deine Beobachtungen.

Lass von deiner Lehrerin oder deinem Lehrer den Kontrollversuch durchführen. Dabei wird ein rohes Ei ohne Plastikbeutel und ohne Wasser in einem Becherglas geschüttelt. Vergleiche mit dem ersten Versuch. Ordne Glaswand, Plastiktüte, Wasser und Ei im Modell den Begriffen in der Zeichnung zu (Abb. 2). Beschreibe, wodurch der Fetus im Mutterleib geschützt wird.

3 Kein Alkohol, Nikotin oder andere Drogen in der Schwangerschaft. Begründe die dringende Empfehlung, während der Schwangerschaft nicht zu rauchen und möglichst auch keinen Alkohol zu trinken.

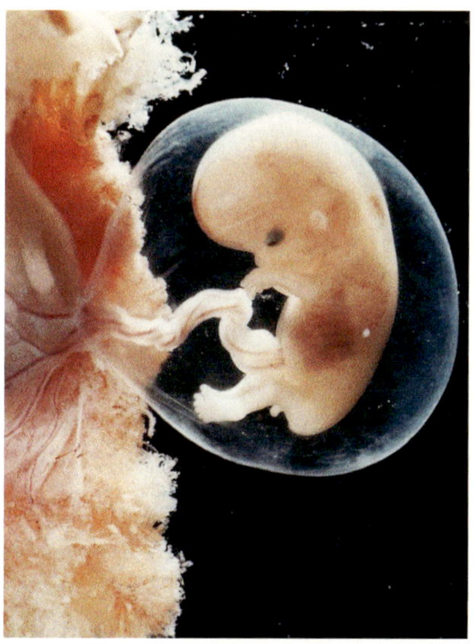

3 *Embryo, acht Wochen alt, 40 mm groß*

Schwangerschaftswoche	0	4	8	16	20	24	28	32	36	40
Körpergröße (cm)	0,01	1	4	9	15	25	30	35	40	52
Körpergewicht (g)	0,002	6	11	40	170	500	800	1300	2500	3500

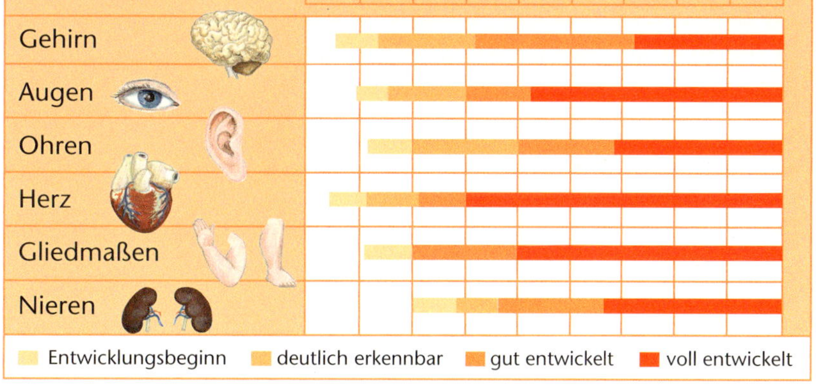

4 *Entwicklung der Organe von Embryo und Fetus*

17.6 Familienplanung und Empfängnisverhütung

„Du sollst die Gefühle eines Menschen nicht ausnutzen
und ihn nicht mutwillig enttäuschenden Erfahrungen aussetzen." (A. COMFORT)

1 *Beispiele für Beziehungen zwischen Menschen*

Vertrauen, Ehrlichkeit, gegenseitige Achtung, Verständnis und Verantwortung füreinander und gemeinsame Freude sind in jeder partnerschaftlichen Beziehung von großer Bedeutung.

Die meisten Menschen wollen in ihrem Leben eine Familie gründen, meistens im Alter von 20 bis etwa 40 Jahren. Bei der **Familienplanung** muss vieles bedacht werden. Dazu gehören zum Beispiel Überlegungen zur beruflichen Zukunft, die Wahl eines Wohnortes sowie die finanzielle Absicherung der Familie. Zur Familienplanung gehören vor allem Überlegungen, ob beide Partner ein Kind haben wollen. Wenn ein Kinderwunsch vorhanden ist, gilt es zu überlegen, zu welchem Zeitpunkt der Kinderwunsch erfüllt werden soll. Mann und Frau können bewusst darauf Einfluss nehmen, eine Schwangerschaft herbeizuführen oder zu vermeiden. Diese Empfängnisregelung ist ein wichtiger Teil der Familienplanung. Eine Reihe verschiedener Mittel und Methoden fasst man unter dem Begriff **Empfängnisverhütung** zusammen. Ihnen ist gemeinsam, dass sie eine Schwangerschaft verhindern helfen (Abb. 2).

Für die Entwicklung eines Kindes spielt die Familie eine große Rolle. Kinder finden in der Familie Schutz und Geborgenheit. Sie können in der Familie grundlegende Bedürfnisse wie Essen, Trinken, Schlafen und sich erholen erfüllen. In der Familie lernen Kinder sehr viel, vor allem in den ersten Lebensjahren. In der Familie findet Erziehung statt. Dabei werden den Kindern auch wichtige Regeln für den Umgang mit anderen Menschen vermittelt. Weil die Familie so wichtig ist, wird sie durch das Grundgesetz geschützt. Es heißt dort (Artikel 6, Absatz 1): Ehe und Familie stehen unter dem besonderen Schutz der staatlichen Ordnung.

1 Verantwortung in Beziehungen.
a) Diskutiert darüber, was ihr unter Freundschaft und was ihr unter Liebe versteht.
b) Beschreibe anhand von Abbildung 1 die Beziehungen zwischen den dargestellten Menschen. Auf welche Weise könnten die Menschen in der jeweiligen Beziehung Verantwortung füreinander übernehmen?
c) Beschreibe, was das Zitat in Abbildung 1 für Beziehungen zwischen Menschen bedeuten kann.

2 Bedeutung der Familie. Beschreibe die Bedeutung der Familie für die Entwicklung eines Kindes anhand des Grundwissentextes.

3 Fruchtbare Tage einer Frau. Als „fruchtbare Tage" einer Frau bezeichnet man den Zeitraum innerhalb des Menstruationszyklus, an dem es zur Befruchtung einer Eizelle kommen kann. Berechne für folgende Bedingungen die maximale Dauer der fruchtbaren Tage einer Frau: Die Lebenszeit einer Eizelle beträgt einen Tag nach dem Eisprung; Spermazellen sind fünf Tage befruchtungsfähig; der Eisprung kann am 13., 14., 15. oder 16. Tag eines 28-tägigen Zyklus stattfinden.

4 Mittel und Methoden der Empfängnisverhütung. Gib unter Bezug auf Abbildung 2 an, welche Möglichkeiten der Empfängnisverhütung a) den Eisprung verhindern, b) das Zusammentreffen von Ei- und Spermazellen verhindern.

„Aufpassen"
Der Geschlechtsverkehr wird vor dem Spermienerguss abgebrochen. Sehr unzuverlässige Methode; schon vor dem eigentlichen Spermienerguss werden Spermazellen abgegeben.

Kalendermethode
Kein Geschlechtsverkehr an den „fruchtbaren" Tagen im Zyklus. *Gesundheitlich unbedenklich, ohne besondere Hilfsmittel.* Sehr unzuverlässig, da sich viele Faktoren auf den Zeitpunkt des Eisprungs auswirken können.

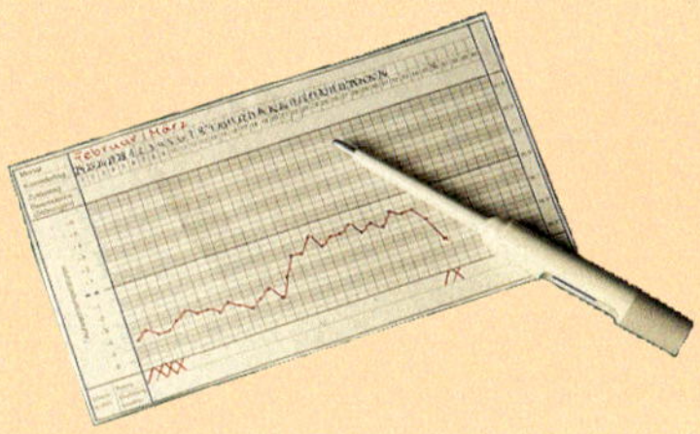

Temperaturmethode
Die Körpertemperatur einer Frau steigt nach dem Eisprung ein wenig an. *Thermometer nötig, gesundheitlich unbedenklich.* Unsicher, da Krankheiten und Stress Einfluss auf die Körpertemperatur haben.

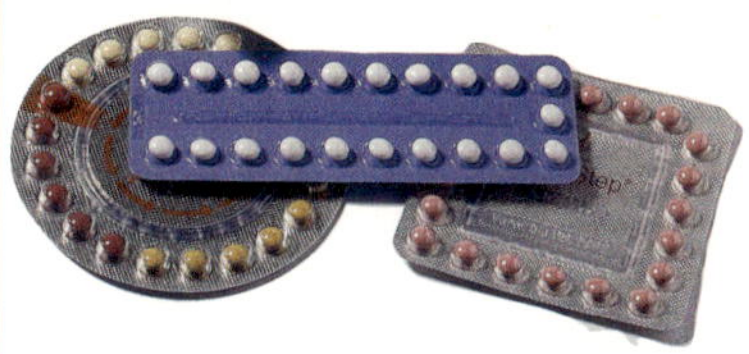

Pille
Hormone in der Pille verhindern den Eisprung. Rezeptpflichtiges Medikament, ärztliche Beratung. *Bei sorgfältiger Anwendung sehr sicher;* Eingriff in den natürlichen Hormonhaushalt; eventuell Nebenwirkungen.

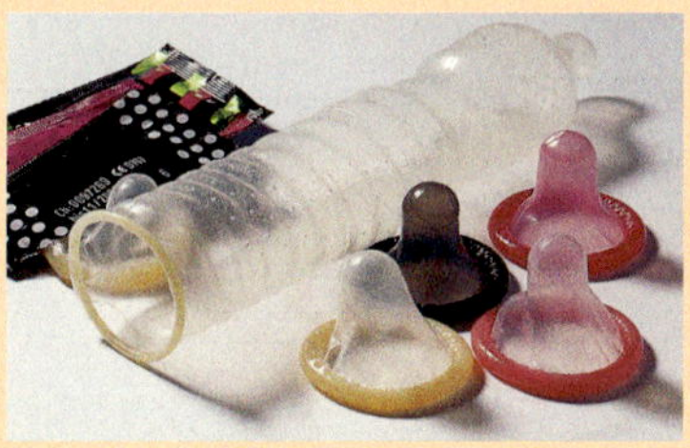

Kondom („Präservativ")
Verhütungsmittel für den Mann. Fängt bei richtiger Anwendung die Spermaflüssigkeit auf. *Leicht zu beschaffen, Schutz vor sexuell übertragbaren Krankheiten wie z. B. Aids; gesundheitlich unbedenklich.* Anwendungsfehler möglich.

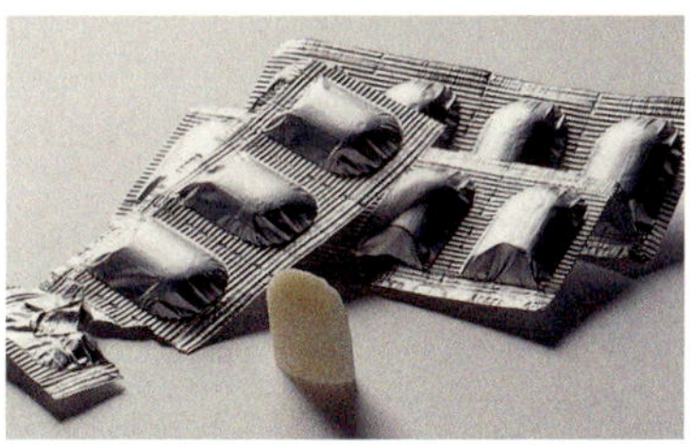

Chemische Mittel
Werden vor dem Geschlechtsverkehr in die Scheide eingeführt; Wirkstoffe töten Spermazellen ab oder machen sie unbeweglich. *In Apotheken ohne Rezept erhältlich.* Unsicher; Reizung der Schleimhäute möglich.

2 *Einige Methoden und Mittel zur Empfängnisverhütung*

17.7 Sexuelle Belästigung

1 *Jeder Mensch hat persönliche Grenzen, die respektiert werden müssen*

Sexuelle Belästigungen richten sich meistens – wenn auch nicht immer – gegen Mädchen oder Frauen. Es handelt sich oftmals um Verhaltensweisen von Jungen oder Männern,

- die von Frauen oder Mädchen unerwünscht sind,
- die Frauen oder Mädchen beleidigen, abwerten, erniedrigen oder einschüchtern,
- die persönliche Grenzen einer Frau oder eines Mädchens verletzen.

Entsprechendes gilt, wenn Jungen oder Männer sexuell belästigt werden.

Sexuelle Belästigungen können sein:

- anzügliche Witze und schamverletzende Worte,
- sexuelle „Anmache",
- anzügliche Bemerkungen über die Figur oder Geschlechtsmerkmale,
- unangebrachte Körperberührungen und „Grabscherei",
- Anspielungen auf das sexuelle Privatleben,
- auch das Herumzeigen pornografischer Bilder gehört dazu.

Wenn Bemerkungen und Verhalten eines anderen Menschen verletzen und die persönliche Grenze nicht respektiert wird, sollte man sich wehren. Jeder Mensch hat persönliche Grenzen. Wo eine Grenze verläuft, ist bei verschiedenen Menschen unterschiedlich. Wenn sich eine Person darüber klar ist, wie wichtig ihr eine bestimmte Grenze ist, kann sie sie auch besser gegenüber anderen Menschen durchsetzen. Durch „Nein-Sagen" kann man gegenüber einer anderen Person eine Grenze deutlich machen und diese verteidigen. Jeder Mensch hat das Recht zu sagen: „Nein! Lass das! Ich will das nicht!"
Man muss sexuelle Belästigung nicht ertragen. Man kann handeln und sich wehren. Hilfreich ist es, wenn man offen und vor allen Leuten sagen kann, dass man das Verhalten als Belästigung empfindet.

1 Grenzverletzungen. „Mein Körper gehört mir!", „Durch Grenzen schützt sich ein Mensch", „Sexuelle Belästigungen sind Grenzverletzungen". Erläutere diese Aussagen und stelle zwischen ihnen Zusammenhänge her.

2 Das darf nicht jeder! Zeige an den folgenden Beispielen persönliche Grenzen und Grenzverletzungen auf. Wer darf das? Wer nicht?

a) mich küssen,
b) mir auf die Schulter klopfen,
c) mit mir in der Stadt bummeln,
d) mich mit Streicheln trösten,
e) mir ein Pflaster aufkleben,
f) mit mir ein Geheimnis teilen,
g) mich umarmen,
h) mich kitzeln,
i) mich im Auto mitnehmen,
j) mir ein schönes Geschenk machen,
k) mich zu einem Eis einladen.

3 Angenehme und unangenehme Berührungen. Nenne Beispiele für angenehme und für unangenehme Berührungen. Wie kann man sich vor unangenehmen Berührungen schützen?

4 Fallbeispiel. Claudia beklagt sich bei ihrer Freundin, dass Felix, ein Mitschüler, ihr häufiger an den Po fasst. Claudia hat Felix schon gesagt, dass er das lassen soll, doch es ist schon wieder passiert. ...
Welche Aussagen über sexuelle Belästigungen könnten hier zutreffen? Was kann getan werden, damit Felix seine Belästigungen unterlässt? Welche Hilfen könnte Claudia sich holen?

Erwachsene nutzen manchmal ihren Einfluss und ihre Macht, um Kinder zu sexuellen Handlungen zu zwingen. Die Erwachsenen überschreiten damit Grenzen eines anderen Menschen, der jünger, schwächer oder von ihm abhängig ist. Wenn Erwachsene das Vertrauen, die Hilflosigkeit oder Abhängigkeit von Kindern für sexuelle Handlungen ausnutzen, nennt man das sexuellen Missbrauch. Der sexuelle Missbrauch ist strafbar.

Sexueller Missbrauch wird oft unter dem Vorwand ausgeübt, liebevoll und zärtlich sein zu wollen. Die Handelnden können fremde Personen sein, aber häufig sind es Väter, Onkel, Großväter und Freunde der Familie. Oft wird von den Kindern verlangt, den Missbrauch geheim zu halten.

Wenn dir einmal etwas passiert, was sexueller Missbrauch sein könnte, denke daran, dass du ein Recht auf Hilfe hast. Auch wenn es sehr schwerfällt, solltest du mit einer Person sprechen, der du vertraust. Das kann deine Mutter oder dein Vater sein, jemand aus der Verwandtschaft, eine Lehrerin oder ein Lehrer, eine Freundin, ein Freund oder eine Mitarbeiterin einer Beratungsstelle.

2 *Sexueller Missbrauch*

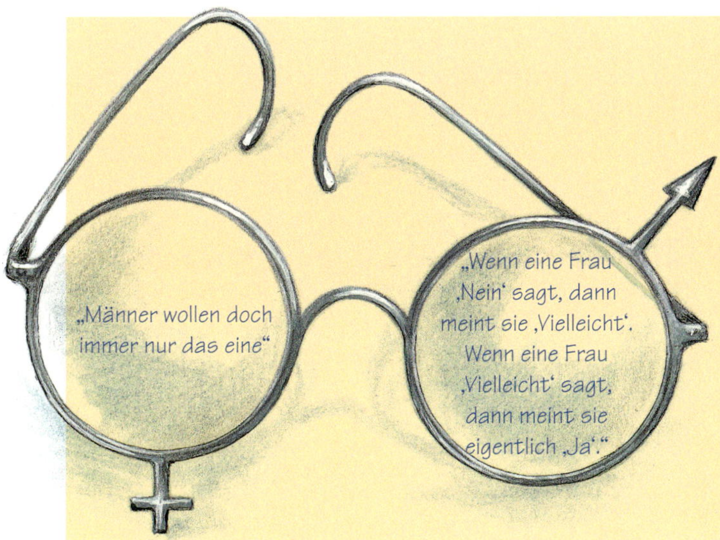

„Wenn eine Frau ‚Nein' sagt, dann meint sie ‚Vielleicht'. Wenn eine Frau ‚Vielleicht' sagt, dann meint sie eigentlich ‚Ja'." – Dieser Spruch ist nicht nur dumm, sondern sehr mies, weil er Frauen nicht ernst nimmt. Jeder Junge oder Mann sollte wissen, dass das „Nein" einer Frau genauso unmissverständlich „Nein" bedeutet wie das „Nein" eines Mannes.

„Männer wollen doch immer nur das eine" ist ein Vorurteil, das Männern unterstellt, in einer Beziehung nur körperlichen Sex zu wollen. Die meisten Männer wünschen sich, ebenso wie Frauen, eine vertrauensvolle Beziehung, in der gegenseitige Achtung, Verständnis füreinander und Zärtlichkeiten sehr wichtig sind.

3 *Dumme Sprüche*

Biologische Prinzipien zum Thema „Fortpflanzung und Entwicklung des Menschen"

Die nachfolgenden Sachverhalte stammen aus dem Kapitel „Fortpflanzung und Entwicklung des Menschen".

Auf der rechten Seite sind noch einmal die biologischen Prinzipien aufgeführt.

1 Aufgabe: Ordne jedem Sachverhalt auf dieser Seite ein biologisches Prinzip oder mehrere biologische Prinzipien zu.

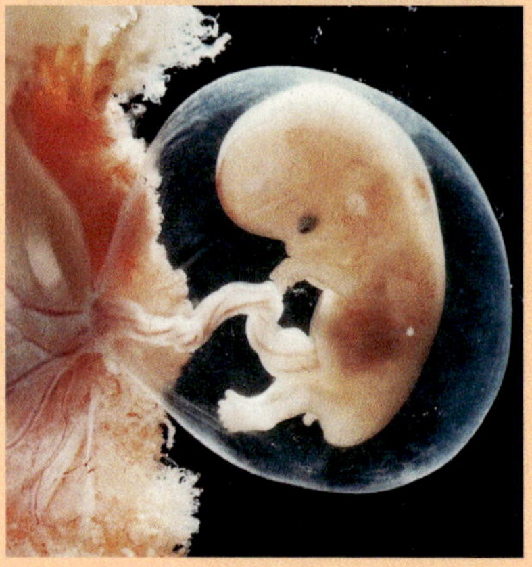

1. Die vielen Milliarden Menschen auf der Erde haben sehr viele Gemeinsamkeiten. Doch gleicht kein Mensch einem anderen vollständig. Jeder Mensch besitzt bestimmte Merkmale, Eigenschaften, Verhaltensweisen und Fähigkeiten. Als Ganzes genommen machen sie jeden Menschen einmalig und einzigartig. Die Merkmale, Eigenschaften, Verhaltensweisen und Fähigkeiten jedes Menschen werden durch Vererbung und durch Umwelteinflüsse bestimmt.

2. Beim Menschen geht die Entwicklung von der befruchteten Eizelle über Embryo und Fetus, Säugling, Kind, Jugendlicher, Erwachsener und altem Menschen bis zum Tod.

3. Mit Pubertät bezeichnet man einen Entwicklungsabschnitt mit vielen seelischen und körperlichen Veränderungen. Im Verlauf der Pubertät werden Jungen und Mädchen geschlechtsreif.

4. Die inneren und äußeren Geschlechtsorgane zählen zu den primären Geschlechtsmerkmalen. Bei einer Frau sind das Eierstöcke, Eileiter, Gebärmutter, Scheide und Klitoris, beim Mann Hoden und Nebenhoden, Spermaleiter, Penis und Hodensack. Sekundäre Geschlechtsmerkmale reifen in der Pubertät heran: Ausbildung der Schambehaarung bei beiden Geschlechtern, Brustwachstum und Einsetzen der Menstruation bei der Frau, Bartwuchs, Körperbehaarung und Stimmbruch beim Mann.

5. Bei der Befruchtung verschmelzen eine Eizelle und eine Spermazelle und es entsteht die befruchtete Eizelle. Sie steht am Beginn der Entwicklung eines neuen Menschen. Durch Zellteilung entstehen erst zwei, dann vier und schließlich die vielen Zellen des heranwachsenden Körpers.

6. Wenn sich die befruchtete Eizelle in die Gebärmutterschleimhaut einnistet, beginnt die Schwangerschaft. Der menschliche Embryo entwickelt sich in der Fruchtblase. Das Fruchtwasser in der Fruchtblase schützt ihn vor Stößen und Erschütterungen.

7. Liebe zwischen zwei Menschen kann Bestand haben, wenn die beiden Achtung und Vertrauen zueinander entwickeln. Bei der Empfängnisregelung nehmen beide Partner bewusst darauf Einfluss, eine Schwangerschaft herbeizuführen oder zu verhindern. Liebe und Sexualität dienen nicht nur der Fortpflanzung, sondern auch der Partnerschaft und Verständigung.

Biologische Prinzipien

Struktur und Funktion
Unter Struktur versteht man den Bau von Lebewesen. Mit ihrem Bau sind sie an bestimmte Aufgaben (Funktionen) angepasst, zum Beispiel sich zu bewegen oder zu ernähren.

Fortpflanzung
Lebewesen vermehren sich. Durch Fortpflanzung wird der Fortbestand der Art gesichert. Die meisten Lebewesen entwickeln sich im Laufe ihres Lebens und verändern sich dabei.

Wechselwirkungen zwischen Lebewesen
Jedes Lebewesen hat Wirkungen auf seine Umwelt und die Umwelt wirkt auf das Lebewesen. Ein Lebewesen kann Wirkungen auf andere Lebewesen haben und umgekehrt.

Vielfalt
Auf der Erde gibt es vielfältige Lebensräume und eine große Vielfalt von Tier- und Pflanzenarten. Die Nachkommen von zwei Eltern zeigen neben Gemeinsamkeiten auch Unterschiede in den Merkmalen.
Die Geschichte der Lebewesen und ihre Entwicklung im Laufe langer Zeiträume bezeichnet man als Stammesgeschichte. Wenn Lebewesen in vielen Merkmalen übereinstimmen, ist das meistens auf gemeinsame Stammesgeschichte zurückzuführen. Man sagt dann, dass die Lebewesen, die sich in ihrem Körperbau ähneln, stammesgeschichtlich miteinander verwandt sind.

Information und Verständigung
Lebewesen nehmen mit ihren Sinnesorganen Informationen aus ihrem Körper und aus ihrer Umwelt auf. Die Informationen werden verarbeitet und können Einfluss darauf haben, was ein Lebewesen tut und wie es sich verhält. Lebewesen können sich untereinander verständigen.

Angepasstheit
Lebewesen besitzen Eigenschaften, mit denen sie an ihre Umwelt angepasst sind. Solche Eigenschaften nennt man Angepasstheiten. Sie sind für das Überleben eines Lebewesens in seiner Umwelt vorteilhaft.

Worterklärungen

Amphibien sind eine Klasse der Wirbeltiere. Ihre Larven leben im Wasser und als erwachsene Tiere besiedeln sie feuchte Lebensräume. Die Haut ist feucht und mit Schleimdrüsen bedeckt. Zu den Amphibien gehören unter anderem Frösche.

Angepasstheiten sind vererbte Merkmale, mit denen Lebewesen an ihre Umwelt angepasst sind.

Art: Alle Lebewesen, die sich untereinander fruchtbar fortpflanzen können, gehören zu einer biologischen Art. Lebewesen einer Art sind in den wesentlichen Merkmalen des Körperbaus, der Lebensweise und im Verhalten ähnlich.

Artenschutz meint den Schutz bedrohter Arten von Lebewesen. Meist bedeutet Artenschutz, die Lebensräume der bedrohten Arten zu schützen.

artgemäße Tierhaltung: Jedes Tier hat bestimmte Ansprüche an Ernährung, Bewegungsmöglichkeiten, Gesellschaft, Pflege und Unterbringung. Wer ein Tier hält oder betreut, trägt die Verantwortung, das Tier seiner Art entsprechend zu halten.

artspezifische Signale: Tiere einer Art können sich untereinander mit Signalen verständigen, die typisch für sie sind. Zum Beispiel erfolgt bei Wölfen die Verständigung mit Körperhaltungen, Gerüchen und bestimmten Lautäußerungen.

Außenskelett: Insekten und andere Gliederfüßer wie Krebse und Spinnentiere besitzen kein innenliegendes Skelett wie die Wirbeltiere, sondern einen Chitinpanzer als Außenskelett. Er verleiht dem Körper Stabilität. Am Chitinpanzer sind innen die Muskeln befestigt.

Befruchtung: Bei der Befruchtung verschmelzen die Zellkerne einer weiblichen Geschlechtszelle (Eizelle) und einer männlichen Geschlechtszelle (Spermazelle). Dies geschieht bei Reptilien, Vögeln und Säugetieren im Innern des Körpers. Bei Fischen und Amphibien erfolgt die Befruchtung außerhalb des Körpers im Wasser.

Bestäubung: Bei der Bestäubung gelangen die in den Staubbeuteln der Pflanzen gebildeten Pollenkörner auf die Narbe des Stempels. Der Transport der Pollenkörner erfolgt durch den Wind oder durch Insekten.

Blüte: Die Blüte ist der Teil einer Blütenpflanze, der der geschlechtlichen Fortpflanzung dient. Eine Kirschblüte besteht aus Kelchblättern, Kronblättern, Staubblättern und Stempel.

Blütenpflanzen: Eine Blütenpflanze besteht aus Spross und Wurzel. Der Spross hat eine Sprossachse und Blätter, zeitweise auch Blüten. Zu den Blütenpflanzen gehören Kräuter, Sträucher und Bäume, nicht aber Pilze, Moose, Farne und Algen.

Brutpflege: Tiere, die Brutpflege betreiben, füttern ihre Nachkommen und beschützen sie vor Feinden.

Chlorophyll: So heißt der grüne Farbstoff in Blättern. Mithilfe des Chlorophylls können Pflanzen Sonnenlicht einfangen und es für die Produktion von Traubenzucker nutzen.

Domestikation: Die Züchtung von Haustierrassen aus Wildtieren durch den Menschen bezeichnet man als Domestikation.

Embryo: Bei Lebewesen mit geschlechtlicher Fortpflanzung bildet sich nach der Befruchtung durch Zellteilung der Embryo. Beim Menschen bezeichnet man den in der Gebärmutter heranwachsenden Menschen während der ersten drei Schwangerschaftsmonate als Embryo.

Empfängnisverhütung: Darunter werden verschiedene Methoden zusammengefasst, die eine Befruchtung oder Schwangerschaft verhindern sollen.

Energie: Für Bewegungen, Wachstum, konstante Körpertemperatur und vieles mehr benötigt jedes Lebewesen Energie. Sie ist in Nährstoffen, aber auch in Licht enthalten. Energie kann nicht hergestellt werden oder verschwinden, sondern nur von einer Form in eine andere umgewandelt werden.

Erdspross: Der Erdspross besteht aus dem verdickten, unterirdisch wachsenden Teil des Stängels. Er dient meist zur Speicherung von Nährstoffen. Frühblüher wie Buschwindröschen und Schlüsselblume können auf diese Weise sehr zeitig im Frühjahr wachsen.

Fische: Fische leben im Wasser, atmen durch Kiemen und besitzen Flossen. Die Fische sind eine Klasse der Wirbeltiere.

Fleischfressergebiss: Das Fleischfressergebiss zeichnet sich durch dolchartige Eckzähne aus. Die Backenzähne besitzen spitze Höcker, die ein Zerschneiden des Fleisches ermöglichen. Der größte Backenzahn heißt Reißzahn.

Fossilien: Fossilien sind versteinerte Überreste von Lebewesen aus früheren Erdzeitaltern. Sie geben Auskunft über Aussehen und Lebensweise der damaligen Lebewesen.

Frucht: Die Frucht einer Pflanze entsteht nach der Befruchtung aus Bestandteilen der Blüte. Die Frucht umschließt den Samen und dient zu seiner Verbreitung.

Geschlechtliche Fortpflanzung: Bei der geschlechtlichen Fortpflanzung werden Eizellen und Spermazellen gebildet, die bei der Befruchtung verschmelzen. Geschlechtliche Fortpflanzung gibt es bei den meisten Tieren und Pflanzen.

Geschlechtsmerkmale beim Menschen: Die inneren und äußeren Geschlechtsorgane zählen zu den primären Geschlechtsmerkmalen (Eierstöcke, Eileiter, Gebärmutter, Scheide, Schamlippen und Klitoris bei einer Frau, Hoden, Nebenhoden, Spermaleiter, Vorsteherdrüse, Penis und Hodensack bei einem Mann). Sekundäre Geschlechtsmerkmale bilden sich im Verlauf der Pubertät aus: Die Schambehaarung bei beiden Geschlechtern, Brustwachstum und Einsetzen der Menstruation bei der Frau, Bartwuchs, Körperbehaarung und Stimmbruch beim Mann.

gleichwarme Tiere: Gleichwarme Tiere haben eine Körpertemperatur, die unabhängig von der Umgebungstemperatur ist. Säugetiere und Vögel sind gleichwarme Tiere.

Individuum: Die Eigenarten und Eigentümlichkeiten jedes einzelnen Menschen kennzeichnen ihn als Individuum. Jeder Mensch ist einmalig und einzigartig. Die Merkmale, Eigenschaften, Verhaltensweisen und Fähigkeiten jedes Menschen werden von Veranlagungen und Umwelteinflüssen bestimmt.

Jahresvogel: Jahresvögel leben das ganze Jahr über in ihrem Brutgebiet. Sie verlassen ihr Gebiet auch im Winter nicht, da sie selbst in dieser ungünstigen Jahreszeit noch ausreichend Futter finden. Amseln und Kohlmeisen kann man deshalb auch im Winter bei uns beobachten.

Keimung: Bei der Keimung wächst aus dem Samen einer Pflanze der Keimling mit den ersten grünen Blättern heran.

Knolle: Eine Knolle entsteht aus einer Verdickung von Spross oder Wurzel. In einer Knolle sind Nährstoffe enthalten. Frühblüher wie Scharbockskraut oder Krokus haben unterirdische Knollen, mit denen sie im Frühjahr sehr früh wachsen können.

Kulturfolger: Diese Tiere und Pflanzen kommen in Städten, Industriegebieten und anderen vom Menschen veränderten Lebensräumen vor. Beispiele für Kulturfolger sind Amsel, Kaninchen und Reh.

Lebensgemeinschaft: Alle Tiere und Pflanzen, die gemeinsam in einem Lebensraum vorkommen, bilden eine Lebensgemeinschaft.

Lebensraum: Darunter versteht man ein bestimmtes Gebiet, in dem Lebewesen dauerhaft vorkommen. Lebensräume sind zum Beispiel Gärten, Innenstädte, Strände, Wälder oder Aquarien. Ein anderes Wort für Lebensraum ist Biotop.

Menstruation: Bei der Menstruation tritt blutige Flüssigkeit aus der Gebärmutter durch die Scheide aus. Die Menstruation wiederholt sich ungefähr alle vier Wochen und wird daher auch als Regel oder Periode bezeichnet. Eine Menstruation dauert etwa drei bis fünf Tage.

Mineralsalze sind in unseren Nahrungsmitteln enthalten und für die Gesundheit unentbehrlich. Pflanzen nehmen Mineralsalze und Wasser mit ihren Wurzeln aus dem Boden auf.

Nährstoffe: Zu den Nährstoffen gehören Kohlenhydrate, Fette und Eiweiße. Nährstoffe werden zum Aufbau und zum Wachstum des Körpers benötigt. Nährstoffe liefern die Energie für die Aufrechterhaltung der Lebensvorgänge, zum Beispiel für Bewegungen und konstante Körpertemperatur.

Nestflüchter: Bei manchen Vögeln und Säugetieren sind die Jungtiere nach der Geburt so weit entwickelt, dass sie selbstständig Nahrung aufnehmen. Haare oder Federn sind bereits vorhanden. Nestflüchter sind zum Beispiel die Jungtiere von Ente, Huhn, Feldhase und Reh.

Nesthocker: Manche Jungtiere von Vögeln und Säugetieren haben bei der Geburt geschlossene Augen und können den Eltern nicht folgen. Haare und Federn fehlen fast vollständig. Zu den Nesthockern gehören zum Beispiel Kaninchen, Eichhörnchen, Katzen und alle Singvögel.

Oberflächenvergrößerung: Lebewesen nehmen Stoffe aus der Umgebung auf. Je größer die Oberfläche ist, an der die Stoffaufnahme stattfindet, desto größer kann die Menge an Stoffen sein, die über diese Oberfläche aufgenommen wird. Die Wurzelhaare bei Pflanzen bilden zum Beispiel eine riesige Oberfläche.

Pflanzenfressergebiss: Im Pflanzenfressergebiss gibt es keine Eckzähne. Die Backenzähne zeichnen sich durch eine breite Kaufläche aus, die durch Zahnschmelzfalten noch vergrößert wird. Die Backenzähne zermahlen die Nahrung.

Reptilien: Reptilien sind landlebende Tiere, deren Haut mit Hornschuppen bedeckt ist. Zu dieser Wirbeltierklasse gehören Eidechsen, Schlangen und die ausgestorbenen Saurier.

Revier: Dieser Lebensraum wird von einem oder mehreren Tieren gegen Konkurrenten der gleichen Art verteidigt.

Säugetiere: Alle Tiere, die ihre Jungen aus Milchdrüsen säugen, sind Säugetiere. Sie haben als Körperbedeckung Haare, eine gleich bleibende Körpertemperatur und vier Gliedmaßen. Zu dieser Klasse der Wirbeltiere gehören etwa 4500 Arten.

Sexualität ist ein Begriff für seelische und körperliche Vorgänge, die mit der Geschlechtlichkeit eines Menschen zu tun haben, also mit dem Mann-Sein und Frau-Sein. Während bei vielen Tieren das Sexualverhalten allein auf die Fortpflanzung ausgerichtet ist, kommen beim Menschen weitere Bedeutungen hinzu. So dient Sexualität beim Menschen auch dem Gefühl der Zusammengehörigkeit und Verbundenheit der Partner. Sich lieben, sich verstehen, vertraut sein, sich achten und aufeinander Rücksicht nehmen sind bei den meisten Menschen Voraussetzungen für sexuellen Kontakt.

Spross: Der Spross besteht bei krautigen Pflanzen aus Stängel (Sprossachse), Blättern und Blüten. In der Sprossachse werden Wasser und Mineralsalze aufwärts zu den Blättern transportiert. Gleichzeitig werden die in den Blättern mithilfe des Sonnenlichts gebildeten Stoffe durch den Spross nach unten geleitet.

Stammesgeschichte: Die Lebewesen der Erde haben sich im Laufe langer Zeiträume verändert. Viele Arten sind ausgestorben, neue hinzugekommen. Mit Fossilfunden kann man belegen, dass alle Arten von Lebewesen im Laufe vieler Millionen Jahre allmählich aus anderen Formen von Lebewesen hervorgegangen sind und sich dabei verändert haben. Man bezeichnet diese Entwicklung von Arten als Stammesgeschichte oder Evolution.

Stoffwechsel: Die Vorgänge bei Aufnahme, Umbau und Ausscheiden von Stoffen bei Lebewesen bezeichnet man als Stoffwechsel.

Symbiose: Eine Wechselwirkung zwischen zwei verschiedenartigen Lebewesen, bei der beide Partner Vorteile haben, bezeichnet man als Symbiose.

System: Ein System besteht aus mehreren Teilen. Zwischen den Teilen eines Systems gibt es Wechselwirkungen. Meistens arbeiten die Teile eines Systems arbeitsteilig zusammen. Biologische Systeme können unterschiedlich groß sein: Die ganze Erde, ein bestimmter Lebensraum, ein Lebewesen mit seinen Organen oder ein einzelnes Organ.

Transpiration: Die Wasserdampfabgabe bei Pflanzen bezeichnet man als Transpiration. Sie erfolgt über die Spaltöffnungen auf der Unterseite der Blätter.

Vögel: Vögel sind eine Klasse der Wirbeltiere. Sie haben Federn und fast alle Vögel können fliegen. Vögel haben einen leichten Körper, eine Angepasstheit an das Fliegen.

wechselwarme Tiere: Bei wechselwarmen Tieren ist die Körpertemperatur so hoch wie die Umgebungstemperatur. Zu den wechselwarmen Tieren gehören zum Beispiel Fische, Amphibien, Reptilien und Insekten.

Wiederkäuer: Wiederkäuer sind Pflanzenfresser. Sie haben einen Magen, der es ihnen ermöglicht, gefressene Nahrung wieder hoch zu würgen. Diese Nahrung wird erneut durchgekaut und geschluckt. Zu den Wiederkäuern gehören zum Beispiel Rinder, Giraffen, Hirsche, Antilopen und Schafe.

Winterschlaf: Igel, Fledermäuse und andere Säugetiere halten Winterschlaf. Während des Winterschlafs sind wichtige Lebensvorgänge dieser Tiere so stark verlangsamt, dass die kalte Jahreszeit ohne Nahrungsaufnahme überdauert werden kann. Sinkt die Außentemperatur auf lebensgefährliche Temperaturen ab, so erwachen die Tiere und können zum Beispiel ihren Standort wechseln.

Winterstarre: Reptilien, Amphibien und fast alle wirbellosen Tiere ziehen sich im Winter in ein frostsicheres Versteck zurück. Hier überleben sie in einem schlafähnlichen Zustand. Ihre Köpertemperatur ist der Umgebungstemperatur angepasst. Sie atmen kaum, das Herz schlägt sehr langsam. Sinkt die Außentemperatur deutlich unter null Grad Celsius, erfrieren die Tiere.

Wirbellose Tiere: Alle Tiere ohne Wirbelsäule gehören zu den wirbellosen Tieren. Das sind unter anderem Würmer wie der Regenwurm, Insekten wie die Biene und Weichtiere wie die Weinbergschnecke.

Wirbeltiere: Fische, Amphibien, Reptilien, Vögel und Säugetiere haben als gemeinsames Merkmal eine Wirbelsäule. Sie werden deshalb zum Stamm der Wirbeltiere zusammengefasst.

Wurzel: Die Wurzel ist der unterirdische Teil der Pflanze. Wurzeln verankern die Pflanze im Boden und geben ihr festen Halt. Mithilfe der vielen Wurzelhaare nimmt die Pflanze das Wasser und die darin gelösten Mineralsalze aus dem Boden auf.

Züchtung: Der Mensch wählt bei der Züchtung gezielt solche Pflanzen und Tiere aus, die gewünschte Merkmale besitzen und vermehrt sie. Durch Züchtung sind die Haus- und Nutztiere sowie die Nutzpflanzen entstanden.

Zugvogel: Zugvögel verlassen im Herbst ihr Brutgebiet und ziehen in Gebiete, in denen sie genügend Nahrung finden. Manche Zugvögel ziehen bis nach Afrika, dazu gehört der Storch und der Kuckuck.

Zwiebel: Eine Zwiebel besteht aus vielen verdickten Blätter ohne Chlorophyll. Man nennt sie Zwiebelschuppen. Die Zwiebel ist ein Speicherorgan für Nährstoffe, mit dem Frühblüher wie Tulpen oder Narzissen den Winter überdauern.

Stichwortverzeichnis

Verzeichnis der Methoden

Bildquellennachweis

aerowest, Dortmund: 95.5; agrar-press, St. Goar: 40.2; aid, Bonn: 44.2, 206.1 (Braeburn, Boskop); Anders, Uwe, Destedt: S. 6 M., 15.2 e, 16.2, 17.4, 17.5, 189.2, S. 190 u. l., 205.5, 210.2 b, 236.2, 240.2; Angermayer, Toni, Holzkirchen: S. 3 u., S. 6, 9.5, 14.1 u.l., 15.2 a, d, f, 18.5, 39.4, 44.1, 47.6, 68.2, 72.1, 101.5, 105.5, 108.2, 109.4, 114.3, 116.2, 118.1, 125.2 c, d, e, 127.4 b, c, 128.1 o.l., 140.1 f, 153.2 (1), (7), 156.4, 162.2, 168.1, S. 171, 174.1 (Fliege), 178.3, 179.5 M., S. 184, 222.1 u.l.; Arco Images, Lünen: 45.3, 128.1; Associated Press AP, Frankfurt/M.: 75.4, 79.5; Beegroup Universität Würzburg: 154.1 – 4 (Marco Kleinherz); Bildagentur online, Burgkunstadt: S. 10 o.l. (Fischer), S. 113, S. 149, S. 261; BioLogis, Köln: 174.1 (Polyp); Blickwinkel, Witten: 72.2, S. 114/115, S. 150, 174.1 (Tintenfisch), 176.1 (Tausendfüßer), 176.1 (Milbe), 183.5, 183.9, S. 184, 192.1, 206.1 (Cox Orange); Botanisches Institut der Universität Bonn: 239.5; Caro Fotoagentur, Berlin: 206.1 (Elstar), S. 242 M.; Coleman, Bruce, Ltd., Uxbridge: 32.1; comet photoshopping, Zürich: 160.2, 174.1 (Vielborster), 176.1 (Krebs); Corbis, Düsseldorf: S. 10 o.r. (Rott), 96.1 (Reinhard/ZEFA), S. 113 (Rott), 127.4 d, S. 244/245, S. 260, S. 261 (Rott); Danegger, Manfred, Owingen-Billafingen: S. 50 o.l., 52.1, 52.2, 54.1, 64.1, S. 112, 125.2 b; Dorling Kindersley Limited, London, BLV Verlagsgesellschaft, München, 1994: S. 3 M., 30.1, 30.3; Eye of Science, Reutlingen: S. 12 u.r., 89.2, 201.3, 208.2; Floramedia Group B.V. Zaandam Niederlande: S. 7 o., 9.4, 153.2 (6), S. 191 u.r., 195.2, 198.1, 209.3, 213.2, 220.2, 222.1 (Mohn); FOCUS, Hamburg: 197.4 (Besenheide, Pestwurz), 202.2; Förster, Steffen, New York: 15.2 b, 15.3, 16.1, 17.3, 42.1, 43.3, 45.5, 45.6, 191.3, 222.1 (Bärlauch, Hornklee), 223.3, 226.2 o.l., 227.5, 231.4 r.; Fritz, Andreas, Lübeck: S. 150/151; FWU, Institut f. Film u. Bild in Wissenschaft u. Unterricht, München: 97.3; Getty Images, München: 65.2 (IFA/The Natural History), 89.3 (Stockpremium/National Geographic), 130.1 u., 142.3, S. 191 u.r., 218.1 l. (Jupiterimages), 240.2 (Jupiterimages), S. 242 u.; Glader, Hans, Isselburg: 108.1; Greiner, Alois, Photo-Center, Braunschweig: 15.2 c, 18.3, 31.5, S. 48, 62.2 (Schrempp), 94.3 (Schrempp), 118.1, 125.2 a, 125.2 f, 153.2 (2), 179.5 l, 179.5 r, 200.1, 208.1 b.; Hartz, Volker, Braunschweig: 130.1 o.; Hausmann, Prof. Dr. Klaus, Berlin: 12.1 M.u.; Hermann, Udo, Edling: 164.1; Huk, Dr. Thomas, Braunschweig: 247.4 u.l.; Institut f. Meeresforschung, GEOMAR, Kiel: 114.1, 136.1, S. 148; Institut f. Polarökologie, Kiel: 142.1; Institut f. Wissenschaftliche Fotografie, Manfred P. Kage, Lauterstein: 86.3, 86.4; Juniors Bildarchiv, Ruhpolding: S. 10 o.r., S. 10 u.l., 18.2, 22.1, 34.2, 35.3, S. 48, S. 49, S. 76, 94.1, S. 113, S. 149, 160.3, S. 243, S. 261; Kandula Architektur-Bilderservice, Witten: 238.1; Keil, Prof. Dr. Manfred, Neckargemünd: 106.4; Kirchen, Thomas, Holsthum: S. 150, 165.5, S. 184; Koch, Heidi u. Hans-Jürgen, Freiburg: 96.2; Kohn, Klaus G., Braunschweig: 9.2, 33.4, 34.1, 73.4, 83.3, 93.4, 98.1, 99.3, S. 137, 139.3, 189.4, 195.4, 231.5, 239.3, 239.4, 241.3, 241.5, S. 244, 246.1, 247.4 r., 249.4, 256.1, 257.2; Lavendelfoto, Gerhard Höfer, Hamburg: 201.4, 231.4 l., 232.1 u.l.; Leins, P., aus: Blüte und Frucht, S. 278, Schweizerbart, Stuttgart, 2000: 209.4; Leshem, Yossi, Tel Aviv: 106.1; Mauritius, Mittenwald: 18.3, 41.6 (Kalt), 46.2, 67.4 (Rosing), 94.4 (Lanz), 153.2 (3), 166.1 (Harstrick), 176.1 (Spinne – Mayer), 178.1, 178.2, 194.1, 206.1 (Granny Smith), 220.1, 232.1 o.r. (Kohlhaupt); Mettler, René: Die Natur – Eine Entdeckungsreise durch das Jahr © für die deutsche Ausgabe: ars edition, München 1998: S. 216/217; Meyer, Juliane, Oerzen: S. 18/19; Museum f. Naturkunde d. Humboldt-Universität, Berlin: 110.1, 146.2 a; Naturfoto Labhardt, Basel: S. 50 M.l., 82.1 r, S. 112, 153.2 (4); Naturhistorisches Museum, Wien: 134.2; Okapia, Frankfurt/M.; S. 4 o. (Heblich), 5.2 (NAS/Angelo), S. 10 u.r., 12.1 l. (Newman/OSF), 12.1 o.r. (Pelka), 14.1 o. (M. Danegger), 14.1 u.r. (Merlet), 18.1, 20.1 M.r., 26.1 (Bayer), 30.2, 32.2, (Klein & Hubert/BIOS), 46.1 (Bengtsson/naturbild AB), S. 49, S. 50 o.r. (Lenz), 60.2 (Lenz), 70.1 (Heblich), S. 71 a, b, c, e, f, 74.1, 74.2, 81.2 (Klein & Hubert), 102.2, 106.2, 106.3, S. 113, 114.2, 118.2, 131.3, 134.1 (Merlet), 140.1 a-e, S. 148, 152.1 (Montag), 159.3 (Montag), 165.4 (Bosma), 165.6 (Vock), 174.1 (Wurm – Dennis), 176.1 (Skopion – Reinhard), 180.1, 183.7, 194.1 l. (Soder), 197.4 (Lange), 199.3 l. (Hapo), 202.1 (Montag), S. 242, S. 243, 252.1 b(NAS/D.M. Phillips); Paläontologisches Museum, München: 123.3; Reinhard-Tierfoto, Heiligkreuzsteinach: S. 4 u., 14.1 M.u., 20.1, 31.4, 36.2, 39.3, 40.1, S. 50 M.u., S. 50/51, 60.3, 63.4, 91.4, 97.4, 102.4, 105.6, 106.1, 119.6, 120.1, 127.4 a, 139.5, 176.1 (Käfer), 199.3 r., 203.9, 218.1 M., 222.1 o.l., 226.2, 227.4, 232.1 u.r., 236.1; Rixe, Dieter, Braunschweig: 45.4, 86.1, 93.5, S. 244, 248.1, 257.2, S. 260; Rolfes, Willi, Vechta: S. 3 o., S. 12 M.o.; Römmelt, Bernd, München: S. 50 u.r., 102.3, S. 112; Scanpix Sweden AB, Stockholm: S. 7 u. (L. Nilsson), S. 245 (L. Nilsson), 255.3 (L. Nilsson), S. 260 (L. Nilsson); Scherm, Heidi, Fotografie, Berlin: 256.1 u.r.; Schmitt, Michael: Wie sich das Leben entwickelte, S. 40, Mosaik Verlag, 1994: 102.1; Staatl. Museum f. Naturkunde, Karlsruhe: 176.1 (Trilobit), 146.1; Stone, Tony, Hamburg: 90.2; TopicMedia Service, Ottobrunn: 82.1 l, 94.2, 104.1, 105.4, 153.2 (5), 163.4; Uitz, Prof. Dr. Harald, Graz: 199.3 M.; Visuals Unlimited: 174.1 (Schwämme – Wrobel); Vogelwarte Helgoland: 107.4; Paul Weber Museum, Ratzeburg: 65.6; Westermann Archiv, Braunschweig: 223.2; Wildlife, Hamburg: S. 5 o., S. 6, 25.5 (Muller), 28.1, 28.2, S. 50 M.o., 58.1, 63.5, 68.1, S. 71 d, 106.2, S. 112, 120.2, 163.3 (Nagel), 182.2, 183.5, S. 184, 202.3, 206.1 (Jonagold), 208.1 a, 209.4 a, 232.1 o.l.; Wisniewski, Winfried, Waltrop: 90.1;
Wu, Norbert, Pacific Grove, Kalifornien: 142.2; Wüst, Walter, aus: "Die Brutvögel Mitteleuropas" von Ludwig Binder, Bayerischer Schulbuchverlag, München 1970: 83.4;
Your Photo Today, Taufkirchen: S. 11 o.l. (Superbild), 24.2, 32.3, 73.5 (Superbild), S. 149, 160.1, 218.1 r., S. 243, 247.4 o.l., S. 260; Zepf, Werner, Bregenz: 162.1; Zimen, Haarbach:, 24.1

Einbandgestaltung
Andrea Heissenberg unter Verwendung einer Aufnahme von Getty Images, (ZEFA/Theo Allofs), München

Grafiken
Julius Ecke, www.naturstudiendesign.de
Christine Henkel, Dahmen
Mario Kessler/die Kleinert, München
Satz und Grafik Partner, Walter Laß, Meitingen
Schwanke & Raasch, Hannover